深度序列模型与自然语言处理

基于TensorFlow 2实践

阮 翀◎著

清华大学出版社
北京

内 容 简 介

本书以自然语言和语音信号处理两大应用领域为载体，详细介绍深度学习中的各种常用序列模型。在讲述理论知识的同时辅以代码实现和讲解，帮助读者深入掌握相关知识技能。

本书共12章，不仅涵盖了词向量、循环神经网络、卷积神经网络、Transformer 等基础知识，还囊括了注意力机制、序列到序列问题等高级专题，同时还包含其他书籍中较少涉及的预训练语言模型、生成对抗网络、强化学习、流模型等前沿内容，以拓宽读者视野。

本书既适合互联网公司算法工程师等群体阅读，又可以作为本科高年级或研究生级别的自然语言处理和深度学习课程的参考教材。

图书在版编目（CIP）数据

深度序列模型与自然语言处理：基于TensorFlow 2实践/阮翀著.—北京：清华大学出版社，2023.3
ISBN 978-7-302-62961-0

Ⅰ.①深… Ⅱ.①阮… Ⅲ.①人工智能－高等学校－教材 Ⅳ.①TP18

中国国家版本馆CIP数据核字（2023）第039892号

责任编辑：赵　军
封面设计：王　翔
责任校对：闫秀华
责任印制：曹婉颖

出版发行：清华大学出版社
　　　　　网　　　址：http://www.tup.com.cn，http://www.wqbook.com
　　　　　地　　　址：北京清华大学学研大厦A座　　　　　　　邮　　编：100084
　　　　　社 总 机：010-83470000　　　　　　　　　　　　　　邮　　购：010-62786544
　　　　　投稿与读者服务：010-62776969，c-service@tup.tsinghua.edu.cn
　　　　　质量反馈：010-62772015，zhiliang@tup.tsinghua.edu.cn
印 装 者：三河市铭诚印务有限公司
经　　销：全国新华书店
开　　本：185mm×235mm　　　印　　张：22.25　　　字　　数：534千字
版　　次：2023年5月第1版　　　　　　　　　　　　印　　次：2023年5月第1次印刷
定　　价：99.00元

产品编号：100747-01

前　言

2018年3月，出版社编辑在知乎上私信我，邀请我撰写一部技术开发方面的书籍。我本人确实是一个喜欢分享的人，也曾在网上写过不少博客和文章，但还从来没有想到过有一天我会出书。关于我所研究的领域——自然语言处理和机器学习——市面上已经有了无数经典教材，我实在想不到有什么必要再写一本相同题材的书籍。

然而，自然语言处理技术的发展一日千里，BERT和GPT等模型相继出世，自然语言处理的范式也从设计专一任务的模型逐渐转变为使用单一的大模型解决各种下游任务。再想到自己以前初学自然语言处理时翻遍Stack Overflow和GitHub才最终找到答案的那些困惑，我终于找到了编写本书的理由：

- 这是一本偏重实践细节的书。循环神经网络的输入到底是什么格式？状态和输出的区别是什么？各条样本长度不一时怎么处理？双向循环神经网络里，前向和后向的信息是怎么流通和融合的？这些我在初学时花了很久才搞明白、后来也在网络上给无数人解答过的问题，本书中都会讲到。本书既会讲解使用 TensorFlow 2 实现经典模型的技巧和最佳实践，也会谈论 TensorFlow 库代码的设计。在读完本书后，相信读者能够得心应手地实现绝大部分自然语言处理领域的深度学习模型。
- 这是一本展现领域全貌的书。深度学习这个领域发展得太快，想在一本书里包罗万象几乎是不可能的。尽管如此，本书仍然试图囊括绝大多数知识点，尽量拓展读者的视野。循环神经网络和 Transformer 这样的主流模型自然是重中之重，然而生成对抗网络这样尚不成熟的模型，或是递归神经网络这样已经有些过气的模型本书也有涉猎。本书内容以自然语言处理领域的模型为主，但也包含少量其他领域或交叉领域（如语音识别等）的模型。

本书的目录是按照模型结构进行组织的。第1章简要介绍自然语言处理和深度学习的历史；第2章主要介绍Word2vec词向量学习算法；第3~5章详细讲解循环神经网络的方方面面；从第6章开始本书进入一些高级专题，其中第6章介绍序列到序列问题的三种解决方案，第7章引入常用的注意力机制，第8章则介绍递归神经网络乃至图神经网络的相关拓展，第9

章介绍卷积神经网络和WaveNet，这一章相对独立，第10章铺垫介绍Transformer模型的基础知识，第11章涉及当下最流行的预训练语言模型BERT和GPT，第12章介绍一些不算特别主流但有益于拓宽读者视野的知识，例如生成对抗网络、强化学习和流模型等。需要提醒的是，本书不是一本让初学者了解机器学习或者自然语言处理的书籍。本书假定读者已经对神经网络和自然语言处理有了一定的了解，只不过想要进一步学习代码实践细节或是拓宽自己的知识面。

本书的目标读者为自然语言处理相关专业的学生或者算法研究人员。读者既可以按顺序从前到后阅读，也可以挑选自己感兴趣的部分重点阅读。每一章都给出了大量参考文献，为读者进一步学习相关知识提供了方向。

本书提供的PPT与源代码可通过扫描下面二维码获取：

PPT　　　　　　　　　源代码

如果下载有问题，请发送电子邮件至booksaga@126.com，邮件主题为"深度序列模型与自然语言处理：基于TensorFlow 2实践"。

感谢我的妻子和其他家人一直以来对我的包容、理解和支持。感谢所有在本书写作和出版过程中给予帮助的人们。

由于笔者水平有限，书中难免存在疏漏之处，欢迎各位读者和同仁批评指正。笔者愿积极与读者交流、共同探讨，让真理越辩越明。

笔 者
2023年2月

目　录

第 1 章

深度学习与自然语言处理概述

1

人类从未停止过对智能机器的渴望。早在古希腊时代，人们便开始幻想拥有机器人仆从，并动手制作简单的自动装置。20 世纪中叶电子计算机发明后，人工智能（Artificial Intelligence）的研制再次成为重要议题。人工智能一词源于 1956 年夏天的达特茅斯会议——这被视为人工智能正式诞生的标志。会议历时两个月，与会的科学家一直没能就如何制造智能机器达成共识。概括来看，目前人工智能的研究主要分为三大门派：

- 符号主义（Symbolicism，也叫逻辑主义）认为智能源于数理逻辑，其核心是符号推理。符号主义主导了从 20 世纪 50 年代开始的第一次人工智能浪潮，以数学定理的自动证明为主要成就。

- 连接主义（Connectionism，也叫仿生学派）认为实现智能需要模拟人脑的结构和功能。连接主义最早可以追溯到 1943 年由生理学家 Warren McCulloch 和数理逻辑学家 Walter Pitts 创立的 MP 神经元模型[1]。经历了几十年的起起落落，这一流派演变成了现如今大热的深度学习（Deep Learning）。

- 行为主义（Actionism，也叫控制论学派）的观点是智能源于控制论。诺伯特·维纳（Norbert Wiener）在 1948 年发表的《控制论——关于在动物和机器中控制和通讯的科学》是控制论学派的代表作，大量机器人及相关智能算法的研究都由这一流派的学者完成。强化学习（Reinforcement Learning）这一学习范式的灵感同样来源于此，并且近年来与深度学习相结合形成了深度强化学习（Deep Reinforcement Learning）。

　　半个多世纪过去了，人工智能已经经历了三次浪潮和两次低谷，而当前我们正处在以深度学习技术为代表的第三次人工智能浪潮中。从人脸识别到语音合成，从机器翻译到大规模推荐系统，深度学习在各个领域开花结果，带给我们前所未有的机遇和挑战。本书将以自然语言处理（Natural Language Processing）为代表性应用，详细讲解深度学习技术的使用案例。而本章作为概述性质的章节，将简要回顾自然语言处理和深度学习的历史，带领读者熟悉相关议题。

1.1　自然语言处理简史

　　自然语言（Natural Language）指的是人类日常使用的语言，例如英语、汉语等；与此相对的是人为设计的、规则明确的形式语言（Formal Language），例如 C 语言、数学公式等。自然语言处理就是使用计算机算法对自然语言进行处理的过程。狭义的自然语言处理仅限于处理文本形式的输入，而广义的自然语言处理还包括对语音信息的处理。在不做说明的情况下，自然语言处理通常按照狭义的方式来理解。

　　此外，还有一个相关的术语叫计算语言学（Computational Linguistics）。从字面上看，计算语言学是语言学的一个分支，着重于用计算的方法来回答语言学的问题，例如转换生成语法（Transformational Generative Grammar）。而自然语言处理更侧重于计算机系统对语言的处理，例如搜索引擎的搭建。不过现在这两者之间的界限变得越来越模糊，自然语言处理领域的顶级学术会议就叫 Annual Meeting of the Association for Computational Linguistics。

　　类似于人工智能的三种路线，自然语言处理的研究方法也有路线之争：经验主义（Empiricism）和理性主义（Rationalism）。前者主要依赖于数理统计和语料库，手段粗放但往往有效；后者设计精妙，可以帮助我们更好地认识语言，却在海量数据的时代有些力不从心。接下来，我们将更加详尽地了解自然语言处理能做什么，以及回顾过去几十年来自然语言处理的发展史。

1.1.1　自然语言处理能做什么

　　常用的自然语言处理任务有很多，包括但不限于：

- 中文分词（Chinese Word Segmentation）：由于中文文本中没有空格，而自然语言处理算法通常以词（Word）为最基本的处理粒度（Granularity），因此在处理前需要把句子里的单词拆分开，例如将"我爱北京天安门"处理成"我/爱/北京/天安门"。不过现在以字（Character）为基本粒度的算法也越来越常见，所以有时中文分词也不再必要。

● 词形归并（Lemmatization，也译作词形还原）和词干还原（Stemming，也译作词干提取）：这两种技术主要用在单词形态丰富的语言中，以便减少词形变化、降低处理难度，因此中文文本处理通常没有这一步骤。具体而言，前者是指将同一个单词的不同形态都处理为原型，例如将 good/better/best 全部归一化为 good；而后者是指将单词的词缀部分舍弃，只保留词干，例如将 revival 变为 reviv。由此可以看出，前者的实现更依赖了词典映射，也更难；而后者更依赖规则，截取后的结果不一定是完整的单词，上面的例子也可以说明这一点。

● 词例化（Tokenization）：将文本处理为词例（Token）的序列。词例是自然语言处理系统的基本处理单位，很难给词例下一个简洁而有描述力的定义，因此更好的了解方式可能是看几个具体的例子。对中文自然语言处理来说，一个单词或者一个标点符号都可以是一个词例，例如将"我爱北京天安门。"处理成"我/爱/北京/天安门/。"，所以也有人把词例化译为分词；对英文自然语言处理来说，虽然单词之间已经有了空格，但是在交给计算机算法处理之前仍然需要处理标点和缩写问题，例如将"He's tall."处理为"He/'s/tall/."。全体语料库（Corpus）中，一个词可能会出现多次，并且每次出现都叫一个词例，但这些词例都属于同一个词型（Type）。所有词型的集合被称为词汇表（Vocabulary，亦称词表）。值得注意的是，现在也有很多基于单个汉字的中文处理系统或者基于子词单元（Subword Unit）的英文处理系统，此时词例就是单个汉字或子词，词表就是全体汉字或者子词组成的集合。

● 词性标注（Part-Of-Speech Tagging）：给一句话中的每个词标记出词性，例如将"我/爱/北京/天安门"标记为"代词/动词/名词/名词"。

● 命名实体识别（Named Entity Recognition）：识别出一句话中的命名实体（Named Entity），即人名、地名、机构名等。例如将"我/爱/北京/天安门"标记为"无关/无关/地名/地名"。命名实体识别在智能语音助手等领域很有用。

● 情感分析（Sentiment Analysis）：判断一段输入文字的情感倾向是正面的还是负面的。例如从网络语料中分析某一部电影的口碑好坏。

● 词义消歧（Word Sense Disambiguation）：确定一句话中的某个多义词到底取哪一个义项。

● 依存句法分析（Dependency Parsing）：解析出一句话中词与词之间的依赖关系，进而解释其句法结构。

- 语言模型（Language Modelling）：给出一个句子出现的概率。可以用于判断句子是否通顺，或者生成新的句子。
- 文本摘要（Text Summarization）：给一篇文章生成一份摘要。应用场景包括新闻标题生成、搜索结果片段生成等。
- 机器翻译（Machine Translation）：将一段话从一种语言（如汉语）翻译到另一种语言（如英语），其中前一种语言称作源语言（Source Language），后一种语言称作目标语言（Target Language）。

也有人将自然语言处理划分为自然语言理解（Natural Language Understanding）和自然语言生成（Natural Language Generation）。前者是指那些分析文本内容的任务，例如情感分析和词义消歧等；而后者是指那些生成新的文本内容的任务，例如文本摘要和机器翻译等，如图 1-1 所示。当然，严格来讲，受控条件下的文本生成都需要某种程度的文本“理解”。以机器翻译为例，一种可能的实现方式是通过自然语言理解技术解析源语言的句意，将其表示成某种中间结果（例如隐向量或者句法树），然后再利用自然语言生成技术，从该中间结果生成目标语言的句子。现在常用的编码器-解码器框架（Encoder-Decoder Framework）从模型结构上恰好对应了自然语言理解和自然语言生成这两部分。

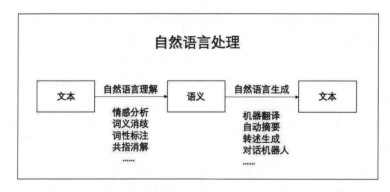

图 1-1　自然语言处理 = 自然语言理解 + 自然语言生成

1.1.2　自然语言处理的发展史

经验主义和理性主义是西方哲学的两个主流分支：前者靠归纳法（Induction）来认识世界，后者靠演绎法（Deduction）来认识世界。在自然语言处理中，研究方法同样可以分为这两大类。经验主义方法是基于统计的方法（Statistic-Based Approach），通过挖掘语料中的统计量和相关性来得到语言的规律；理性主义方法则是基于规则的方法（Rule-Based Approach），它把人类语言看作一个物理符号系统，通过对符号表达式的操作来研究语言。这两类方法各有千秋，在历史上也曾各自反复占据学界主流地位。

通常认为，自然语言处理的萌芽期是 20 世纪 40 至 50 年代。这时的自然语言处理以经验主义方法为主：信息论奠基人克劳德·艾尔伍德·香农（Claude Elwood Shannon）从通信的角度来理解语言，并借助热力学熵的概念引入了信息熵（Information Entropy）[2]。

从 20 世纪 50 年代末到 70 年代，理性主义方法又逐渐占据上风。在此期间，诺姆·乔姆斯基（Noam Chomsky）开始了形式语言理论（Formal Language Theory）和转换生成语法的研究[3]，着力将英语语法形式化，这对程序语言设计和编译器开发产生了深远的影响。

经过一段时间的沉寂，经验主义方法重回历史舞台。1988 年，美国工程院院士、IBM 语音识别和自然语言处理专家弗里德里希·贾里尼克（Frederick Jelinek）甚至半开玩笑地说过，"Every time I fire a linguist, the performance of the speech recognizer goes up."（每当我开除一个语言学家的时候，语音识别系统的准确率就会上升）这句话固然有调侃的成分在，但也有力地说明了理性主义方法的式微。除语音识别（Automatic Speech Recognition）外，机器翻译在这一时期也取得了长足的进步。20 世纪 90 年代，统计机器翻译（Statistical Machine Translation）在 IBM Watson 研究中心实现，这些算法至今仍然运行在各大翻译网站的服务器上，服务着全球上亿人。

这一波经验主义浪潮一直持续到现在。2011 年 K. Church 的文章《钟摆摆得太远》[4]是对自然语言处理发展史的回顾和反思的杰作，此文将经验主义和理性主义的此消彼长比作来回震荡的钟摆。文章发表的时候正处于经验主义成果爆发的时代，作者认为自然语言处理的低垂的经验主义的果实即将被摘完，之后钟摆将摆向理性主义一方。然而，十年时光一闪而过，直至今天经验主义流派依然处于黄金时代。2003 年，Yoshua Bengio 等人提出神经网络概率语言模型[5]，但受限于算力当时未能激起太多浪花；2013 年，得益于 Word2vec[6][7]的高效实现，十亿词的语料库在单机上一天也能训练完毕，词向量开始在各个领域广泛应用。再后来，显卡强大的算力和深度学习互相结合，继续引领着经验主义方法取得辉煌成就。2014 年的序列到序列（Sequence-to-Sequence）[8][9]学习开启了机器翻译的新范式；2015 年的注意力机制（Attention Mechanism）[10]逐渐成为处理长程依赖的标配；2018 年的 BERT[11]更是把自然语言处理技术推到了新的历史高度，开启了大规模预训练模型的新时代。借用强化学习大师 Richard Sutton 在评论文章 *The Bitter Lesson*（中译名《苦涩的教训》）中的话来说："the only thing that matters in the long rus is the leveraging of computation（从长期来看，真正重要的事情是有效利用算力）"这确确实实是几十年大浪淘沙留下来的肺腑之言。

现在可能是对新手最友好的时代：在以前，学习自然语言处理需要大量的前置知识，了解如何进行预处理和后处理；而今天，各种开源代码在网上信手拈来，很多流程烦琐的算法都被简洁有力的神经网络统一代替，预训练模型的普及使得很多下游任务所需的数据量大大降低。当然，机遇中同样也潜藏着危险：很多模型和算法变得越来越重，尤其是超大规模的预训练模型（Pretrained Model）将需要天量的计算资源；个人研究者和中小机构注定与之无缘，需要在新的时代找到自己的定位。

1.2　深度学习的兴起

如果一个系统的所有功能都需要预先编码好而不具有学习的能力，恐怕很难认为它具有智能。因此，机器学习（Machine Learning）无疑是通向人工智能之路中的重要组成部分。深度学习是以深层神经网络（Deep Neural Network）为代表的一大类算法的统称，它仅仅是机器学习算法的一个子类，然而却是最光彩夺目的那一部分。从 2012 年 AlexNet[12]在 ILSVRC（ImageNet Large Scale Visual Recognition Challenge）竞赛中以绝对优势夺冠起，深度学习就以碾压的姿态一路走来，人工智能创业公司遍地开花，为训练神经网络模型提供显卡算力支持的英伟达公司股价更是节节攀升。各种深度学习计算框架也逐渐更新换代，从最开始需要手写 CUDA 代码和反向传播运算，到现在只需短短数行代码即可完成训练和部署，大大降低了上手的门槛。

在本章接下来的部分里，我们将详细回顾深度学习的发展历程，并查看一个简单的 TensorFlow 2 程序示例。

1.2.1　从机器学习到深度学习

1. 机器学习

传统的程序设计范式是：给定程序的输入 x，手工编码程序的操作步骤 f，然后得到对应的程序输出 $y = f(x)$。机器学习的程序设计范式则与此不同。以监督学习（Supervised learning）为例：首先需要收集一定量的程序输入 x_{train} 和输出 y_{train}，然后通过调整模型参数来近似拟合输入、输出之间的映射关系 $\hat{f}$，最后再通过该映射关系预测新的输入 x 对应的程序输出 $y = \hat{f}(x)$。当程序的输入和输出的对应关系 f 非常明确的时候（例如排序算法），前一种方法简单高效；然而有时候对应关系非常复杂，甚至连程序员自己也无法说清楚完成任务的具体步骤而不得不诉诸某种生物本能（例如人脸识别），后一种方法就有了用武之地。两种程序设计范式的流程如图 1-2 所示。

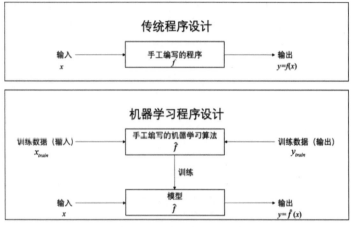

图 1-2　两种程序设计范式

机器学习之父 Tom Michael 给机器学习下了一个较为现代的定义[13]："A computer program is said to learn from experience E with respect to some class of tasks T and performance measure P, if its performance at tasks in T, as measured by P, improves with experience E."（如果一个计算机程序完成某项任务 T 的性能指标 P 会随着经验 E 而上升，我们就称它能够从任务 T 及其性能指标 P 的经验 E 中学习①）这里所说的经验 E 就是图 1-2 中需要收集的程序输入 x_{train} 和输出 y_{train}，称作训练数据（Training data）。

2. 深度学习

一般来说，训练数据越多，模型效果越好。但由于受到模型容量（Capacity，通俗地讲就是模型的表达能力、拟合数据的能力）的限制，过于简单的模型可能无法挖掘出海量数据中的丰富信息，使得模型性能无法随着数据量的增长而无限增长，而是会达到某个上限就停滞不前。大部分经典的机器学习模型，例如支持向量机[14]、隐马尔科夫模型[15]等，都会受到模型容量的限制；而神经网络模型的容量却深不可测，更大的数据量搭配更大的神经网络模型，几乎总是能够提升模型效果。另外，其他模型通常需要手动提取特征（Feature，即对模型预测有帮助的输入模式），例如图像处理中常用的 SIFT 特征[16]、语音识别中的 MFCC 特征[17]、文本处理中的 TF-IDF 特征[18]等；而神经网络模型具有较强的特征提取能力，能够从原始输入中自行组合出高级特征，完成它所要学习的任务，从而大大减轻了开发者的工作量。

① 亦称训练。学习和训练在机器学习语境下是同义词，本书将不加区别地使用两者。

（1）感知机

如前所述，神经网络的历史可以追溯到 1943 年的 MP 神经元模型[1]，其结构如图 1-3
所示。该模型认为，一个神经元是一个多输入、单输出的信息处理单元，每个输入神经
元 x_i 通过连接的权重 w_i 来表明它的贡献强度。神经元具有空间整合特性和阈值特性：如
果所有输入神经元的贡献总和 $\sum_{i=1}^{n} w_i x_i$ 超过某个阈值 θ，神经元就表现为激活状态，输出
1；否则神经元抑制，输出 0。阈值参数也被称为偏置项（bias），可以通过额外引入一
个输入值恒为 $x_0 = -1$、权重为 θ[①]的连接实现。显然，通过适当设置权值，MP 神经元可
以实现布尔逻辑中的与、或、非三种运算。神经元中提供非线性操作的部分被称为激活
函数（Activation Function），MP 神经元的激活函数是阶跃函数（Step Function）：在定
义域大于 0 的部分输出 1，小于 0 的部分输出 0[②]。

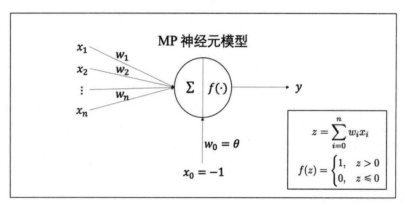

图 1-3　MP 神经元模型

1957 年，美国心理学家罗森布拉特（Frank Rosenblatt）提出了感知机（Perceptron）[19]，
即将 MP 神经元的输出保持为二元离散值 0 和 1，但允许输入和权值为实数，同时使用
权重学习算法来代替手工设置权重。由于学习算法的引入，感知机具有了在一定程度上
模拟人脑的能力，因此引起了广泛的关注。

不过，正如马文·明斯基（Marvin Minsky）1969 年在其《感知机：计算几何简介》[20]
一书中指出的那样，单层感知机无法解决如图 1-4 所示的异或门电路（XOR Circuit）问
题：假设正方形的两组对角分别属于两个不同的类别，那么单层感知机无法正确地将所
有点进行分类。这是因为单层感知机的决策边界（Decision Boundary，使输出发生变化

---

① 亦可选取输入恒为 $x_0=1$、权重为 $-\theta$。

② 视定义不同，自变量为 0 时函数值可以取 0、1/2 或 1。

的输入空间中的临界位置）是一个超平面（二维情况下退化为直线），而正方形的相对的两组顶点不是线性可分的（Linearly Separable，即可以用一个超平面分隔开）。马文·明斯基也正是在这一年获得图灵奖，他的批判使得人工智能陷入了长达近 20 年的低潮期，史称"人工智能寒冬"。

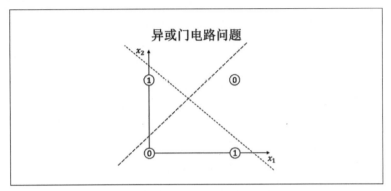

图 1-4　异或门电路问题

好在异或门电路问题可以被多层感知机（Multi-Layer Perceptron）解决。严格来讲，多层感知机是一个错误的名字，因为它并不是由感知机逐层堆叠而成的。感知机的输出为离散的 0 和 1，而多层感知机允许中间层的神经元输出值为实数，这些中间层就被称为隐藏层（Hidden Layer）。最初的多层感知机常用 Sigmoid 激活函数：

$$\sigma(x) = \frac{1}{1 + e^{-x}} \tag{1-1}$$

Sigmoid 函数直译为 S-型函数，这是因为它的图像呈现出拉长的 S 型，参见图 1-5。还有另一个常用的激活函数与多层感知机密切相关，即双曲正切函数 tanh：

$$\tanh(x) = \frac{e^{x} - e^{-x}}{e^{x} + e^{-x}} \tag{1-2}$$

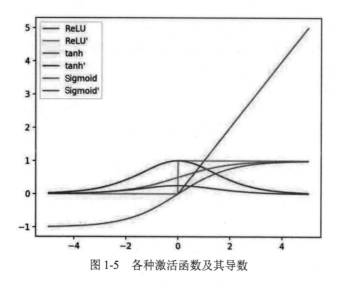

图 1-5 各种激活函数及其导数

这两种激活函数的导函数都有非常简洁的形式，在公式推导中很有用：

$$\sigma'(x) = \sigma(x)(1 - \sigma(x)) \tag{1-3}$$

$$\tanh'(x) = 1 - \tanh^2(x) \tag{1-4}$$

实际上，双曲正切函数和 Sigmoid 函数仅仅相差一次拉伸和平移：

$$\tanh(x) = 2\sigma(x) - 1 \tag{1-5}$$

因此两者形状相似，但是双曲正切函数取值范围更大，也更少发生梯度消失（Gradient Vanishing）[①]。

近年来，矫正线性单元（Rectified Linear Unit）被广泛使用[12]，尤其是在计算机视觉（Computer Vision）任务中。此激活函数及其导数的表达式为：

$$\mathrm{ReLU}(x) = \begin{cases} x, & x \geqslant 0 \\ 0, & x < 0 \end{cases} \tag{1-6}$$

$$\mathrm{ReLU}'(x) = \begin{cases} 1, & x \geqslant 0 \\ 0, & x < 0 \end{cases} \tag{1-7}$$

此激活函数的导数为阶跃函数，在实数轴正半轴上的导数恒为 1，因此不容易发生

---

① 深层神经网络中梯度随着网络层数加深越来越小，导致网络训练缓慢等现象。

梯度消失或者梯度爆炸（Gradient Explosion）[1]，有利于模型训练；但它在实数轴负半轴上的导数为 0，假如初始化不当可能发生 ReLU 神经元死亡（Dying ReLU）现象，即某个神经元及与之相连的权重不再更新，失去学习能力。幸运的是，这种退化现象可以通过将偏置参数初始化为正值、减小学习率等方法来缓解，因此通常不需要过多关注。

这些光滑、可微的激活函数显然比阶跃函数对模型训练更加友好。当采用 Sigmoid 激活函数时，多层感知机实际上是由逻辑回归（Logistic Regression）模型堆叠而成的。一个包含两个隐藏层的多层感知机示意图如图 1-6 所示，从输入到输出层各层分别有 3、5、4、2 个神经元。

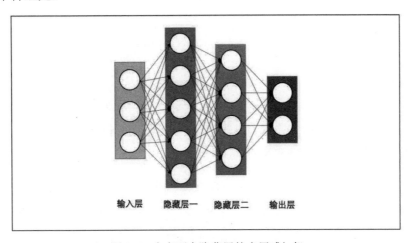

图 1-6　含有两个隐藏层的多层感知机

在大型神经网络中，如果单独画出每一个神经元，这会导致示意图上的连线庞杂且凌乱不堪，因此也常常把一组神经元用一个矩形表示以精简画面（图 1-6 中的矩形阴影框）。本书后续章节的编排也将遵循这种惯例，使用圆形表示单个神经元，其输出为单个实数；使用矩形表示一组神经元，视神经元的排布状况，其输出可能为一个向量或矩阵（通常细长的矩形表示输出为向量，长宽较为均衡的矩形表示输出为矩阵）[2]。

---

① 深层神经网络中梯度随着网络层数加深越来越大，导致网络训练困难，参数更新出现 NaN 等。

② 这里所说的输入输出值的形状是针对单个输入样本而言的。深度学习中常常把一批样本同时送入网络进行运算，以提高计算资源利用率；此时所有输入输出值都会提升一个维度（例如标量变向量，向量变矩阵），多出的这一维度坐标轴通常放在最前面，这一维的大小为同时参与计算的样本数量，也称为批量大小（Batch Size）。

（2）损失函数

损失函数（Loss Function）用来度量模型的预测结果与真实结果的差异大小。损失函数越小，说明模型预测得越准确，模型就越有效。模型的训练过程通过最小化损失函数来完成。网络隐藏层的激活函数选择较为自由，而输出层的激活函数往往和损失函数配套使用，使得模型梯度的表达式更加统一、模型收敛更快。常见的搭配包括：

● 输出层采用线性激活函数（Linear Activation Function，也称为恒等激活函数，即不作任何变换），损失函数采用均方误差（Mean Square Error）函数，常用在回归问题中。如果用 y 和 $\hat{y}$ 分别表示真实值和模型的预测值（均为 n 维向量），则：

$$\text{MSE}(\hat{y}, y) = \frac{1}{2n} \sum_{i=1}^{n} (\hat{y}_i - y_i)^2 \qquad (1\text{-}8)$$

其中分母上的 2 是为了消除平方函数求导后的系数，简化导数的表达式。

● 输出层采用 Sigmoid 激活函数，损失函数采用二元交叉熵（Binary Cross Entropy）函数，常用在二分类问题中。如果用 y 和 $\hat{y}$ 分别表示真实值和模型经过激活函数后的预测值（均为实数），则：

$$\text{BCE}(\hat{y}, y) = -(y \log \hat{y} + (1 - y) \log(1 - \hat{y})) \qquad (1\text{-}9)$$

● 输出层采用 Softmax 激活函数，损失函数采用交叉熵（Cross Entropy）函数，常用在多分类问题中。Softmax 函数可以将任意 n 维向量 x 转化成一个多项分布（Multinomial Distribution）：

$$\text{Softmax}(x)_i = \frac{e^{x_i}}{\sum_{j=1}^{n} e^{x_j}}, \qquad i = 1, \cdots, n \qquad (1\text{-}10)$$

即先计算 x 中每个元素 x_i 的指数，然后再用这些指数之和对结果进行归一化。这里的分母也被称为配分函数（Partition Function）。需要注意的是，Softmax 函数并非 max 函数的近似，而是 argmax 函数的近似——正因如此，它也可以被用于软寻址，即主要从某个位置读取信息，但同时也少量读取其他位置的信息，并且整个过程可微，便于优化。至于对 max 函数的近似[1]，机器学习中通常采用

---

① 大多数情况下 max 函数无须近似，因为它是分片可微（Piecewise Differentiable）的。

如下函数：

$$\text{LogSumExp}(x) = \log \sum_{i=1}^{n} e^{x_i} \qquad (1\text{-}11)$$

容易验证，Softmax 函数恰好是该函数的导数。

如果用 y 和 $\hat{y}$ 分别表示真实值和模型经过激活函数后的预测值（均为 n 维向量），则多分类交叉熵损失函数可以写作：

$$\text{CE}(\hat{y}, y) = -\log \sum_{i=1}^{n} y_i \log \hat{y}_i \qquad (1\text{-}12)$$

在多分类的情形下，负对数似然（Negative Log Likelihood）与交叉熵等价，所以该公式也可以看成是最大似然估计的训练目标。如果将输出层经过激活函数前的预测值记为 z，容易验证在这几种选择下，网络的损失函数对 z 的导数形式完全相同，都是预测值 $\hat{y} = g(z)$ 与真实标签 y 的残差 $\hat{y} - y$ [①]。这并非是简单的巧合，背后更深刻的原因可以在广义线性模型（Generalized Linear Model）中找到，这些激活函数的选择可以看成是相应损失函数所隐含的分布（分别是高斯分布、伯努利分布、多项分布）对应的规范连接函数（Canonical Link Function）[21]。

多层感知机的每一层都有权重矩阵 W 和偏置向量 b 两个参数。如果将损失函数 f 对网络某一层 l 经过激活函数前的值 $z^{(l)}$ 的梯度记为：$\delta^{(l)} = \partial f / \partial z^{(l)}$，则很容易通过多元函数求导的链式法则（Chain Rule），从后往前将网络所有参数的梯度全部求得。这一算法被称为反向传播（Back Propagation）[22]，在历史上被重复发明过很多次[②]。在前述三种选择下，多层感知机的反向传播算法的流程可以表述为：

算法 1-1　多层感知机的反向传播算法

输入：多层感知机模型 M，参数为 $\left\{ \left(W^{(l)}, b^{(l)} \right) : 0 \leqslant l < L \right\}$

　　　　输入数据 $x \in \mathbb{R}^n$ 及标签 $y \in \mathbb{R}^m$

输出：模型 M 每个参数的梯度

---

① 对于均方误差函数，若 $n>1$，导数前还会产生一个系数 $1/n$。

② 理论上也可以进行前向传播。假如要求 $f: \mathbb{R}^n \to \mathbb{R}^m$ 的梯度，当 $n<m$ 时前向模式（Forward Mode）更省计算量，$n>m$ 时后向模式（Reverse Mode）更省计算量。机器学习中后一种情形更常见，所以一般使用反向传播算法。

▷ 前向传播，逐层计算输出

1. $z^{(0)} = x$

2. **for** $l = 1$ **to** $L-1$

　　　　▷ 每层经过激活函数前、后的值分别计为 z 和 a

3. 　　　$z^{(l)} = W^{(l-1)} z^{(l-1)} + b^{(l)}$

4. 　　　$a^{(l)} = g\left(z^{(l-1)}\right)$

　　　▷ 最后一层计算激活后的值

5. $z^{(L)} = W^{(L-1)} z^{(L-1)} + b^{(L)}$

6. $\hat{y} = g(z^{(L)})$

　　　▷ 反向传播，逐层计算梯度

7. $\delta^{(L)} = \hat{y} - y$

8. **for** $l = L-1$ **downto** 0

9. 　　　$\delta^{(l)} = \left(W^{(l)}\right)^T \delta^{(l+1)}$

10. 　　　$\dfrac{\partial l}{\partial b^{(l)}} = \delta^{(l+1)}$

11. 　　　$\dfrac{\partial l}{\partial W^{(l)}} = \delta^{(l+1)} z^{(l)}$

（3）梯度下降法

得到模型参数的梯度之后，就可以采用梯度下降法（Gradient Descent）来优化模型参数。经过反复迭代，损失函数会越来越小，网络的预测也越来越准确，最终完成网络的训练过程。如果把损失函数比作一座山，梯度下降就是沿着山峰海拔下降最快的方向走，直到无法继续下降[1]时停止。

梯度下降法有三种形式：随机梯度下降（Stochastic Gradient Descent）、批梯度下降（Batch Gradient Descent）、最小批梯度下降（Mini-batch Gradient Descent）。随机梯度下降每次迭代时从训练数据中随机取一个样本，计算梯度并完成梯度下降；批梯度下降选取所有训练样本，计算总的梯度并进行下降；最小批梯度下降则是两者的折中，每次随机选一小批数据来计算梯度，再进行梯度下降。这三种算法相比较，随机梯度下降噪声太大（每个样本的梯度方向可能相差较远），而且无法充分利用显卡等计算设备的并行运算能力；批梯度下降在每次迭代时都要遍历整个数据集，这需要大量计算，此外实践表明批梯度下降法训练的模型泛化（Generalization，指模型在未见过的样本上的预测

---

[1] 实践中还可能用到其他终止条件，例如训练达到一定步数、损失函数的值足够小等。

能力）性能不够好，因而也不够实用；实践中常用的便是最小批梯度下降算法。本书后面提及梯度下降时，都是指最小批梯度下降算法（如算法 1-2 所示）及其变种，例如动量法（Momentum）[23]、Adam[24]等。

算法 1-2　最小批梯度下降法

输入：模型 M，参数为 θ

　　　　可微的损失函数 f

　　　　训练数据集 $\left\{\left(x^{(i)}, y^{(i)}\right): 0 \leqslant i < N\right\}$

　　　　学习率 lr

输出：训练后的模型 M

1. 随机初始化模型参数 θ
2. 迭代步数 $t = 0$
3. 重复以下步骤直至收敛：
4. 　　从训练集中随机抽取一批样本 $\left\{\left(x^{(B)}, y^{(B)}\right)\right\}$
5. 　　利用算法 1-1 计算模型参数在这些样本上的平均梯度 g_θ
6. 　　$\theta_{t+1} = \theta_t - lr * g_\theta$

（4）神经网络的复苏

当数据和算力准备成熟时，神经网络方法也迎来了复苏。例如，Yann Lecun 在 1994 年提出了最早的卷积神经网络（Convolutional Neural Network）LeNet-5[25]，可以用于识别手写数字；Hochreiter & Schmidhuber 于 1997 年提出长短期记忆网络 LSTM（Long-Short Term Memory）[26]的原型，可以改善普通的循环神经网络（Recurrent Neural Network）中的梯度流，学习到更长的时序依赖。

再后来，学者们已经不满足于浅层神经网络了。虽然神经网络的通用近似定理（Universal Approximation Theorem）[27]告诉我们，具有单个隐藏层和合适激活函数的前馈神经网络已经足够逼近任何连续函数，但是这可能需要指数量级的神经元。深层神经网络的特征提取能力更强，在同样的参数量下，可以对输入空间进行更精细地划分，拟合更复杂的函数。然而，神经网络模型对应的函数是高度非凸①的，这使得深层模型的训练举步维艰。终于，Hinton 等人[28]经过数年的潜心钻研，于 2006 年提出了逐层预训练（Layerwise Pretraining）算法，把深层神经网络的训练问题转化为多个浅层神经网络的

---

① 非凸性的来源是多层复合，而不是激活函数的非凸性。即便采用 ReLU 等凸激活函数，多层神经网络依然是非凸的。

训练问题，使得深层神经网络的训练变得可行。随着相关研究的不断深入，我们现在已经有能力直接从头训练深层神经网络了。

因此，深度学习的历史虽然不是很长，但是可以明显划分为两个时代：

- 2006 年至 2012 年，通过逐层预训练的方式来解决深层神经网络难以训练的问题。将神经网络的权值预训练到比较合适的初值之后，再到真正的目标任务上开始训练。
- 2012 年以后，通过使用更好的初始化方法（Xavier 初始化[29]、He 初始化[30]等）、优化算法（Adam 等[24]）、激活函数（ReLU[12]）和更大的数据集（ImageNet[31]等），已经可以直接端对端（End-to-End）地训练神经网络了。

在自然语言处理领域，深度学习主要有两个标志性的大事件：

- 2013 年 Word2vec 出现，推动了词向量的广泛使用①，从此神经网络方法慢慢替代传统自然语言处理算法。
- 2018 年 BERT 问世，开启了自然语言处理的 ImageNet 时代。从此只需使用预训练模型在下游任务上进行精调（Finetune）。

1.2.2　深度学习框架

如同 1.2.1 节中所提到的，深度学习的工具箱主要是深层神经网络，其中涉及的计算主要是求导和矩阵运算。手动求导烦琐且容易出错，手写矩阵运算麻烦而又效率低下，因此，深度学习框架应运而生。

1. 求导方法

现阶段通常有三类求导②方法：数值求导（Numerical Differentiation），符号求导（Symbolic Differentiation），自动求导（Automatic Differentiation）。

（1）数值求导

数值求导是用差分近似代替导数，给自变量 $x \in \mathbb{R}^n$ 一个小的增量 ϵ_i（在第 i 个坐标轴上增加一个小量 $\epsilon > 0$，其他坐标轴上的分量都为零），然后检查函数值的变化量，用割线斜率代替切线斜率，即：

---

① 严格来讲，Word2vec 中的神经网络只有三层，并不深。但一般也归类在深度学习领域。

② 本书将不加区别地使用求导和微分两个术语。

$$\frac{\partial f}{\partial x_i} = \frac{f(x + \epsilon_i) - f(x)}{\epsilon} \tag{1-13}$$

上式被称作前向差分（Forward Difference），由泰勒展开易知其近似误差为 $O(\epsilon)$ 量级[①]。为了减小误差，实践中另一个经常使用的公式是中心差分（Central Difference），误差为 $O(\epsilon^2)$ 量级：

$$\frac{\partial f}{\partial x_i} = \frac{f(x + \epsilon_i) - f(x - \epsilon_i)}{2\epsilon} \tag{1-14}$$

假如有 N 个自变量需要求导，那么数值求导需要在 N 个方向上分别进行微扰，需要进行 $O(N)$ 次函数求值，计算量过大从而不实用。不过假如需要对手动求导的结果进行合理性检查（Sanity Check），则可以随机挑选少数几个分量计算数值导数并和手工推导的结果作对比。

（2）符号求导

符号求导则是求出表达式的解析导数。这听上去似乎很美好，但是实践中会出现表达式爆炸（Expression Swell）的问题：对复合函数求导后，导数的数学表达式越来越长，不便于使用。

（3）自动求导

深度学习框架一般使用的都是自动求导。这是一种介于符号求导和数值求导之间的方法：它在局部使用符号求导，但不把导数中的某个子节点完全展开成表达式，而是直接用子节点的值填进去。在构建前向计算的计算流图时，框架同时也会产生一张用于后向计算的计算流图，来得到各个参数的梯度。也正因如此，深度学习框架需要缓存很多中间变量（例如反向传播算法中需要缓存的 $z^{(l)}$），这些变量占据的存储空间甚至可能会超过参数及其梯度本身所占据的空间。

2. 矩阵运算

至于矩阵运算就更简单了。在 CPU 的时代，就已经有了 Eigen、OpenBLAS[32]、Intel MKL[33] 等优秀的线性代数运算库，各种框架的 CPU 版本通常会链接到这些库。更常用的模型训练平台则是显卡，因为显卡天生适合并行计算。NVIDIA 为此专门开发了神经网络加速库 cuDNN[34]，内部封装了大量深度学习中常用模块的高效实现。除了 cuDNN 生态不成熟时的极少数早期框架外，现在流行的框架都支持 cuDNN。此外，深度学习框

---

① 扰动的增量并非越小越好，因为计算机中的浮点数存在数值精度问题。通常取 1e-6 即可。

架也慢慢开始接入 TPU[35]或其他 AI 芯片。深度学习框架中将标量、向量、矩阵和更高维的数组统一抽象为张量（Tensor）数据类型。

3. 深度学习框架类型

从使用的角度，深度学习框架分为静态图（Static Graph）框架和动态图（Dynamic Graph）框架两种。静态图框架的特点是声明计算图后才能使用（Define-and-Run）。由于不能随意查看计算图中节点的值，一旦出了问题将很难调试①；同时，也很难对不同的数据执行不同的计算过程，在实现一些结构复杂的新模型时，往往显得力不从心。这类框架最早的是 Theano[36]，于 2007 年问世；谷歌出品的 TensorFlow[37]则继承了 Theano，从设计到开发都有很大的相似性，于 2015 年开源。在计算机视觉方面，华人学者贾扬清开发的 Caffe[38]是最早流行的框架，大量的开源配置文件和预训练模型对行业发展起到了巨大的推动作用，但对循环神经网络支持欠佳。动态图框架则是边计算边构建计算图（Define-by-Run），灵活性很高，但在运行速度和显存优化上则略逊一筹。Chainer[39]和 DyNet[40]是较早期的动态图框架，现在 PyTorch[41]后来居上，成为各大学术会议的宠儿。一方面，动态图框架的上手难度较低，更适合初学者；另一方面，动态图框架中易于实现让人目不暇接的新模型，对于研究人员来说是一大利好——这也是近年来 PyTorch 爆发式增长的重要原因。

除了上述框架外，Keras 和 MXNet[42]也很流行。一开始 Keras 是一个上层框架，建立在 Theano 或 TensorFlow 两个可选后端之上；而如今 Theano 式微，TensorFlow 官方正式推动 Keras 的 API 成为 TensorFlow 顶层设计的一部分——TensorFlow 1.x 的高层 API 十分混乱，常常同一个功能有多种不同的实现，让人很难搞清楚该用哪个；现在谷歌官方推动使用 Keras 作为统一的高层 API，大大改善了这种混乱的状况。MXNet 最初是一个静态图框架，以高效的分布式训练支持而闻名，现在也支持了静态图和动态图两种模式，同时建立了 GluonCV、GluonNLP[43]等工具包来降低使用门槛。国产深度学习框架也层出不穷：百度出品的 PaddlePaddle[44]、旷视科技的 MegEngine、华为开发的 MindSpore……华人学者在深度学习方面成就喜人。

从市场占有率来看，最流行的深度学习框架当属 TensorFlow 和 PyTorch。前者历史更悠久，对移动端和服务端的支持也更完善；后者在研究人员中的份额在不断扩大，也在慢慢建立属于自己的生态。同时，各个框架也在互相渗透、互相影响：TensorFlow 正拖着沉重的历史包袱向动态图框架转型，TensorFlow 2 中已经默认开启 Eager Mode（动态图模式）；而 PyTorch 则将 TensorFlow 的训练监控工具 TensorBoard 移植过来为己所用。目前

---

① 使用静态图框架时务必形成良好的编程习惯，例如备注张量的形状、多做单元测试等。

各大框架的前端设计已经高度趋同，实践给出了深度学习 API 设计的最佳答案。

PyTorch 对深度学习做出了优雅的三层抽象：张量（Tensor）—变量（Variable）—模块（Module）。张量就是多维数组，可以在 GPU 上高效运算；变量是对张量的一层封装，指计算图中的节点，可以用于在反向传播中找到某个张量对应的梯度张量，也可以不断修改其内部状态来实现模型参数的更新；模块则是把多个相关的变量及计算步骤打包放在一起的高层结构，例如权重和偏置一起进行乘加运算，组成一个全连接层（Fully Connected Layer）。在 TensorFlow 2 中，以上三层抽象分别对应 tf.Tensor，tf.Variable 和 tf.keras.Model。

1.2.3　TensorFlow 2 程序样例

从这里开始，我们将学习一个使用 TensorFlow 做线性回归的样例程序，直观体验一下深度学习框架的使用感受。

如图 1-7 所示，首先导入相关依赖（第 1~2 行）。这里我们使用 Tensorflow 来定义和训练模型，使用 numpy 来模拟生成数据。我们使用的模型包含两个参数权重 W 和偏置项 b，并将它们分别初始化为 1 和 0（第 7~8 行）。这里初值的选取是随机的。__call__ 方法中则定义了模型前向计算的过程，对应于数学公式 $y=Wx+b$（第 10~11 行）。相应地，我们选取均方误差函数为损失函数（第 14~15 行）。此处略去了系数 1/2，是因为 TensorFlow 会自动帮我们求导，编程时无须再关注导数形式是否简洁[①]。需要注意的是，这里 y_pred 和 y_true 分别是一个小批量的模型预测值和真实值，形状都是一维向量，而最终的函数返回值是小批量里所有样本的损失函数的平均值，是一个实数。

准备好模型之后，我们再来准备训练数据（第 18~21 行）。这里随机生成一些在直线 $y=2x-1$ 附近的样本点，横坐标的选取范围为[-5, 5]。有了人工合成的数据，我们就可以开始训练模型了。在第 23~25 行，我们首先实例化一个模型，并指定相应的超参数批大小和学习率。然后开始遍历训练数据（第 26 行），每次选取一个小批量的数据（第 27~28 行）进行前向运算并计算损失函数（第 29~31 行）。注意只有在 GradientTape 环境中，TensorFlow 才会追踪张量的计算过程并生成梯度的计算方法，因此必须把需要计算梯度的代码块置于 GradientTape 上下文（第 29 行）中。在第 32 行，我们计算损失函数关于模型参数的梯度，并在 33~34 行中进行一步梯度下降。每 300 步我们会打印一次损失函数和模型参数的相关信息（第 35~37 行），观察模型训练情况。TensorFlow 2 中的张量默认为 Eager Tensor，可以通过.numpy()方法来将其转换成 numpy 数组，方便展

---

① 省略此系数会导致梯度变为原先的两倍，但不会影响模型的收敛性。

示或与其他 Python 库（例如 matplotlib 等）结合使用。

```python
1    import numpy as np
2    import tensorflow as tf
3
4
5    class LinearModel(object):
6      def __init__(self):
7        self.W = tf.Variable(1.0)
8        self.b = tf.Variable(0.0)
9
10     def __call__(self, x):
11       return self.W * x + self.b
12
13
14   def loss_fn(y_pred, y_true):
15     return tf.reduce_mean(tf.square(y_pred - y_true))
16
17
18   num_samples = 3000
19   data_xs = 10.0 * np.random.random(num_samples) - 5.0
20   noise = 0.01 * np.random.random(num_samples)
21   data_ys = 2.0 * data_xs - 1.0 + noise
22
23   model = LinearModel()
24   batch_size = 20
25   learning_rate = 0.1
26   for i in range(0, num_samples, batch_size):
27     xs = data_xs[i:i + batch_size]
28     ys = data_ys[i:i + batch_size]
29     with tf.GradientTape() as t:
30       prediction = model(xs)
31       loss = loss_fn(prediction, ys)
32     dW, db = t.gradient(loss, [model.W, model.b])
33     model.W.assign_sub(learning_rate * dW)
34     model.b.assign_sub(learning_rate * db)
35     if i % 300 == 0:
36       print("At step {}, loss = {:.4f}, W = {:.4f}, b = {:.4f}".
37             format(i, loss, model.W.numpy(), model.b.numpy()))
```

图 1-7　使用 TensorFlow 2 做线性回归

经过多步循环后，可以发现模型学到的参数值已经非常接近真值了：

```
At step 0,    loss = 7.9497, W = 2.4238, b = -0.1667
At step 300, loss = 0.0022, W = 2.0021, b = -0.9586
At step 600, loss = 0.0000, W = 2.0004, b = -0.9939
At step 900, loss = 0.0000, W = 1.9995, b = -0.9951
At step 1200,    loss = 0.0000, W = 2.0003, b = -0.9952
At step 1500,    loss = 0.0000, W = 2.0001, b = -0.9950
At step 1800,    loss = 0.0000, W = 1.9992, b = -0.9948
At step 2100,    loss = 0.0000, W = 2.0003, b = -0.9948
At step 2400,    loss = 0.0000, W = 1.9996, b = -0.9949
At step 2700,    loss = 0.0000, W = 2.0009, b = -0.9951
```

## 第 2 章

词向量的前世今生

2

就像第 1 章中提到的那样，对于大多数自然语言处理系统来说，词是最基本的处理单位。单词组成句子，句子组成段落，最终形成更长的文章甚至书籍。要理解一篇文章，首先需要理解其中包含的单词。

最简单的办法是把单词当成字符串，根据单词拼写的相似性来确定词义的相似性。这是因为如果两个单词共享相同的汉字（对于汉语）或者相同的词根（对于英语），那么它们的含义很可能具有相似的部分。显然，这种方法过于粗糙，因为存在很多拼写相近但意思完全不同的单词。另一种方法是建设词典知识库（Lexical Knowledge Base），即让语言学家和母语者编写一个描述单词关系的网络，例如英文的 WordNet[45] 或者中文的知网（HowNet）[46]。这种方式虽然精确但是耗时耗力，难以囊括新词、热词，也不是一个好的选择。

计算机比较擅长处理数值运算，因此更好的做法是把单词嵌入到欧式空间中，使之变成高维向量，这就是词向量（Word Embedding，直译为词嵌入）。但是词向量如何得到？语言学中有一个著名的分布式假设（Distributed Hypothesis）[47]：相似上下文中出现的单词具有相似的语义。因此，通过对单词出现的上下文进行建模，我们就能描述单词本身的语义①。随着研究的深入，研究者们也开始尝试把各种粒度（例如自然语言里的单词、短语、句子等）、各种模态（例如文本、图像、语音等）的数据都嵌入到欧式空间中，甚至是嵌入同一空间中，以便完成更加复杂的任务（例如根据文字搜索图片）。

---

① 这种方式的缺陷是有时难以区分同义词和反义词。

在接下来的部分中，我们将比较不同的词向量学习算法，动手实现 Word2vec[6][7]，并可视化学习到的词向量，研究其运算性质。

2.1 文本预处理的流程

在介绍词向量之前，我们需要先对文本预处理的流程有基本的了解。文本中通常包含缩写和标点符号等标记，以汉语为代表的东亚语言在书写时通常没有表明单词之间间隔的空白标记，这些都需要提前进行处理，产生一个词的序列作为后续语义分析模型的输入。

Python 中可以选择的分词库有很多，英文常用的有 NLTK[48]，spaCy[49] 等；中文常用的有 jieba，THULAC[50]，PKUSEG[51] 等。NLTK 是一个比较老牌的自然语言处理工具包，除分词器外还集成了很多其他模块，例如语料库、句法分析等；spaCy 则刚刚崛起，以工业级的强度著称，分词速度非常快；jieba 是最早的 Python 中文分词库之一，久经考验；THULAC 和 PKUSEG 都出自高校，前者准确率高、速度快，后者则专注于为不同垂直领域的文本提供专用的分词工具。下面两个是分别用 NLTK 和 jieba 做词例化的例句，其中英文选自莎士比亚的《安东尼与克莉奥佩特拉》[52]，中文选自鲁迅的《故乡》[53]：

```
1. import nltk
2. import jieba
3.
4. sentence = "There's beggary in the love that can be reckoned."
5. tokenizer =nltk.tokenize.NLTKWordTokenizer()
6. print(tokenizer.tokenize(sentence))
7.
8. sentence = "其实地上本没有路，走的人多了，也便成了路。"
9. print(jieba.lcut(sentence))
```

在分词结果（由词例组成的列表）中，缩写 There's 被拆分成 There 和 's 两个词，所有的标点符号也被单独拆开。

```
1. ['there', "'s", 'beggary', 'in', 'the', 'love', 'that', 'can', 'be',
       'reckoned', '.']
2. ['其实', '地上', '本', '没有', '路', '，', '走', '的', '人', '多', '了', '，', '
   也', '便', '成', '了', '路', '。']
```

词例化的动机可以通过一个简单的例子来说明。假设语料库中"路"在句中或句首出现过 100 次，逗号"，"和句号"。"分别出现过 1000 次，句末紧跟标点的"路，"和"路。"各自只出现过一次，那么：

- 通过把句末单词和其后的标点拆分开，词表中将只包含"路"、逗号","和句号"。"，并且这三个词型各自分别出现过至少 100 次。
- 如果不拆分句末单词和其后的标点，那么"路，"和"路。"分别只会出现一次，同时词表中还会包含大量其他带有句末逗号","或句号"。"的出现频率很低的单词。

如果一个特征在训练集中出现的频率过低，模型将很难对它进行充分学习，这被称为数据稀疏性（Data Sparsity）问题。假如不进行这样的切分，后续的模块将不知道 There's 与 There 和 's 的关系，会把"路，"和"路。"当成两个完全不同的单词，使得待处理的词表变大，数据更加稀疏，模型参数估计更不准确。

当然，如何对语料进行处理也依赖于具体的任务。如果任务本身比较简单，就可以采取比较粗放的语料处理方式，例如仅仅根据空格来切分单词，或是直接以字为单位进行处理。

值得一提的是，很多任务上目前最先进的模型并不是以词为输入粒度的。越来越多的模型开始使用子词单元，即将单词进一步切分成词根、词缀等更小的部分。这种切分不是基于语言学家的知识，而是基于语料库中的统计量：如果语料库中某几个字符总是在一起出现，那么子词切分算法就会把它们当成一个整体来看待；否则就倾向于进一步拆分出更小的单元，直至单个字符。这种方法可以更好地利用单词的形态信息，特别是在单词形态变化较多的语言中，进一步减少数据稀疏性和未登录词（Out-Of-Vocabulary Word）[1]的出现。同时，子词单元还可以用于迁移亲属语言或者外来词的知识，实现跨语言的知识共享，例如在英德翻译中共享英文和德文的子词词表，可以让两种语言中的同源词训练得更加充分。常用的子词切分算法有字节对编码（Byte Pair Encoding）[54]和 SentencePiece[55] 等。在 2013 年左右，自然语言处理系统的词表大小经常多达上百万；而在子词单元流行开以后，常见模型只需要处理十万以内的词表。

2.2 前深度学习时代的词向量

2.2.1 独热向量

在深度学习之前，比较常用的办法就是使用独热向量（One-Hot Vector）表示词。假

---

[1] 未收录在词表中的单词。

设词表大小是 n，某个单词的 ID 是 i，那么就可以给它分配一个 n 维向量，其中第 i 维的值为 1，其他维度的值都是 0。这种表示仅仅是将单词转换成了向量，却无法有效地衡量单词之间语义的远近关系——任何两个词向量之间的距离都相等。

2.2.2　分布式表示

分布式表示则是用一个低维的、稠密的向量来表达单词的语义。潜在语义分析（Latent Semantic Analysis，亦称潜在语义索引)[56]就是一种非常典型的分布式表示方法。首先，统计语料库中每篇文档[①]中单词的出现情况，构建一个单词-文档共现矩阵 A：假设词表大小为 n，文档数量为 m，结果将是一个 $n \times m$ 的矩阵，其(i, j)元是单词 i 在文档 j 中的权重，例如词频（Term Frequency)[②]，或者 TF-IDF（Term Frequency-Inverse Document Frequency）[③]值。词表大小的范围通常是几万到百万，文档数量最多也可以达到上百万篇，因此这是一个巨大无比的矩阵。有了单词-文档共现矩阵后，自然而然地就得到了单词或者文档向量：该矩阵的每一行都可以看作一个单词的 m 维向量，每一列则代表一篇文档的 n 维向量，这就是向量空间模型（Vector Space Model)[57]。不过向量空间模型主要是为了得到文档的表示，进而完成文本检索等任务；而我们在这里重点关注单词的表示。

容易得知，单词-文档共现矩阵是极其稀疏的，因为一篇文档中往往只会出现几百到几千个单词，而词表的大小往往可以达到数万。此外，文档遣词造句的过程具有一定的随意性：作者使用了某个词却没有使用另一个词，并不意味着这两个词不相似，完全可能是偶然因素导致的。例如，某篇文档里出现了两次"深度学习"而没有出现过"机器学习"；但是，假如原作者重写一次这篇文章，他有可能使用"机器学习"一词。这也正是向量空间模型的缺点：向量空间模型认为每个术语都是独立的。更好的方式是对结果进行平滑，例如认为文章中出现了 1.8 次"深度学习"和 0.2 次"机器学习"。这里"机器学习"权重的增加就是隐藏语义挖掘的结果，其原理是其他文章中术语"机器学习"和"深度学习"的共现（Cooccurrence）导致模型学习到了这两个术语的语义相似性。在数学上，这种平滑可以通过对单词-文档共现矩阵进行低秩近似来实现，最常用的工具是

[①] 不一定理解为狭义的文档，有时也可以把一句话理解成一篇文档。

[②] 单词 i 在文档 j 中出现的次数。有时也指该值对整个语料中的词例数量归一化后的结果。

[③] 词频和倒文档频率（Inverse Document Frequency）的乘积。单词 i 的倒文档频率是 $\log D / D_i$，其中 D 是语料库中的文档总数，D_i 是包含单词 i 的文档数量。

奇异值分解（Singular Value Decomposition）[①]。

　　奇异值分解可以将矩阵分解为左奇异矩阵 U、奇异值矩阵 Σ 和右奇异矩阵 V 的乘积。如果保留原矩阵所有的奇异值（见图 2-1 白色部分），那么可以从分解后的三个矩阵中精确地恢复出原矩阵；如果只保留前 k 个奇异值及其对应的左、右奇异向量（见图 2-1 灰色部分），那么恢复出的就是原矩阵的最佳秩 k 逼近。通过设置较小的 k（人为指定的超参数，一般为几十到几百，远小于文档数 m 和词表大小 n），我们可以得到单词和文档的更紧凑的表示，挖掘到不同单词的语义联系。

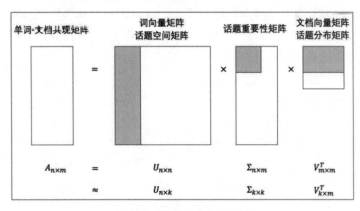

图 2-1　潜在语义分析算法

　　更具体地，左奇异矩阵 $U_{n\times k}$ 的每一行对应一个单词的 k 维词向量，相似的单词有相似的向量表示，因此该矩阵可以被称作词向量矩阵；同时，它的每一列代表一个语义类，相似的单词在同一语义类中拥有相近的权重，也即对应话题（Topic）的概念[②]，因此左奇异矩阵也被称作话题空间矩阵，超参数 k 被称作话题数。类似地，右奇异矩阵 $V_{k\times n}^T$ 的每一行代表一个话题，其中元素的含义是相应文档里该话题的权重；每一列代表一个文档的 k 维文档向量，相似的文档有相似的向量表示，可以表达文档的语义。而奇异值矩阵 $\Sigma_{k\times k}$ 是一个对角阵，只有对角线上的元素非零，用来表示单词的语义类和文档的语义类的相关性强弱。假如把近似分解后的三个矩阵相乘，就能发现恢复出的单词-文档共现矩阵很多位置不再为零，可以视为经过平滑后的单词在文档里的权重。

　　上述模型已经足以获得一个不错的稠密的低维词向量了。但是，由于没有严谨的概率基础，很多模型的参数缺乏良好的性质，例如文档中各话题的权重没有归一化等。如

[①] 近年来也有非负矩阵分解（Non-Negative Matrix Factorization）等其他方法。加上元素非负等特殊限制后，矩阵的分解结果有时具有更好的可解释性。

[②] 例如某个类别中"血压""医院""体温""糖尿病"等词权重较大，这个话题就可以被总结为"健康"或"医学"。

果沿着概率图模型的方法走下去，可以对文档的生成过程进行建模，得到一个更加可解释的生成模型（Generative Model），称作 PLSA（Probabilistic Latent Semantic Analysis，概率潜在语义分析）[58]，不过这已经超出了本章讨论的范畴。

2.3　深度学习时代的词向量

随着数据量的不断增大，很多巧妙的经典算法开始力不从心，在计算量和并行化等方面面临越来越多的挑战。梯度下降法[59]由于其简洁性和普适性，逐渐成为主流。Word2vec[6][7] 等方法也正是诞生在这样的时代背景下。

2.3.1　词向量的分类

词向量学习算法可以分为两大类，一类是基于计数的（Count-based），一类是基于预测的（Prediction-based）。顾名思义，前者统计单词及其上下文单词在语料库中的统计量，例如共现次数、互信息（Mutual Information）等，最后把这些统计量用模型压缩到稠密向量中；后者则试图从上下文中预测当前单词①，在建模时直接使用稠密的低维词向量。前者的代表算法有潜在语义分析和 GloVe[60]，后者的代表算法为 Word2vec[6][7]。尽管文献[61]声称后一类算法效果更好，但相比于算法本身，更重要的是语料的质量和规模。越是在更大规模的语料上预训练出来的模型，效果往往越好。幸运的是，这两种算法预训练的词向量在互联网上都能找到预训练好的开源版本，可以轻松用于下游任务。

GloVe[60] 算法更接近于前面已经讲过的潜在语义分析，本章将不再展开；而 Word2vec[6][7] 作为引爆自然语言处理深度学习的代表作②，本章将进行详细讲述。Word2vec 火爆的主要原因有二：一是训练速度非常快，在算法提出的那个时代（2013 年左右）即可轻松处理包含百亿单词的语料；二是发现词向量可以很好地求解单词类比（Word Analogy）任务，即形如"男人：女人=国王：？"这样的题目，让人耳目一新。对人类来说，以上题目的答案是显而易见的，即"皇后"；但对机器来说做出如此的语义推理并不简单。

Word2vec 的原版实现使用的是 C 语言，现在已经被集成到了 Python 自然语言处理

---

① 也可以反过来从当前单词去预测上下文。不过由于一个单词和它的上下文单词互为上下文，到底哪个词才是当前单词仅仅取决于观察的视角，即从以哪个单词为中心的窗口里进行观测。

② 严格来讲 Word2vec 的模型并不深，但通常该模型被视作自然语言处理中深度学习的开端。

库 Gensim[62]中。由于原版代码中有诸多对模型性能影响至关重要的细节，而且这些细节处理非常不适于在主流深度学习框架中并行实现，因此本章节包含的 Word2vec TensorFlow 实现仅供读者对照数学原理了解相应模型，而不具备工业级强度。如果希望得到一个效果足够好的词向量，笔者建议使用 Gensim 库完成训练过程。词向量的质量可以通过 t-SNE[63]和主成分分析[64]等算法可视化来直观感受，我们将在下一节里详细讨论。

有些词向量学习算法，例如使用负采样（Negative Sampling）训练的 Word2vec①，会得到两个词向量矩阵。其中一个矩阵用于建模**单词本身的含义**，往往用在模型的输入端，因此也被称作输入向量（Input Embedding），这也是通常意义的词向量；另一个矩阵用于建模**单词和其他单词搭配的能力**，因此被称作上下文向量（Context Embedding），由于该参数常常位于模型输出端，有时也被称为输出向量（Output Embedding）②。在机器翻译等任务中，让这两个矩阵共享参数是一个常用的技巧，可以使得参数训练更充分。

在绝大多数模型里，单词和向量是一一对应的。也有部分算法[65]会给一个单词学习多个词向量，以期解决一词多义问题。在 Word2vec 刚刚提出后，有一波多义词词向量的研究热潮。不过今天已经很少有人关心这个问题了，词义消歧通常由模型本身来完成，而不是先进行词义消歧然后再给多义词选择一个对应词义的词向量。尤其是在 ELMo[66]发表之后，词向量不再是一个静态的概念（每个词有一个固定的向量来代表它的含义），而是变成了动态的（每个词在文本里的每次出现都有一个实时计算出的、和当前上下文相关的向量来代表它的含义）。词向量不再是一个固定的参数，而是模型在当前输入的句子上进行前向推断的结果。这种词向量融合了句子里各个单词间的依赖关系，被称作语境化的词向量（Contextualized Embedding）。这里注意不要混淆上下文向量和语境化的词向量：前者表示的是一个词在作为别的词的上下文时的含义，仍然是静态的——无论它出现在哪个词的上下文里都取同一个向量；而后者则表达单词本身在某个具体的语境中的含义，是动态的——同一个单词在不同的句子里（甚至是同一句话里的不同出现）对应不同的向量。

2.3.2　可视化词向量

在正式学习 Word2vec 算法之前，我们可以先通过降维来直观感受一下词向量。③这

---

① 另一个常见的例子是语言模型最后的 Softmax 层前面的参数矩阵。

② 在 Word2vec 原始 C 代码中，输入向量对应数组 syn0，输出向量对应数组 syn1neg。

③ 可视化的代码详见本书配套代码 chapter2/w2v_visualization.py。

里我们使用 GoogleNews 数据集上预训练好的 300 维词向量①。取部分高频词做 t-SNE
（t-distributed Stochasic Neighbor Embedding）[63]可视化②，结果如图 2-2 所示。

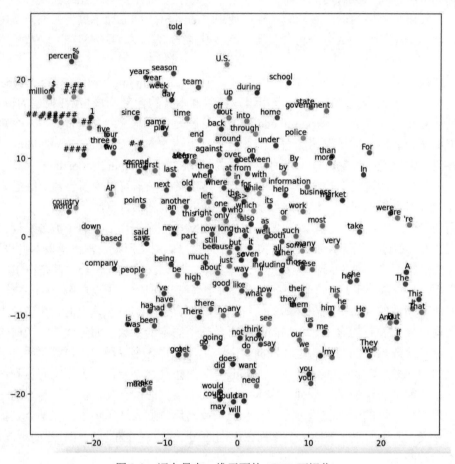

图 2-2　词向量在二维平面的 t-SNE 可视化

可以发现，图像上部有一个时间相关的单词（season，year，week 等）组成的团簇，
右下角则是一些代词（They，We，He 等）的集合。这说明词向量确实起到了度量语义
距离的作用，把语义相似的单词嵌入到了相近的位置。特别地，如果选定一些国家和首
都相关的地理名词，对这部分名词做 PCA（Principal Component Analysis，主成分分析）

---

① 可以从页面上下载，然后放到本书配套代码的 pretrained 目录下。

② 选择该算法的原因是它可以更好地保持数据的局部结构，方便观察相似单词形成的团簇。

[64]降维①，可以发现各条国家–首都的连线近似平行，如图 2-3 所示，这便是单词类比能够实现的原因。

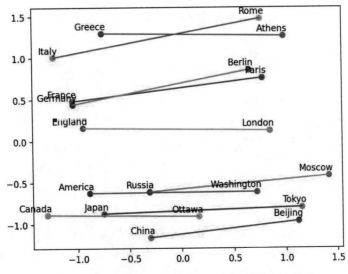

图 2-3 国家和首都的词向量在二维平面的 PCA 投影

2.3.3 词向量在下游任务中的使用

在很多自然语言处理模型中，词向量矩阵都包含了相当可观的参数量，甚至是占据了模型的绝大部分参数。因此，将大规模语料上学习好的词向量应用在下游任务里，可以极大地减轻模型学习负担，提升模型性能。在下游任务中使用预训练词向量时，可以直接把这部分参数固定住，当作模型的输入，不再参与训练；也可以用预训练好的词向量来初始化下游模型的词向量矩阵②，然后在梯度下降的过程中不断更新，以减少预训练语料和下游语料的分布差异，进一步提升模型效果。

但如果下游任务语料规模足够大，也可以不使用预训练的词向量，直接对词向量矩阵随机初始化，然后端对端（End-to-End）地学习所有模型参数。这时，词向量就成了相应模型的副产品。特别是在训练语言模型（Language Model）时，语言模型和词向量两者往往同时得到。

---

① 选择该算法的原因是它是线性的，可以更准确地反映这些数据点在最主要的两个方向上的分布情况。

② 因为更好的初始化可以加速模型收敛。

2.4　Word2vec 数学原理

本节主要包含 Word2vec 的发展脉络和数学原理。

2.4.1　语言模型及其评价

词向量和语言模型这两个术语经常一起出现，因此这里有必要对这两个概念进行澄清。词向量本章前面的部分已经介绍得差不多了，是对单词语义的建模，语言模型则是对语句概率分布的建模。通俗地讲，语言模型用于表示"一个单词的序列是否在说人话"。

从学术研究的发展来看，语言模型这一概念的内涵近年来有所扩大，从 BERT 模型[11]出现后逐渐演变成为能够建模单词之间依赖关系的任意模型。而在传统意义上，也即本节中所提到的语言模型指的则是可以建模如下信息的模型：

- 对任何一个单词的序列，能够给出一个和它相关联的概率值，表示这句话出现的概率大小。以英语为例，"thank you"这样的单词组合概率就比较大，而"you thank"这样的单词组合概率就比较小。
- 满足归一化条件：对于所有可能的单词序列，概率之和为 1。

由于单词序列是不定长的，因此常用的手法是链式分解（Chain Rule），即**通过建模给定某个上文** $w_{1:n-1}$ **时下一个单词** w_n **出现的概率** $P(w_n \mid w_{1:n-1})$ **来给出整个句子的概率**。假设有 n 个单词组成的序列 $w_1 w_2 \cdots w_n$（一般简记为 $w_{1:n}$），那么语言模型会做如下分解：

$$P(w_{1:n}) = P(w_1)P(w_2 \mid w_1) \cdots P(w_n \mid w_{1:n-1}) \tag{2-1}$$

最基本的统计语言模型是 N 元语言模型（N-gram Language Model）。gram 一词没有固定的中文翻译，视上下文而定，有可能指语音或文本中的某个粒度的组成单元。N 元语言模型引入了马尔科夫假设（Markov Assumption），认为后一个词出现的概率只与前 $N-1$ 个词有关，也即只考虑最多连续 N 个词形成的搭配。在这种简化下，一元语言模型到三元语言模型可以分别表示为：

$$
\begin{aligned}
P(w_{1:n}) &= P(w_1)P(w_2) \cdots P(w_n) \\
P(w_{1:n}) &= P(w_1)P(w_2 \mid w_1) \cdots P(w_n \mid w_{n-1}) \\
P(w_{1:n}) &= P(w_1)P(w_2 \mid w_1) \cdots P(w_n \mid w_{n-2:n-1})
\end{aligned}
\tag{2-2}
$$

从公式（2-2）中可以看到，在句子开始时，上文不足 $N-1$ 个词，概率公式中的前几

项和最后一项形式上略有差别。为了统一，通常会在句子前面添加一个或多个特殊符号 <BOS>（Begin of Sentence）来表示句子的开始，例如在二元语言模型中将 $P(w_1)$ 写为 $P(w_1|<BOS>)$。

从以上介绍中容易得知，假设词表大小为 $|V|$，那么 N 元语言模型所需的参数量为 $O(|V|^N)$，因为对于任意一种 N 个词的组合，都需要一个相应的参数来记录它的概率[①]。

在语言模型研究中，通常会给词表和句子末尾添加一个特殊单词<EOS>（End of Sentence），用来表示句子的结束。这是因为，如果不包含这一单词，某个固定长度（例如 1）的单词序列的概率和就会等于 1，无法满足所有不同长度的单词序列的概率和为 1 这一归一化条件。

评价语言模型常用的指标为困惑度（Perplexity），其定义为交叉熵的指数，数值越低说明语言模型训练得越好：

$$
\begin{aligned}
\mathrm{NLL}(w_{1:n}) &= -\frac{1}{n}\log_2 P(w_{1:n}) \\
\mathrm{PPL}(w_{1:n}) &= 2^{\mathrm{NLL}(w_{1:n})} \\
&= P(w_{1:n})^{-\frac{1}{n}} \\
&= \sqrt[n]{\frac{1}{P(w_{1:n})}} \\
&= \sqrt[n]{\prod_{i=1}^{n}\frac{1}{P(w_i \mid w_{1:i-1})}}
\end{aligned}
\tag{2-3}
$$

公式（2-3）中的第一行为模型在语料 $w_{1:n}$ 上计算出的负对数似然，在多分类的情形下与交叉熵等价；后几行则是困惑度的定义及其多种等价数学形式。如果觉得该式过于复杂，可以简单记住困惑度的物理意义：**困惑度表示的是，在平均意义下，模型对于下一个词有几种选择**。例如，假设模型的困惑度为 100，那么说明模型在处理语料 $w_{1:n}$ 的时候，在平均的意义下它认为每个位置的下一个词有 100 种合适的选法。训练好的语言模型的困惑度取值范围一般是几十到上百；对于某些特殊情况，例如有些特殊的数据集只让模型填入最后一个词，而该词在给定了很长篇幅的上文之后几乎是唯一的，那么此时语言模型的困惑度可以降低到 1~2 这样的水平，即模型认为最后一个词只有一两种填法。

---

① 归一化条件可以用来减少一小部分参数量，但不影响其数量级。

2.4.2　神经网络概率语言模型

通过预测上下文单词来学习词向量的代表作是 Yoshua Bengio 等人在 2003 年提出的神经网络概率语言模型[5]。其基本结构为只有一个隐藏层的全连接神经网络，如图 2-4 所示①。

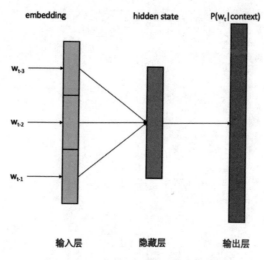

图 2-4　神经网络概率语言模型

假设要预测句子里的第 t 个单词 w_t，首先取其上文的若干个词，如图 2-4 中最左侧的 $w_{t-3:t-1}$，然后通过查表得到这些词的 ID②，然后取词向量矩阵 $C \in \mathbb{R}^{|V| \times d}$ 中相应的行即为该词的词向量③。这里有个容易引起初学者迷惑的地方：查表看上去似乎是个不可导的操作，模型怎么能够通过梯度下降学习呢？原因在于，模型训练时只需要更新词向量矩阵中的值，而不更新单词与 ID 之间的对应关系。这个查表的操作也可以理解为一次矩阵乘法——模型输入为一个维度为 $|V|$ 的独热行向量（只有单词 ID 那一维取 1），用它左乘词向量矩阵即可得到一个隐藏层向量，此时其值恰好为词向量矩阵的第单词 ID 行。这种矩阵乘法的看待视角有时更有助于理解词向量矩阵的可导性，不过实现的时候使用查表

---

① 和原文相比，这里忽略了输入层到输出层的连接。但这一细节不影响模型的主要思想。

② 单词的 ID 即它在词表里的下标。ID 和单词的映射关系在语料预处理时就已经确定了下来，并且在训练过程中始终保持不变。

③ 词向量矩阵的行数为词表大小，列数为词向量的维度，每行代表一个单词的词向量。此外 Gensim 中有 KeyedVectors 类，可以直接通过单词查询到词向量，而无须先转换成 ID。

速度会更快。

　　在解释完模型输入部分（单词到向量的映射）之后，剩下的结构和普通的多层感知机就没有太大区别了。这里先是把多个单词的词向量拼接为一个更长的向量，然后经过一次线性变换和激活函数转换为隐藏层向量。隐藏层向量再经过一次线性变换和 Softmax 函数，得到模型对每一个单词可以出现在此处的概率估计。最后通过最大似然估计学习模型参数。

　　由于输入的词向量和隐藏层通常仅仅只有几十到几百维，而词表大小少则几万维、多则数十万乃至上百万，因此隐藏层到输出层之间的线性变换是最耗费计算量的部分。要想高效学习词向量，重点便是简化这部分的计算量。这也是 Word2vec 后来取得成功的关键。

2.4.3　Word2vec 原理

　　Word2vec[6][7] 提出了两种训练模式（即从语料中构建训练样本的方式）和两种加快预测速度的方法（即快速计算目标函数的方法），两两组合一共四种算法。两种训练模式分别为连续词袋（Continuous Bag-of-Words，通常简写为 CBOW）和 Skip-Gram，两种加速预测的方法分别为层次化 Softmax（Hierarchical Softmax）和负采样，本节将逐一介绍。

1. 连续词袋

　　词袋（Bag-of-Words）模型是指把句子看作一个装着单词的袋子，只考虑单词形成的集合而不考虑其内部排列顺序。连续词袋在这里便是指用连续若干个词形成的词袋预测一个目标词的概率。和语言模型不同的是，**如果我们的目的仅仅是需要得到一个好的词向量而无须对自然语言中句子的概率分布进行建模，那么可以同时使用上下文单词作为输入，而不仅仅是上文。**

　　在表 2-1 中，第一行就是 CBOW 方法构造训练样本的一个具体例子。例句中下划线部分就是当前考虑的滑动窗口，中心词为 jumps，窗口大小为 2（从中心词开始向左右两边各延伸两个词）。从这一滑窗中构造的训练样本为 ({brown, fox, over, a}, jumps)，其中 {brown, fox, over, a} 就是一个连续词袋，是模型的输入；而中心词 jumps 的概率则是模型预测的目标。模型处理词袋中多个词的方式非常简单，只需对每个词的词向量直接求和即可。

表 2-1   CBOW 和 Skip-Gram 举例

训练模式	例句	滑动窗口中的样本	模型预测目标
CBOW	the quick <u>brown fox **jumps** over a</u> lazy dog	({brown, fox, over, a}, jumps)	P(jumps|{brown, fox, over, a})
Skip-Gram	the quick <u>brown fox **jumps** over a</u> lazy dog	(jumps, brown) (jumps, fox) (jumps, over) (jumps, a)	P(brown | jumps) × P(fox | jumps) × P(over | jumps) × P(a | jumps)

2. Skip-Gram

Skip-Gram 指的是多个（无特殊说明时一般是两个）不相邻的单词。和 CBOW 不同，Skip-Gram 训练模式仅使用一个词的词向量作为输入，预测其他同窗口内的单词的概率。例如，在表 2-1 中，以 jumps 为中心的大小为 2 的窗口可以构造出四组 Skip-Gram[①]，每一组都是一条训练样本[②]，模型通过优化目标词的概率来完成学习。

每个窗口都可以构造出一个或多个训练样本，当窗口在训练数据集上滑动时（例如从 [brown fox jumps over a] 向右滑动一格变为 [fox jumps over a lazy]），便能构造出越来越多的训练样本，交给模型进行训练。窗口在滑动过程中不要跨越句子，因为一个句子里的单词对另一个句子里的单词的预测未必有帮助。此外，接近句子边界处的滑动窗口可能左右不对称，例如以 quick 为中心的大小为 2 的窗口是 [the quick brown fox]，因为 quick 的左侧只有 the 一个词。

从形式上看，CBOW 是用上下文词预测中心词，而 Skip-Gram 则是用中心词预测上下文词，但这并非它们的根本区别，因为上下文是相对的。以 Skip-Gram 训练样本（jumps, fox）为例，假如从以 fox 为中心的窗口来看，这一样本同样变成了根据上下文单词预测中心词，和 CBOW 相同。这两种训练模式的根本区别是模型建模时使用的上下文单词的多少：CBOW 使用多个词来建模输入，Skip-Gram 仅使用一个词来建模输入。由于 CBOW 的每个样本使用了更多的输入，于是从同样的语料中构建出的训练样本数就更少，因此训练时间更短；而 Skip-Gram 对每个词进行了更多次预测和调整，因此在语料库规模较小的情况下训练更为充分，对于生僻词的学习效果也更好。

[①] 其中有些词对是相邻的，例如（jumps，over）。不过如果窗口够大，大部分目标词和中心词都是不相邻的。

[②] Word2vec 的原始实现不会保留窗口里的所有 Skip-Gram，而是随机采样的一部分。

对于词向量学习算法来说，上下文的建模过程通常比较简单，例如直接将上下文 c 中所包含的单词 u 的输入词向量 v_u 相加得到一个隐藏层向量，如公式（2-4）所示：

$$h(c) = \sum_{u \in c} v_u \tag{2-4}$$

CBOW 模式和 Skip-Gram 模式处理输入的数学公式完全相同，区别仅在于上下文单词集合 c 的大小：前者包含多个词，后者仅有一个词。

3. 层次化 Softmax

词向量训练的最直接的目标就是预测目标词 w 在其上下文 c 中的概率 $P(w|c)$。对于任一候选单词 w_i，可以用它的输出词向量 v'_w 与 $h(c)$ 计算点积，得到单词 w_i 与当前上下文相容的程度；然后经过一个 Softmax 函数转换为词表 V 上的概率分布，如公式（2-5）：

$$P(w|c) = \frac{\exp((v'_w)^T h(c))}{\sum_{w_i \in V} \exp((v'_{w_i})^T h(c))} \tag{2-5}$$

这里计算量最大的部分便是分母，需要在整个词表上计算归一化常数。考虑到模型训练时只需要计算出目标词的概率，而非整个词表上的概率分布。因此，如果能够巧妙地组织词表结构，不在整个词表上进行全局归一化，而是进行一些计算量较小的局部归一化，就有可能加速计算——这就是层次化 Softmax 的做法。

首先，将所有单词组织成树结构，让树的内部节点对应于模型参数[①]，叶子结点对应于单词，如图 2-5 便是一个词表大小 $|V|=4$ 的例子；在每个内部节点，根据隐状态 $h(c)$ 决定选择哪一个子节点，并保证局部归一化条件成立[②]，这可以通过在局部做 Softmax 归一化来实现[③]；定义每个叶节点的概率为根节点到该叶节点的所有分支的选择概率之积，例如图 2-5 下方给出了 cat 一词在模型隐状态为 $h(c)$ 时的概率的计算公式。如此定义之后，采用归纳法容易证明出所有叶节点的概率之和为 1，即满足全局归一化条件。

---

① 在 Word2vec 原始 C 代码中，树内部节点的参数保存在数组 syn1 中。

② 即树的每个内部节点转移到它的所有子节点概率之和为 1。

③ 特别地，对于二叉树可以简化为 Sigmoid 函数。

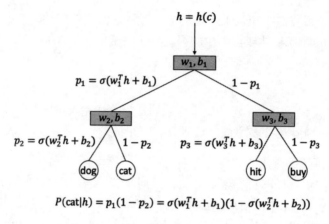

图 2-5 层次化 Softmax

在单词树构造均衡的情况下，树深度的数量级仅为叶节点数量（即单词数量）的对数，这无疑可以大大减少向量内积的计算次数。对于图 2-5 中的例子来说，如果采用原始的公式（2-5）计算单词 cat 的概率，需要进行 $|V| = 4$ 次向量内积运算；而采用层次化 Softmax 后，只需进行 $\log_2|V| = 2$ 次向量内积运算。Word2vec 使用的树结构是根据词频构建的 Huffman 树，这会导致高频词更靠近树根，能够进一步缩短平均预测路径的长度，大大加速目标词的概率计算过程①。事实上可以证明，假设词向量是完全随机的（对应于训练刚开始时的情形），Huffman 树是能够最优化 Skip-Gram 训练方式的目标函数[67]的树结构，这是采用 Huffman 树的又一合理性来源。

从以上描述中可以看出，层次化 Softmax 的前向计算逻辑较为复杂（每个单词在树上的路径都不同，导致前向计算的方式不同），不利于并行实现，所以这一算法在算力为王的今天已经不多见了。

4. 负采样

词向量学习算法的最终目的是获得足够好的单词向量表示，因此一个更激进的思路是跳过对 $P(w|c)$ 的直接估计，转而让模型学习区分真正的目标词（即从真实分布 $P(w|c)$ 采样的词）和其他随机单词（即从某个噪声分布 $Q(w|c)$ 中采样的词），进而间接达到最大化 $P(w|c)$ 的目的，这便是噪声对比估计（Noise Contrastive Estimation）[68]。

对某个样本 (c,w) 来说，噪声对比估计要优化的目标如公式（2-6）所示，其中标签

---

① 值得一提的是这种加速仅在只需要计算一个（或少数）目标词的概率时有效。如果需要得到整个词表上的概率分布，那么层次化 Softmax 和普通的 Softmax 的计算量几乎相同，因为树上的每个分支都需要计算一遍。

y=1 的含义为样本 (c, w) 来自真实分布，标签 y=0 的含义为样本 $(c, \tilde{w}_k)$ 来自噪声分布 Q，k 为负样本数。这里需要计算与噪声分布 Q 相关的期望，一般通过蒙特卡洛估计（Monte-Carlo Estimation）来实现，即采 k 个样本计算均值：

$$J(c, w) = \log P(y = 1 \mid w, c) + k \mathbb{E}_{\tilde{w}_k \sim Q}[\log P(y = 0 \mid \tilde{w}_k, c)] \tag{2-6}$$

噪声对比估计具有很好的理论性质，有研究[68]证明了当负样本个数逐渐增大时，噪声对比估计产生的梯度方向将和 Softmax 产生的梯度方向趋于一致，同时实验表明采样 25 个负样本一般已经足够好了。

对公式（2-6）右侧展开后可以发现，后验概率 $\log P(y = 1 \mid w, c)$ 的值与噪声分布 Q 有关，计算较为复杂。负采样则在此基础上做了进一步简化，认定 $kQ(w) = 1$，于是得到了如下更简单的参数化方式：

$$P(y = 1 \mid w, c) = \sigma(h^T v'_w) = \frac{1}{1 + \exp(-h^T v'_w)} \tag{2-7}$$

负采样算法的这一假设仅当噪声分布为词表上的均匀分布且负样本数为词表大小时为真，因此不具备和噪声对比估计一样的理论性质。但假如目的仅仅是为了学习词向量而不是近似目标词的分布，负采样所做的这一简化则完全可以胜任。

和层次化 Softmax 相比，负采样算法的计算过程更加规整，因此更便于在显卡上实现。

5. Word2vec 的其他实现技巧

前面几节中已经讲完了 Word2vec 的基本原理，然而实践中还有很多实现细节和技巧对词向量学习效果同样重要。原论文代码中少数几个技巧列举如下（其中有些较难在显卡上实现）：

● 负采样所使用的分布：根据单词在语料里的一元词频分布的 3/4 次方采样。最直接的噪声分布自然是一元词频分布本身，但是由于语料中词频分布极不均匀①，直接从该分布中采负样本将导致低频词被采样到的概率过低，影响训练效果。通过取 3/4 次方②，可以提升低频词被训练到的次数。这一技巧在 GloVe[60]中同样被用到，后者还设置了一个截断频率，认为词频超过该值的单词权重都相等。

● 降采样（Subsampling）：构造训练样本时以一定概率舍弃高频词，且词频越高

---

① 单词词频分布服从齐夫定律（Zipf's Law）：每个单词出现的频率与它在语料库里的频次排名的常数次幂成反比。该分布也叫齐夫分布（Zipf Distribution）。

② 即图像处理中常用的伽马校正（Gamma Correction），用于提升图像的暗部细节。

舍弃概率越大。原理同上。

- 随机窗口大小：代码中所使用的窗口大小并非一个固定值，而是在 1 和最大窗口大小之间随机波动。这是因为单词更有可能和离他更近的上下文词关系更密切，因此对较近的单词采样更加频繁。
- 学习率退火：随着训练的进行逐渐减小学习率，直到达到某个较小的学习率后保持不变。因为到训练后期，词向量已经收敛得差不多了，过高的学习率容易引起损失函数震荡，影响学习效果。事实上学习率退火算法在很多深度学习任务中都会用到。

2.5　用 TensorFlow 实现 Word2vec

有了前面铺垫的理论知识，用 TensorFlow 搭建模型训练词向量就成了顺理成章的事情。这里以 Skip-Gram 和负采样为例，讲解如何在 TensorFlow 中实现词向量的训练。

2.5.1　数据准备

这里采用的示例语料为 Penn TreeBank 语料。该语料通常用于语言模型的训练，已经预先做好了词例化、未登录词替换等处理。其格式为每行一句话，词表共包含一万个词。首先通过 tf.data.TextLineDataset 将生语料读进来并过滤空行，然后使用 Keras 提供的 TextVectorization 层来对句子进行空格分词，并把单词（即字符串）映射为整数以便后续处理（例如查找词向量矩阵的某一行、预测目标词属于哪个类别等）。TextVectorization 的应用分为两步：第一步，调用 adapt 方法（类似于 Keras 模型的 fit），让语料通过该层，以构建适配当前语料的词表；第二步，在数据集中应用该层，产生相应的变换（分词和 ID 映射）。代码如下：

```
from tensorflow.keras.layers.experimental.preprocessing import
TextVectorization
path_to_corpus = '../datasets/ptb/ptb.train.txt'
text_ds = tf.data.TextLineDataset(path_to_corpus).\
  filter(lambda x: tf.cast(tf.strings.length(x), bool))

# 处理字符串和整数（单词 ID）转换关系的类
vectorize_layer = TextVectorization(
  standardize=None,
  output_mode='int',
  output_sequence_length=None)
```

```
# 完整地遍历一轮训练数据以获得词表
vectorize_layer.adapt(text_ds.batch(1024))
inverse_vocab = vectorize_layer.get_vocabulary()
vocab_size = len(inverse_vocab)
print(len(inverse_vocab), inverse_vocab[:20])

# 将 text_ds 中的数据从字符串类型转换为整数类型
text_vector_ds = text_ds.batch(1024).prefetch(AUTOTUNE).\
  map(vectorize_layer).unbatch()
sequences = list(text_vector_ds.as_numpy_iterator())
print(len(sequences))
print(f"{sequences[0]} => {[inverse_vocab[i] for i in sequences[0]]}")
```

将语料表示为单词 ID 的序列之后，我们便可以进行进一步处理，得到词向量训练所需的样本了，即三元组 <当前词 ID，上下文词 ID，1> 和 <当前词，负样本词，0>，其中 1 和 0 分别为正、负样本的标签。tensorflow.keras.preprocessing.sequence.skipgrams 提供了从句子中生成 Skip-Gram 元组的简单方法：遍历语料中的所有句子，并使用这一方法得到正样本；对于某个正样本<当前词 ID，上下文词 ID>，再使用 tf.random.log_uniform_candidate_sampler 从齐夫分布中采样多个负样本，再将正负样本的标签分别置为 1 和 0 并保存，就完成了对当前 Skip-Gram 的处理过程。如此循环迭代，直至处理完全部语料，将三元组中的三个元素分别保存在三个列表中，如以下代码所示：

```
def generate_training_data(sequences, window_size, num_ns, vocab_size,
seed):
  targets, contexts, labels = [], [], []
  sampling_table = keras_seq.make_sampling_table(vocab_size)

  for sequence in tqdm.tqdm(sequences):
    # 形如 (target_id, context_id) 的元素对组成的列表
    positive_skip_grams, _ = keras_seq.skipgrams(
      sequence,
      vocabulary_size=vocab_size,
      sampling_table=sampling_table,
      window_size=window_size,
      negative_samples=0)

    # 逐一生成负样本
    for target_word, context_word in positive_skip_grams:
      context_class = tf.expand_dims(
        tf.constant([context_word], dtype="int64"), 1)
      # [num_ns]
      negative_sampling_candidates, _, _ = \
        tf.random.log_uniform_candidate_sampler(
          true_classes=context_class,
          num_true=1,
          num_sampled=num_ns,
```

```
                unique=True,
                range_max=vocab_size,
                seed=seed,
                name="negative_sampling")

        # [num_ns, 1]
        negative_sampling_candidates = tf.expand_dims(
          negative_sampling_candidates, 1)
        # [1+num_ns, 1]
        context = tf.concat([context_class,
negative_sampling_candidates], 0)
        label = tf.constant([1.] + [0.] * num_ns, dtype="float32")

        # 完成对目标词 target_word 的采样过程
        targets.append(tf.constant([target_word]))
        contexts.append(context)
        labels.append(label)
    return targets, contexts, labels
```

在 TensorFlow 中，更常用的数据输入形式是 tf.data.Dataset，因为可以在其中对数据进行流式变换、多个数据集拼接、完成预取或者缓存等逻辑，或是在大型数据集无法载入内存时将读数据的进程和模型训练的进程进行分离以提高效率。因此，我们进一步从三个列表中构造一个 tf.data.Dataset 对象，作为最终的模型输入，代码如下：

```
BATCH_SIZE = 1024
BUFFER_SIZE = 10000
dataset = tf.data.Dataset.from_tensor_slices(((targets, contexts),
labels))
dataset = dataset.shuffle(BUFFER_SIZE).batch(BATCH_SIZE,
drop_remainder=True)
dataset = dataset.cache().prefetch(buffer_size=AUTOTUNE)
# <PrefetchDataset shapes: (((B, 1), (B, 1+num_ns, 1)), (B, 1+num_ns))>
print(dataset)
```

2.5.2　模型构建及训练

Word2vec 模型较为简单，只有两个参数：一个输入词向量矩阵（对应代码中的变量 target_embedding）和一个输出词向量矩阵（对应代码中的变量 context_embedding）。训练完成后，前者就是我们通常用到的词向量，后者则往往被丢弃。模型在进行前向计算时，首先查表获得当前词和上下文词（含负样本词）的词向量，然后将它们两两配对计算内积，并将结果摊平为二维张量以和标签的形状匹配，方便计算损失函数。代码如下：

```
class Word2Vec(Model):
  def __init__(self, vocab_size, embedding_dim, num_ns):
    super(Word2Vec, self).__init__()
```

```
    self.target_embedding = Embedding(vocab_size,
                                      embedding_dim,
                                      input_length=1,
                                      name="w2v_embedding")
    self.context_embedding = Embedding(vocab_size,
                                       embedding_dim,
                                       input_length=num_ns + 1)
    self.dots = Dot(axes=(3, 2))
    self.flatten = Flatten()

  def call(self, pair):
    target_word, context_word = pair  # [B, 1], [B, 1+num_ns, 1]
    word_emb = self.target_embedding(target_word)  # [B, 1, D]
    context_emb = self.context_embedding(context_word)  # [B, 1+num_ns, 1, D]
    dots = self.dots([context_emb, word_emb])  # [B, 1+num_ns, 1, 1]
    return self.flatten(dots)  # [B, 1+num_ns]
```

损失函数即为前面所描述的正负样本的对数似然，在 TensorFlow 中可以比较方便地使用交叉熵实现，代码如下：

```
def custom_loss(y_true, y_pred):
  return tf.nn.sigmoid_cross_entropy_with_logits(logits=y_pred, labels=
y_true)

w2v = Word2Vec(vocab_size=vocab_size, embedding_dim=embedding_dim,
               num_ns=num_ns)
w2v.compile(optimizer='adam', loss=custom_loss, metrics=['accuracy'])
w2v.fit(dataset, epochs=50)
```

至此全部模型代码已经完成，运行后可以发现，模型的预测准确率不断上升，并且可以超过 80%。

2.5.3　词向量评估与 Gensim 实践

在 2.5.2 节中，我们通过监控训练过程中模型预测的准确率来了解训练进度，然而这并非一个好的词向量评价方法。分类问题只是用作代理的训练目标，却无法告诉我们词向量的"本职工作"完成得有多好。即：相似的单词是否拥有相似的词向量？词向量在空间中的分布情况是否符合我们的预期？

如果想要对词向量的质量获得一个直观的体验，可以使用一些降维算法将词向量降至二维或三维，如同 2.3.2 节中展示的那样；也可将词向量按照一定的格式写入 Tensorboard 中进行旋转坐标轴、查询某个单词的近邻词等交互操作。

词向量的量化评估大体分为内在评估（Intrinsic Evaluation）和外在评估（Extrinsic Evaluation）两类，前者是指直接评价词向量的空间分布情况，典型代表如词汇相似性

（Word Similarity）[①]、单词类比等任务；后者是指用训练好的词向量对下游任务（例如词性标注）的模型进行初始化，通过下游任务的指标（例如 F1 分数）来指示词向量的质量——下游任务指标越好，说明模型初始化越好，词向量中包含的知识越多。如果想要详细了解各种词向量质量评价方法，可以参考综述文献[69]。

　　幸运的是，Gensim 中已经集成了预训练词向量的读取和评估方法，可以很方便地调用。这里我们借助前述提到的 GoogleNews 预训练词向量展示一下单词类比任务的测评过程。首先将下载好的预训练词向量存放在 pretrained 目录下，然后将其加载为一个 gensim.models.keyedvectors.KeyedVectors——该类提供的接口可以直接通过单词来查询它的词向量，就像使用 Python 中的字典对象一样。代码如下：

```
from gensim.models.keyedvectors import KeyedVectors

vectors = KeyedVectors.load_word2vec_format(
  '../pretrained/w2v/GoogleNews-vectors-negative300.bin',
  binary=True, limit=50000)
print('hello =', vectors['hello'])
```

　　如果想查询和某个单词最相似的单词，可以调用 most_similar()函数，将待查询的词设置为 positive 列表中的唯一元素即可，例如下面代码示例中的 cat 一词；而如果想要进行算术运算，例如找到满足等式"king – man = ?-woman"的单词，可以先对等式进行移项，得到候选单词的表达式"? = king + woman-man"，然后找和 king/woman 相似（即放入 positive 列表中）、并且和 man 不相似（即放入 negative 列表中）的单词。以下两条语句的运行结果分别为 cats/dog/kitten 和 queen/monarch/princess（这里忽略了相似度数值，只列出单词），确实与人类对这些词词义的理解相吻合。

```
print('cat', vectors.most_similar(positive=['cat'], topn=3))
print('king + woman - man = ?',
      vectors.most_similar(positive=['king', 'woman'],
                           negative=['man'], topn=3))
```

　　most_similar()函数的实现也非常简单，我们甚至可以从零开始手动实现：首先查询 positive 列表和 negative 列表中每个单词的词向量并让它们求和（对于 positive 列表中的词是相加，对于 negative 列表中的词则是相减），得到一个新的词向量，然后在词向量矩阵中查找和这个新的词向量最接近的向量，返回对应的单词。不过，这里有相当多的细节可以进一步提高结果的准确性，例如将所有词向量的模长进行归一化、查找最接近词向量时剔除掉 positive 和 negative 列表中的词等——这两个细节组合起来便是文献[70]

[①] 通常做法为选取很多对单词，分别让模型和人类给出每对词的相似度，计算这两个相似度序列的相关性，相关性越高越好。

提到的 3CosAdd，也是早些年用得最多的方法。但是，假如采取其他相似度度量方式，例如文献[70]提到的 3CosMul，则可以获得更好的单词类比准确率，尤其是对一些质量较差的词向量提升更为显著。

Tomas Mikolov 随着他著名的 Word2vec 论文[6][7]同时发布了单词类比数据集①，词向量在这一数据集上的准确率便是词向量质量的一个很好的评价指标。这一数据集包含了名词单复数、动词时态、动词人称等语法变化，也包含了国家首都、国家货币、家庭成员等语义知识，共计上万个词对。遍历这一数据集，反复调用 most_similar() 函数便可获得词向量在整个测试集上的表现。不过 KeyedVectors 类提供了一个更好用的方法 evaluate_word_analogies() 来代替我们完成这些烦琐的工作，并且分门别类地打印每种具体的类比测试的结果，代码如下：

```
analogy_file = '../datasets/w2v/questions-words.txt'
result = vectors.evaluate_word_analogies(analogy_file)
print('Analogy accuracy:', result[0])
for section_result in result[1]:
  print('section name:', section_result['section'],
        ', correct:', section_result['correct'])
```

最终可以看到，GoogleNews 上预训练的 300 维词向量，在单词类比任务上的准确率是 75.6%，这是一个相当不错的成绩。

本章前面部分曾提到，有很多词向量训练的细节难以在 TensorFlow 中完全复现，导致影响词向量质量。如果需要训练词向量②，最好的方法是直接使用原始的 C 代码，或者使用 Gensim 封装的版本。Gensim 更加易用，并且也支持读取和保存为与原始 C 代码兼容的格式，这里稍作介绍：

语料同样采用先前用过的 ptb.train.txt。在构建 Word2vec 模型时需要指定很多超参数：语料路径 corpus_file③、训练时保留单词的最低词频 min_count、最大窗口大小 window、词向量维度 vector_size、高频词降采样的相对词频阈值 sample、初始学习率 alpha 及最终学习率 min_alpha、每个窗口产生的负样本数 negative、训练所用线程数 workers。设置完毕后调用 train() 方法训练即可，代码如下：

```
from gensim.models import word2vec
```

① 可以从网页上下载。压缩包中包含 Word2vec 的 C 代码，以及其他很多小工具。这里我们需要的只是数据文件 questions-words.txt，放到 datasets/w2v 目录下即可。

② 自然语言处理领域现在已经很少专门单独训练词向量了，一般都是直接在训练下游任务模型的过程中直接端对端地学习包括词向量矩阵在内的所有模型参数。不过词向量的思想还可以应用在其他领域中，例如将电商平台的物品当成单词，用户对物品的浏览、点击等行为当做句子，使用 Word2vec 算法训练物品向量。

③ 语料需要符合 gensim.models.word2vec.LineSentence 类的要求：每行一句话、空格分词。我们使用的语料显然符合条件。

```
# 训练一个 Skip-Gram 模型
corpus_file = "../datasets/ptb/ptb.train.txt"
model = word2vec.Word2Vec(corpus_file=corpus_file,
                          min_count=100,  # 丢弃低频词
                          window=5,  # 最大窗口大小
                          vector_size=50,  # 词向量维度
                          sample=6e-5,  # 高频词降采样的截断数值
                          alpha=0.03,  # 初始学习率
                          min_alpha=0.0007,  # 最终学习率
                          negative=2,  # 负样本数量
                          workers=8,  # 工作进程数量
                          seed=1234)

t = time()
model.train(corpus_file=corpus_file, total_examples=model.corpus_count,
            epochs=50, total_words=model.corpus_total_words, report_del
ay=1)
print('Time to train the model: {} mins'.format(round((time() - t) / 60
, 2)))

analogy_file = '../datasets/w2v/questions-words.txt'
result = model.wv.evaluate_word_analogies(analogy_file)
print('Analogy accuracy:', result[0])
for section_result in result[1]:
  print('section name:', section_result['section'],
        ', correct:', section_result['correct'])
```

　　以上代码可以在一分钟内结束训练，达到大约 22.6%的类比准确率——这和前面提到的预训练词向量相比还有较大差距，这主要是由语料规模太小、训练不充分造成的。关于如何训练好一个词向量，文献[71]中有非常详尽的实验和论述，建议读者进行参考。几点比较实用的结论为：

- 50 维的词向量已经足够大多数任务使用了。
- 语料规模较小时使用 Skip-Gram 这样的简单模型效果较好。
- 语料的领域相关性比规模更重要。

　　后来，学术界又发展出一些多义词向量的学习方法[72]，即给每个单词分配多个词向量，用每个词向量代表了它的一个义项；或者是通过单词内部的字母组合来增强词向量的方法[73]，这些方法可能对于合成词有独特的效果。不过现在看来，这些魔改词向量的浪潮都已经过去了，给每个子词学习一个向量，然后使用超大容量的模型来学习文本内部的结构已经成为了一种标准做法，现在很少有人再去纠结如何设计更精巧的词向量学习算法了。

## 第 3 章

循环神经网络之一：
输入和输出

3

　　掌握单词建模方法之后，下一个目标自然是序列建模——这时我们才正式进入本书的主题——序列模型。在处理由单词组成的句子时，最简单的做法是直接对各个单词的表示取平均，由此得到句子的表示，进而完成文本分类等任务。这种做法忽略了单词的顺序信息，是一种词袋模型。文献[74]估计，文本中约 20%的信息来源于词序，80%的信息来源于单词的选择。因此当任务较为简单时，忽略词序带来的信息损失不会产生特别严重的影响，词袋模型往往足以取得良好的效果①。如果在词向量汇总时进行恰当的加权，效果更是出人意料的好，例如 SIF 句向量[75]。此外，如果把 N-Gram 也加入词表中，词袋模型也能够具有部分表征语序信息的能力，典型代表如 FastText[76]。

　　但当需要完成更为复杂的文本处理任务时，简单平均的方法就开始显得力不从心了，此时可以使用循环神经网络（Recurrent Neural Network，通常简写为 RNN）。循环神经网络是一类非常经典的序列模型，几十年来长盛不衰，直到近年来大规模预训练模型的出现后才稍显逊色。作为本书中引入循环神经网络的第一部分，本章将首先介绍循环神经网络的各种用法示例，然后讲解 TensorFlow 中循环神经网络相关模块的组织结构，最后展示几种常见的循环神经网络单元的内部结构和实现。

---

① 一个经典的例子是垃圾邮件分类的朴素贝叶斯（Naïve Bayes）算法。朴素贝叶斯算法不是深度学习模型，没有用到词向量，不过该算法没有考虑词序信息，因而也属于词袋模型。

3.1 循环神经网络的输入和输出

对初学者来说，循环神经网络常常让人感到困惑的点在于输入和输出的形状。带来这一困惑的原因在于循环神经网络的使用灵活性：循环神经网络常常用于处理时序数据，输入数据本身可能就不定长；输出数据的形状往往也随着任务变化而变化，有时对于一个序列只有一个输出（例如文本分类），有时输入和输出长度相等（例如词性标注），有时又能产生任意变长的输出（例如文本生成）。此外，循环神经网络的状态和输出这两个概念也极易产生混淆，两者似乎有时相同有时又不同。

理清这些问题的要点在于：

- 从动态系统（Dynamical System）的角度来理解循环神经网络，弄清楚状态和输出的含义。
- 理解循环神经网络在元胞级别和序列级别的两层抽象，及其应用于各种任务时对输入和输出所做的额外处理。

本节将详细解释以上两点，以说明循环神经网络在各种应用场景下的输入和输出格式。

3.1.1 循环神经网络的状态与输出

循环神经网络，顾名思义，需要将同样的函数变换循环使用多次。这里的循环是指在时间轴上循环，将同样的参数、同样的计算流程应用于序列的每一个时间步（例如自然语言里的每一个词），并在每个时间步都得到一个输出结果。因此，在最朴素的情况下，循环神经网络模型的输入和输出序列是等长的。如果读者熟悉控制理论的相关知识，从这里能够看出，循环神经网络模型是离散时间（Discrete Time）的时不变系统（Time-Invariant Dynamical System）。因此，本章后续部分可能会交叉使用系统和模型两个术语。

图 3-1 展现了循环神经网络的详细计算流程。该图上半部分表示单步计算的经过：在任意时刻 t，循环神经网络的输入都是一个向量 x_t（例如在自然语言处理中，每个时间步 t 输入一个单词的词向量）；网络的状态 s_t 用于记录模型认为对自己未来预测有帮助的内容（例如在情感分析中，模型可能会选择记录一些能够反映情感倾向的词以及转折连词）。在最简单的情况下，网络的状态可以用一个向量来表达；在有些情况下，网络

的状态可能表达为向量的元组甚至更复杂的嵌套结构。不同结构的循环神经网络有着不同的内部计算流程，对应于图片中间部分的圆角矩形；假如需要实现自定义内部计算流程的循环神经网络，可以通过重载 tf.keras.layers.AbstractRNNCell 或其基类的 call()方法实现。经过复杂的内部计算之后，一部分结果传递给网络更上层的部分，用于进一步提取和变换序列信息，并预测最终结果——这一部分称作输出 y_t；而另一部分结果则留下来，继续参与下一时间步的运算过程，记录了系统的状态变化情况（例如在情感分析中，如果当前词能够反映消极或积极的情绪，则对系统当前状态进行更新）——这一部分便是新的系统状态 s_{t+1}，通常和之前的状态 s_t 形状相同。在很多循环神经网络的实例中，状态和输出是相同的向量；但也有很多例子中状态和输出有所区别，本章后续部分会重点介绍。当完成一个时间步的计算之后，模型可以继续读取新的输入（例如下一个词的词向量），重复之前的计算流程，循环往复，直至序列结束，最终得到一个和输入序列等长的输出序列，以及一个最终状态向量 s_T，如图 3-1 下半部分所示。这一工作过程听上去有点像有限状态自动机，事实上循环神经网络确实也可以模拟有限状态自动机[77]。

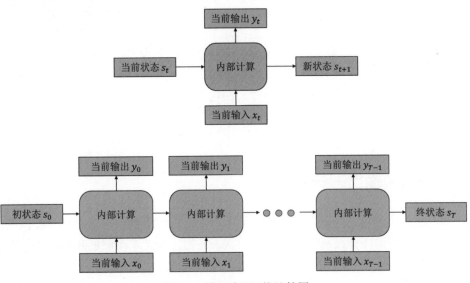

图 3-1　循环神经网络计算图

状态和输出常常令初学者感到迷惑，这里的要点是：状态反映了系统的历史"记忆"，会影响到系统后续的行为；输出则是无记忆的，仅仅是当前时刻的行为，不再影响未来。
在动态系统的状态空间模型中，系统状态的演化和输出的计算分别由两个方程指定，这使得状态和输出区别更为清楚[①]；而循环神经网络的内部计算流程在深度学习框架中一般只用一个函数来实现，该函数接受一个输入和一个状态作为参数，并返回一个输出和新的状态，此处可以参考 tf.keras.layers.AbstractRNNCell 的接口和文档。

如果觉得上面的论述还是有些抽象，这里不妨参考两个多位整数相加的例子：假设我们需要计算 658+324，通常会列竖式从右到左逐位计算。我们把每一位的计算过程当成一个时间步，由于低位是否产生进位会对高位求和产生影响，并且这是低位运算结果唯一能够影响高位运算结果的方式，因此我们取进位的值作为状态，初始状态为 0（因为个位没有来自更低位的进位）。在计算个位之和时，$8+4+0=12$，所以个位的输出是 2（求和结果的个位数），然后将系统状态更新为 1（个位求和超过 10，产生了一个进位）；接下来，在计算十位之和时，$5+2+1=8$，于是此时系统输出为 8（求和结果的十位数），状态更新为 0（十位求和没有超过 10，不产生进位）。在这个例子里，状态和输出显然是两种不同的东西。在自然语言处理中，可以参考一个更接地气的例子：语言模型在处理句子“我/来自/中国/, /我/的/母语/是/汉语”时，完全有可能在读到“中国”一词时把该词的信息记录在状态里，但是这一步的输出却不包含或是较少包含“中国”相关的信息——语言模型需要做的是预测下一个词的概率，此时最有可能的下一个词是标点符号或者省份名称等；而当模型读到“是”时，为了给出这一步的输出，它需要检索出自身状态向量中包含的“中国”以及“母语”这两个词中的信息，才能准确地预测到下一个词大概率是“汉语”。同样，在这个例子里，状态与输出并不相同——**输出是和当前预测最相关的信息，而状态则是模型的所有历史记忆，包含对未来预测有用的信息。**

3.1.2　输入和输出一一对应

在明白状态和输出的区别之后，我们终于可以给出大多数情况下循环神经网络的输入和输出形状了：循环神经网络从一个起始状态开始，接受 T 个时间步的输入，得到同样长度（即 T 个时间步）的输出，并返回一个最终状态。具体而言：

- 起始状态通常固定为全零张量，表示模型刚开始运算，记忆一片空白。也可以把起始状态设置为模型参数，和其他模型参数一样通过梯度下降等方法学习和更新。还有一种做法是手动指定起始状态：如果训练序列过长（例如一部长篇小说可能包含数百万字），训练时往往需要将输入截断，然后逐段输入给模型（序

[①] 不过动态系统的状态一般取最小的独立变量组；循环神经网络学到的状态往往有冗余。

列太长对显存大小等硬件条件和反向传播等优化算法来说都是巨大的挑战）；这时通常将前一段的最终状态作为后一段的起始状态（这一功能在 TensorFlow 相关 API 中被命名为 stateful 参数），以保证模型的记忆不中断，同时模型训练又可以在较短的序列上逐段进行，使参数学习变得更加可行。TensorFlow 中通过 state_size 来指定单个时间步的状态的形状。

- 每一步的输入往往是一个向量，例如在自然语言处理中，通常把一个句子当成单词的序列，每个时间步对应一个单词，该时间步的输入就是相应单词的词向量。不过，时间步的划分并不唯一，例如同样可以将句子视为字符的序列，每个时间步对应一个字符，输入为字符向量。在有些较为复杂的情形下（例如多个循环神经网络相拼接时），每个时间步的输入也可能不是向量，而是更为复杂的嵌套结构。

- 每一步的输出往往也是一个向量。输出向量和输入向量的维度不必相同，但个数一定相同——都是序列的长度，即总的时间步数。在有些较为复杂的情形下，循环神经网络的输出也可以不是向量，而是更为复杂的嵌套结构。循环神经网络的输出往往会参与损失函数的计算。TensorFlow 中通过 output_size 来指定单个时间步的输出的形状。

- 最终状态一般也是一个向量。不过在有些较为复杂的情形下，循环神经网络的输出可能是更为复杂的嵌套结构。最终状态通常要么被丢弃，要么作为网络其他部分的输入使用，而不直接参与损失函数的计算。关于这一点，本章后面会有更多的例子来进行说明。

符合该输入和输出一一对应模式的典型任务是词性标注：模型读入一个句子后，预测出每个词最有可能的词性。图 3-1 下半部分就是这种模式的示意图。

3.1.3 一对多和多对一

除了典型的输入和输出一一对应的情形以外，循环神经网络最常见的应用模式就是单输入多输出和多输入单输出。前者对应于一部分序列生成任务，例如图像字幕生成（Image Captioning）；后者对应于序列分类任务，例如情感分析等。

对于单输入多输出的情形，通常将给定的单输入（例如在图像字幕生成中，可能是图像经过卷积神经网络后提取出来的特征向量）作为最开始的那个时间步的输入 x_0，而在后续所有时间步给网络输入零信息（全零向量）；另一种方法是将给定的单输入复制多份，在每个时间步都把它重复输入给模型。此外还有一种做法，就是将输出序列错位移动一个时间步，将前一步的输出作为后一步的输入。注意这种做法在训练和测试时有所差异：模型训练时可以使用教师强迫（Teacher Forcing），即直接使用真实的、前一步输出的标签作为后一步的输入；而推断时因为前一步的真实输出未知，所以只能以模型前一步的预测结果[①]作为后一步的输入。这种差异被称作暴露偏差（Exposure Bias）。通过以上这些处理手段，便可以实现一对多的变长序列处理，如图 3-2 上半部分所示。

对于多输入单输出的情形，通常是在输出端取循环神经网络最后一个时间步的输出（因为这一时间步的输出依赖于输入序列的所有时间步，可以认为包含了神经网络对整个序列综合处理之后的全局信息），而将之前时间步的输出全部丢弃，如此便实现了多对一的变长序列处理，如图 3-2 下半部分所示。

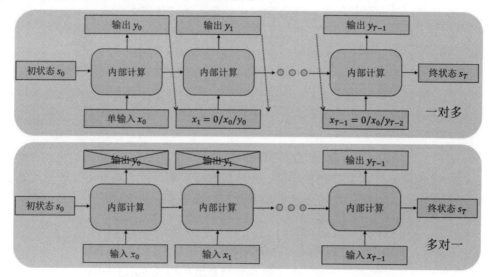

图 3-2　一对多和多对一

3.1.4　任意长度的输入和输出

在最为复杂的情况下，神经网络的输入和输出都有多个时间步，并且两者没有固定的对应关系，长度也可能不同。常见的应用场景有机器翻译和语音识别等。以机器翻译为例，源语言和目标语言可能有不同的单词数量，语序也可能在局部或全局有所差异。

这一问题被称作序列到序列学习（Sequence-to-Sequence Learning），一般通过使用

[①] 在目标序列离散（例如单词序列）的情况下，一般是从前一步的预测结果中进行采样得到后一步的输出。本书后续章节会对不同的采样方法进行介绍。

两个不同的 RNN 来解决。第一个 RNN 称作编码器（Encoder），用于处理源序列，提取源序列中的语义并保存在其最终状态向量中；第二个 RNN 称作解码器（Decoder），负责从第一个 RNN 的编码结果（最终状态向量）中解码出目标序列。其中，前一个 RNN 的所有输出都被忽略，不直接参与损失函数的计算；而后一个 RNN 则采用教师强迫的方法进行训练，它的输出参与损失函数的计算；最终通过梯度下降的方式同时更新两个 RNN 的参数。

因此，这种序列到序列学习有点像多对一和一对多两种 RNN 应用模式拼接的结果，如图 3-3 所示。

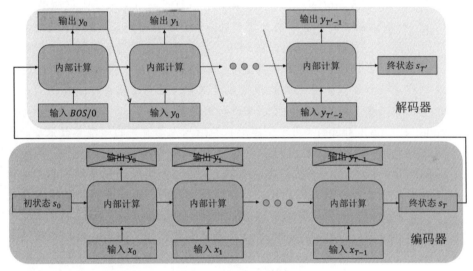

图 3-3　序列到序列学习

当然，图 3-3 仅仅是对序列到序列学习最简单的说明，远非最先进的模型架构。该模型将变长的源序列的信息都编码到一个定长的状态向量中，因此缺点是显而易见的：当源序列较长时，模型捕捉序列细节的能力就会下降，导致拟合能力下降。本书后续章节会有更优的模型结构的相关讨论。

3.2　区分 RNN 和 RNNCell

有了 3.1 节的基础，区分 RNN 和 RNNCell 便成了水到渠成的事情。在 TensorFlow 中，和循环神经网络相关的模块大致分为两个抽象层次：

- RNNCell：描述循环神经网络在单个时间步内所做的计算。
- RNN：描述循环神经网络在整个序列（多个时间步）上所做的计算。

本节将详细介绍这两类模块的接口规范和继承关系。

3.2.1　基类 Layer

TensorFlow 中所有神经网络模块都继承自 tf.keras.layers.Layer（本节中简称为 Layer），循环神经网络的相关模块自然也不例外。Layer 类有以下几个较为重要的方法：

- __init__()：该函数的参数一般为模型的各种超参数（例如隐藏层大小、参数初始化方法等），在对象初始化时被调用。函数体的内容为初始化相关逻辑，例如将必要的超参数记录为类的成员变量，以便后续使用；同时调用 add_weight()方法创建形状和输入张量无关的模型参数张量。注意这里并非创建所有模型参数张量，原因在下面的 build()方法中进行解释。

- build(self, input_shape)：用于创建形状和输入张量有关的模型参数张量。大部分常见的神经网络模块参数形状和输入、输出都有关，例如全连接层。然而 TensorFlow 在__init__()的参数列表中一般只传入其输出张量形状的相关信息，这是因为神经网络里大部分模块都是顺序衔接的，后一个模块的输入就是前一个模块的输出，其形状框架可以自动推断出来。如果在__init__()方法里同时指定输入和输出的形状信息，既显得冗余又容易出错。但是，自动维度推断虽然方便易用，却有着延迟的代价：在__init__()方法里，模块无法获得足够的信息推断出所有参数的形状，于是不得不把一部分参数的创建推迟到各个网络模块相互衔接的时候(例如第一次完整地前向传播时)。build()方法就在这时被调用，同时将成员变量 self.built 设置为 True，表示整个网络模块的所有参数已经创建完毕。

- call(self, inputs, *args, **kwargs)：该方法中定义了模型前向计算的逻辑。Layer 对象是 Python 中的可调用对象（Callable Object），而可调用的 Python 对象都有一个__call__() 方法。Layer 对象的 call() 方法和可调用对象的__call__()方法名称非常相似，这两者的关系是：后者会调用前者，并在调用前后进行一些额外的处理工作。假设 model 是一个 TensorFlow 神经网络模块，x 是一个张量，那么可以通过 model(x) 来方便地得到该模块在输入张量 x 上的前向计算结果，这一步是在调用 model.__call__(x)。在 model.__call__(x) 的执行过程中，首先会做一些数据类型核验和预处理工作，例如将 numpy 数组转换为 TensorFlow 张量，处理变长输入的掩码，以及检查该模块的参数是否已经创建完毕（如果没有则调用 self.build() 方法进行创建）；在这些工作完成之后，再调用 Layer 对象的 call() 方法完成该网络模块的前向计算，最后对输出添加一些正则项（如果有）、做一些掩码处理等收尾工作。

- get_config(self)：用于返回一个模块配置（一般是各种超参数）的字典，在保存该模块时可能会用到。该方法可以和 from_config(self) 搭配使用：后者用于从一个配置字典中创建一个新的该类的实例——注意这里是创建一个新的实例，而非恢复原先的实例。以全连接层为例，就是创建一个参数形状和旧层相同的新层，但权重很可能和旧层不同。

3.2.2　RNNCell 接口

RNNCell 需要实现的接口在 tf.keras.layers.AbstractRNNCell 中被定义，主要包含以下几个要点：

- state_size：循环神经网络模块的状态的形状（不含 batch_size 这一维）。在最常见的情形下，状态是一个向量，state_size 是一个整数（状态向量的维度）。state_size 是模块的一个属性（也可以先定义成一个方法，然后用@property 装饰器修饰）。
- output_size：循环神经网络模块的输出的形状（不含 batch_size 这一维）。在最常见的情形下，输出是一个向量，output_size 是一个整数（输出向量的维度）。output_size 也是模块的一个属性（也可以先定义成一个方法，然后用@property 装饰器修饰）。
- call(self, inputs, states)：描述了循环神经网络模块在某个时间步的单步计算过程。该方法有两个参数，分别是当前时间步的网络输入 inputs 和循环神经网络的当前状态 states；同样，该方法有两个返回值，分别是当前时间步的输出 outputs 和更新后的循环神经网络状态 next_states。所有四个张量都包含 batch_size 这一维度。
- get_initial_state(self, inputs, batch_size, dtype)：对于某个序列（而非单步）输入，获取循环神经网络的初始状态。这里的输入包含 batch_size 这一维，默认取全零状态。

这里需要说明一下，RNNCell 并非某个基类的名字，而是笔者对能够完成循环神经网络的单步运算的 Layer 子类的统称——TensorFlow 并不强制要求循环神经网络模块从 tf.keras.layers.AbstractRNNCell 派生，仅仅要求它们实现这些特定的接口。事实上，tf.keras.layers.LSTMCell 等 TensorFlow 自带的 RNNCell 就没有继承 tf.keras.layers.

AbstractRNNCell，仅仅是实现了相关的接口。

3.2.3　RNN 接口

　　学会定义循环神经网络的单步运算之后，只需进行简单的封装，就能得到一个可以处理序列输入的神经网络模块。这个封装的工具就是 tf.keras.layers.RNN，是一个 RNNCell 的包装类。

　　其构造函数的第一个参数是 3.2.2 节中提到的 RNNCell 的实例（也可以是 RNNCell 实例的列表或元组，此时多个 RNNCell 实例会被自动打包成一个大的 RNNCell 实例，详见下一节中对 StackRNNCell 的介绍），用于指定循环神经网络的单步计算流程；而 tf.keras.layers.RNN 则会在其 call() 方法中处理序列输入，即在时间轴上循环得到每一步的输出和状态。尽管在计算过程中，每个时间步的输出和状态都会被计算出来，但这些值不一定会被返回。输出和状态值返回与否可以在构造函数中指定：return_sequences 表示是否返回所有时间步的输出（若为否，只返回最后一个时间步的输出），return_state 表示是否返回最终状态（如果否，仅仅返回模型的输出值；如果是，同时返回模型输出值和最终状态）。此外，还有很多其他参数指定更多的处理细节，例如：

- go_backwards 表示是否需要从后向前处理输入序列。其效果等价于：首先将输入序列沿时间轴反向，然后用 tf.keras.layers.RNN 处理该序列。也就是说，最终输出张量在时间这一维度上和输入是逆序的，位置靠前的输出对应于较晚时间步的输入。

- time_major 表示网络输入和输出中的最外层的维度对应时间步还是 batch_size（即形如 [time_steps, batch_size, num_features] 还是 [batch_size, time_steps, num_features]）。其中前者更方便深度学习框架在时间轴上循环，效率略高一些；后者则对应大多数情况下的输入数据格式，更符合使用习惯，也是 TensorFlow 的默认设置。

3.3　简单循环神经网络实例

　　到此为止，循环神经网络的基本组成元素就已经介绍完毕了。本节将定义一个没有可学习参数的、可以用于计算整数加法的循环神经网络，来帮助读者理解前面提到的诸多概念。

首先对多位整数加法的计算过程进行抽象：计算是逐位进行的，因此可以把每一位当成一个时间步；每一步的输入是当前位待求和的两个数字，因此输入维度是 2；输出就是当前位的和，因此输出维度是 1；状态是当前时间步产生的进位（初始状态为 0，因为没有更低位产生的进位），只有一个数字，维度同样为 1。于是，我们可以继承 tf.keras.layers.AbstractRNNCell，并设置模型的 output_size 和 state_size 为 1。

在计算每一位的数字和时，需要将当前位的两个输入数字、低位的进位（旧状态）相加，然后对结果模 10 得到当前输出，除 10 得到新状态，这就是我们自定义的 RNNCell 的 call() 函数的主要部分，代码如下：

```python
import tensorflow as tf
from tensorflow.python.util import nest

class AdderRNNCell(tf.keras.layers.AbstractRNNCell):
  def __init__(self, **kwargs):
    super(AdderRNNCell, self).__init__(**kwargs)

  @property
  def state_size(self):
    return 1

  @property
  def output_size(self):
    return 1

  def call(self, inputs, states):
    # inputs: [batch_size, input_size], states: [batch_size, state_size]
    # output: [batch_size, output_size], new_states: [batch_size, state_
size]
    is_nested = nest.is_nested(states)
    states = states[0] if is_nested else states
    current_sum = tf.reduce_sum(tf.concat([inputs, states], axis=1),
                                axis=1, keepdims=True)  # [B, 1]
    output = current_sum % 10
    carry = current_sum // 10
    return output, [carry] if is_nested else carry
```

另外，代码在 call() 的开头和结尾判断了一下循环神经网络的状态是否嵌套：如果是嵌套的，则对旧状态做一次索引再使用，最后返回时也同样加一层表示嵌套的括号。从理论上讲，这里的处理是多余的，仅仅是一种防御性的写法：RNN 的状态可能会很复杂，包含多层嵌套的元组；而 TensorFlow 的某些版本在处理时可能会对模型状态额外添加一个嵌套层次（例如从整数变成只有一个元素的元组），因此需要额外进行特殊处理。

在自定义好 RNNCell 之后，我们就可以用 tf.keras.layers.RNN 将其打包，用于处理序列输入了。还是考虑先前的例子：658 + 324，可以像下面这样调用：

```
adder_cell = AdderRNNCell()
print(adder_cell(tf.constant([[6, 3]]), tf.constant([[0]])))
adder_rnn = tf.keras.layers.RNN(adder_cell, return_sequences=True,
                                return_state=True, go_backwards=True)

# [B, T, D] = [1, 3, 2]
# Simulate:
#    6 5 8
#  + 3 2 4
# ---------
#    9 8 2
inputs = tf.constant([[[6, 3], [5, 2], [8, 4]]])
print(adder_rnn(inputs))
```

上述代码首先定义一个 AdderRNNCell 的实例，并验证一下它对单独一位数相加是否可以正确运行。这里的输入 [[6, 3]] 表示让模型计算 6 + 3，进位取 [[0]] 表示 0，模型得到的输出是[[9]]、状态是[[0]]，结果符合预期。在使用 tf.keras.layers.RNN 封装时需要注意，加法从低位往高位运算，和数字的书写顺序是相反的，因此需要用反向 RNN，即设置参数 go_backwards=True。创建完模型之后进行前向运算，得到的输出和状态也都符合预期，分别是 [[[2], [8], [9]]]（顺序是从低位到高位的）和 [[0]]。

3.4　三种常见的 RNN

在对循环神经网络的基本概念有所了解之后，这一节来介绍三种比较常见的 RNN，分别是：

- tf.keras.layers.SimpleRNN：最基础的 RNN，结构非常简单。1990 年提出的 Elman RNN[78] 就是 SimpleRNN①。它处理长时序依赖的能力较差，因此在复杂任务中较少被使用。
- tf.keras.layers.LSTM：LSTM [26][79] 是一种使用较为广泛的 RNN 结构，通过巧妙设置门限结构来提高模型的长期记忆能力。
- tf.keras.layers.GRU：LSTM 的简化版，于 2014 年被提出[80]。在大多数应用场景下，它都具有和 LSTM 相当的性能，同样较为常用。

其中 SimpleRNN 和 GRU 对状态和输出不进行区分，使用同样的向量作为模型的状态和输出；而 LSTM 的状态和输出则有所不同——状态是一个向量元组，输出只是状态

---

① 严格来讲 Elman RNN 还包含从 RNN 层输出到最终输出的变换，SimpleRNN 的 API 则不含这一部分。

元组中的一个分量。对于 RNNCell 的单步计算过程，SimpleRNN/GRU 和 LSTM 的示意图如图 3-4 所示。

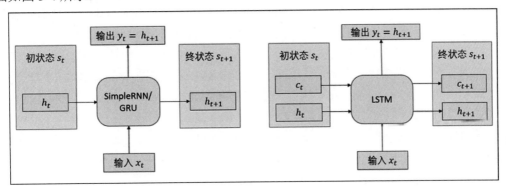

图 3-4 SimpleRNN/GRU 和 LSTM 的 RNNCell

本节只介绍单层 RNN 的计算过程。多层 RNN 可以通过堆叠多个单层 RNN 得到，详见 3.5 节。

3.4.1 SimpleRNN

在每个时间步内，假设当前输入是向量 $x_t \in \mathbb{R}^D$，当前状态是 $h_t \in \mathbb{R}^H$，那么 SimpleRNN 有两个参数矩阵 $W_{ih} \in \mathbb{R}^{H \times D}$（下标 ih 意味着从输入 input 到隐藏层 hidden）和 $W_{hh} \in \mathbb{R}^{H \times H}$（下标 hh 意味着从隐藏层 hidden 到自身的自循环），分别对输入向量和隐藏层状态向量做一次线性变换，使其处于同一空间内部继而相加；然后加上偏置向量参数 $b \in \mathbb{R}^H$ 再做非线性变换 f，便可得到新的状态向量 h_{t+1}。同时这也是网络在这个时间步的输出向量，如图 3-4 左半部分所示。具体的数学公式为：

$$h_{t+1} = f\left(W_{ih}x_t + W_{hh}h_t + b\right) \tag{3-1}$$

其中非线性变换通常采用双曲正切函数 tanh。SimpleRNN 的另一种公式表达是：将输入向量和隐藏层状态进行拼接，得到一个更长的向量；然后对这个拼接后的向量做一次线性变换，再加偏置向量并做非线性变换：

$$h_{t+1} = f(W[x_t; h_t] + b) \tag{3-2}$$

公式（3-2）中的方括号表示矩阵/向量拼接；分号表示纵向拼接（拼接后的矩阵列数不变，行数等于各个分量的行数之和。这里的拼接结果是一个长度为 $D+H$ 的列向量），逗号表示横向拼接（拼接后的矩阵行数不变，列数等于各分量列数之和）。从本质上讲，这两种表达方式是等价的，新的参数矩阵 $W \in \mathbb{R}^{H \times (D+H)}$ 其实就是原先两个参数矩阵的横向拼接：$W = [W_{ih}, W_{hh}]$。但在代码实现时，后一种方式（一次大的矩阵向量乘法）比前一种方式（两个小的矩阵向量乘法）更为紧凑，更有利于提高代码性能——这对复杂的 RNNCell（例如后面要讲的 LSTM 和 GRU）来说尤其重要。

假设输入维度为 D，隐藏层维度为 H，那么 SimpleRNN 中包含的参数个数就是 $H(D+H+1)$。由于 RNN 计算时使用同一个 RNNCell 的实例在时间轴滑动，因此无论要处理多长的序列，一层 SimpleRNN 包含的参数量都是这么多——这一规律对其他类型的 RNN 同样成立。

在 TensorFlow 中使用 SimpleRNN 有两种方法，其一是直接使用 tf.keras.layers.SimpleRNN 创建一层 SimpleRNN（一般使用这种方式即可）；另一种是先创建 tf.keras.layers.SimpleRNNCell 再使用 tf.keras.layers.RNN 包装。两种实现分别示意如下：

```
# SimpleRNN: 方法一
rnn = tf.keras.layers.SimpleRNN(64, return_sequences=True)
model = tf.keras.Sequential([rnn])
model.build(input_shape=(None, None, 50))
print(model.summary())

# SimpleRNN: 方法二
cell = tf.keras.layers.SimpleRNNCell(64)
model =
tf.keras.Sequential([tf.keras.layers.RNN(cell, return_sequences=True)])
model.build(input_shape=(None, None, 50))
print(model.summary())
```

3.4.2 LSTM

LSTM（Long-Short Term Memory）全称为长短期记忆网络[26][79]，**其核心思想是通过门限机制来选择性地控制网络对信息的输入和输出，同时采用累加的方式更新模型状态。**

如图 3-4 右半部分所示，LSTM 模型的 RNNCell 的状态 s_t 由两部分组成：细胞状态 c_t 和隐藏层向量 h_t，这是它和 SimpleRNN/GRU 等模型最大的不同。LSTM 认为，模型需要记住的信息（细胞状态 c_t）不一定需要全部暴露给外界（隐藏层向量 h_t）。回顾一下本章开头讲过的例子：在用语言模型建模句子"我/来自/中国/, /我/的/母语/是/汉语"时，模型读到"中国"时需要记下这部分信息，但并不意味着需要马上使用它——真正使用可能在很久以后。因此，LSTM 引入了很多门限单元，以完成对输入、输出和状态的解耦。如果模型认为一个输入不重要，可以直接忽略它，不更新模型状态；如果模型认为某项信息虽然重要但不必在当前时刻输出，可以选择将它保存下来，但是暂不输出。这种选择性给模型的表达能力带来了极大的提升，允许模型看到更久远的过去而不发生"记忆紊乱"。

LSTM 的 RNNCell 单步计算过程如下：

$$
\begin{aligned}
i_t &= f(W_{ii}x_t + W_{hi}h_t + b_i) \\
f_t &= f(W_{if}x_t + W_{hf}h_t + b_f) \\
\hat{c}_{t+1} &= g(W_{io}x_t + W_{hi}h_t + b_c) \\
o_t &= f(W_{io}x_t + W_{ho}h_t + b_o) \\
c_{t+1} &= i_t \odot \hat{c}_{t+1} + f_t \odot c_t \\
h_{t+1} &= o_t \odot c_{t+1}
\end{aligned}
\tag{3-3}
$$

可以看到，前四个方程形式非常规整，都和 SimpleRNN 的更新公式同形；其计算结果也都是同维度的向量——维度为 LSTM 的隐藏层大小。这四个方程得到的计算结果分别称为：输入门（Input Gate）、遗忘门（Forget Gate）、候选输入（Candidate Input）、输出门（Output Gate）。唯一的区别是，候选输入和其他三项一般采用不同的激活函数：被称作"门"的几项通常使用 Sigmoid 激活函数，这样可以把结果压缩在 [0, 1] 范围内，可以看成是对二值门限的近似——0 表示门关闭，1 表示门打开；而候选输入的激活函数 g 通常选择双曲正切函数 tanh，因为该函数有着更好的数值范围，结果正负对称地分布在[-1,1]内，并且梯度值相对较大，不易发生梯度消失。这四个向量的含义依次为：

● 输入门用于控制网络接受当前时间步的新信息的多少，1 表示接受全部新信息，0 表示忽略新信息。例如，在情感分析任务中，一般来说只有表示出较强情感倾向的词或是某些连词才对结果有比较强的预测作用，所以一个训练好的 LSTM 网络可能会选择在遇到这些词时将输入门设置为 1，读取新输入；而在遇到其他词时将输入门设置为 0，无视当前输入。

● 遗忘门用于控制网络记住多少过往信息[①]，1 表示全部记住，0 表示进行遗忘。同样以情感分析为例，一个训练好的 LSTM 模型可能会选择在大多数情形下记住所有过往信息，但是在遇到转折连词时将记忆清零。

● 候选输入表示网络当前接受的新信息是什么。这个向量需要和输入门共同作用：当输入门关闭时，无论候选输入是什么都不影响模型预测结果；而当输入门打

---

① 事实上遗忘门应该叫记忆门，因为 1 表示的是记忆而非遗忘。不过命名惯例已经形成无法修改了。

开时，模型选择将候选输入记录下来，供自己后续使用。

● 输出门：用于控制模型对外暴露信息的多少，1 表示将模型状态中的全部信息暴露出去，0 表示什么也不输出。此外，如果考虑 RNN 在时间轴上循环的过程，把 $h_t = o_{t-1} \odot c_t$ 代入 LSTM 单步计算的前四个方程中，可以发现输出门的第二个功能——它也可以被视为读取门，前一时间步的输出门决定在计算下一时间步的各个门限值时，模型要从细胞状态 c_t 中读出多少信息。

在得到这四个向量之后，就可以更新细胞状态，即模型记住的信息。更新的方式为公式（3-3）中第五个方程（公式里的算符 $\odot$ 表示逐元素相乘）：根据输入门对候选输入做选择，根据遗忘门对过往记忆做选择，然后再相加。如此一来可以发现，从旧的细胞状态 c_t 到新的细胞状态 c_{t+1} 的更新过程中，仅仅涉及逐元素相乘和逐元素相加，而没有非线性变换。从前向传播的角度来讲，这使得多个时间步后模型储存信息的形变程度大为减小，久远的记忆仍然清晰可辨；从反向传播的角度来讲，相比于包含非线性变换的路径，这条路径上的梯度可以更流畅地进行传播，有利于模型训练。

最后一步（公式（3-3）中第六个方程）则是根据输出门对最新的细胞状态做选择并输出，实现对当前无关信息的隐藏。综上所述，LSTM 模型需要在时间轴上循环的向量有两个（ c_t 和 h_t ），而输出的向量只有一个 h_t，因此它是一种状态不同于输出的 RNNCell，这一点尤其需要注意。

与 SimpleRNN 类似，LSTM 模型的实现有两种方式：其一是直接调用 tf.keras.layers.LSTM 接口，这也是最常用的实现方式；其二是先定义 tf.keras.layers.LSTMCell，然后再用 tf.keras.layers.RNN 进行封装。两种实现分别示意如下：

```
# LSTM：方法一
rnn = tf.keras.layers.LSTM(64, return_sequences=True)
model = tf.keras.Sequential([rnn])
model.build(input_shape=(None, None, 50))
print(model.summary())

# LSTM：方法二
cell = tf.keras.layers.LSTMCell(64)
model = tf.keras.Sequential([tf.keras.layers.RNN(cell, return_sequences=
True)])
model.build(input_shape=(None, None, 50))
print(model.summary())
```

假设输入维度为 D，隐藏层维度为 H，那么 LSTM 的参数包含 4 个从输入变换到隐藏层的矩阵（ $W_{ii}, W_{if}, W_{ic}, W_{io} \in \mathbb{R}^{H \times D}$ ），4 个隐藏层自循环矩阵（ $W_{hi}, W_{hf}, W_{hc}, W_{ho} \in \mathbb{R}^{H \times H}$ ），

以及 4 个隐藏层偏置向量（$b_i, b_f, b_c, b_o \in \mathbb{R}^H$）。总的参数量为 $4H(D+H+1)$，是 SimpleRNN 的 4 倍。易于发现，LSTM 的前四条计算公式互相没有依赖关系，并且除激活函数以外形式完全相同，可以并行计算。事实上，CuDNN 及很多深度学习框架内部就是通过化零为整实现的：从输入到隐藏层的 4 个 $H \times D$ 的变换矩阵可以纵向拼接为一个形如 $4H \times D$ 的大矩阵，它和输入向量相乘后可以得到一个维度为 $4H$ 的向量，再等分为四份就是原先的四组矩阵向量乘法的结果；同理，隐藏层的 4 个自循环矩阵也可以纵向拼接为一个 $4H \times H$ 的大矩阵，再和隐藏层向量相乘并拆分。通过合并和拆分操作，可以把零碎的小矩阵乘法转化为少数大矩阵乘法，揉高硬件利用率。

最后插入一段历史趣事：LSTM 在 1997 年刚刚被提出时[26]是没有遗忘门及其对应的参数的，相当于在本节介绍的公式中令遗忘门恒等于 1，这带来的结果是模型会将所有历史记忆全部保留。然而记住太多历史信息也不完全是一件好事，例如可能让不重要的信息干扰到重要的信息。后来，Gers 等人引入了遗忘门[79]，进一步增强了 LSTM 的选择性，模型可以通过主动遗忘不相干内容来为重要的新信息预留位置，更有利于有效信息的保存和提取。

不过让遗忘门等于 1 也不完全是一件坏事。文献[81]建议将遗忘门的偏置向量设置为较大的正值，这样一来在模型训练初期，遗忘门就比较接近 1（Sigmoid 函数在正半轴靠右的部分会发生饱和），强迫模型记忆全部历史信息；然后让模型在训练的过程中逐渐学会过滤和遗忘不重要的信息，最终找到较优的参数值。反过来，假如初始化时模型就遗忘了历史信息，它可能很难学到回看更久远的数据。TensorFlow 的 LSTM 有一个参数 unit_forget_bias 用来控制这一行为，默认值是 True，即让模型初始化时优先记住所有历史信息。

以上便是对目前实践中最为常用的标准 LSTM 的介绍。在某些场景下，读者可能还会遇到一些标准 LSTM 的变种，其中比较著名的是窥视孔连接（Peephole Connection）[82]。该变种允许网络在计算输入门、遗忘门和输出门时读取细胞状态（其中计算输入门和遗忘门时读取当前时间步更新前的细胞状态，输出门读取当前时间步更新后的细胞状态），因为获取全面的模型记忆信息可能有助于模型做出更好的选择决策。

3.4.3 GRU

GRU[80]（Gated Recurrent Unit）全称为门限循环单元，设计思想和 LSTM 类似，同样采用门限控制和加性状态更新。但 GRU 比 LSTM 少一个门，结构略微简单一些；同时它的输出向量和状态向量完全相同，编程时不易引起混淆。

GRU 有两个变种，第一个变种的单步计算过程（在 TensorFlow 中用参数

reset_after=False 来指定，是 TF 1.x 的默认行为）是：

$$z_t = f(W_z x_t + U_z h_t + b_z)$$
$$r_t = f(W_r x_t + U_r h_t + b_r)$$
$$\hat{h}_{t+1} = g(W_h x_t + U_h(r_t \odot h_t) + b_h)$$
$$h_{t+1} = (1-z_t) \odot h_t + z_t \odot \hat{h}_{t+1}$$

（3-4）

和 LSTM 类似，f 和 g 是两个不同的激活函数，一般前者取 Sigmoid 函数，后者取双曲正切函数 Tanh。公式（3-4）的前两行首先计算出两个控制门的值：

- 更新门（Update Gate）z_t：表示以何种比例更新新信息到隐藏层向量中。此门功能相当于 LSTM 中的输入门和遗忘门的耦合，即：遗忘多大比例的旧信息，就输入多大比例的新信息。

- 重置门（Reset Gate）r_t：表示计算新信息时读取多少历史信息到模型。此门功能类似于 LSTM 中的输出门的第二个功能——控制模型对自身状态向量的读取比例。只不过 LSTM 是用前一步的输出门控制下一个时间步的状态读取比例，而 GRU 是用当前时间步的重置门控制当前时间步的状态读取比例。从这个角度来讲，GRU 比 LSTM 更合理、更自然一些。

有了这两个门，剩下两个方程的意义就很容易解释清楚了。在第三个方程中，模型先根据重置门 r_t 读出模型状态 h_t 中和当前时间步最相关的信息 $r_t \odot h_t$，然后根据这一信息和当前输入 x_t 构造出新的候选状态信息 $\hat{h}_{t+1}$。而在最后一个方程中，模型以一定比例 z_t 遗忘旧信息，同时再填入同样比例的新候选信息 $\hat{h}_{t+1}$，最终组装成新的模型状态 h_{t+1}。假设输入维度为 D，隐藏层维度为 H，那么 GRU 的参数包含 3 个从输入变换到隐藏层的矩阵（$W_z, W_r, W_h \in \mathbb{R}^{H \times D}$），3 个隐藏层自循环矩阵（$U_z, U_r, U_h \in \mathbb{R}^{H \times H}$），以及 3 个隐藏层偏置向量（$b_z, b_r, b_h \in \mathbb{R}^{H}$）。总的参数量为 $3H(D+H+1)$，是 SimpleRNN 的 3 倍。观察易知，前两个方程形式相同，可以用类似 LSTM 快速计算的方案把它们合并起来计算；而第三个方程中含有一项特殊的 $r_t \odot h_t$，需要单独处理。

GRU 的第二个变种对公式（3-4）中第三个方程做了如下修改（在 TensorFlow 中通过 reset_after=True 来指定，这也是 TF2 和 CuDNN 中的默认实现）：

$$\hat{h}_{t+1} = g(W_h x_t + b_{xh} + r_t \odot (U_h h_t + b_{hh}))$$

（3-5）

在这个变种中，虽然该式和前两式结构仍不平行，但由于 $U_h h_t$ 这一项的出现，也可以和前两式一起计算。具体而言，可以构造一个参数矩阵 $U \in \mathbb{R}^{3H \times H}$ 并计算 Uh_t，得到一

个维度为 $3H$ 的向量，再将其三等分，分别作为 $U_z h_t, U_r h_t, U_h h_t$ 的结果。从矩阵分块乘法的角度来讲，大的参数矩阵相当于原先三个小矩阵的纵向拼接，即 $U = [U_z; U_r; U_h]$。同理，输入到隐藏层的三个参数矩阵也可以类似处理。

公式（3-5）的含义和 GRU 的第一个变种类似，只不过它认为需要先对原先的隐藏层状态 h_t 做适当的变换再选择性地提取其中的内容。需要注意的是，这个变种在一个方程里引入了两个偏置向量，因此比前一个变种多 H 个参数（即多一个隐藏层偏置向量）。

和 SimpleRNN/LSTM 类似，GRU 也有两种定义方法，一是直接使用 tf.keras.layers.GRU 类，另一种是用 tf.keras.layers.RNN 封装 tf.keras.layers.GRUCell，分别如下所示：

```
# GRU: 方法一
rnn = tf.keras.layers.GRU(64, return_sequences=True)
model = tf.keras.Sequential([rnn])
model.build(input_shape=(None, None, 50))
print(model.summary())

# GRU: 方法一
cell = tf.keras.layers.GRUCell(64)
model = tf.keras.Sequential([tf.keras.layers.RNN(cell,
return_sequences=True)])
model.build(input_shape=(None, None, 50))
print(model.summary())
```

3.5　双向和多层 RNN

为了增强模型的表达能力，实践中经常还会用到双向 RNN 和多层 RNN。

3.5.1　双向 RNN

部分应用场景允许模型读完全部输入数据再给出预测结果，例如情感分析。此时可以使用双向 RNN，也即通过两个单向 RNN，分别从正向和反向处理输入，再对结果进行拼接（或执行求和等其他融合操作）。

双向 RNN 的结构示意图如图 3-5 所示。

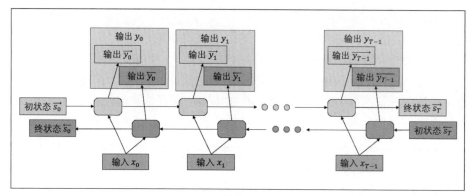

图 3-5　双向 RNN 结构示意图

其中灰色方块表示输入，每个时间步是一个向量；黄色图形表示正向 RNN，从正向初状态 $\overrightarrow{s_0}$ 开始，正序循环处理输入序列，得到和输入序列等长的 T 个正向输出和正向最终状态 $\overrightarrow{s_T}$；蓝色图形表示反向 RNN，从反向初状态 $\overleftarrow{s_T}$ 开始，倒序循环处理输入序列，得到和输入序列等长的 T 个反向输出和反向最终状态 $\overleftarrow{s_0}$。对于双向 RNN 层来说，总的最终状态是正反两个最终状态形成的元组 $(\overrightarrow{s_T}, \overleftarrow{s_0})$，在时刻 t 的输出是正反向输出的拼接 $[\overrightarrow{y_t}; \overleftarrow{y_t}]$，因此双向 RNN 的输出张量维度是正反向 RNN 的输出张量维度之和（当然这里也可以选择其他融合方式，例如求和或平均，此时要求正向和反向 RNN 的输出维度相同）。如果不需要返回整个输出序列，仅仅需要拿到最终的输出，那么一般取正向最终输出和反向最终输出的拼接，即 $[\overrightarrow{y_{T-1}}; \overleftarrow{y_0}]$，因为这两个输出向量分别汇总了正向和反向序列的所有信息。

TensorFlow 中双向 RNN 可以通过对单向 RNN 进一步封装得到，主要使用以下包装类：

● tf.keras.layers.Bidirectional(self,layer,…,**kwargs)：其中 layer 是一个 tf.keras.layers.RNN 实例，或是具有和 tf.keras.layers.RNN 相同接口的 tf.keras.layers.Layer 的实例。在该类构造函数的内部，会以 layer 对象为模板，使用它的超参数（例如隐藏层大小等）创建两个新的、和 layer 类型相同的对象，分别作为双向 RNN 的正向和反向 RNN。该构造函数有一个可选参数 backward_layer，假如传入了该参数，就会使用传入的 backward_layer 作为反向 RNN，可以实现更复杂的功能（例如前向和后向使用不同类型的 RNN）。另一个可选参数 merge_mode 用于指定如何对正反向 RNN 的输出进行融合，默认方式是在每个时间步进行拼接，此时双向 RNN 的输出张量维度是正反向 RNN 的输出张量维度之和；此外还可以选择求和、平均、逐元素相乘等融合方式，详见 TensorFlow 的 API 文档。

双向 RNN 的参数量就等于正向和反向 RNN 的参数量之和。一个简单的双向 RNN 示例如下：

```
# Bidirectional RNN
model = tf.keras.Sequential()
cell = tf.keras.layers.SimpleRNN(128, return_sequences=True)
model.add(tf.keras.layers.Bidirectional(layer=cell))
# [batch_size, time_steps, input_dim]
model.build(input_shape=(None, None, 50))
print(model.summary())
```

3.5.2　单向多层 RNN

单向多层 RNN 通常有两种实现方法。一种是对模型层数进行循环：先计算最下面的 RNN 层在所有时间步上的输出，然后再计算上面的 RNN 层在所有时间步上的输出，以此类推；另一种是在时间轴上进行循环，首先是自底向上计算出某个时间步的所有 RNN 层的输出，然后再计算下一时间步所有 RNN 层的输出，以此类推。这两种实现思路会引出两种不同的代码实现。

以两层 RNN 为例，一种方式是将其看成连续两个单层 RNN 的堆叠，以第一层 RNN 的输出作为第二层 RNN 的输入，如图 3-6 所示。

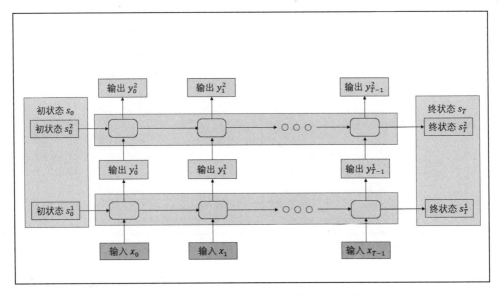

图 3-6　多层 RNN 视角一：多个单层 RNN 堆叠

这里需要说明一下图中使用的数学符号：下标表示时间步，上标表示层数（而非乘方运算！）。例如 y_0^1 表示模型在第 0 个时间步、第一层的输出。从图中可以看到，多层 RNN 模型最终对外的输出只有最上层 RNN 的输出，而其状态则包含每一层 RNN 的状态（因为每层 RNN 的状态形状可能不同，所以通常实现为元组）。

在这种视角下，只需在序贯模型中添加两个连续的 RNN 层即可。以两层 SimpleRNN 为例，假设第一层 RNN 隐藏层大小为 128，第二层 RNN 隐藏层大小为 64，每个时间步的输入特征为 50 维，可以按照如下方式实现：

```
model = tf.keras.Sequential()
model.add(tf.keras.layers.SimpleRNN(128, return_sequences=True))
model.add(tf.keras.layers.SimpleRNN(64, return_sequences=True))
# [batch_size, time_steps, input_dim]
model.build(input_shape=(None, None, 50))
print(model.summary())
```

另一种方式是将单向多层 RNN 看成一个更复杂的单层 RNN。这个新的单层 RNN 在每个时间步所做的计算是原先每层 RNNCell 的计算的复合，如图 3-7 所示。

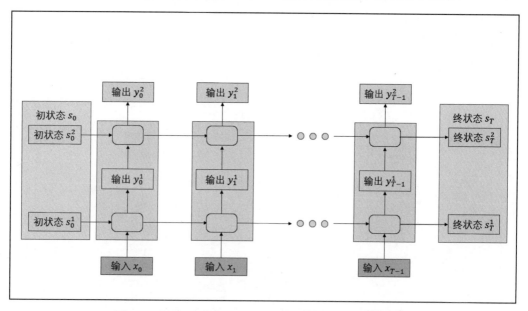

图 3-7　多层 RNN 视角二：使用复合 RNNCell 的单层 RNN

在这种视角下，可以先定义每一层的 RNNCell，然后使用 tf.keras.layers.StackRNNCells 将这些 RNNCell 打包成一个更复杂的 RNNCell：其输入是第一层 RNN 的输入，其输出是第二层 RNN 的输出；内部计算流程是先做第一层 RNNCell 的内部运算，然后以第一层 RNNCell 的输出作为第二层 RNNCell 的输入，进行第二层 RNNCell 的内部运算；每个时间步的状态都是两层 RNNCell 状态形成的元组。对于上面的例子，代码实现为[①]：

```
model = tf.keras.Sequential()
cell1 = tf.keras.layers.SimpleRNNCell(128)
cell2 = tf.keras.layers.SimpleRNNCell(64)
cell = tf.keras.layers.StackedRNNCells([cell1, cell2])
model.add(tf.keras.layers.RNN(cell, return_sequences=True))
model.build(input_shape=(None, None, 50))
print(model.summary())
```

可以在打印出的模型结构摘要中看到，这两种实现方式的参数数量是一致的。第一种实现简洁明了，可读性好，大部分常用的网络结构都可以采用这种方式来实现；第二种实现方式可以更加精细地控制每个时间步内的计算流程，在自定义一些比较复杂的多层 RNN 时可能比较有用。

不过，无论是哪种实现方法，单向多层 RNN 的状态都要包含每一层 RNN 的状态，因为在下一时间步做计算时需要用到当前时间步每一层的状态；而单向多层 RNN 的输出则只包含最上面一层 RNN 的输出，因为较低层 RNN 的输出对于更高层 RNN 之上的网络模块（例如多层 RNN 之后可能再接一个全连接层进行序列分类）来说是不可见的。

3.5.3　双向多层 RNN

把双向 RNN 和单向多层 RNN 结合起来，可以得到更加强大的双向多层 RNN，例如谷歌提出的神经网络翻译系统 GNMT[83] 就采用了双向八层 RNN 作为编码器。

在编写双向多层 RNN 时，需要注意一些实现细节才能达到预期效果。有时我们希望前向和后向信息互相隔离，以避免信息泄露导致模型失效；有时我们则希望前向和后向信息互相融合，以尽可能充分地挖掘序列信息。无论正反向信息如何交互，双向多层 RNN 模型的最终输出都是正向和反向 RNN 最上层输出的组合（例如拼接或求平均），而状态则包含正向和反向 RNN 的每一层的最终状态。实践中双向多层 RNN 的状态一般会被丢弃，直接使用网络输出值计算损失函数并优化即可；万一需要保存的话，可以用元组形式来存储。信息隔离和融合的区别仅发生在模型内部计算过程中。

---

① 也可以直接将列表 [cell1, cell2] 传给 tf.keras.layers.RNN，跳过使用 tf.keras.layers.StackedRNNCells 打包的步骤，此时 TensorFlow 会自行打包处理。这里显式写出来是为了将流程展示得更清楚。

1. 正反向信息隔离

在前、后向信息互相隔离的情况下，双向多层 RNN 可以实现为一正一反两个多层 RNN 的拼接。正向和反向的 RNN 的信息交互仅发生在输入端和输出端：它们读取相同的输入，各自进行内部计算得到输出，最后对输出进行整合（例如在每个时间步上进行拼接或取平均等）得到整个模型的输出；而在模型的中间层，前向和后向信息则互相不知道对方的存在。

以两层为例，模型结构的示意图如图 3-8 所示。

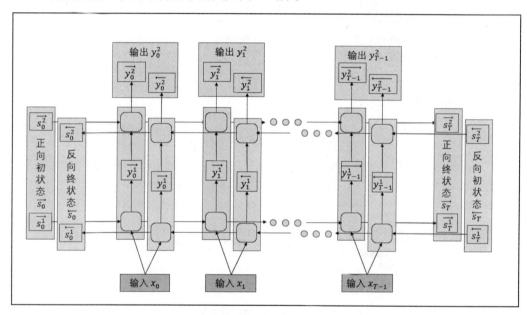

图 3-8　多层隔离双向 RNN

从模型结构图上也可以看出，前、后向 RNN 是无法互相获取中间层的信息的。例如，第二层正向 RNN 在计算第 1 个时间步的输出 $\overrightarrow{y_1^2}$ 时，它只能利用第一层正向 RNN 在第一层的输出 $\overrightarrow{y_1^1}$，而无法利用第一层反向 RNN 在第一层的输出 $\overleftarrow{y_1^1}$。如果再考虑到信息在模型内部之间的流动，我们可以进一步得知 $\overrightarrow{y_1^2}$ 无法看到任何时间步 t、任何层 l 的反向 RNN 输出 $\overleftarrow{y_t^l}$；如果倒推到输入层，$\overrightarrow{y_1^2}$ 也只能看到前两个时间步的输入 x_0 和 x_1，而无法看到后续其他时间步的输入。也就是说，在这种使用方式下，反向的信息不会泄露给正向的模型，反之亦然。代码实现时，只需要分别实现正向和反向的多层 RNN，然后使用 BidirectionalRNN 的 API 对这两者进行组合即可，代码如下：

```
# Multi-Layer BiRNN: Separated
forward_cells, backward_cells = [], []
for layer_size in [128, 64]:
  forward_cells.append(tf.keras.layers.SimpleRNNCell(layer_size))
  backward_cells.append(tf.keras.layers.SimpleRNNCell(layer_size))
forward_multi_cell = tf.keras.layers.StackedRNNCells(forward_cells)
forward_rnn = tf.keras.layers.RNN(forward_multi_cell, return_sequences=True)
backward_multi_cell = tf.keras.layers.StackedRNNCells(backward_cells)
backward_rnn = tf.keras.layers.RNN(backward_multi_cell, return_sequences=True,
                                   go_backwards=True)
model = tf.keras.Sequential()
model.add(tf.keras.layers.Bidirectional(layer=forward_rnn,
                                        backward_layer=backward_rnn))
# [batch_size, time_steps, input_dim]
model.build(input_shape=(None, None, 50))
print(model.summary())
```

2. 正反向信息融合

如果需要前、后向信息的深度融合，那么可以将双向多层 RNN 实现为多个单层双向 RNN 的堆叠。在每一层内，前向和后向 RNN 共享相同的输入信息，仅是在时间轴上以不同的顺序（正向和反向）来处理；两个 RNN 各自在时间轴上循环，得到自身的输出，然后对相同时间步的输出进行整合（例如拼接或取平均），并以此作为更高层的双向 RNN 的输入数据。以两层双向 RNN 为例，模型结构示意图如图 3-9 所示。

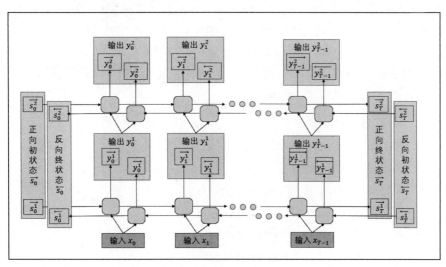

图 3-9　多层融合双向 RNN

从模型结构图中可以看到，第二层正向 RNN 在计算第 1 个时间步的输出 $\overrightarrow{y_1^2}$ 时用到的输入信息是第一层正反向 RNN 的输出 $\overrightarrow{y_1^1}$ 和 $\overleftarrow{y_1^1}$ 的融合。如果进一步倒推到输入层，能够发现，$\overrightarrow{y_1^2}$ 的感受野（Receptive Field）覆盖了所有时间步的输入 $x_{0:T-1}$。因此，当层数变多之后，多层融合双向 RNN 可以更有效地汇总所有输入，提取更为复杂的依赖关系，更好地理解输入信息的语义。

在代码实现时，只需逐层构造双向 RNN，并依次添加到 keras 模型中即可。代码如下：

```
# Multi-Layer BiRNN: Fused
model = tf.keras.Sequential()
forward_layers, backward_layers = [], []
for layer_size in [128, 64]:
  forward_layer = tf.keras.layers.SimpleRNN(layer_size,
                                            return_sequences=True)
  backward_layer = tf.keras.layers.SimpleRNN(layer_size,
                                             return_sequences=True,
                                             go_backwards=True)
  model.add(tf.keras.layers.Bidirectional(layer=forward_layer,
                                          backward_layer=backward_layer))
model.build(input_shape=(None, None, 50))
print(model.summary())
```

观察程序输出的模型总结信息可以发现，多层融合双向 RNN 的参数量比多层隔离双向 RNN 的参数量更多，这是因为 tf.keras.layers.Bidirectional 默认采取拼接的方式进行前、后向信息融合，导致第二层正反向 RNN 的输入维度翻了一倍。如果指定 merge_mode='ave' 或者 'sum'，那么第二层正反向 RNN 的输入维度将保持不变，总的参数量也将和多层隔离双向 RNN 持平，但这并不意味着他们有相同的表达能力，因为输入信息对于模型的可见性是不同的。

## 第 4 章

循环神经网络之二：高级 4

对循环神经网络有了基本认识之后，本章将讨论一些循环神经网络中较为独特和棘手的问题，分别是：Dropout[84]的应用、RNN 中的梯度流动情况和层归一化（Layer Normalization）[88]的应用。

4.1　在 RNN 中使用 Dropout

Dropout[84]是神经网络训练的常用技巧，通过在训练时每一步随机将一些神经元置零来起到正则化的效果，防止模型过拟合训练数据。这个技巧在各种类型的神经网络中都可以使用，但在 RNN 中应用时要格外注意一些细节：RNN 具有时序特性，在不同时间步上共享相同的模型参数；假如每个时间步独立进行 Dropout，可能会导致隐藏层信息在多个时间步后完全丢失，使得模型无法训练。

本节接下来的部分首先会介绍普通的多层感知机中的 Dropout，然后再讲解 RNN 中应用 Dropout 的注意事项。

4.1.1　全连接层中的 Dropout

对全连接层应用 Dropout 是最容易的，这也是 Dropout 刚被提出时的用法。

在训练阶段，对于某个输入向量 $x \in \mathbb{R}^n$，只需随机生成一个和它形状相同的掩码向量 $r \in \mathbb{R}^n$，其每个分量 r_i 都独立地从伯努利分布 Bernoulli(p)中采样，然后将输入向量和掩码向量相乘，即对输入向量的任何一个分量 x_i，以概率 p 使它失活，以概率 $1-p$ 保留它[①]，再参与后续的仿射变换，数学公式如下：

$$y = W(r \odot x) + b \tag{4-1}$$

其中，$W \in \mathbb{R}^{m \times n}$，$b \in \mathbb{R}^n$ 是全连接层的参数。

而在测试阶段，保留所有的输入数据，并对参数矩阵 W 乘 $1-p$ 以使得矩阵向量乘积在期望意义下保持不变：

$$y = (1-p)Wx + b \tag{4-2}$$

保持期望输出的关键在于，矩阵向量乘法结果里的每个元素都是 n 项的求和——在期望的意义下，训练时只有 $(1-p)n$ 项不为零，但每一项的值都是未经缩放的；而推断时全部 n 项都不为零，但都被缩放了 $1-p$ 倍，使得训练和推断时最终结果的期望值保持一致。需要注意的是，虽然输出的期望保持不变，但是输出的方差可能变化，也就是说使用 Dropout 会导致输出值的分布发生变化，因此在某些任务（如回归任务）里 Dropout 也可能会起到负面的效果。

公式（4-1）和公式（4-2）虽然可以正确工作，但是需要记录下训练时使用的 Dropout 概率并在测试时对网络进行额外的处理，所以深度学习框架中通常不会这么实现。大多数深度学习框架采用的是一种被称为逆向 Dropout（Inverse Dropout）的实现技巧，将 Dropout 层实现为：

$$y = W\mathrm{Dropout}(x) + b \tag{4-3}$$

其中 Dropout 层在训练和测试时的具体公式如下：

$$\mathrm{Dropout}(x) = \begin{cases} \dfrac{1}{1-p} r \odot x, & \text{if training} \\[2mm] x, & \text{if inference} \end{cases} \tag{4-4}$$

即在训练时随机生成二元掩码并对掩码缩放 $1/(1-p)$ 倍，而在测试时不做任何处理。这样一来可以加快模型预测时的速度，模型训练完毕后也无须再保留训练时用到的 p 值。

Dropout 有效的原因有很多种解释，其中一种解释是：Dropout 可以减少多个神经元之间的共同适应，让各个神经元各自独立提取特征，而不是依赖于其他神经元共同表达一个复杂特征。另一个解释是：Dropout 可以被视作很多子网络的集成，每个批量的数据都在

---

① 也有些文献中用概率 p 表示输入被保留的概率，例如 TensorFlow 1.x 中的参数名 keep_prob 即提现了这一点。本书中以随机失活概率为准，与 TensorFlow 2 中的行为保持一致。

随机训练一个子网络。

4.1.2　RNN 中的 Dropout

和其他模型相比，RNN 最主要的特点是在各个时间步共享相同的参数，以便适配任意长度的输入数据。正因如此，在 RNN 中应用 Dropout 时需要考虑其时序特性。若不然，在使用 RNN（特别是各个隐藏层神经元独立进行加性更新的现代门控 RNN 单元，例如 LSTM 和 GRU）处理某条数据时，如果各个时间步反复、独立地对隐藏层状态进行 Dropout，那么当时间步足够多后，隐藏层状态向量很可能被反复重置很多次，导致较早的记忆丢失、模型无法学习。

RNN 中的一种 Dropout 的实现方法[85]是：仅在与时序无关的部分（即输入到隐藏层、隐藏层到输出的变换）应用 Dropout，而在时序上不做任何处理。此时模型的状态得以跨越多个时间步传输，并且各个时间步的 Dropout 可以独立进行，无须担心时序信息被毁掉。

不过这种方法似乎仅仅是在回避问题而不是解决核心问题，因为它没有对隐藏层单元自循环的部分进行有效的正则化。文献[86]提出了变分 Dropout（Variational Dropout）的方法：在处理某一批量的数据时，要在各个时间步共享相同的 Dropout 掩码、失活相同的神经元，使得未被失活的部分神经元能够维持长期时序记忆，来达到"每个批量的数据训练原网络的一个子网络"这一目的。

除了上述介绍的两种方法以外，还有一些方法[87]是对门控 RNN 单元的加性更新量进行 Dropout，即训练时的每个时间步仅对需要更新的新信息做 Dropout，而不随意丢弃原先的旧信息，这样也能保持模型早先保存的长期记忆。

在 TensorFlow 中较为容易实现的是变分 Dropout，本节后续部分将首先介绍在 RNN 中应用变分 Dropout 的数学公式，然后介绍 TensorFlow 中的实现方法。

1. 变分 Dropout 的数学公式

在 SimpleRNN 中应用变分 Dropout 和在普通全连接层的 Dropout 非常类似，仅仅是在序列级别上共享相同的隐藏层神经元掩码[①]：

$$h_{t+1} = f(W_{ih}x_t + W_{hh}\mathrm{Dropout}(h_t) + b) \tag{4-5}$$

---

① 即对于某一个小批量的训练数据，各个时间步使用相同的掩码；而不同批量的训练数据则可以、并且应当使用不同的掩码，否则在第一个批次中被失活的神经元将在整个训练过程中永远被丢弃。

上式中没有包含输入到隐藏层部分的 Dropout，因为这部分较为简单。如果需要进行处理的话，只需把 x_t 替换为 $\text{Dropout}(x_t)$，并在各个时间步共享掩码即可。

而在 LSTM 中，由于隐藏层神经元是逐分量进行加性更新的，因此隐藏层向量的 Dropout 仅仅应用在前四个方程中，并且每一处 Dropout 的掩码都在序列级别共享[①]。具体的数学公式为：

$$
\begin{aligned}
i_t &= f(W_{ii}x_t + W_{hi}\text{Dropout}(h_t) + b_i) \\
f_t &= f(W_{if}x_t + W_{hf}\text{Dropout}(h_t) + b_f) \\
\hat{c}_{t+1} &= g(W_{ic}x_t + W_{hc}\text{Dropout}(h_t) + b_c) \\
o_t &= f(W_{io}x_t + W_{ho}\text{Dropout}(h_t) + b_o) \\
c_{t+1} &= i_t \odot \hat{c}_{t+1} + f_t \odot c_t \\
h_{t+1} &= o_t \odot c_{t+1}
\end{aligned}
\tag{4-6}
$$

需要注意的是，**所有的 Dropout 都发生在隐藏层向量 h_t 上，而对第五行中细胞状态的 c_t 不做任何操作**。这是因为，一旦训练时对 c_t 施加逆向 Dropout，那么对当前序列中保留下来的神经元来说，每个时间步它的值都会变大 $1/(1-p)$ 倍，使得若干个时间步后细胞状态值越来越大，容易导致训练时数值不稳定，损失函数产生 Inf 或者 NaN 值。TensorFlow 1.x 某些版本的源码中就有这个错误。

同理，对于 GRU，变分 Dropout 也只应用在矩阵向量乘法之间，而不能应用于加性更新的步骤。以 GRU 的第一个变种为例，所有 Dropout 发生的位置为（掩码在序列级别共享）：

$$
\begin{aligned}
z_t &= f(W_z x_t + U_z \text{Dropout}(h_t) + b_z) \\
r_t &= f(W_r x_t + U_r \text{Dropout}(h_t) + b_r) \\
\hat{h}_{t+1} &= g(W_h x_t + U_h(r_t \odot \text{Dropout}(h_t)) + b_h) \\
h_{t+1} &= (1 - z_t) \odot h_t + z_t \odot \hat{h}_{t+1}
\end{aligned}
\tag{4-7}
$$

2. TensorFlow 代码实现

对于 GRU 和 LSTM 等常用的 RNN 类型，TensorFlow 2 都提供了内置的变分 Dropout 实现。更具体地讲，变分 Dropout 是通过多继承来实现的。以 tf.keras.layers.LSTM 为例，它的父类有两个：

---

① 公式里的四处 Dropout 可以各自使用不同的掩码。

- 其一是 DropoutRNNCellMixin[①]，用于处理掩码问题：在处理某个批量的训练数据时，首先重置上个批量的训练数据用过的 Dropout 掩码，然后随机生成用于当前批量数据的掩码，最后在当前批量数据的每个时间步都读取该掩码以实现共享。
- 其二是 TensorFlow 内部更基础的一个 LSTM 类，用于处理 LSTM 本身的计算过程。

其他 RNN 相关模型的实现方法也与此类似。对于使用者而言，只需要在构造 RNN 或者 RNNCell 类的对象时传入相应参数即可：dropout 用于控制输入到隐藏层的 Dropout 强度，recurrent_dropout 用于控制隐藏层自循环部分的 Dropout 强度。

4.2　RNN 中的梯度流动

对于简单的多层感知机来说，网络层数往往较少，而且每层都有不同的参数，因此比较容易维持稳定的梯度流，模型训练较为容易。而循环神经网络有时需要处理几百上千个时间步的数据（例如音频数据），并且各个时间步共享相同的参数，常常会产生训练上的困难。本节将从梯度流动的角度来分析 RNN 的计算过程，并解释现代门控循环神经网络有效性的原因。

4.2.1　时序反向传播算法

和多层感知机类似，循环神经网络的训练算法同样以梯度下降为主，求梯度的方法依然是反向传播。只不过在求梯度时，需要沿着时间轴一步一步向前倒推计算，每个参数的梯度将包含来自各个时间步的很多项。本小节将以 SimpleRNN 为例讲解时序反向传播算法（Back-Propagation Through Time），解释循环神经网络训练所面临的梯度消失和梯度爆炸现象。

1. 单层 SimpleRNN 中的梯度流

在使用 SimpleRNN 时，循环层之后往往会接一个全连接层，将隐藏层向量变换到合适的维度（例如词表大小），然后和标签一起计算损失函数（例如交叉熵等）。此时模

---

① 该类的定义在文件 tensorflow/python/keras/layers/recurrent.py 中，但并未对外暴露导入信息。

型的计算图如图 4-1 所示。

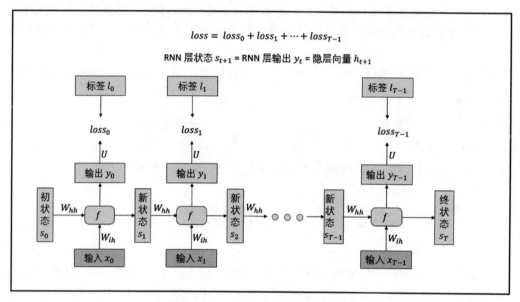

图 4-1 SimpleRNN 反向传播示意图

计算图中标注出了在各个时间步分享的模型参数（SimpleRNN 的参数 W_{ih} 和 W_{hh}，以及最后的全连接层参数 U）的每一次出现，以便对照图示进行公式推导。图中的输出 y_t 指的仅仅是 RNN 层本身的输出，而不是模型整体对外的输出；模型整体在每一步输出是公式（4-8）中的 o_t：

$$
\begin{aligned}
h_{t+1} &= f(W_{ih}x_t + W_{hh}h_t + b) \\
o_t &= Uh_{t+1} \\
loss_t &= \text{CrossEntropy}(o_t, l_t) \\
loss &= \sum_{t=0}^{T-1} loss_t
\end{aligned}
\tag{4-8}
$$

为简便起见，公式（4-8）中的第二个方程忽略了全连接层的偏置参数，但这一简化不影响 BPTT（Back Propagation Through Time）算法的核心部分。第三个方程中的交叉熵也可以换成任意其他损失函数。在一般情形下（例如语言模型、词性标注等任务），每个时间步都有该步相应的损失函数，最终总的损失函数是各步损失函数的和。而对于某些简化情形，例如情感分析这样的序列分类问题，只在最后一个时间步产生损失函数，总的损失函数只包含最后一项。

完整的 BPTT 算法细节非常琐碎，因此本小节仅仅展示对参数 W_{hh} 求梯度的方法，以说明 BPTT 算法的核心思路。由于梯度的可加性，损失函数之和等于最终总的损失函数，因此：

$$\frac{\partial loss}{\partial W_{hh}} = \sum_{t=0}^{T-1} \frac{\partial loss_t}{\partial W_{hh}} \tag{4-9}$$

于是只需要单独计算每个时间步的损失函数 $loss_t$ 对 W_{hh} 的梯度，然后再对各个时间步求和即可。然而麻烦的地方在于，即便对于某个单独的时间步 t，W_{hh} 也可以通过多种方式影响到 $loss_t$；假如把 RNN 的数学公式沿着时间轴不断展开就会发现，W_{hh} 在 $loss_t$ 的计算过程中总共出现了 $t+1$ 次。这一点也可以从计算图上看出来：W_{hh} 在时间步 0 到时间步 t 中的每个时间步都出现了。因此，在计算 $loss_t$ 对 W_{hh} 的梯度时，需要对 W_{hh} 的每一次出现分别求导，然后再求和，即：

$$\frac{\partial loss_t}{\partial W_{hh}} = \sum_{t'=0}^{t} \frac{\partial loss_t}{\partial W_{hh}^{t'}} \tag{4-10}$$

其中等式右边的求和符号内的项的含义为：仅仅将参数 W_{hh} 在时间步 t' 的出现视为变量，而将它在其他时间步的出现视为常量，然后对 W_{hh} 进行求导得到的结果。

推导进行到这里，就可以参考全连接神经网络的处理方法了：先将经过激活函数前的隐藏层向量值定义为中间变量 z_t：

$$z_t := W_{ih}x_t + W_{hh}h_t + b \tag{4-11}$$

然后使用链式法则就能得到：

$$\begin{aligned}
\frac{\partial loss_t}{\partial W_{hh}^{t'}} &= \frac{\partial loss_t}{\partial z_{t'}} \frac{\partial z_{t'}}{\partial W_{hh}^{t'}} \\
&= \frac{\partial loss_t}{\partial z_{t'}} (h_{t'})^{\mathrm{T}}
\end{aligned} \tag{4-12}$$

而中间变量 $z_{t'}$ 的梯度可以进一步用链式法则展开计算[①]：

---

① 这里使用分母布局（Denominator Layout），即认为 m 维向量对 n 维向量的求导结果形如 $n \times m$，其中 m, n 可以为 1（此时参与求导运算的向量退化为标量，求导结果从矩阵退化为向量）。

$$\frac{\partial loss_t}{\partial z_{t'}} = \frac{\partial z_{t'+1}}{\partial z_{t'}} \cdots \frac{\partial z_t}{\partial z_{t-1}} \frac{\partial h_{t+1}}{\partial z_t} \frac{\partial o_t}{\partial h_{t+1}} \frac{\partial loss_t}{\partial o_t}$$

$$= \frac{\partial z_{t'+1}}{\partial z_{t'}} \cdots \frac{\partial z_t}{\partial z_{t-1}} \cdot diag(f'(z_t)) \cdot U^{\mathrm{T}} \cdot \frac{\partial loss_t}{\partial o_t} \qquad (4\text{-}13)$$

其中符号 $diag(f'(z_t))$ 表示对激活函数 $f(\cdot)$ 逐元素求导得到一个向量，然后以此向量作为对角线构造一个对角矩阵。上式中终于出现了最核心的循环部分，即相邻两个时间步的中间变量 z 之间的梯度连乘[①]。对于任意时间步 k，都有：

$$\frac{\partial z_{k+1}}{\partial z_k} = \frac{\partial h_{k+1}}{\partial z_k} \frac{\partial z_{k+1}}{\partial h_{k+1}}$$

$$= diag(f'(z_k))W_{hh}^{\mathrm{T}} \qquad (4\text{-}14)$$

至此，所有需要计算的部分都已经拆解完毕，逐一回代便可得到最终整理后的结果：

$$\frac{\partial loss}{\partial W_{hh}} = \sum_{t=0}^{T-1} \sum_{t'=0}^{t} \left[\prod_{k=t'}^{t-1} diag(f'(z_k))W_{hh}^{\mathrm{T}} \right] diag(f'(z_t))U^{\mathrm{T}} \frac{\partial loss_t}{\partial o_t} \qquad (4\text{-}15)$$

上式看似包含双重嵌套循环，非常复杂，但通过巧妙地重排和组织各项的顺序，可以在 T 个时间步内完成所有计算，总的计算复杂度和序列长度为线性关系。

2. 梯度消失、梯度爆炸的原因及其处理方法

从上面的推导中，我们得知 RNN 的梯度计算中包含一个连乘项，而这个连乘项是由隐藏层在时间轴上的自循环带来的。而每个连乘项中都包含同样的参数矩阵 W_{hh}，因此多次自乘后有可能发生越乘越小或者越乘越大的情况。

首先需要强调的是，**循环神经网络的梯度消失和普通的多层感知机的梯度消失意思并不相同**。在多层感知机中，梯度消失指的是网络底层参数的梯度太小，以至于无法有效训练；而在循环神经网络中，消失的仅仅是远距离的梯度。对循环神经网络来说，某个参数的梯度是很多项的求和，其中有来自远距离的项（横跨了多个时间步），也有来自近距离的项（当前时间步的监督信号）；前者有可能消失，而后者由于路径较短可以永远保持存在。远距离梯度消失导致的结果是总的梯度被近距离的信息主导，模型难以学习长距离的依赖，而非完全无法训练。

---

① 这里也可以选择展开成一串 $\partial h_{k+1} / \partial h_k$ 的乘积，最终结果是相同的。

　　类似地，循环神经网络中可能会发生爆炸的同样是远距离的梯度，而近距离的梯度则总是保持正常。由于总的梯度等于各种不同距离的梯度之和，最终的梯度值会被较大的远距离梯度主导，也就是说，总的梯度也会发生爆炸。

　　正如文献[89]所指出的，自循环矩阵特征值的绝对值过小是发生梯度消失的充分条件。这是因为，如果矩阵 W_{hh} 特征值的绝对值足够小，再考虑到激活函数 $f(\cdot)$ 的梯度值往往也不超过 1（例如双曲正切函数），那么多次矩阵相乘后必然导致乘积的范数越来越小。

　　自循环矩阵的特征值的绝对值过大则是发生梯度爆炸的必要条件。这是因为，假如自循环矩阵的特征值的绝对值足够大，便有可能对抗激活函数梯度的收缩效果，在极端情形下甚至使得自身的扩张效果占主导，最终导致梯度发生爆炸。

　　因此，一种常用的循环神经网络训练技巧便是正交初始化（Orthogonal Initialization）：将自循环矩阵的初始值设为随机的正交矩阵①，这样一来，在训练的开始阶段，梯度既不容易发生爆炸也不容易发生消失（因为正交矩阵的特征值只能是 ±1，不会产生拉伸或者压缩的效果），更有利于模型的训练和调优。不过，随着模型变得越来越大，这一技巧的重要性也在逐渐下降——当维度足够高时，任意两个随机初始化的向量都是接近正交的，因此直接进行简单的随机初始化往往也比较接近正交矩阵。

　　为了解决梯度消失问题，最简单的办法就是使用 LSTM/GRU 等现代门控 RNN 单元。本书的下一节将分析这些门控 RNN 单元的梯度流动情况。

　　梯度爆炸则往往简单粗暴地用梯度裁剪（Gradient Clipping）来解决：如果在训练过程中发生了梯度爆炸，那么就对模型的梯度进行缩放，使梯度的范数不超过某个预先设置的值——这个值需要手工指定，一般在[1, 10]区间。梯度裁剪实现时有一些变种，例如可以对每个参数矩阵/向量单独进行裁剪，也可以对所有参数梯度的整体进行裁剪。此外，还有一种梯度阈值化（Gradient Thresholding）的做法，对模型参数梯度的每一个分量独立进行操作，绝对值超过某个阈值就裁剪到该阈值。这些方法效果都是类似的，可以根据自己的喜好进行选择。

4.2.2　LSTM 的梯度流

　　在 SimpleRNN 中，可以看到相邻两个时间步的隐藏层向量 h_t 和 h_{t+1} 间经过了一次非线性变换，这会导致信息在经过多次传播后变形。而现代门控 RNN 单元则主要进行加性更新，可以维持一条"信息高速公路"，跨越多个时间步保存重要信息。本小节以 LSTM

---

① 一般可以先随机初始化，然后通过奇异值分解得到一个正交矩阵。

为例，分析现代门控 RNN 单元成功的原因。

1. 加性更新

类似 SimpleRNN 的反向传播推导过程，LSTM 的反向传播中也会出现相邻两个时间步的状态向量之间梯度的连乘项；然而与 SimpleRNN 不同的是，LSTMCell 内部结构较为复杂，前一时间步的状态有多种方式影响后一时间步的状态（即存在多条从前一时间步的模型状态通向后一时间步的模型状态的计算图路径），反向传播时需要考虑各条路径上的梯度再汇总求和。

LSTMCell 内部的计算图如图 4-2 所示（右下角附上了 LSTM 的数学公式以便查阅）。

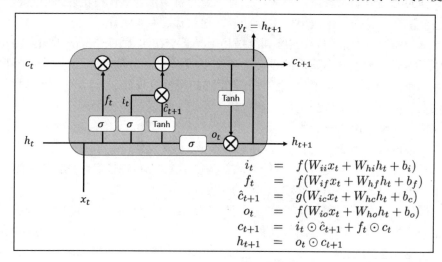

图 4-2　LSTMCell 内部计算图

图示上方从 c_t 通向 c_{t+1} 的水平直线对应于 LSTM 的第五个方程 $c_{t+1} = c_t \odot f_t + i_t \odot \hat{c}_{t+1}$，可以看到这条路线上不存在非线性变换，存在的只是逐元素相乘和相加。这条路径上的反向传播非常容易计算，即：

$$\frac{\partial loss}{\partial c_t} = \frac{\partial loss}{\partial c_{t+1}} \odot f_t \tag{4-16}$$

在上式中，如果遗忘门的值恒为 1（例如模型初始化时使用了较大的遗忘门偏置项，使得遗忘门一直处于饱和状态；或者是使用 1997 年刚被提出的、还没有遗忘门的 LSTM 版本[26]），那么损失函数对相邻两个细胞状态的梯度将完全一致，这被称为常量误差传递（Constant Error Carousel）。此时，这条"信息高速公路"可以完好地保存梯度信号，把梯度传递到久远的过去。当遗忘门不为 1 时，由于遗忘门的值在 [0, 1] 区间，因此梯度信号也会随着时间衰减。只不过这种衰减有时不是缺点，反而是 LSTM 的优势：训练好的 LSTM 中可能存在一些具有特异性和可解释性的神经元（例如读到转折连词时忘掉先前记住的信息），此时截断梯度流动不但不会妨碍模型的训练，反而可以排除无效信息的干扰。现今 LSTM 里的遗忘门是 2003 年 Gers 等人引入的[79]，因为他们发现在必要时忘掉一些信息对模型更有帮助。

　　如图 4-2 所示，LSTM 的状态包含两部分，除了细胞状态 c_t 以外还有隐藏层向量 h_t。如果观察相邻两个时间步隐藏层向量 h_t 之间的信息流动，例如 LSTMCell 计算图下方从 h_t 通向 h_{t+1} 的水平直线，可以看到这条线上存在一次非线性变换，即输出门的计算过程。这条路径上的梯度传递过程为：

$$\frac{\partial loss}{\partial h_t} = W_{ho}^{\mathrm{T}} diag(f'(z_t)) diag(c_{t+1}) \frac{\partial loss}{\partial h_{t+1}} \tag{4-17}$$

　　其中 $z_t = W_{io} x_t + W_{ho} h_t + b_o$，是输出门在经过非线性变换前的值。可以看到公式（4-17）和 SimpleRNN 的反向传播公式非常类似，仅仅是自循环的部分多乘了一个细胞状态 c_{t+1} 的值。事实上，这条路径确实有可能会发生梯度爆炸或者梯度消失，并且出现的原因和 SimpleRNN 完全相同。

　　以上只分析了最上面和最下面两条路径上的梯度流动情况，LSTM 完整的反向传播算法需要考虑计算图上的所有路径，例如一些先上后下、经过多个非线性变换的更加曲折的路径。在这些路径上也会有类似公式（4-17）的自循环矩阵的连乘，只是相乘的项数更多、更加复杂。同样，这些路径在跨越多个时间步后也有可能会发生梯度爆炸或梯度消失。

　　LSTM 完整的反向传播算法非常复杂，感兴趣的读者可以参考文献[90]。简而言之，LSTM 通过设计一条仅包含逐元素相乘和相加的路径实现了这条路径上梯度的高效传递，而其他包含非线性变换的路径仍然有可能发生梯度消失和爆炸。不过，LSTM 的优越之处在于：即便其他复杂的非线性变换路径上发生了梯度消失，由于存在一条高速公路的梯度仍被较好地保存，因此总的长时间梯度也得以保持（总的梯度等于各条路径的梯度之和），总体上仍然不易发生梯度消失。反过来，即便自循环矩阵特征值的绝对值较大，使梯度产生扩张的倾向，然而由于存在自循环矩阵连乘的路径都较为曲折，路径上的多个门限或其导数都会产生收缩的效果，可以在一定程度上对抗梯度的扩张，从而减小（而不是完全杜绝）LSTM 发生梯度爆炸的概率。在训练 LSTM 时，万一真的发生了梯度爆炸，同样可以通过梯度裁剪来处理。由于 LSTM 中的梯度流比普通的 SimpleRNN 要稳定很多，因此模型也更容易训练，往往能得到更好的效果。

2. 门控 RNN 单元有效性的根源

现代门控 RNN 单元（包括 LSTM 和 GRU 等）有效的原因可以有很多种解释，前面对梯度流动的分析便是其中一种。不过，除了从反向传播的角度来分析以外，也可以换一个角度，从前向建模的角度来看，这样更有助于加深读者对模型的理解。顺畅的梯度流动确实非常重要，然而梯度不是一切——设想一个神经网络中只包含恒等变换，那么梯度可以畅通无阻地一直传播，但是模型却没有拟合任何非线性变换的能力。LSTM 中的遗忘门就是如此，虽然有时候会阻碍梯度流动，然而如果阻断的时机正确，这是一件好事而非坏事。

和基本的 SimpleRNN 相比，**门控 RNN 单元结构上的主要特点是使用门来控制信息的流动，并在模型中设计一条只进行加性更新（包含逐元素相乘和相加）的简单通路。**和全连接层相比，逐元素地加性更新减弱了各个隐藏层神经元之间的交互，使得模型更容易演化出具有独立语义的神经元。例如文献[91]发现，LSTM 语言模型中往往可以找到一些表征特定意义的神经元，例如表示当前字符是否在引号内。每个门限都可以理解为一个小的神经网络，各个门限独立做出决策，可以提高模型的选择性：模型可以选择在多大程度上接受或者拒绝新信息、遗忘旧信息，而不是以一个固定的速率进行读取和遗忘，可以更好地对输入进行适应。特别地，假如输入信号特别强烈，明确告诉模型需要做某件事（例如全盘接受当前输入，并完全丢弃历史记忆），那么门限可以发生饱和（Sigmoid 函数在远离原点的区域函数值非常接近 0 或者 1，此时门限几乎变成了二元开关），于是后续的逐元素操作可以较好地保持信息不变性；即将被操作的信息原封不动地保留或者彻彻底底地清除——作为对比，SimpleRNN 每一步都要经过非线性变换，上一时间步的隐藏层状态在下个时间步往往会发生变形，即便模型记住了久远的过去，也可能因为信息的多次非线性变换而无法准确读取和还原，影响后续的预测过程。

选择性和信息不变性是所有现代门控 RNN 单元共享的特点。而 LSTM 还有一个额外的特性，就是细胞状态 c_t 的无界性，这在计数时会有额外的好处。LSTM 细胞状态 c_t 的无界性来自它独特的加性更新：假设遗忘门一直接近 1（即模型选择记住所有历史信息），输入门也一直接近 1（即模型选择不断读取新信息），那么细胞状态 c_t 的值就可以一直累加，没有上限。而在 GRU 中，由于新信息的输入强度和旧信息的记忆强度相耦合（如果新信息完全输入，那么就要彻底遗忘旧信息），因此 GRU 的隐藏层状态值是有界的，永远处于[-1, 1]区间。

文献[92]考察了几种 RNN 变体在识别形式语言 $a^n b^n$ 时的表现，发现训练好的 LSTM 中确实存在一些神经元记录了某些字符出现的次数（例如字符 a 出现的次数）或两个字符出现的次数之差（例如字符 a 出现的次数减去字符 b 出现的次数）。对于状态值无界的 LSTM，这确实很容易做到，只需要挑选一个神经元，让它在遇到 a 时加 1，遇到 b

时减 1 即可。而假如要让某种状态值有界的 RNN 识别字符串 a^nb^n，要么模型就得学会用多个神经元来共同计数（即学习到一种类似二进制计数的机制），要么就要在单个神经元中以较小的浮点数为单位来计数，以避免状态值饱和达到上限无法继续计数（例如每读到一个新的字符，就给某个神经元加一个小量，例如 0.001）。前一种机制听上去可能过于复杂，很难在网络训练中自发演化出这种多个神经元的协同行为；而后一种机制则非常容易导致浮点误差，即时间久了以后，模型很难辨别自己到底数了 999 个 a 还是 1000 个 a。事实上，对于这个任务，LSTM 确实比 GRU 等变体体现出了更好的泛化性。不过对于大多数任务来说，LSTM 和 GRU 的实际表现都相差不大，这是因为实际任务往往不需要进行大范围的计数（例如自然语言中从句嵌套的层次一般只有两三层，而不会出现上千层；程序源代码缩进的层次一般也不会超过 10 层）。

综上所述，从模型建模的角度来看，选择性、信息不变性和状态无界性，这三者都有助于解释 LSTM 的有效性。特别地，前两条也可以用于解释其他门控 RNN 单元的有效性。

4.3 RNN 中的归一化方法

为了加速和稳定神经网络的训练过程，一般需要对神经网络的输入进行标准化（Standardization）或归一化（Normalization）处理，即将输入特征的数值范围缩放到某个合理的范围内，如 [0, 1] 或 [−1, 1] 区间①。一个比较典型的例子就是，将图像数据输入给神经网络时，常常先对像素值减均值除方差，然后再喂给网络；否则输入数值对模型来说可能太大了（8 位图像的最大值是 255，而模型参数的数值很少会超过 10）。

后来，研究者提出了多种多样的归一化技巧，对神经网络内部的参数或隐藏层向量值也进行类似的处理，使得模型训练更加容易、泛化效果更好。常见的算法包括批归一化（Batch Normalization）[93]、层归一化（Layer Normalization）[88]、均方根归一化(RMS Norm) [94]、权重归一化（Weight Normalization）[95]、组归一化（Group Normalization）[96]、实例归一化（Instance Normalization）[97]等。

本书将在后续章节中重点介绍批归一化和层归一化：批归一化是提出最早、应用最广泛的方法，层归一化则是最适用于序列问题的方法。除此之外，实例归一化主要用在图像风格转换任务中，将每张图像视为一个单独的领域进行归一化，以移除风格信息，

---

① 标准化和归一化这两个术语的使用有些混乱，所指的具体操作可能有很多种，例如减均值除方差、将数据线性缩放到 [0, 1] 区间等。

加速迁移的过程；组归一化用来解决批归一化训练时需要较大批量的问题，可以在小批量下取得较好的效果。最后，权重归一化通过对网络权重进行重参数化，将权重拆分为方向和模长两个部分，使模型优化更加容易——该归一化方法适用的任务和模型较多，但应用时需要重写相应网络模块的前向计算过程，略显烦琐；其他方法则是对网络中的隐藏层向量进行处理，只需向网络中插入一个新的层，像搭积木一样拼好网络结构即可，使用起来更为灵活。

4.3.1 批归一化

批归一化通常应用在全连接层、卷积层或多分支合并（例如残差连接等）之后，用来调整隐藏层张量的尺度，使其具有良好的数值分布，进而更有利于模型优化。在 TensorFlow 2 中，批归一化层对应的类是 tf.keras.layers.BatchNormalization。由于批归一化层在训练和推断时具有不同的行为，因此本节将分两个部分，分别介绍批归一化在训练和推断时的做法，最后总结其有效的原因和优缺点。

1. 训练

假设同一批量下有 N 个样本，每个样本在网络某一层处的隐藏层向量分别为 $h_1,\cdots,h_n \in \mathbb{R}^d$。如果要在网络此处插入一个批归一化层，那么在训练时，批归一化层会对这些向量进行如下变换[①]：

$$\mu = \frac{1}{N}\sum_{i=1}^{N} h_i$$

$$\sigma^2 = \frac{1}{N}\sum_{i=1}^{N}(h_i - \mu)^2 \qquad (4\text{-}18)$$

$$h_{i'} = \frac{h_i - \mu}{\sqrt{\sigma^2 + \epsilon}} \odot \gamma + \beta, \quad \text{for } i = 1,\cdots,N$$

首先计算当前批量所有样本在该层输出结果的均值 $\mu \in \mathbb{R}^d$ 和方差 $\sigma^2 \in \mathbb{R}^d$，然后对每个样本的输出值都逐分量（Component Wise）做两次缩放：第一次缩放是其原本的输出值 h_i 减均值后除标准差（为避免除零等数值错误，这里会加上一个小量），使得任一分量的输出值的分布都服从零均值和单位方差，第二次缩放是乘可学习的参数 $\gamma \in \mathbb{R}^d$ 后加可学习的参数 $\beta \in \mathbb{R}^d$，此时得到的向量 h_i' 就是该层模型喂给下一层的输出。

---

① 该式中的平方、开方、向量除法和乘法都是逐元素运算，即任意两个不同维度的信息不会交叉。

参数向量 γ 和 β 一般分别被初始化为全一向量和全零向量，即恒等变换。这样一来，在模型训练初期，网络中所有位于批归一化层之后的层都可以像第一层那样，其输入具有分布良好的均值和方差，有利于模型加速收敛。

随着训练过程的进行，参数向量 γ 和 β 会使用梯度下降进行优化，以便让批归一化层学到模型所需要的变换，让模型中间层的输出符合它所需要的分布，而不是强制服从零均值和单位方差的分布。

另外，有一个常见的小技巧：假如批归一化层插入在全连接层（不含激活函数）之后，那么这个全连接层通常不使用偏置参数，仅保留权重参数。这是因为批归一化层在第一次缩放时需要减均值，无论偏置参数如何取值都不影响最终的结果。

最后需要说明的是，本节中的公式是以全连接层为例的，所以单个样本在网络中产生的隐藏层张量 h_i 只是一个向量。而对于卷积神经网络来说，单个样本（一般是图片）在卷积层后产生的特征图一般是三维张量，包含高度 H、宽度 W、通道数 C 三个维度，此时插入的批归一化层要遍历批量大小 N、高度 H、宽度 W 这三个维度（而不只是批量大小 N），给每个通道计算出一个均值和方差。这是因为，卷积核（Kernels）的参数是在空间不同位置共享的，同一个通道在不同空间位置的输出可以认为是同一个神经元滑动之后得到的，因此空间位置也是另一种意义上的"批量"。

2. 推断

在推断时，批归一化层也要进行两次缩放操作，但第一次缩放采用的参数不再是**当前批量**数据中统计出的均值 μ 和方差 σ^2，而是**整个训练集**上统计出的均值和方差。这样一来，每条样本的推断结果就不会受到同一批量内其他数据的影响了，可以得到一个确定的结果。理论上，可以在训练完毕后，再对整个训练集做一遍前向推断来求得这两个统计量的平均值；但实践中通常用指数滑动平均（Exponential Moving Average）来代替，这样就能在训练的同时完成这两个统计量的更新而无须再单独统计，代码实现上更简便：

$$\mathbb{E}[\mu] = r\mathbb{E}[\mu] + (1-r)\mu$$
$$\mathbb{E}[\sigma^2] = r\mathbb{E}[\sigma^2] + (1-r)\sigma^2 \tag{4-19}$$

公式（4-19）中的 r 是指数滑动平均的系数，一般取接近 1 的值。如果把指数滑动平均的式子一步一步展开，可以看到其最终的结果等于很多项的加权求和，每一项的权重随着这一项到当前时刻的距离指数衰减。因此，这个系数越接近 1，加权求和公式中较早的项的权重就越大，越能看到更早的历史。在 TensorFlow 2 中，这个系数对应于类 tf.keras.layers.BatchNormalization 的参数 momentum，默认取值为 0.99。$\mathbb{E}[\mu]$ 和 $\mathbb{E}[\sigma^2]$ 的更新由 TensorFlow 框架自动维护，它们不属于模型参数，不通过梯度下降来更新。

均值和方差的指数滑动平均统计量通常分别被初始化为全 0 和全 1 向量。因此在训练开始阶段，这两个统计量非常不准确，分别偏向于 0 和 1。这会导致一种**冷启动现象**：模型在训练集上的表现（例如准确率等指标）已经明显提升了，但是它在验证集上的表现会滞后一些，验证集的相应指标提升非常缓慢。如果在实验中观察到了这种验证集指标滞后于训练集的现象，一般只需要继续耐心等待即可，而不意味着代码出错——只要再经过一段时间的训练，这两个统计量就会变得更加准确，验证集上的指标也会逐渐提升上来。

在训练完毕后，$\mathbb{E}[\mu]$ 和 $\mathbb{E}[\sigma^2]$ 这两个统计量就成为两个确定的向量了，而与推断时所用的数据批量无关。容易看出，推断时批归一化的两次缩放操作可以简化为一次缩放操作——只需对批归一化前向运算的最后一式进行一些简单的代数变换即可。更进一步地，如果批归一化层前后相邻位置存在全连接层（假设中间没有激活函数），甚至可以把批归一化层的变换参数合并到前后相邻的全连接层的参数中①，然后把批归一化层从网络中去掉，加快推理的速度。这一操作俗称"吸 BN"，即将批归一化层"吸收"掉。

3. 优缺点分析

批归一化可以改善模型的梯度流动情况。如果在一个全连接层（不含激活函数）之后应用批归一化，可以发现，将全连接层的权重缩放一个倍数不会影响网络传给更前面的层的梯度；而对于全连接层本身来说，越大的权重参数会导致越小的梯度，因此批归一化层可以起到稳定梯度流的效果。实践上，包含批归一化层的神经网络往往可以使用更大的学习率来训练，收敛也可以加快很多。

批归一化原论文[93]将其有效的原因部分地归结于内部协方差漂移（Internal Covariance Shift）的解决，即：在普通网络的训练中，前面层的参数变化之后，后面层的输入分布就会发生变化，于是后面层的参数就需要对其新的输入分布进行调整，最终结果就是前面的层训练充分之后，后面的层才能真正进行有效的学习，网络中位置靠后的层在训练初期所进行的更新或多或少被浪费了；而批归一化方法通过让批归一化层的输出分布基本保持稳定，可以实现网络中靠前和靠后的层几乎同步进行有效的学习。

不过，近年来也出现了一些新的观点[98]，认为批归一化有效的原因和内部协方差漂移关系不大，而是和损失函数的地形有关。该观点认为，批归一化使得损失函数的地貌更平滑，从而更有利于模型的优化。

批归一化自然也存在一些缺点，其中比较显著的一点是对大批量的依赖性——如果训练批量过小（例如模型很大，或者输入数据的维度很高，此时无法使用大批量进行训

---

① 如果批归一化层前面的全连接层没有启用偏置项，那么合并之后就会产生偏置项了。

练），当前批量的均值和方差的噪声很大（批量大小为 1 时甚至无法计算方差），反而会干扰模型的训练。此时可以考虑使用组归一化作为替代方法。

随着数据规模和模型大小的不断变大，很多时候都会用到分布式训练。在最常见的数据并行（Data Parallel）情况下，由于每个训练进程拿到的数据不同，因此每个训练进程求出的当前批量均值和方差都可能不同。如果单个进程拿到的批量大小足够大，那么最简单的处理方法就是训练时忽略各个进程统计量不同的问题，训练完毕后统一使用 0 号训练进程保存的滑动平均统计量进行推断。但是，如果是为了更强的一致性，或者是在单个进程批量太小的情况下想要把所有进程的数据合并在一起看做一个更大的批量，那么可以使用同步批归一化（Synchronized Batch Normalization），简称 SyncBN。同步批归一化会在前向传播时对每个训练进程内部计算出的均值和方差①进行同步，让各个训练进程共享相同的全局均值和方差。这一功能对应于类 tf.keras.layers.experimental. SyncBatchNormalization。

另外，批归一化不太容易在循环神经网络等序列模型中发挥效果。这是因为序列模型需要适应不同长度的序列，而模型位于不同时间步的隐藏层状态的分布情况并不相同，把它们汇总在一起计算统计量并归一化可能没有意义。虽然存在一些研究[99]表示，在比较精细地考虑批归一化添加的位置、参数的初始化方法、各个时间步的统计量维护等细节后，批归一化也可以应用于循环神经网络，但由于细节过于烦琐，这些方法在实际应用中并不广泛。

4.3.2 层归一化

在序列模型中，通常使用的归一化方法是层归一化——该方法不仅对循环神经网络有效，对 Transformer[100] 也同样有效。本小节首先介绍层归一化的计算流程、梳理层归一化和批归一化的区别，然后实现一个包含层归一化的 GRU 网络。

1. 层归一化的计算流程

假设某个输入样本在网络某处产生的隐藏层张量为 $z \in \mathbb{R}^d$，那么层归一化会进行如下运算：

---

① 根据具体实现不同，也有可能是一阶矩和二阶矩等计算均值和方差时的中间结果。

$$\mu = \frac{1}{d}\sum_{i=1}^{d} z_i$$

$$\sigma^2 = \frac{1}{d}\sum_{i=1}^{n} (z_i - \mu)^2 \tag{4-20}$$

$$z' = \frac{z - \mu}{\sqrt{\sigma^2 + \epsilon}} \odot \gamma + \beta$$

首先计算各个维度的均值 $\mu \in \mathbb{R}$ 和方差 $\sigma^2 \in \mathbb{R}$ ——这一操作不会引入不同样本之间的信息交互，但是会引入当前样本在同一层的不同神经元处的输出的交互。同一层的不同神经元可能编码了不同的信息，因此该操作会将这些不同的信息进行糅合。然后是类似批归一化的两次缩放：首先减均值后除标准差，将该样本在当前层的输出重置为零均值、单位方差的张量；然后通过可学习的参数 $\gamma \in \mathbb{R}^d$ 和 $\beta \in \mathbb{R}^d$ （分别初始化全 1 和全 0 张量）进行第二次缩放，以允许其恢复一定的尺度和偏置，最终得到输出张量 z' 。经过两次缩放后，隐藏层张量 z' 的大部分值都可以落在更合理的数值区间，更有利于**模型优化**。

从形式上看，层归一化和批归一化非常类似，仅仅是归一化的维度不同：层归一化计算同一样本在同一层的不同神经元处的输出的均值和标准差，而批归一化计算不同样本在同一神经元处的输出的均值和标准差。但和批量大小脱钩使得层归一化具备额外的一些优点：层归一化的训练和推断完全一致，每条数据样本的层归一化结果完全取决于它自身，而和同一批量里的其他数据样本无关。因此，无论训练时的批量大小是多少，都可以使用层归一化，而且也不需要用滑动平均的方式更新均值和方差等统计量；层归一化还能无感地和梯度累积等技术进行结合，这是批归一化很难做到的。

和批归一化类似，层归一化通常用在全连接层（不含激活函数）或者是多个网络分支合并之后，用于调整隐藏层张量的数值分布。例如，当把层归一化与 LSTM 相结合时，可以将层归一化放在矩阵乘法之后。以输入门为例，可以将相应的计算公式改写为 $i_t = \sigma(\mathrm{LN}(W_{ii}x_t) + \mathrm{LN}(W_{hi}h_t) + b_i))$ ，其中 LN 表示层归一化。这种添加归一化操作的方式有可能使得输入项和自循环项在相加时取值更"兼容"，不易被其中一方主导，使模型更容易训练。

2. 实现带层归一化的 GRU

以 GRU 为例，可以将层归一化插入在矩阵向量乘法之后，得到如下新的单步运算公式：

$$z_t = f(\text{LN}(W_z x_t) + \text{LN}(U_z h_t) + b_z)$$
$$r_t = f(\text{LN}(W_r x_t) + \text{LN}(U_r h_t) + b_r)$$
$$\hat{h}_{t+1} = g(\text{LN}(W_h x_t) + b_{xh} + r_t \odot (\text{LN}(U_h h_t) + b_{hh}))$$
$$h_{t+1} = (1 - z_t) \odot h_t + z_t \odot \hat{h}_{t+1}$$

$$(4\text{-}21)$$

其中 LN 表示层归一化操作，去掉 LN 后就是普通 GRU 的前向运算公式，其状态和输出向量的维度也与普通 GRU 无异。代码实现时，只需实现一个 RNNCell 类，定义好单步运算，然后使用 tf.keras.layers.RNN 进行封装即可。容易看出，隐藏层自循环矩阵 U、偏置向量 b 及六个 LN 层的参数形状只和当前隐藏层的大小有关，因此在一开始就能确定这些参数的形状，可以在 __init__ 方法中进行构造；而输入到隐藏层的变换矩阵 W 的形状则需要在知道输入向量的维度后才能确定，因此我们将其推迟到 build() 方法中。

在 __init__ 方法中，我们使用 self.add_weight()来给相应的参数起名，这样有助于在查看模型参数的时候区分不同的参数张量。偏置向量通常使用 0 初始化，而自循环矩阵这里使用了 Xavier 初始化[29]：假设某个矩阵的输入和输出维度分别是 fan_in 和 fan_out[①]，参数从正态分布中采样，那么正态分布的方差可以设置为 $2 / (\text{fan\_in} + \text{fan\_out})$。在一定的假设下，Xavier 初始化可以使得模型每层的隐藏层向量方差保持不变，因而有利于模型的稳定训练。在构造函数最后，由于已知隐藏层大小，可以调用 build()函数对六个层归一化模块进行初始化——假如不执行这一操作，代码也不会报错，只是需要等到输入第一个批量的数据时归一化层才能知道自身所需的参数形状，TensorFlow 会自动推迟这些参数的构造时机。__init__ 方法的实现代码如下：

```python
import tensorflow as tf
from tensorflow.python.util import nest

class LayerNormGRUCell(tf.keras.layers.AbstractRNNCell):
  def __init__(self, units):
    super(LayerNormGRUCell, self).__init__()
    self.units = units
    zero_init = tf.zeros_initializer()
    self.b_z = self.add_weight(name='b_z', shape=(self.units,),
                               dtype='float32', initializer=zero_init,
                               trainable=True)
    self.b_r = self.add_weight(name='b_r', shape=(self.units,),
                               dtype='float32', initializer=zero_init,
                               trainable=True)
    self.b_xh = self.add_weight(name='b_xh', shape=(self.units,),
```

---

① 这两个术语来自集成电路，直译为扇入和扇出，分别表示门电路允许的输入和输出端数目。

```
                                dtype='float32', initializer=zero_init,
                                trainable=True)
    self.b_hh = self.add_weight(name='b_hh', shape=(self.units,),
                                dtype='float32', initializer=zero_init,
                                trainable=True)
    u_init = tf.random_normal_initializer(stddev=(1 / self.units) ** 0.5)
    self.U_r = self.add_weight(name='U_r', shape=(self.units, self.units),
                                dtype='float32', initializer=u_init,
                                trainable=True)
    self.U_z = self.add_weight(name='U_z', shape=(self.units, self.units),
                                dtype='float32', initializer=u_init,
                                trainable=True)
    self.U_h = self.add_weight(name='U_h', shape=(self.units, self.units),
                                dtype='float32', initializer=u_init,
                                trainable=True)
    self.ln = [tf.keras.layers.LayerNormalization() for _ in range(6)]
    for ln in self.ln:
      ln.build(input_shape=(None, self.units))

@property
def state_size(self):
  return self.units

@property
def output_size(self):
  return self.units
```

　　build() 方法的实现也很简单，只需要定义几个输入到隐藏层的矩阵即可，这里同样使用 Xavier 初始化，代码如下：

```
def build(self, input_shape):
  # input shape = [batch_size, dimension]
  dev = (2 / (input_shape[-1] + self.units)) ** 0.5
  w_init = tf.random_normal_initializer(stddev=dev)
  self.W_r = self.add_weight(name='W_r', shape=(input_shape[-1], self.
units),
                              dtype='float32', initializer=w_init)
  self.W_z = self.add_weight(name='W_z', shape=(input_shape[-1], self.
units),
                              dtype='float32', initializer=w_init)
  self.W_h = self.add_weight(name='W_h', shape=(input_shape[-1], s
elf.units),
                              dtype='float32', initializer=w_init)
  self.built = True
```

　　模型单步运算的部分集中在 call() 方法中，这里同样采用防御式编程，对状态 states 的类别进行判断，分单一张量和嵌套张量两种情况决定是否进行索引操作，以解决 TensorFlow 框架可能引入的不必要的嵌套层次。剩下的部分大多是对数学公式的翻译，

这里用了 Python 3.5 及之后的新特性——运算符@表示矩阵乘法，相当于 tf.matmul()
——来简化代码。为便于批量计算，代码中的变量 W 实际上是数学公式中的变量 W 的
转置（否则需要在代码中进行更多次转置，或改变一些张量的形状）。代码如下：

```
def call(self, inputs, states):
    # inputs: [batch_size, input_size], states: [batch_size, state_size]
    # output: [batch_size, output_size], new_states: [batch_size, state_
size]
    is_nested = nest.is_nested(states)
    states = states[0] if is_nested else states
    # [batch_size, state_size]
    z = tf.sigmoid(self.ln[0](inputs @ self.W_z) +
                   self.ln[1](states @ self.U_z) + self.b_z)
    # [batch_size, state_size]
    r = tf.sigmoid(self.ln[2](inputs @ self.W_r) +
                   self.ln[3](states @ self.U_r) + self.b_r)
    # [batch_size, state_size]
    h_to_use = r * (self.ln[5](states @ self.U_h + self.b_hh))
    # [batch_size, state_size]
    h_cand = tf.tanh(self.ln[4](inputs @ self.W_h + self.b_xh + h_to_use))
    h_new = (1 - z) * states + z * h_cand
    return h_new, [h_new] if is_nested else h_new
```

到此为止，带批归一化的 GRUCell 就大功告成了，可以像使用普通 RNNCell 那样
来使用它。例如，可以按照如下方式构造一个单层带批归一化的 GRU：

```
ln_gru_cell = LayerNormGRUCell(64)
ln_gru = tf.keras.layers.RNN(ln_gru_cell, return_sequences=True)
model = tf.keras.Sequential([ln_gru])

# [batch_size, time_steps, input_dim]
model.build(input_shape=(None, None, 50))
print(model.summary())
```

## 第 5 章

循环神经网络之三：
实战技巧

5

前面两章主要介绍了几种常见的循环神经网络实例、如何自定义循环神经网络以及一些相关的理论问题。但是对于实践应用来说，仅仅掌握这些知识还不够：不同长度的序列如何组成一个批量数据进行训练？循环神经网络的状态怎么在不同批次之间进行保存和传递？诸如此类的问题对相当一部分初学者造成了困扰，而本章会给出这些问题的答案。

5.1　序列分类

循环神经网络最简单的使用案例就是序列分类问题。此时输入和输出是多对一的关系，只需提取循环神经网络在最后一个时间步的输出向量（在 TensorFlow 中只需设置 return_sequence=False，这也是 RNN 接口的默认行为），然后将该向量变换到合适的维度（目标类别数）即可。分类问题通常用交叉熵作为损失函数。

5.1.1　MNIST 数字图像分类

以 MNIST 数字图像分类问题为例，单个输入样本是分辨率为 28×28 的灰度图像，标签是 0 到 9 这 10 个类别之一。对于该问题,最简单的解决方案自然是使用多层感知机，这也是很多人接触深度学习时遇到的第一个实用案例。使用多层感知机时，首先将输入图像摊平，变成 784 维的向量；然后经过少数几层全连接和非线性变换层，最终得到一个 10 维的预测结果，用交叉熵计算损失函数并使用梯度下降进行优化。该模型可以在测试集上达到 98% 左右的准确率。

该问题最经典、最合适的解决方案当属卷积神经网络 LeNet[25]。卷积（Convolution）操作使用相同的卷积核在输入图像上滑动，可以更好地利用图像的局部性，具有更强的平移不变性，更加适合于图像处理；降采样（Subsampling）则通过将相邻的几个像素取平均或者最大值等方式聚合为单个像素，以降低图像的分辨率，提取到更高层的语义信息。交替使用几次卷积和降采样操作后，就可以得到一个提炼后的特征图（Feature Map）①；再将特征图摊平、经过几次全连接层变换为 10 维隐藏层向量，然后就可以使用交叉熵和梯度下降来优化模型了。训练好的模型应当具有 99%以上的准确率[101]。

不过，本节中展示的是如何使用循环神经网络来处理 MNIST 数字图像分类问题，完整的代码示例详见本书配套代码 chapter5/mnist_rnn.py。必须承认的是，循环神经网络不是特别适合这一问题——和多层感知机相比过于复杂，和卷积神经网络相比没有利用好图像数据的特性。但如果把数字图像看成每一行数据的拼接（即一共 28 个时间步，每个时间步输入一行 28 个像素），那么这一数据集倒是非常适合用来介绍序列分类问题：所有的样本都等长（具有 28 个时间步），因而不必处理变长序列问题。

全部训练代码只有不到 20 行，非常简单。这里的样例代码使用了隐藏层维度为 80 的单层 LSTM，然后通过全连接层将其输出变换为 10 维，用于分类。训练数据是 8 位灰度图像，取值为[0, 255]，因此在输入时需要将其归一化到[0, 1]区间，以利于模型训练。最终测试集准确率大约为 98%，样例代码如下：

```python
import numpy as np
import tensorflow as tf
from tensorflow.keras.datasets import mnist

# Prepare MNIST data.
(x_train, y_train), (x_test, y_test) = mnist.load_data()
# Convert to float32.
x_train, x_test = np.array(x_train, np.float32), np.array(x_test, np.float32)
# Normalize images value from [0, 255] to [0, 1].
x_train, x_test = x_train / 255., x_test / 255.

# Build an RNN
model = tf.keras.Sequential([tf.keras.layers.LSTM(80),
                             tf.keras.layers.Dense(10)])
```

---

① 卷积神经网络中间层的输出往往也和原始输入类似，除批量大小外还具有宽度、高度、通道数三个维度。这些中间层的输出被称作特征图，以区别于原始输入图像，因为它们是网络自动提取出的特征。

```
loss_fn = tf.keras.losses.SparseCategoricalCrossentropy(from_logits=True
)
model.compile(optimizer='adam', loss=loss_fn, metrics=['accuracy'])
model.fit(x_train, y_train, epochs=5, batch_size=32)
model.evaluate(x_test, y_test, batch_size=64)
```

5.1.2　变长序列处理与情感分析

在更多实际任务中，不同的序列具有不同的长度，例如不同的句子包含不同的单词数。从原理上讲，循环神经网络可以适配不同长度的数据序列，因此可以将模型输入的数据批量大小固定为 1，每次只取一条训练数据。这种做法偶尔可能会有奇效，因为这时每个批量的数据方差较大，对模型训练来说有较强的正则效果，可能训练出一些泛化较好的模型；但在绝大多数情况下，这会导致硬件利用率低下、训练时间大幅延长，很多时候甚至是不可忍受的。本小节将介绍变长数据的常见处理方法，以及一个情感分析的具体案例。

1. 截断和补全

处理变长输入数据的最主要的手段就是截断和补全。

为了充分利用显卡等计算资源的并行处理能力，通常需要将不同长度的序列放在一个批量中，并将他们设置为统一的长度。对于实际长度超过这一阈值的样本，可以将其截断，即从样本前面或者后面丢弃若干时间步的特征，以使其剩下部分的长度满足条件。截断的方法看似简单粗暴，但也有其内在的逻辑：假如超长样本只占极少数（这是大多数情况，超长样本可能是收集数据时未处理干净的噪声，例如网页标签等），那么确实可以简单忽略；假如超长样本非常多，那么可能需要使用新的建模方法（例如文档的长度通常包含数千词，可能需要对句子和段落层次化建模），而不是直接用单个循环神经网络来处理。对于实际长度不足这一阈值的样本，可以在其前面或者后面补上特殊的符号（一般记作<pad>，表示填充）或者特征向量（例如全零向量）以使其达到这一长度。自然语言处理中通常会向词表中加入一些特殊的词，例如表示填充的<pad>、表示句子开始的<BOS>、表示句子结束的<EOS>、表示未登录词的<unk>（Unknown Word）或者<oov>（Out-of-Vocabulary Word）等；添加完毕之后，这些词的词向量也可以像其他正常单词一样，通过梯度下降进行优化、端对端地训练，模型最终会在训练中理解这些特殊符号的语义。

这个统一的长度可以是静态的、全局的，即整个训练集中的样本都设置为一个长度；也可以是动态的、局部的，即同一批量内的样本设置为同一个长度，而不同批量的样本则可以取不同的长度。统一长度的设置需要综合考虑训练集中的数据分布和循环神经网络的建模能力：从数据分布的角度来讲，这一长度应该超过大部分训练数据的长度，以尽可能保持训练数据的完整性；从 RNN 建模能力的角度来讲，这一长度最好不要超过几百——建模长度上千的序列是相当困难的。不过幸好，在大多数情况下这两者是兼容的，例如自然语言处理中一个句子一般只有几十个词。

假如采取全局统一长度的做法，一般可以统计整个训练集中所有样本长度的分布情况，然后根据分布情况来确定一个相对合理的数值。以 IMDB 影评数据集[102]为例，该数据集收集了 5 万条电影评论，每条电影评论的标签为积极或消极，表示观众对电影的评价态度。其训练集中最长的样本包含 2494 个词，这样的数据对循环神经网络来说过长了，不如让模型直接放弃掉，把精力集中在建模正常长度的影评上。如果把最大长度设置为 300，那么训练集中大约有 76%以上的数据都不超过该长度，可以完整地建模；在长度超过 300 词的影评中，也有很大一部分可以通过前 300 词（或者后 300 词）来确定该评论的情感倾向。再考虑到 300 对于循环神经网络来说也基本到了处理能力的极限，因此将全局统一的长度定为 300 是较为合适的。

假如采用动态长度的做法，即每个批量的数据选一个统一的长度，那么可以根据每一批数据的实际情况进行补全和截断。例如某个批量的数据最大长度只有 100，那么可以将这个批量的所有数据的长度都填充到 100；而另一个批量的数据中大多数样本的长度不超过 200，但最长的一条样本长度超过 1000，那么可以将这个批量的数据长度统一为 200（长度不足 200 的进行填充，长度超过 200 的进行截断）。和全局统一长度相比，这种做法可以在一定程度上减少浪费，因为通常只需要填充较少的元素。

在全局统一长度和批次内统一长度这两种做法之间，还有一种折中的分桶（Bucketing）做法，即：将训练数据按长度分为若干个桶，例如将序列长度分为 40 以下的、[40, 60]、[60, 80]、超过 80 的这四组，在对数据进行采样时，每次先选一个分组，然后从这个组里取一个批量的样本，统一填充到该组的最大长度（对于最后一个长度无限的分组，可能需要截断到某个最大长度）。分桶可以保证每个桶内的样本长度相近，因此填充的元素往往较少。此外对于静态图框架来说，只需对少数几种长度的模型进行优化，因此有可能提升模型训练的效率。

2. 掩码

截断和补全主要用于处理输入数据，而掩码则可以同时处理输入和输出数据。

这里我们考虑一个较为简单的例子，假设有两条影评数据，分别为 "it is great" 和 "boring"，我们可以将其分词后填充拼接为一个批量的数据: [["it", "is", "great"], ["boring", "<pad>", "<pad>"]]。在这一批量中，批量大小为 2，时间步数为 3。第一条训练样本不存在填充，因此 RNN 处理完该序列后的状态和输出是完全正常的；但是第二条样本末尾被填充了两个特殊符号 <pad>，假如取最后一个时间步的输出进行分类，那么有可能该隐藏层向量受到两个 <pad> 的影响已经不够准确了。假如填充的部分特别长，甚至超过了真正有效输入的长度，这有可能导致模型忘记早期的有效输入，从而分类错误。

如果不追求理论上的严密性，有两个简单粗暴的方法可以部分解决这一问题：

- 其一是分桶。由于每个桶中的序列长度相近，因此填充的元素往往较少，不至于对模型最后一个时间步的输出产生太大影响。
- 其二是将填充符号 <pad> 放到序列的前面，变成 ["<pad>", "<pad>", "boring"]。这样一来，有效输入位于靠后的位置，RNN 处理完所有输入数据之后就不至于忘掉真正的有效输入了。但是由于序列前面填充的 <pad> 符号影响了模型的初始状态，最终模型的输出仍然和它处理不带填充的序列 ["boring"] 后的输出不尽相同（虽然一般来说不太影响准确率）。

然而，如果使用索引或者掩码，这一问题就能得到完美的解决。

- 索引是指从 RNN 的所有输出中取最后一个有效时间步的输出，而非最后一个时间步的输出。以输入序列 ["boring", "<pad>", "<pad>"] 为例，只需读取模型在处理完"boring"一词后的输出向量，然后将其用于后续计算即可。这时的输出向量就是完美的，和模型处理不带填充的序列 ["boring"] 后的最终输出向量完全相同。
- 掩码是指 RNN 在时间轴上展开时，如果遇到有效时间步就进行相应的计算，否则填充的时间步就复制前一步的输出和状态。这样一来，遇到输入 ["boring", "<pad>", "<pad>"] 时，模型在"boring"这一步完成有效的计算，而在后两个时间步把它在 "boring" 这一步计算得到的输出向量和状态一直复制到序列末尾。于是，序列完成后只需取最后一个填充的时间步的输出（或状态），就恰好等于最后一个有效时间步的输出（或状态）。

索引方法不太容易在 tf.keras.Model 中实现，因为这需要传入批量中的每个序列的有效长度，然后进行相应的索引操作；掩码方法则要容易实现得多，很多 TensorFlow 的层都支持使用掩码盖住无效输入。TensorFlow 中有两种层可以生成掩码，分别是 tf.keras.layers.Embedding 和 tf.keras.layers.Masking，它们都有 compute_mask() 方法。以词向量层为例，其构造函数 __init__() 有一个名为 mask_zero 的参数，即如果输入的单词 ID 为 0，就认为它是一个被填充的时间步，否则就认为它是一个有效的时间步，据此生成掩码。如果后续的层可以使用掩码——__call__() 方法中支持 mask 参数——那么掩码就可以从前一层传播到后一层。由于常见的 RNN 层都是支持使用掩码的，因此当词向量层和 RNN 层堆叠时，只需设置词向量层的掩码，后续的 RNN 层就会自动知道需要跳过哪些时间步的无效数据。具体的代码示例将在后续实战部分展示。

除了在网络层中生成和传播掩码以外，对于某些复杂或独特的需求，也可以在损失函数中使用掩码来变通解决。还是以后填充的问题为例，假设输入序列为 ["boring", "<pad>", "<pad>"]，那么可以让 RNN 层返回整个序列的输出，在每一时间步都计算分类的交叉熵损失，然后将损失函数与掩码 [1, 0, 0] 相乘并求和。这样一来，总的效果相当于只计算"boring"这一时间步的损失函数，而后两个填充时间步的输出向量则与最终的损失函数无关。

3. IMDB 情感分析

有了前面的知识铺垫，这里就可以真正入手解决情感分析问题了。情感分析的本质仍然是序列分类，因此整体框架和 MNIST 数字图像分类非常相似，只是需要更加复杂的数据处理流程。完整的代码详见本书配套代码 chapter5/imdb_rnn.py。

首先设置一些必要的超参：词表大小 vocab_size 设置为 30000。虽然 IMDB 数据集中有超过八万不同的单词，但低频词对于预测的帮助并不大，而且由于出现次数太少往往难以训练。自然语言处理中，除了刚开始引入词向量的早期（2013 年左右）会用到非常大的词表（有时甚至可能上百万），现在常用的词表大小一般都在 10 万以内。由于示例代码没有使用在大规模语料上预训练的词向量，而是选择端对端从头训练，因此这里选择了相对较小的词表大小（即只保留相对高频的单词），以保证词向量尽量得到充分训练。最大序列长度如前所述确定为 300。

然后加载 IMDB 数据集并获取词表。imdb.load_data()的构造函数中已经包含了一部分常用的预处理步骤：num_words 参数用于设置词表大小。自然语言处理中的词表通常是按照词频降序排列的，超过词表大小的词就是低频词，会被替换为未登录词<unk>；start_char 用来指定句首符号 <sos> 的 ID，这里指定为 1；oov_char 用来指定未登录词 <unk> 的 ID，这里设置为 2；index_from 用来指定最小的真实单词的 ID，这里指定为 3（因为需要预留出 <sos>/<unk>/<pad> 这 3 个特殊符号，所以不能从 0 开始）。这一构造函数中没有关于填充符号 <pad> 的 ID 设置，这是因为 <pad> 符号的 ID 一般固定为 0，以和词向量层的掩码机制相配合使用。

imdb.get_word_index()可以用于获取单词到 ID 的映射 word2id。这一词表是预先统计好的一份固定的文件，只包含真实的单词，没有给<unk>等特殊符号留出位置。因此，我们需要将得到的词表里的单词 ID 全部加 3，然后将 3 个特殊符号填入词表的前几位。如此处理之后，再将该字典的键和值反过来，就得到了从单词 ID 到单词本身的映射表 id2word。

　　训练数据和测试数据各有 25000 条，每条数据都是单词 ID 的列表。如果想查看原始的文本数据，只需使用 id2word 进行转换即可，例如使用下面的代码可以打印出这样一条正面的评论：

● "<sos> this film was just brilliant casting location scenery story direction everyone's really suited the part they played ..."

```
import tensorflow as tf
from tensorflow.keras.datasets import imdb
from tensorflow.keras.preprocessing.sequence import pad_sequences

vocab_size, max_seq_len = 30000, 300
embedding_dim, hidden1, hidden2 = 20, 32, 64
(x_train, y_train), (x_test, y_test) = imdb.load_data(num_words=vocab_si
ze,
                                                      start_char=1,
                                                      oov_char=2,
                                                      index_from=3)
word2id = imdb.get_word_index()
for w in word2id:
  word2id[w] += 3
word2id['<pad>'] = 0
word2id['<sos>'] = 1
word2id['<unk>'] = 2
id2word = {i: w for w, i in word2id.items()}

print('total vocab size:', len(word2id))  # 88584
# 训练集和测试集都有 25000 个句子
print(x_train.shape, x_test.shape)
# 显示一条例句
print('x[0] ids:', x_train[0])
print('x[0] words:', ' '.join([id2word[i] for i in x_train[0]]))
# 训练集的最大句子长度是 2494
seq_lens = [len(x) for x in x_train]
print(len([l for l in seq_lens if l <= max_seq_len]))
```

　　其实自然语言处理中还有一个特殊符号<EOS>，一般放在句子结束，可以保证语言模型的归一化（即不同单词序列的概率之和为 1）。但要解决的仅仅是一个二分类问题，imdb.load_data()中没有留出相应的设置接口，这里也就不额外添加了。

　　由于整个输入序列都可以获得，因此模型方面我们可以选择双向多层 RNN 以增强表达能力。首先通过词向量层，将单词 ID 的序列转换为词向量的序列。对于一个批量的数据来说，单词 ID 张量形如 [batch_size, time_steps]，经过词向量层之后就会升一维，变成形如 [batch_size, time_steps, embedding_dim] 的张量。这里的词向量层设置了 mask_zero=True，用来生成恰当的掩码并进行传播。

　　然后可以把词向量交给循环神经网络来处理。这一部分相对来说比较标准，只需参考 3.5 节中的说明即可。以下代码中展示的是一个双层 GRU，其中两个隐藏层的大小分别为 32 和 64，并且使用了变分 Dropout。对第一层 GRU 来说，它的输出要供第二层 GRU 使用，因此需要返回一个序列，即 return_sequences=True；而第二层 GRU 只需保留最后一个时间步的输出向量，因此 return_sequences=False。经过两层双向 GRU 后，模型的输出张量形如 [batch_size, 2 * hidden2]（乘 2 是因为代码里指定了对正反向输出向量进行拼接）。

```
fwd1 = tf.keras.layers.GRU(units=hidden1, return_sequences=True,
                           time_major=False, go_backwards=False,
                           dropout=0.1, recurrent_dropout=0.1)
bwd1 = tf.keras.layers.GRU(units=hidden1, return_sequences=True,
                           time_major=False, go_backwards=True,
                           dropout=0.1, recurrent_dropout=0.1)
layer1 = tf.keras.layers.Bidirectional(layer=fwd1, backward_layer=bwd1,
                                       merge_mode="concat")
fwd2 = tf.keras.layers.GRU(units=hidden2, return_sequences=False,
                           time_major=False, go_backwards=False,
                           dropout=0.1, recurrent_dropout=0.1)
bwd2 = tf.keras.layers.GRU(units=hidden2, return_sequences=False,
                           time_major=False, go_backwards=True,
                           dropout=0.1, recurrent_dropout=0.1)
layer2 = tf.keras.layers.Bidirectional(layer=fwd2, backward_layer=bwd2,
                                       merge_mode="concat")

model = tf.keras.Sequential([
  tf.keras.layers.Embedding(input_dim=vocab_size,
                            output_dim=embedding_dim,
                            input_length=max_seq_len,
                            mask_zero=True),  # [B, T, E]
  layer1,  # [B, T, 2*D1]
  layer2,  # [B, T, 2*D2]
  tf.keras.layers.Dense(units=64, activation='relu'),  # [B, D]
  tf.keras.layers.Dense(units=1)  # [B, 1]
])

loss_fn = tf.keras.losses.BinaryCrossentropy(from_logits=True)
model.compile(loss=loss_fn, metrics=['accuracy'], optimizer='adam')
model.summary()
```

　　最后经过两次全连接层的变换，将整个序列的信息汇总到单个神经元，然后使用二分类的交叉熵来训练。

　　在开始训练之前，还需要对加载好的不定长数据进行填充和截断。这里可以调用函数 pad_sequences()，其部分参数含义如下：

- maxlen 参数用于指定填充或截断后的最大长度（如未指定则是用所有输入序列的最大长度）。
- padding 和 truncating 参数用于指定在序列开头（"pre"）还是末尾（"post"）进行填充或截断。下面的示例代码使用了后填充和前截断。在有掩码的情况下，无论在什么位置做填充都不影响 keras 模型的状态更新，因为模型会根据掩码的值自动跳过填充的时间步；而截断的位置则可能产生不同的影响。这里选择了前截断，即保留输入序列中靠后的单词，因为靠后的单词可能对句子来说更重要。
- value 表示用于填充的值，此处为特殊符号 <pad> 的 ID。

完成所有这些准备工作后，可以训练出一个测试集准确率约为 86% 的情感分析模型。如果使用更加复杂的数据预处理方法（例如对训练数据中包含的
 等网页标签进行处理）或者 BERT[11] 等预训练模型，准确率还可以进一步上升到 90% 以上。考虑到我们没有使用太过花里胡哨的训练技巧，这一结果其实已经令人满意了。

```
paded_x_train = pad_sequences(sequences=x_train, maxlen=max_seq_len,
                              padding="post", truncating="pre",
                              value=word2id['<pad>'])
paded_x_test = pad_sequences(sequences=x_test, maxlen=max_seq_len,
                             padding="post", truncating="pre",
                             value=word2id['<pad>'])
model.fit(x=paded_x_train, y=y_train, batch_size=32,
          epochs=3, validation_split=0.2, shuffle=True)
model.evaluate(paded_x_test, y_test)
```

5.2　超长序列的处理

在前面的两个序列分类的案例中，各个批次的数据之间没有关联，RNN 模型可以独立地处理每个样本。在每一批次中，我们都从相同的初始状态①开始运算，然后根据最后一步的输出向量做出预测。也就是说，RNN 的状态仅在每个批量内部进行更新，跨批量时就对状态进行重置。

然而，在某些情形下，我们可能需要处理超长的时间序列。一个典型的例子是语言模型：语言可以被视作近乎无限长的单词流，例如数百万字的长篇小说。如果把每句话视为一个单独的样本，那就忽略了句子之间的联系，而这些联系无疑是对下文的预测有帮助的。由于机器显存的限制，我们无法将整个序列一次性输入给模型；或者即便硬件

---

① 本书代码示例中用的是默认的全零状态，但读者也可以自行设置一个可学习的参数作为初始状态。

条件允许我们一次处理整个序列，这样做也会导致训练效率无比低下，因为在进行一次模型参数更新之前需要做很多运算。因此，一种变通的做法是将超长序列切成很多段，每次只将其中一段输入给模型，然后进行前向传播以得到和这一段相关的预测结果，并用反向传播更新模型；接着再将这一段的终状态作为下一段的初状态，以让下一段数据能够获知一定的上文信息，在下一段数据上重复类似的训练过程，如此往复。等到整个序列处理完毕后，再回到序列最开始进行新一轮训练，直至模型收敛。

我们将这种需要跨批量保留和传递模型状态的 RNN 叫作有状态的 RNN，在 TensorFlow 中通过参数 stateful=True 来指定，而分段进行反向传播的算法被称为截断的时序反向传播（Truncated BPTT）。

5.2.1　状态传递与数据准备

1. 状态传递

为了在相邻批量之间传递 RNN 模型的状态，有两个需要注意的地方：

- 一方面，我们不能随意打乱数据。如果相邻两个批量的输入数据在原始序列中不是连续的（例如两个批量的数据分别来自长篇小说的两个不同的章节），那么跨批量传递状态就会失去意义，甚至对模型训练产生干扰。
- 另一方面，需要保存好 RNN 处理完每一批量数据后的最终状态以供下一批量训练时读取，而不是直接将其丢弃。

截断的时序反向传播算法有两个参数：每进行 k_1 个时间步的前向运算，就将梯度回传 k_2 步。在做完一次截断的时序反向传播后，就可以通过梯度下降等方法来更新模型参数了。特别地，如果前向和反向的时间步都足够长，模型在处理完整个输入序列后，再将梯度从末尾反向传播至序列开头，这就是完整的时序反向传播算法。

在深度学习框架中，较为容易实现的是 k_1 和 k_2 相等的截断方法。假设有一个无限长的单词流，可以将它每 T 个词切分成一段，然后让模型从前到后进行处理。在处理每一段时，先从上一段的最终状态出发[①]做前向计算，在每个位置预测下一个单词，一共计算 T 个时间步；然后计算每个时间步的交叉熵损失函数，并反向传播至这一段的开头，也即恰好回传 T 个时间步。此时使用优化器更新模型参数，再处理下一个片段即可，如此循环直到训练完成。

---

① 在 tf.keras 中，只需将 RNN 中的 stateful 参数置为 True 即可。

2. 数据准备

语言模型的数据准备过程和普通的序列分类问题不同，这里有必要通过一个具体的例子来说明。在图 5-1 中，我们用一个字母代替一个单词。

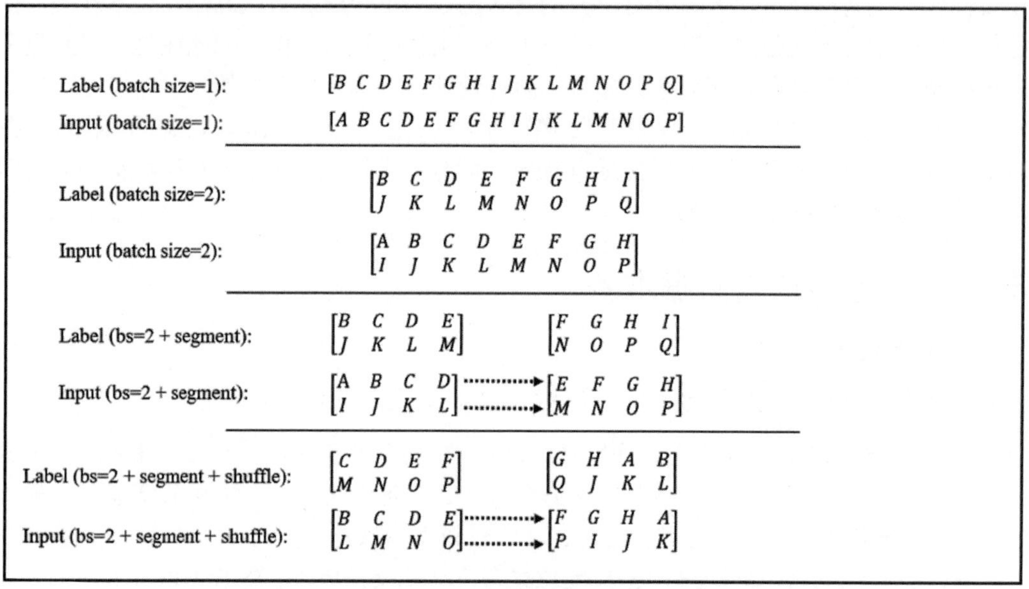

图 5-1　循环神经网络语言模型中的数据处理

假设整个训练样本是一段长为 17[1] 个单词的单词序列 A 到 Q（这里说的单词也包含标点符号及 <unk>、<EOS> 等特殊符号），那么：

● 最基本的做法就是，将序列 A 到 P 作为模型输入，将序列 B 到 Q 作为训练目标，以达到让模型在每个时间步预测下一个词的目的。此时，输入和标签都只有一条序列，即批量大小为 1。

● 然而，批量大小为 1 不能充分发挥硬件的计算能力，所以通常我们会将超长的序列切分为批量大小个序列，然后对切分得到的结果并行训练。例如，将批量大小设置为 2，此时我们可以将整个单词序列均分为两份，得到两条训练样本：第一条训练样本的输入为 A 到 H，标签为 B 到 I；第二条训练样本的输入为 I 到 P，标签为 J 到 Q。在进行这样的切分之后，我们会假定第一条训练样本和第二条训练样本不再有联系，即不认为第二条训练样本是第一条训练样本的后半

---

① 请想象这是一篇数百万字的长篇小说。这里的单词数较少只是为了方便画示意图。

段，而把它想象成从 I 开始的一条独立的单词流。这种做法固然会损失一些信息，尤其是会影响第二条序列中靠前的单词的预测——例如单词 J 本来有可能可以根据它的上文单词 I 以及更靠前的 H/G 等词预测，现在却只能根据单词 I 进行预测——但是如果整个序列非常长（请想象数百万字的长篇小说），那么受影响的单词数就非常少（只有每个切分点刚开始的少数单词），以至于可以忽略不计了。

- 即便按照批量大小切分之后，时间序列的步数仍然有可能过长。例如数百万字的小说切成 100 份，每份也有数万字，很难用单个 RNN 来处理。此时，我们可以再设置一个最大时间步数 T（实践中可以取几十到上百），来对每一份切分结果继续分段。例如，在图 5-1 中取 $T=4$，我们可以把两条训练数据各自再分成两段：第一段包含前 4 个时间步，第二段包含后 4 个时间步。模型在进行数据处理时，需要记住它处理完输入序列 [A B C D] 后的终状态，然后以此为起点继续处理序列 [E F G H]；同理，模型还需要记住它处理完输入序列 [I J K L] 后的终状态，然后以此为起点继续处理序列 [M N O P]。模型状态在不同批量数据之间的传递在图上用虚线表示。从逻辑上讲，相邻两个批量的对应位置的样本是从一个超长序列里拆分出来的连续片段，所以有状态的 RNN 在训练或推断时，必须使用固定的批量大小，以便让 RNN 状态能够在相邻批量之间对齐和衔接。而在无状态的 RNN 中，每个批量的大小可以不同（实践中通常也会固定批量大小来训练，因为代码实现比较简单）。

- 按上述方案切分完数据以后，就可以从前到后顺序进行训练了。在完成一轮训练之后，只需再从头开始新一轮的训练，直至模型收敛即可。

不过文献[103]提出了一种循环打乱数据的方法，即对每个切分后的块进行随机旋转。例如，对于第一条样本，原本正常输入（这里考虑分段操作前的完整序列）是 [A B C D E F G H]，可以将其向左循环旋转一个词，变成 [B C D E F G H A]；第一条样本的预测目标也要同步进行轮转。第二条样本可以按另外的单词数随机轮转，图 5-1 展示的是向左循环旋转三个词的效果。轮转完毕后，同样按照最大时间步 T 切分成若干小段，通过截断的梯度反向传播进行训练。这种轮转可能在少数位置引入一些不正确的依赖关系（例如第一条样本轮转后，单词 A 在单词 H 后，但其实单词 H 不是单词 A 的上文），但总体来说在原序列较长的情况下受影响的单词非常少。同时，随机轮转会增强数据的多样性，每一轮训练时模型见到的数据顺序不再完全相同，可以在一定程度上增强泛化性，进而有利于模型训练。

5.2.2　字符级语言模型

本书的 2.4.1 节介绍了语言模型的定义和评价指标。通常，语言模型以词为建模单位，为了强调这一点，也可以称之为词级别（Word-Level）的语言模型。不过，文本也可以用其他粒度来建模，例如子词或者字符。建模粒度越小，越不容易有未登录词——假设词表中包含的都是完整的词，在文本中难免会遇到生僻词或者自造词。而对于字符级别（Char-Level）的语言模型，词表中只包含单个字符，例如某种语言的字母表再加上数字和标点符号的集合，那么任何该语言的文本都不会有超出词表范围的符号了。

我们在 Penn TreeBank 语料[①]上训练一个字符级别的语言模型[②]作为一个示例，以说明有状态的 RNN 如何使用。完整代码参见本书配套代码 chapter5/ptb_rnnlm.py。

1. 语料的读取和处理

首先是读入数据的部分。Penn TreeBank 语料已经是处理过的了，所有字符用空格分开，而英语中原本的空格则被替换为下划线。例如，语料中第一句话的内容为 "a e r _ b a n k n o t e _ b e r l i t z _ c a l l o w a y _ c e n t r u s t _ …"。在读入数据时，我们先过滤掉空行，然后按照空格切分每一行的内容，并将所有行按顺序拼接在一起，形成一个包含了语料中所有字符的列表。因为语料的每行恰好是一句话，所以本示例直接把换行符当成 <EOS> 来使用，不再向词表中添加专门的 <EOS> 符号。严格来讲，如果训练语料并不是来自于一个超长的序列（例如长篇小说），而是由很多不同的文章拼接而成的（Penn TreeBank 就属于这种情形），那么前一行可能不是后一行的上文。不过我们期望模型能够学会在遇到换行符时有保留地参考上文，并在适当的时候（例如读到后一行的前几个词后发现和上文衔接不起来）忽略此前累积的模型状态，因此这种处理的负面影响不算大。如果要严格考虑这种上下文切换带来的影响，可以将每篇文章当成一个训练样本，在文章结束时重置模型状态——不过这种精细处理带来的性能提升微乎其微。

接着是数据处理部分。我们设置批量大小为 32，每个训练批量的长度为 50，此时每个批量的数据共包含 32×50 = 1600 个字符。因此，我们将语料长度对 1600 取整，然后让输入 x 和输出 y 错位一个字符。对于训练集来说，还需要统计语料中出现的不同字符，构造出词表。该语料中恰好有 50 个不同的字符（英文字母、数字、标点符号和换行符），

---

① 可以从网页上获取，解压后在 data 文件夹下可以找到 ptb.char.train.txt 等文件。

② 在文献中，该语料也常用于训练词级别的语言模型。此处我们选择训练字符级别的语言模型，是因为词表更小、更容易训练。

我们将其按字母序排列后作为词表①。有了词表以后，就可以把输入和输出中的字符映射为其在词表里的 ID 了。映射完成后，再将数组的形状转变为 [batch_size, num_batch_in_epoch, seq_len]，此时只要沿着中间的维度循环，就能取出在时间上连续的批量数据，且每一批数据的尺寸为 [batch_size, seq_len]。这里的数据准备过程可以与图 5-1 对照理解②，最终训练集和验证集各包含 3135 和 245 个批量。当然，我们还可以通过词表反查 ID 对应的字符，然后可视化打印前几个批量的数据，来确认数据预处理过程是否正确。上述过程的代码如下：

```python
import numpy as np
import tensorflow as tf

batch_size, seq_len, num_epochs = 32, 50, 3
train_corpus = '../datasets/ptb/ptb.char.train.txt'
val_corpus = '../datasets/ptb/ptb.char.valid.txt'

def read_dataset(path_to_corpus, vocab=None):
  with open(path_to_corpus) as f:
    corpus = [l.strip(' ') for l in f.readlines() if len(l.strip()) > 0]
    text = ' '.join(corpus).split(' ')
    # 一个训练批次中的字符数
    batch_chars = batch_size * seq_len
    effective_length = (len(text) - 1) // batch_chars * batch_chars + 1
    x, y = text[:effective_length - 1], text[1: effective_length]
    print(text[:1000])
    print(len(text))
    if vocab is None:
      vocab = sorted(set(text[:effective_length]))
      vocab = {char: i for i, char in enumerate(vocab)}
      print('vocab:', vocab)

    x_ids = np.array([vocab[char] for char in x]).reshape(
      [batch_size, -1, seq_len])
    y_ids = np.array([vocab[char] for char in y]).reshape(
      [batch_size, -1, seq_len])
    return x_ids, y_ids, vocab

train_x, train_y, char_vocab = read_dataset(train_corpus)
id2char = {i: char for char, i in char_vocab.items()}
vocab_size, embedding_dim, hidden = len(char_vocab), 20, 64
valid_x, valid_y, _ = read_dataset(val_corpus, char_vocab)
num_train_batches, num_valid_batches = train_x.shape[1], valid_x.shape[1]
```

① 更常见的做法是按词频排序。不过对字符级别的语言模型来说，字符集大小有限，并且每个字符都会出现一定的次数，无须按照某个词频进行截断，所以任意排序方法都可以。

② 这里的代码实现只有前三行的分批和分段处理，不包含最后一行的轮转操作。

```
print('num_batches per epoch:', num_train_batches, num_valid_batches)

def show_batch_text(batch):
  # 变量 batch 是形如 [batch_size, seq_len] 的 np.ndarray
  return [''.join([id2char[i] for i in row]) for row in batch]

for i in range(3):
  batch_x, batch_y = train_x[:, i, :], train_y[:, i, :]
  print('step', i, 'x:', show_batch_text(batch_x))
  print('step', i, 'y:', show_batch_text(batch_y))
```

　　模型方面，我们使用一个简单的单层 LSTM；优化器使用 Adamax[24]，因为简单尝试后发现这一优化器在该数据集上初期收敛速度较快。同时，这里使用了梯度裁剪（clipnorm=1.0）以避免模型训练崩溃。有一个需要注意的地方是，在定义模型时我们需要在第一层中传入 batch_size，这是因为 stateful=True 的 LSTM 需要保证相邻批量的每一条样本都对齐，从始至终需要使用一个固定的批量大小。模型定义好后，它的输入是一个批量的字符 ID，形如 [batch_size, seq_len]；标签和输入同形，只是在时间步上向后错位一步；模型输出形如 [batch_size, seq_len, vocab_size]，损失函数为所有时间步的平均交叉熵。代码如下：

```
def get_rnnlm(model_batch_size):
  return tf.keras.Sequential([
    tf.keras.layers.Embedding(input_dim=vocab_size,
                              output_dim=embedding_dim,
                              mask_zero=True,
                              batch_size=model_batch_size),  # [B, T, E]
    tf.keras.layers.LSTM(hidden, stateful=True, return_sequences=True),
    tf.keras.layers.Dense(vocab_size)
  ])

model = get_rnnlm(batch_size)
print(model.summary())
optim = tf.keras.optimizers.Adamax(learning_rate=0.1, clipnorm=1.0)


def loss_fn(labels, logits):
  return tf.reduce_mean(
    tf.keras.losses.sparse_categorical_crossentropy(labels, logits,
                                                    from_logits=True))
```

2. 模型评价与文本序列生成

　　为了评估训练的进度，一种方法是打印训练集和验证集上的损失函数值和困惑度。困惑度是交叉熵的指数，物理意义为模型认为下一个词（对于字符级别的语言模型来说就是字符）平均有几种可行的选择，具体细节可以回顾 2.4.1 节。只不过在数学公式中，对数的底数取值为 2，而 TensorFlow 中交叉熵默认使用自然对数，因此取指数时也要相应地以 e 为底。

和前面的序列分类模型不同，语言模型属于生成模型，可以直接建模数据的概率分布。因此，另一种评估方法是直接从训练好的模型中采样出一些文本序列，通过肉眼观察这些序列是否"像人话"。采样的方法有很多种，但总归是需要每次采样出一个词（在字符级别的语言模型中为字符），反复多次采样直到生成指定长度的序列或者遇到终止符（例如 <EOS>，本示例中为换行符）。不同采样方法的区别在于每一步如何选择采样出的单词——在本例中，我们完全根据模型预测出的概率分布来采样，不做任何额外处理。

对于某个训练好的模型，我们提供一些提示性的输入 start_text，让它以此为基础进行续写。首先，我们需要把文本变成单词 ID 序列，并据此构造一个批量大小为 1 的样本（因为模型需要一次处理一个批量的数据）。前面我们说过，stateful=True 的 LSTM 必须从始至终使用同一个批量大小，那么如何在代码里实现训练时每次读入多条数据，采样时只读入一条数据呢？最简单的办法就是重新构造一个模型，让新模型的 batch_size=1，并且新模型和旧模型具有相同的参数——而这可以用 tf.keras.Model 的 set_weights() 和 get_weights() 来实现，详见下面代码中的函数 sample_sentence()。

```python
def sample(language_model, start_text='\n', length=80, temperature=1.0):
  start_ids = [char_vocab[char] for char in start_text]
  # start_ids: [batch_size=1, time_steps]
  start_ids = np.array(start_ids).reshape(1, -1)
  language_model.reset_states()
  generated_sequence = start_text
  for i in range(length):
    # output: [batch_size=1, time_steps, vocab_size]
    output = language_model(start_ids)
    output = output / temperature
    # 从多项分布中采样
    # 使用 64 位浮点数以避免求和时数值溢出
    probs = tf.nn.softmax(output[0, -1, :]).numpy().astype('float64')
    probs /= probs.sum()
    sampled_char_id = np.argmax(np.random.multinomial(n=1, pvals=probs))
    # print('sampled char:', sampled_char_id)
    generated_sequence += id2char[sampled_char_id]
    if generated_sequence[-1] == '\n':
      break
    # [batch_size=1, time_steps=1]
    start_ids = tf.reshape(sampled_char_id, [1, -1])
  return generated_sequence

def sample_sentences():
  sampling_model = get_rnnlm(model_batch_size=1)
```

```
sampling_model.set_weights(model.get_weights())
print(sample(sampling_model, start_text='this_is'))
print(sample(sampling_model, start_text='the_move_was_made'))
```

复制出用于采样的模型实例之后，我们可以清空语言模型的状态，让它读入初始文本并作出预测。模型在最后一个时间步的预测就是它对下一个词（此处为字符）的预测。

这里我们引入了一个温度参数 temperature=1.0，用于控制生成的文本的多样性。模型预测的结果为 logits，即经过 Softmax 之前的值；如果我们在 Softmax 之前先让 logits 除以一个值 T（这个值就被称为温度，来自物理中的热力学），即从分布 Softmax(logits/T) 中采样，那么当 T 值很大时，最终形成的概率分布就会接近均匀分布，每一项被采样的概率比较接近；当 T 值很小时，最终的概率分布就会接近独热分布，几乎永远只能采样到 logits 最大的那一项。在下述代码中，我们固定 temperature=1.0，即对模型预测出的概率分布不做修改，但读者可以尝试调整该参数，观察不同温度下采样出的文本的区别。

在拿到模型最后一步的预测结果后，我们通过 Softmax 将它转变为概率 probs。代码实现中我们将概率转换为双精度浮点数并重新归一化，以避免在采样时出错（numpy 中的方法 np.random.multinomial() 会检查传入的概率分布是否和为 1，深度学习中使用的单精度浮点数有时会有较大的浮点误差导致此处检查失败）。采样到新的字符 ID 后，我们将其记录下来，并判断它是否为换行符——如果是的话，那么采样终止，否则将采样结果作为新的输入，重复进行下一步采样操作，直到达到我们指定的最大长度 length。在整个采样过程中，我们没有手动保存模型的终状态并将其作为下一步的初状态，这是因为 TensorFlow 已经自动帮我们做好了。如果在 LSTM 中设置了 stateful=True，那么除非我们手动调用 reset_states() 重置状态，相邻两个批量的状态都是自动接续的。

在函数 sample_sentences() 中，我们尝试让模型分别从前缀 "this is" 和 "the move was made" 中采样，看看模型会生成什么文本。

完成所有这些辅助工作之后，我们就可以开始关注训练的主体代码了。在每一轮训练的开始，我们都要先重置模型的状态，这是因为模型之前读到的数据（上一轮末尾的字符）并不是当前批量（这一轮开头的字符）的上文。然后，我们按顺序遍历训练集，进行前向预测以及梯度下降。每经过 100 步，我们打印一下训练集上的损失函数和交叉熵；每经过 500 步，我们采样一些句子看看模型是否学到了东西。当某一轮训练完毕后，我们可以计算验证集上的平均损失以及困惑度，以确认模型的泛化性能。代码如下：

```
for e in range(num_epochs):
  # 训练
  print('Start epoch:', e)
  model.reset_states()
  for b in range(num_train_batches):
    batch_x, batch_y = train_x[:, b, :], train_y[:, b, :]
```

```
  with tf.GradientTape() as tape:
    pred_y = model(batch_x)
    loss = loss_fn(labels=batch_y, logits=pred_y)
  optim.minimize(loss, model.trainable_variables, tape=tape)
  if b % 100 == 0:
    print('step', b, 'loss:', loss.numpy(), 'ppl:', np.exp(loss.numpy()))
  if b % 500 == 0:
    sample_sentences()
print('Finish Epoch', e)
sample_sentences()
# 验证
model.reset_states()
valid_loss = 0.0
for b in range(num_valid_batches):
  batch_x, batch_y = valid_x[:, b, :], valid_y[:, b, :]
  pred_y = model(batch_x)
  valid_loss += loss_fn(labels=batch_y, logits=pred_y).numpy()
valid_loss /= num_valid_batches
print('Valid perplexity:', np.exp(valid_loss))
```

运行以上代码可以发现，在训练刚开始时，模型的困惑度非常接近词表大小 50，这是因为模型刚刚被随机初始化，在预测时还没有倾向于任何一个字符，它认为任何一个字符都可以作为下一个字符。而随着训练的进行，困惑度将不断降低。当训练全部结束后，验证集的困惑度可以降低到 5 以下，说明模型认为平均每个位置有不到 5 个字符可以作为后续的字符，从经验上来讲这也是合理的，因为每个单词后面会有什么单词会有比较大的不确定性，而当某个单词填了一半时再结合上文就比较容易猜出当前单词是什么了，平均起来困惑度应当是一个较小的数字。

从采样结果来看，模型也确实在不断学习。以 "this is" 这条前缀为例，在刚刚初始化完毕后，模型采样结果[①]是 " this_isl___ik_sn_o_tc_sac___o_ei_____ca__a___tr_ocrt__e_ccceo_ si___r_u_u_____coe__o_"，可以看到其中有很多重复字符，相邻的字符组合也毫无意义，说明模型还一无所知。而当训练 1000 步后，采样结果变成了 "this_is_considerad_securations_of_$_N_billion_prefectrast_ofge_hergearm_to_is_ibd_to_th"，从中可以看出模型学会了一些单词（例如 billion）以及单词组合（例如 $ N billion，其中大写字母 N 代表任意一个数字，这是 Penn TreeBank 语料所做的预处理），但仍然有大量拼写错误的单词。等到训练结束后，模型生成了 "this_is_the_that_a_brought_'s_stock_exchanged_to_exceped_a_bridge"，可以看到其中几乎没有拼错的单词了。

---

① 由于采样和模型训练具有随机性，读者运行代码时采样出的结果很可能不同。但采样文本质量变好的趋势应该和这里的示例是一致的。

当然，模型生成的这些文本在人看来还是差强人意。一方面，Penn TreeBank 的语料内容确实有一定难度，主要内容为新闻，题材较广；另一方面，我们使用的模型很小，不足以建模太复杂的依赖关系。如果训练更久、使用更大的模型，结果应该会有所改进。不过作为对语言模型的数据准备和训练过程的讲解，这个示例应该已经发挥了它应有的功能。

5.3　序列标注和条件随机场

序列标注（Sequence Tagging）问题是输入和输出序列长度相等，并且位置一一对应的分类问题。词性标注便是序列标注问题的一个代表，其任务内容是给句子中的每个单词标出它所属的类别。假设每个单词的标签有 V 种可能的取值，那么长度为 T 的单词序列就有 V^T 种可能的标签序列。序列标注就是要从这指数级别的标签序列中找到最可能的一个标注序列。

本节先介绍序列标注的一种常用格式，然后讲解一个用双向 LSTM 解决 CONLL 2003 数据集上的命名实体识别的代码示例，最后补充说明一种增强序列标注的全局一致性的方法——条件随机场（Conditional Random Field）。

5.3.1　IOB 格式

在词性标注中，每个词都有属于自己的词性标签，只需让模型对每个单词给出相应的预测即可；而在某些更为复杂的标注问题中，连续若干项有可能同属于一个标签。以命名实体识别为例，连续的多个词有可能属于同一个实体（如机构名、地名等），此时可以使用一种被称作 IOB 格式（Inside-Outside-Beginning Format）[106] 的编码技巧。Bob Carpenter 给出过一个 IOB 格式的绝佳示例：假设输入语句是 Alex is going to Los Angelos in California，其中有三个命名实体，分别是人名 Alex、地名 Los Angelos 和地名 California。如果把人名、地名和非命名实体分别记作 PER（即 PERSON）、LOC（即 LOCATION）和 O（即 Other），那么在不使用任何编码技巧的情况下，这句话的命名实体识别结果可以记为 PER O O O LOC LOC O LOC。然而，如果句子中出现连续多个相同类别的命名实体（例如连续两个人名），那么这种标记方法将无法区分不同的实体；而且在有些时候，告诉模型当前单词处于命名实体中的什么位置（例如开始、中间和结束）对于模型训练是有帮助的。因此，如果把某个类别 CAT 开始的第一个单词记为 B-CAT，后续单词记为 I-CAT[①]，上述例句可以被标记为 B-PER O O O B-LOC I-LOC O B-LOC。可以看到，这种标记格式有能力区分连续的两个同类命名实体（例如连续的两个人名，每个人名都以 B-PER 开始，遇到 B-PER 就知道开始了一个新的人名，而遇到 I-PER 就知道这是当前人名的延续）。

　　IOB 格式有很多变体。例如，可以进一步区分某个标签的起始单词（通常记为 B）、中间单词（通常记为 I 或 M）和结束单词（通常记为 E），甚至给单独成标签的单词一个特殊的标记（通常记为 S）。

　　使用以上技巧，也可以把中文分词问题转化为汉字序列的序列标注问题。以 BMES 格式为例，只需标注出每个汉字属于单词的开始、中间、结束或者单独成词即可。例如"我/爱/北京/天安门"（斜线用于表示分词结果，不属于句子本身的内容），可以标记为"我 S/爱 S/北 B/京 E/天 B/安 M/门 E"。显然，我们可以很容易地从 BMES 标记中反向推出分词结果。

　　不过有一点需要注意：将一个正确的标注结果转换为 IOB 格式供模型训练是简单的，但是反过来，模型预测出的 IOB 标签结果却有可能包含错误，将它转化为标注结果需要一定的后处理。例如，在 BMES 格式的汉语分词中，绝无可能出现"EM"这样的组合（前一个词结束后，不能直接跳到后一个词的中间）；如果在模型预测结果中出现了这样的标注组合，可以视情况将"EM"改为"ES"（前一个词结束、下一个字独立成词）或者"EB"（前一个词结束，后一个词开始）等。

　　此外，IOB 格式不能解决标签嵌套的标注问题（例如某机构名称中包含一个地名），不过这样的问题也超出了序列标注模型的处理范围，因为输出和输入不再一一对应了。

5.3.2　CONLL2003 命名实体识别

　　在大致了解序列标注任务的特点之后，我们从一个经典数据集 CONLL2003[107] 出发，尝试一下使用循环神经网络模型进行命名实体识别。此数据集可以从官方网站下载，也可以在很多第三方分发站点找到。数据集下载好后，可以将 train.txt 等文件放在 datasets/conll2003 目录下。本节代码对应于本书配套代码 chapter5/ner。

　　在该数据集中，每行有四列，分别是单词本身、词性标签、句法语块（Syntactic Chunk）标签、命名实体标签，其中后两列已经按 IOB 格式进行了编码。同一个句子中的相邻单词位于相邻的行，空行代表句子结束。一个具体的数据样本示例如下（第一行为注释）：

---

① 严格来讲此处介绍的是 IOB2 格式，但暂时可以忽略这种区别。

```
-DOCSTART- -X- -X- O

EU NNP B-NP B-ORG
rejects VBZ B-VP O
German JJ B-NP B-MISC
call NN I-NP O
to TO B-VP O
boycott VB I-VP O
British JJ B-NP B-MISC
lamb NN I-NP O
. . O O
```

首先我们将数据集处理为易于使用的形式。借助一些开源代码，我们可以将数据集加载为工具类 CoNLLDataset，并循环读取每个句子。该工具类已经帮我们将单词和命名实体标签都转换为了 ID。为了方便模型训练，可以将它进一步封装为 tf.data.Dataset：在以下代码中，变量 all_words 是一个列表的列表，其中内层的列表为句子的单词 ID 列表，外层列表则遍历每个句子；变量 all_tags 也类似，只是它包含的是标签的 ID。由于每个句子长度可能不同，因此我们首先将这两个变量转换为 tf.RaggedTensor。普通的张量是规整的多维数据，而 tf.RaggedTensor 则允许张量的某些维度的元素个数不一致，恰好适配句子变长的情形。有了这两个原始的输入张量后，我们再根据单词 ID 张量构造出一个全一向量，用于标记有效的时间步。此后，调用 tf.data.Dataset 的 API padded_batch 便可以将数据集组成一个个小批量，并通过补零来让各个张量变成规整的多维数组，此时先前的全一向量恰好变成仅在有效时间步取值为 1.0 的掩码。如果是训练集，我们还可以进一步打乱数据顺序来增强模型鲁棒性。

```
# 构建数据集
def get_tf_dataset(data, shuffle=False):
  all_words, all_tags, lengths = [], [], []
  for words, tags in data:
    all_words.append(words)
    all_tags.append(tags)
  tensors = (tf.ragged.constant(all_words), tf.ragged.constant(all_tags))
  dataset = tf.data.Dataset.from_tensor_slices(tensors)
  dataset = dataset.map(lambda x, y: (x, y, tf.ones_like(x,
dtype=tf.float32)))
  dataset = dataset.padded_batch(config.batch_size)
  if shuffle:
    dataset.shuffle(buffer_size=1000)
  return dataset

# len(train_data) = 14041, len(dev_data) = 3250
train_data = CoNLLDataset(config.filename_train, config.processing_word,
                          config.processing_tag, config.max_iter)
dev_data = CoNLLDataset(config.filename_dev, config.processing_word,
                        config.processing_tag, config.max_iter)
```

```
train_data = get_tf_dataset(train_data, shuffle=True)
dev_data = get_tf_dataset(dev_data, shuffle=False)
```

在模型方面，我们选用的是单层双向 GRU。对于任何一个句子（单词 ID 序列），首先通过词向量矩阵查询出每个词对应的词向量，然后经过一层双向 GRU，最后通过一次线性变换得到对每个单词的命名实体标记 logits 的预测。由于我们当前处理的是序列标注问题，因此需要设置 return_sequences=True 来保留所有时间步的输出向量。由于该数据集规模较小，只通过端对端的训练难以让词向量充分学习，因此我们使用预训练的 50 维 GloVe 词向量①进行初始化，以提升训练效果。

```
def build_bigru_layer(hidden_size, dropout, merge_mode="concat"):
  fwd = tf.keras.layers.GRU(units=hidden_size, return_sequences=True,
                            time_major=False, go_backwards=False,
                            dropout=dropout, recurrent_dropout=dropout)
  bwd = tf.keras.layers.GRU(units=hidden_size, return_sequences=True,
                            time_major=False, go_backwards=True,
                            dropout=dropout, recurrent_dropout=dropout)
  layer = tf.keras.layers.Bidirectional(layer=fwd, backward_layer=bwd,
                                        merge_mode=merge_mode)
  return layer

# build model
config = Config(load=True)
model = tf.keras.Sequential([
  tf.keras.layers.Embedding(input_dim=config.nwords,
                            output_dim=config.dim_word,
                            mask_zero=True, trainable=True),  # [B, T, E]
  build_bigru_layer(config.hidden_size, config.dropout),  # [B, T, 2*D]
  tf.keras.layers.Dense(units=config.ntags)  # [B, T, V]
])
# Initialize with glove embeddings
with np.load(config.filename_trimmed) as data:
  model.layers[0].set_weights([data['embeddings']])
model.summary(line_length=120)
```

对于多分类问题，损失函数选择交叉熵即可。需要注意的是，批量训练时有很多填充的时间步，我们需要把这些时间步的损失函数用掩码盖住，不让它们影响模型的训练。

```
def loss_fn(labels, logits, masks):
  # labels: [B, T], logits: [B, T, V], masks: [B, T]
  # ce: [B, T]
  ce = tf.keras.losses.sparse_categorical_crossentropy(labels, logits,
                                                        from_logits=True)
  return tf.reduce_sum(ce * masks) / tf.reduce_sum(masks)
```

---

① 可以从网站下载，放在 pretrained/glove.6B 目录下。

在自定义训练循环的部分，为了提高训练速度，我们可以把训练和验证步骤都用装饰器@tf.function 修饰起来。被修饰的函数的参数类别应为 TensorFlow 中的张量。在代码中可以看到，无论是计算损失函数还是精确率等指标，都需要用掩码盖住无效时间步。

```python
train_acc = tf.keras.metrics.SparseCategoricalAccuracy()
valid_acc = tf.keras.metrics.SparseCategoricalAccuracy()

@tf.function(experimental_relax_shapes=True)
def train_step(words, tags, masks):
  with tf.GradientTape() as tape:
    pred_logits = model(words, training=True)
    loss = loss_fn(labels=tags, logits=pred_logits, masks=masks)
  train_acc.update_state(tags, pred_logits, sample_weight=masks)
  optim.minimize(loss, model.trainable_variables, tape=tape)
  return loss

@tf.function(experimental_relax_shapes=True)
def valid_step(words, tags, masks):
  with tf.GradientTape() as tape:
    pred_logits = model(words, training=False)
    loss = loss_fn(labels=tags, logits=pred_logits, masks=masks)
  valid_acc.update_state(tags, pred_logits, sample_weight=masks)
  optim.minimize(loss, model.trainable_variables, tape=tape)
  return loss

# train model
for e in range(config.nepochs):
  # Training
  print('Start epoch:', e)
  for i, (words, tags, masks) in tqdm(enumerate(train_data)):
    loss = train_step(words, tags, masks)
    if i % 100 == 0:
      print('step', i, 'loss:', loss.numpy(),
            'ppl:', np.exp(loss.numpy()),
            'acc:', train_acc.result())
  train_acc.reset_states()
  print('Finish Epoch', e)

  # Validation
  valid_acc.reset_states()
  for words, tags, masks in tqdm(dev_data):
    loss = valid_step(words, tags, masks)
  print('Valid accuracy:', valid_acc.result())
```

经过十多轮训练后（即便是 CPU 训练，一般也不到半小时），验证集应该可以达到大约 93%的精确率。在学术文献中，命名实体识别使用的指标一般是 F1 值，这里使用精确率只是因为其计算更简单，无须专门的评估脚本。

这个精确率离最先进的结果还有一定的距离，其中一个原因是我们仅仅使用了单词级别的信息，而没有使用字符级别的信息，导致模型在遇到未登录词时不知所措，不能从单词拼写上猜测单词的语义。

另一个原因是我们在每个时间步单独预测每个标签，而没有考虑各个标签的转移关系，例如标签 I-PER 应当出现在 B-PER 之后，而不能凭空出现。一种考虑标签转移关系的经典方法就是条件随机场。一些启发式的后处理办法也可以提高预测的准确性。

5.3.3 条件随机场

1. 自然语言处理中的条件随机场

条件随机场[108]是一个很优雅的概率图模型，可以被视作隐马尔可夫模型（Hidden Markov Model）的无向图版本。在序列问题中，最常用的是线性链条件随机场（Linear Chain Conditional Random Field）。如果用 x 和 y 分别表示输入序列和输出序列（在序列标注问题中，两者分别对应于单词序列和标签序列），那么线性链条件随机场的示意图如图 5-2 所示。

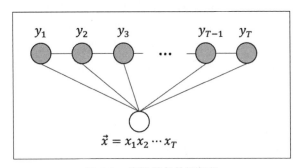

图 5-2　线性链条件随机场

在序列标注问题中，单词序列是已知的，因此表现为白色节点；而标签序列是未知的、需要推断的，因此表示为灰色节点。和其他无向图模型类似，条件随机场通过势函数（Potential Function）来描述某个局部的节点取值组合的"稳定性"。势函数要求取值非负，因此一般被定义为某个量的指数形式；局部一般是指图中节点形成的极大团。在指定某个标签序列后，所有局部势函数得分的乘积就描述了整个标签序列的稳定性得分。如果想要知道某个标签序列的概率，可以遍历所有可能的标签序列，计算出每个标签序列的得分，然后使用所有可能的标签序列的得分之和——通常称为配分函数（Partition Function）——进行归一化。

在线性链条件随机场中，势函数通常仅包含二元势函数和一元势函数：前者涉及某两个相邻位置的标签 y_{i-1} 和 y_i，用于描述状态之间的转移；而后者只涉及单个标签 y_i，

用于描述位置 i 处的状态。势函数通常以某种人工构建的特征为模板，再引入一些可学习的模型参数构成。

以命名实体识别为例，我们可以按照如下方式定义一个对该任务有帮助的特征 $s_k(y_i, \mathbf{x}, i)$：如果当前单词 x_i 为 Washington 并且当前标签 y_i 为 B-LOC，那么该特征取值为 1；否则特征取值为 0。容易观察到，该特征只与单个位置 i 的标签有关，因此我们可以引入一个模型参数 μ_k，从该特征出发构造一个一元势函数 $\exp(\mu_k s_k(y_i, \mathbf{x}, i))$。如果考虑所有单词和标签的组合，那么我们可以定义出的、诸如此类的特征个数为单词词表大小×标签数量。对于这里的每一个特征，我们都可以引入一个模型参数，并构建相应的一元势函数。

与此类似，某些对命名实体识别有帮助的特征可能包含相邻两个位置的标签。一个具体的例子是，如果当前单词 x_i 为 York 并且相邻两个标签 y_{i-1} 和 y_i 分别为 B-LOC 和 I-LOC，那么特征取值为 1；否则特征取值为 0。如果将该特征记为 $t_j(y_{i-1}, y_i, \mathbf{x}, i)$，那么我们可以引入一个模型参数 λ_j，并由此构造一个二元势函数 $\exp(\lambda_j t_j(y_{i-1}, y_i, \mathbf{x}, i))$。假如考虑所有单词和标签对的组合，很容易算出诸如此类的特征个数为单词词表大小×标签数量的平方。同样，这也是相应的二元势函数的数量。

当然，对于具体的某一句话而言，被激活的特征数量（或者说势函数数量）非常有限，因此一个高效的代码实现需要利用这种稀疏性来加速计算。在很多条件随机场工具包中都支持以模板方式批量定义势函数。上面提到的一元势函数就可以归纳为模板“当前词为 A 且当前标签为 B”。当然还可以定义其他势函数的模板，例如“前一个词为 A 且当前标签为 B”“相邻两个词为 A 和 B 且相邻两个标签为 C 和 D”……这里每一个模板都可以衍生出成千上万的具体的势函数。定义的势函数越多，考虑到的局部组合就越丰富，越有利于建模句子里的复杂依赖；但是同时也越有可能面临数据稀疏问题，导致模型训练不充分。

在定义好所有的特征和势函数之后，对于任意一个句子和标签对 $(\mathbf{x}, \mathbf{y})$，我们可以遍历所有势函数，计算出该样本中的势函数的乘积并将它作为该样本的得分 $f(\mathbf{x}, \mathbf{y})$；如果用所有可能的标签序列 $\mathbf{y}'$ 的得分之和对该样本的得分进行归一化，得到的就是该样本的概率 $P(\mathbf{x}, \mathbf{y})$。这一过程的数学公式如下[①]：

---

① 注意这里的第一式并非先计算出所有的势函数再相乘，而是先计算所有特征的加权和再做指数运算。两种方法在数学上等价，但这里的写法有助于减小计算量和数值误差。

$$f(\mathbf{x},\mathbf{y}) = \exp(\sum_j \lambda_j t_j(y_{i-1}, y_i, \mathbf{x}, i) + \sum_k \mu_k s_k(y_i, \mathbf{x}, i))$$

$$P(\mathbf{x},\mathbf{y}) = \frac{f(\mathbf{x},\mathbf{y})}{\sum_{\mathbf{y}'} f(\mathbf{x},\mathbf{y}')}$$

(5-1)

条件随机场模型的训练一般通过最大似然估计来进行。如前所述，所有可能的标注序列数量随着序列长度变长而呈指数级增长，因此需要有高效的算法来计算配分函数。幸运的是，对于线性链条件随机场，可以采用动态规划来计算配分函数以及其他模型需要的中间结果，因此训练和推断都可以在合理的时间内完成。特别地，计算给定前缀时所有可能序列概率之和的方法称为前向算法（Forward Algorithm），计算给定后缀时所有可能序列概率之和的方法称为后向算法（Backward Algorithm），计算概率最大的标签序列的方法称为维特比算法（Viterbi Algorithm）。事实上，在很多经典的序列模型（例如隐马尔可夫模型）中，都有类似的前向算法、后向算法和维特比算法。

2. 神经网络与条件随机场

在经典的条件随机场中，势函数一般通过手工构造的特征生成。而神经网络的一大特点就是能够自行从数据中提取特征，减小了手工构造特征的需求。当神经网络和条件随机场结合时，我们可以直接以神经网络给出的每个标签的预测值为基础构造一元势函数，然后引入一些新的参数来建模标签转移关系、构造二元势函数。

我们先来回顾一下普通的神经网络序列模型，例如 RNN。假如某个任务的标签共有 V 种，那么对于长度为 T 的输入，模型会在每个时间步都预测正确标签的 logits，即一个维度为 V 的向量，共计给出 $T×V$ 个预测结果（浮点数）。然后，在每个时间步计算预测值和标签值的交叉熵，求平均或者求和后作为总的损失函数，进而通过梯度下降来训练模型。

然而，上述模型仅在每个时间步单独与标签进行比较，而没有在整个序列上进行规划统筹。例如，在正确的标签中，I-LOC 应当出现在 B-LOC 之后，而不能凭空出现（例如出现在 B-PER 之后）。如果仅仅孤立地预测每个时间步的标签，便有可能出现这种前后矛盾的情形。针对这种情况，我们可以定义一个 CRF 层，其中有一个可学习的状态转移参数矩阵 $A_{V×V}$，其 (i,j) 元 $A_{i,j}$ 表示从标签 i 转移到标签 j 的概率[①]。该参数矩阵在不同的时间步共享，也就是说，如果 B-LOC 转移到 I-LOC 的得分是 0.7，那么无论这一转移发生在句首、句中还是句尾，得分都是 0.7。

---

① 此处 i,j 是标签的 ID，而非不同的时间步。

　　CRF 层一般套在 RNN 层之后使用，作为模型的最后一层。假如把 RNN 对某个序列 x 的标签预测结果记为 $H_{T\times V}$，那么 RNN-CRF 给句子-标签对 $(\mathbf{x}, \mathbf{y})$ 的打分被定义为（假设下标从 0 开始）：

$$f(\mathbf{x}, \mathbf{y}) = \exp(\sum_{t=0}^{T-1} H_{t,y_t} + \sum_{t=1}^{T-1} A_{y_{t-1}, y_t}) \tag{5-2}$$

　　可以看到，和传统的 CRF 类似，这里的得分由两部分组成：下层 RNN 给出的每个标签的预测形成了一元势函数，CRF 层所包含的标签转移得分形成了二元势函数。同样，RNN-CRF 的训练也需要通过最大似然估计来完成。在求似然函数时，需要高效的动态规划算法来枚举所有可能的标签序列，以将未归一化的得分转化为概率。

　　坦白来讲，手写 CRF 层不是一件容易的事情，TensorFlow 2 中也没有开箱即用的 CRF 层。不过 TensorFlow Addons 中包含了一个 tfa.layers.CRF 层及相应的函数，可以搭配 TensorFlow 一起使用。这里我们选择使用 API tfa.text.crf_log_likelihood 和 tfa.text.crf_decode 来实现 CRF 层的训练和解码过程，以加深对 CRF 层的认识。

　　在模型定义的部分，我们首先构造一个和 5.3.2 节中完全相同的双向 GRU 模型，然后再额外定义一个形如 $V \times V$（其中 V 为不同标签的数量）的变量 transition_matrix，用于建模标签转移概率。这个变量也要通过梯度下降来一起训练。

```
rand_matrix = np.random.uniform(-0.1, 0.1, size=(config.ntags,
config.ntags))
transition_matrix = tf.Variable(rand_matrix, trainable=True)
all_trainable_vars = model.trainable_variables + [transition_matrix]
print('all_trainable_vars:', all_trainable_vars)
```

　　在训练过程中，当双向 GRU 给出每个时间步、每个标签的 logits 预测结果后，就形成了条件随机场中的一元势函数；然后，我们再传入二元势函数，也即参数矩阵 transition_matrix，通过 API tfa.text.crf_log_likelihood 来计算真实标签的对数似然；最后，在一个批量内部，我们使用有效单词的个数对总的负对数似然进行归一化，并以此作为损失函数，以使训练更稳定。

　　参数更新的过程与此前类似，只是需要纳入 transition_matrix 一并更新。需要注意的是，训练代码中统计的 train_acc 仅仅是 BiGRU 模型给出的 logits 的精确率，而非 BiGRU-CRF 模型的预测精确率，因为训练时我们没有运行 CRF 层的维特比解码算法。

```
import tensorflow_addons as tfa

def loss_fn(labels, logits, masks):
  lengths = tf.reduce_sum(masks, axis=1)
  ll, _ = tfa.text.crf_log_likelihood(logits, labels,
```

```
                            tf.cast(lengths, dtype=tf.int32),
                            transition_matrix)
  # Average negative log likelihood across tokens to make it more stable
  return tf.reduce_sum(-ll) / tf.reduce_sum(lengths)

@tf.function(experimental_relax_shapes=True)
def train_step(words, tags, masks):
  with tf.GradientTape() as tape:
    pred_logits = model(words, training=True)
    loss = loss_fn(labels=tags, logits=pred_logits, masks=masks)
  train_acc.update_state(tags, pred_logits, sample_weight=masks)
  optim.minimize(loss, all_trainable_vars, tape=tape)
  return loss
```

在模型推断时，模型前几层正常进行前向传播，条件随机场层则进行一次维特比推断，以此得到全局最优的标注序列。这些可以通过 API tfa.text.crf_decode 来处理。在以下代码中，valid_acc1 和 valid_acc2 分别是 BiGRU 预测的准确率和 BiGRU-CRF 预测的准确率，前者把每个时间步的预测当成独立的，而后者则考虑标签之间的转移情况，寻找序列级别的最优解。

```
valid_acc1 = tf.keras.metrics.SparseCategoricalAccuracy()
valid_acc2 = tf.keras.metrics.Accuracy()

@tf.function(experimental_relax_shapes=True)
def valid_step(words, tags, masks):
  # masks: [B, T]
  pred_logits = model(words, training=False)
  valid_acc1.update_state(tags, pred_logits, sample_weight=masks)
  lengths = tf.cast(tf.reduce_sum(masks, axis=1), dtype=tf.int32)
  decoded_tags, _ = tfa.text.crf_decode(potentials=pred_logits,
                                        transition_params=transition_matrix,
                                        sequence_length=lengths)
  valid_acc2.update_state(tags, decoded_tags, sample_weight=masks)
  return pred_logits
```

即便在 CPU 上训练，以上代码也只需要不到半小时就能完成。可以观察到，CRF 层可以让模型预测的精确率提高近 0.5%。

5.4　中间层输出的提取

在某些情况下，我们想要获取多层 RNN 中间层的输出，以便进行一些分析或可视化等操作。到目前为止，本书中的所有示例使用的都是序贯模型（tf.keras.Sequential），即：模型的输入和输出都是单个张量，各个网络模块从前到后逐层堆叠在一起，没有分支结构。如果想要获取模型中间层的输出，最好的方法是使用函数式 API，构建一个多输入多输出的模型。

本节将以 ELMo[66] 为例，展示 TensorFlow 中函数式 API 的使用。

1. ELMo：语境化的词向量

ELMo[66] 发表于 2018 年，是近年来预训练语言模型的重要开端。在 ELMo 发表之前，词向量的概念是静态的：每个词只有一个词向量（或者是多义词有固定数目的多个词向量，分别代表它的每个语义）。无论一个词出现在哪里，都使用这个固定的向量（或者从多个词向量中选择某一个向量）来对它进行表征。而 ELMo 则是一种语境化的词向量，认为每个词在语料中的每一次出现都有自己的独特含义，词的语义随上下文的不同而不同。为了做到这一点，ELMo 不再是一个简单的词向量矩阵，而是一个完整的序列模型。每当遇到一条新的句子时，ELMo 就对这条句子进行建模，最终赋予每个词一个包含了整个序列信息的向量来代表它的语义。

ELMo 需要先进行预训练，然后在下游任务中使用。以往预训练的只是词向量，而 ELMo 则相当于预训练了一整个序列模型。为了使得这个预训练的模型足够通用，能够对任意下游任务都有帮助，这里的预训练任务选择了语言模型。语言模型不需要标注数据，因此可以搜集到相当多的训练数据；同时语言模型又足够抽象，能够准确建模下一个单词的分布就意味着模型在很大程度上理解了句子的含义，这对于相当多的下游任务都是必要的。这也是 ELMo 名字的来源：Embeddings from Language Models（来源于语言模型的词向量）。此外，Elmo 恰好也是木偶剧《芝麻街》中的一个角色名，很多后续预训练语言模型的工作也由此开始玩梗，专门选取《芝麻街》中的角色名为模型名称，例如 Bert[11]、Ernie[104][105] 等。

不过，和普通语言模型不同的是，ELMo 选择了双向语言模型。其中正向的语言模型和普通的语言模型无异，根据上文预测下一个词；反向的语言模型则相当于将文本倒过来，用后面的词来预测前面的单词。如图 5-3 所示，正向和反向的语言模型可以各自用一个多层 RNN（原论文中使用的是双层 LSTM）来实现，两个语言模型各自和自身的预测目标计算损失函数，在中间不能互相泄露信息。否则，正向语言模型可能直接把后向语言模型看到的下一个词作为它的预测结果，反之亦然，预训练任务就变成了普通的复制粘贴。

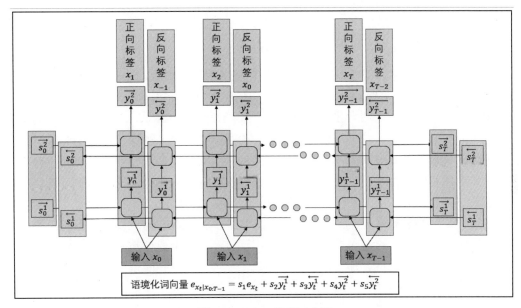

图 5-3　ELMo 模型示意图

和普通的语言模型一样，预训练使用的损失函数就是交叉熵，只不过需要对正反向的语言模型分别计算损失并求和。图示中的输入 $x_{0:T-1}$ 是正常的单词，而标签中的 x_{-1} 和 x_T 则可以理解为 <sos> 和 <EOS> 等特殊符号。在本书前面的语言模型示例中，我们将整个训练语料拼接为一个超长的序列，然后按照固定的时间步数从前向后滑动窗口进行训练，并使用 stateful=True 的 RNN 模型以在不同批量间传递状态。但对于 ELMo 来说，这种方法可能不太适用，因为此时反向语言模型无法获得合适的、连贯的上文。对 ELMo 来说，更好的处理语料的办法是将语料划分为若干个语义完整的段落，然后每次将一个段落作为一个批量的模型输入数据。这样一来，正反向语言模型都可以得到适当的上文，并且不同的训练批量之间无须再传递模型状态。当然，实际训练时可以使用更大的批量大小，随机取多个完整的段落填充或截断至同一长度作为一个批量的数据，以提高硬件利用率。

当预训练完成之后，正反向语言模型都具有了不错的质量，能够在一定程度上提炼正向和反向的语义。对于句子 $x_{0:T-1}$ 中某个具体的单词 x_t 来说，此时我们能够得到 $2L+1$ 个向量（L 为多层 RNN 的层数）：该词的静态词向量 e_{x_t}，第 l 层正反向语言模型的输出向量 $\overrightarrow{y_t^l}$ 和 $\overleftarrow{y_t^l}$。静态词向量 e_{x_t} 就是词向量矩阵中查表得出的词向量，不受句子 $x_{0:T-1}$ 的影响，但其余所有向量都会随着句子的不同而发生改变。ELMo 选择对所有 $2L+1$ 个向量进行加权线性组合以得到该词在该语境中的词向量：

$$e_{x_t|x_{0:T-1}} = s_1 e_{x_t} + \sum_{l=1}^{L}(s_{2l}\overrightarrow{y_t^l} + s_{2l+1}\overleftarrow{y_t^l}) \tag{5-3}$$

其中 s_i 为待定系数。对于任何一个下游任务的模型，都可以把它的静态词向量替换成 ELMo 线性组合后的词向量，得到一个相应的新模型。在新模型中，ELMo 的主体参数保持固定，而 $2L+1$ 个组合系数 s_i 则作为新模型参数的一部分，端对端地进行训练[1]。这里引入的新参数数量，几乎可以忽略不计，但却给下游任务带来了极大的灵活性。因为不同的任务对于不同级别的语义信息有着不同的需求：句子级别的任务（如序列分类等）可能更需要接近模型顶层的信息，而词级别的任务（例如词性标注）则可能更需要接近输入端的信息。

就这样，ELMo 掀起了一股预训练模型的浪潮。在 ELMo 出现以前，不同任务之间迁移的仅仅是一组静态的词向量；当 ELMo 出现时，一整个模型被用来为下游任务抽取特征；而在 ELMo 的后继者那里，下游任务甚至不再需要单独的模型。几乎所有任务都直接使用预训练好的模型作为主干网络，仅仅是添加少量额外参数进行微调或者对任务的输入进行重新表述，最终实现了各种自然语言处理任务的大一统。

2. 使用函数式 API 实现 ELMo

在训练阶段，ELMo 模型需要从一个输入序列中同时返回正向和反向的输出。这里可以构造一个正反向信息互相分离的多层双向 RNN，模型最终返回的结果是正向 RNN 和反向 RNN 输出结果的拼接。不过，为了给后续更复杂的模型做铺垫，这里我们选择使用函数式 API，分别返回正向语言模型和反向语言模型的输出。

在模型定义的部分，我们可以先构造一个占位符 tf.keras.layers.Input()，其参数 shape 为去掉批量之后的输入张量维度。ELMo 每个批量的输入数据为相应的单词 ID，形如 [batch_size, time_steps]，去掉批量维度后即为 [time_steps]。因此，输入占位符中的 shape 可以设置为(time_steps,)或者(None,)——这里我们选择后者，是为了支持变长输入。然后定义 ELMo 模型中的各个模块，即词向量层、两层正反向的 LSTM 以及全连接层，并对这些模块进行自由组合：首先通过单词 ID 查表得到词向量 word_embs，然后经过两层带有残差连接（Redisual Connection）[2]的正向 LSTM 得到正向 LSTM 的输出，最后通过一个全连接层将 LSTM 的输出变换到词表大小。反向 LSTM 也可以进行类似的处理，最终

---

[1] ELMo 原论文实际要更精细一些，对组合系数的相对强度和尺度进行了拆分，共计 $2L+2$ 个参数：其中 $2L+1$ 个参数使用 Softmax 进行归一化，用来建模各个向量之间的相对强度；还有一个尺度参数对得到的组合向量进行缩放。

[2] 直接从网络输入层连接到输出层的恒等变换。对网络模块 f 来说，如果原先的输出是 $f(x)$，那么加上残差连接之后的输出就是 $f(x)+x$。这一技巧可以稳定网络中的梯度流，增强训练稳定性。

在 tf.keras.Model 中指定模型输入和输出张量的列表。这样一来，我们就得到了一个单输入、双输出的模型：输入是一个批量的单词 ID，输出分别是正向和反向语言模型对下一个词和上一个词的预测。模型的代码如下：

```python
import numpy as np
import tensorflow as tf

# PART I: 预训练 ELMo
batch_size, time_steps = 16, 20
embedding_dim, hidden_size, vocab_size = 256, 256, 30000
word_ids = tf.keras.layers.Input(shape=(None,), dtype='int64')  # [B, T]
embedding_layer = tf.keras.layers.Embedding(input_dim=vocab_size,
                                            output_dim=embedding_dim,
                                            mask_zero=True)
fwd_lstm1 = tf.keras.layers.LSTM(hidden_size, return_sequences=True)
fwd_lstm2 = tf.keras.layers.LSTM(hidden_size, return_sequences=True)
bwd_lstm1 = tf.keras.layers.LSTM(hidden_size, return_sequences=True,
                                 go_backwards=True)
bwd_lstm2 = tf.keras.layers.LSTM(hidden_size, return_sequences=True,
                                 go_backwards=True)
fwd_fc = tf.keras.layers.Dense(vocab_size)
bwd_fc = tf.keras.layers.Dense(vocab_size)
word_embs = embedding_layer(word_ids)  # [B, T, E]
fwd_output1 = word_embs + fwd_lstm1(word_embs)  # [B, T, H]
fwd_output2 = fwd_output1 + fwd_lstm2(fwd_output1)  # [B, T, H]
fwd_output = fwd_fc(fwd_output2)  # [B, T, V]
bwd_output1 = word_embs + bwd_lstm1(word_embs)  # [B, T, H]
bwd_output2 = bwd_output1 + bwd_lstm2(bwd_output1)  # [B, T, H]
bwd_output = bwd_fc(bwd_output2)  # [B, T, V]

elmo_train = tf.keras.Model(inputs=[word_ids],
                            outputs=[fwd_output, bwd_output])
elmo_train.summary()
```

为了验证模型代码的正确性，我们可以尝试在随机数据上训练几步。首先，我们随机生成一些不超过 vocab_size 的随机整数作为单词 ID。这些单词 ID 共有 time_steps + 2 个时间步，我们取中间 time_steps 个时间步的数据为模型输入，前（或后） time_steps 个时间步作为反（或正）向语言模型的训练目标。损失函数为正反向语言模型交叉熵的平均值。代码如下：

```python
loss_fn = tf.keras.losses.SparseCategoricalCrossentropy(from_logits=True)
opt = tf.keras.optimizers.Adam()

# 使用随机数据模拟训练
for i in range(3):
  with tf.GradientTape() as tape:
    x = np.random.randint(0, vocab_size, size=(batch_size, time_steps + 2))
```

```
    fwd_y, x, bwd_y = x[:, 2:], x[:, 1:-1], x[:, :-2]
    fwd_pred, bwd_pred = elmo_train(x)
    fwd_loss = loss_fn(y_true=fwd_y, y_pred=fwd_pred)
    bwd_loss = loss_fn(y_true=bwd_y, y_pred=bwd_pred)
    total_loss = tf.reduce_mean(fwd_loss + bwd_loss)
    print('total_loss:', total_loss)
  opt.minimize(total_loss, elmo_train.trainable_variables, tape=tape)
```

可以发现，模型能够进行正常训练。

在下游任务中，由于 ELMo 需要用到多层 RNN 中每一层的输出值，因此我们需要返回模型中间层的输出。一种做法是在函数式 API 中直接返回五个向量（词向量本身 + 正反向 LSTM 每层的输出）组成的列表，但是这种方式在下游任务中应用时不便于向量化处理。因此，我们选择将这五个包含不同层次语义信息的向量堆叠起来，返回单个形如 [batch_size, time_steps, 5, hidden_size] 的张量，代码如下：

```
# 第二部分：将 ELMo 应用于下游任务
word_ids = tf.keras.layers.Input(shape=(None,), dtype='int64')  # [B, T]
embedding_layer = tf.keras.layers.Embedding(input_dim=vocab_size,
                                            output_dim=embedding_dim,
                                            mask_zero=True)
fwd_lstm1 = tf.keras.layers.LSTM(hidden_size, return_sequences=True)
fwd_lstm2 = tf.keras.layers.LSTM(hidden_size, return_sequences=True)
bwd_lstm1 = tf.keras.layers.LSTM(hidden_size, return_sequences=True,
                                 go_backwards=True)
bwd_lstm2 = tf.keras.layers.LSTM(hidden_size, return_sequences=True,
                                 go_backwards=True)
fwd_fc = tf.keras.layers.Dense(vocab_size)
bwd_fc = tf.keras.layers.Dense(vocab_size)
word_embs = embedding_layer(word_ids)  # [B, T, E]
fwd_output1 = word_embs + fwd_lstm1(word_embs)  # [B, T, H]
fwd_output2 = fwd_output1 + fwd_lstm2(fwd_output1)  # [B, T, H]
bwd_output1 = word_embs + bwd_lstm1(word_embs)  # [B, T, H]
bwd_output2 = bwd_output1 + bwd_lstm2(bwd_output1)  # [B, T, H]

all_outputs = [word_embs, fwd_output1, fwd_output2, bwd_output1,
bwd_output2]
# 跳过下面的 tf.stack 也可以，只不过此时模型将有 5 个返回值
all_outputs = tf.stack(all_outputs, axis=2)  # [B, T, 5, D]
elmo_feature = tf.keras.Model(inputs=word_ids, outputs=all_outputs)
print('elmo feature:')
elmo_feature.summary()
```

这样一来，在下游任务中，我们只需使用这一个张量作为模型输入，代码更加紧凑。为清晰起见，可以将加权组合这一步实现为一个 tf.keras.layers.Layer：首先将 ELMo 模型的参数设置为不可训练（trainable=False），然后定义一个形如 [1, 1, 5, 1] 的可学习的权重向量 elmo_weight。这里之所以设置成这一形状而不是最简单的[5]，是为了能和 ELMo

模型返回的形如 [batch_size, time_steps, 5, hidden_size] 的张量直接相乘，通过广播来达到向量数乘的目的。在这一模块的前向运算中，我们先用 ELMo 模型处理输入的单词 ID 得到 5 个向量合成后的张量，然后通过数乘和求和来得到它们的加权和，也即最终的动态 ELMo 词向量。

　　这个 ELMoFeature 层可以直接替换下游任务中的词向量层。以文本分类为例，假设我们原本的模型是词向量映射 + 一层 GRU + 全连接层，那么现在只需使用一层 ELMoFeature + 一层 GRU + 全连接层。比较模型摘要打印出的信息，可以发现下游模型中的 ELMoFeature 层比前面定义的 elmo_feature 模型多 5 个参数，这正是对 ELMo 模型内的各个向量进行加权所需的系数。代码如下：

```
class ELMoFeature(tf.keras.layers.Layer):
  def __init__(self, elmo_feature_model):
    super(ELMoFeature, self).__init__()
    self.elmo_feature_model = elmo_feature_model
    self.elmo_feature_model.trainable = False
    init_values = np.ones(5, dtype=np.float32).reshape((1, 1, 5, 1)) / 5
    w_init = tf.constant_initializer(init_values)
    self.elmo_weight = self.add_weight(name="elmo_weight",
                                       shape=init_values.shape,
                                       initializer=w_init,
                                       trainable=True)

  def call(self, inputs):
    # Inputs 是单词 ID 组成的形如 [B, T] 的张量
    all_elmo_embeddings = self.elmo_feature_model(inputs)  # [B, T, 5, H]
    weightd_sum = self.elmo_weight * all_elmo_embeddings  # [B, T, 5, H]
    final_elmo_embedding = tf.reduce_sum(weightd_sum, axis=2)  # [B, T, H]
    return final_elmo_embedding

# 在下游任务中使用 ELMo 特征来代替词向量层
downstream_model = tf.keras.Sequential([ELMoFeature(elmo_feature),
                                        tf.keras.layers.GRU(512),
                                        tf.keras.layers.Dense(1)])
downstream_model.build(input_shape=(batch_size, time_steps))
print('downstream model:')
downstream_model.summary()
```

　　同样，我们可以在随机数据上进行训练以验证代码实现的正确性。代码如下：

```
loss_fn = tf.keras.losses.BinaryCrossentropy(from_logits=True)
downstream_model.compile(loss=loss_fn, optimizer='adam')

# 使用随机数据模拟训练
for i in range(3):
  with tf.GradientTape() as tape:
    x = np.random.randint(0, vocab_size, size=(batch_size, time_steps))
```

```
y = np.random.randint(0, 2, size=(batch_size,))
downstream_model.fit(x, y)
# ELMo 层中仅有 elmo_weights 会发生变化
print(downstream_model.layers[0].weights)
# 下游模型主干部分的其他所有参数都会发生变化
print(downstream_model.layers[1].weights)
```

随机构造一些单词 ID 和相应的二元标签，在数据上拟合后可以发现，原 ELMo 模型的参数始终保持不变，而 5 个 ELMo 向量的系数、GRU 和全连接层的参数都得到了更新。

## 第 6 章

序列到序列问题

本书前面的章节处理的都是单个序列的问题。虽然在某些情形下，需要做一些变长序列相关的处理，例如一对多或者多对一，但总体上我们可以认为：这些问题中的输入和输出都是对齐的，我们只是根据自己的需要来选择是否将模型前一时间步的预测结果反馈给模型自身（对应于语言模型的解码采样），或者是否保留模型在全部时间步的输出（取决于任务类型是序列标注还是序列分类）。

然而在某些场合中，我们需要面对两个不同的序列。这两个序列的长度可能不同，并且对齐关系可能非常复杂。例如，在机器翻译中，我们需要将某种语言的句子翻译为另一种语言的句子；在语音识别中，我们需要将一个音频序列转换为文字的序列。本章将介绍序列到序列问题的两种典型代表，以及各自的处理方法。

6.1 序列到序列问题概述

6.1.1 序列到序列问题的两个代表

同样是包含两个序列，但不同的序列到序列问题的特点却可能大相径庭。前面提到的语音识别和机器翻译，就是序列到序列问题的两个典型代表。

1. 语音识别

语音识别的特点是输入序列远长于输出序列。语音识别模型的输入是一个个音频帧，每一帧都是根据原始的语音信号经过特征提取得到的一个向量；这些音频帧通常以

10 毫秒为单位在时间轴上滑动，来捕捉不断变化的声音信号，因此每一秒的语音信号将对应 100 帧语音特征[①]。假设一条语音样本长度为 2 秒，那么将包含近 200 个输入帧，然而该语音对应的文本可能只有 5 到 10 个单词。即便是将文本拆成单个字符，字符序列的长度往往也短于音频帧序列。

单调对齐是语音识别的另一个特点。如果一个词在语音中先出现，那么它将以极大概率在文本中先出现。虽然确实有一些例子可能造成文本和语音的对应关系不单调，例如"5%"被读作"百分之五"，但这样的情况非常罕见，而且顺序颠倒也仅仅发生在很小的局部。

2. 机器翻译

机器翻译是指将一种语言自动翻译为另一种语言。在机器学习文献中，前一种语言通常被称为源语言（Source Language），而后一种则被称为目标语言（Target Language）。两种语言的文本序列长度关系并不固定：对于有些句子对，可能源语言序列较长；而在另一些句子对中，情况可能会反过来。

两种语言的单词对齐关系也时常不单调，甚至在某些极端的情况下，两种语言的语序会完全相反。此外，语言中有些复杂的依赖关系可能难以用对齐来完全描述。例如，在汉译英的过程中，英语中的动词可能需要根据主语和时态变换相应的形式，因此很难说它跟汉语句子中的动词是对齐的。某些语言中可能还有更复杂的一致关系，例如动词需要同时根据句子的主语、宾语乃至其他句子成分进行变形。早期较有影响力的机器翻译模型是 IBM 模型[109]，它主要以法译英为研究案例，因此有时机器翻译文献中会将源语言记为 f（法语）、目标语言记为 e（英语）。

6.1.2　三种序列到序列模型

基于以上特点，不同问题适用于不同的序列到序列模型。目前常用的序列到序列模型大致可以分为三类，分别是 CTC、Transducer 和编码器–解码器架构。在本节中，我们先从整体上大致介绍这三类模型各自的特点，然后在后续章节中一一进行详细讲解。

1. CTC

CTC（Connectionist Temporal Classification）[110]，直译为连接主义时序分类，主要用于语音识别和光学字符识别（Optical Character Recognition）。

具体来讲，CTC 是一个打分函数，用于对下层神经网络的预测结果进行聚合。以语

---

① 这里忽略了窗口滑动到语音开始或结束时的边界情况。

音识别为例，大部分数据集只有序列级别的标注数据（每一条语音对应的文本序列是什么），而没有帧级别的标注数据（语音中的每一帧对应哪个单词、字符或者音素）。当底层的神经网络给出每一帧的预测后，CTC 层通过枚举语音帧和单词（或字符）序列之间所有可能的单调对齐情况，给出当前语音被识别为相应文本序列的概率。CTC 每一步要么预测一个真实标签，要么预测一个空标签，并对相同的、连续的标签进行合并（因为语音中一个音素可能跨越连续多个帧），因此 CTC 只能处理输出序列长度小于输入序列的情况。

CTC 的思想和 CRF 层比较类似，而且也有对应的前向算法和后向算法来实现高效的训练和推断。只不过 CRF 仅仅适用于输入和输出序列长度相等且一一对应的情况，主要用途是建模相邻标签的转移关系；而 CTC 则适用于输入序列长于输出序列的情况，主要用途是枚举输入和输出序列的对齐关系。

2. Transducer

Transducer[111] 直译为转导器，是一种对 CTC 的拓展。由于 Transducer 经常和 RNN 搭配使用，因此也被称作 RNN-Transducer。CTC 的输入是源序列经过神经网络提取后的特征，只能将输入序列变短；而 Transducer 除了包含处理输入序列的神经网络（称作编码器）以外，还引入了两个新的网络模块：

- 预测器（Predictor）：本质是目标序列上的语言模型，输入是目标序列，输出是错位一个时间步后的目标序列。
- 连接器（Joiner）：用于处理输入和输出序列的交互。在每个时间步，它读取一个编码器的隐藏层向量（对应于输入），以及一个预测器的隐藏层向量（对应于输出），以此来做出当前时间步的预测。如果预测结果为真实标签，那么输出该标签，并让预测器向后运行一步；如果预测结果为空标签，那么什么也不输出，并让编码器向后运行一步。当编码器处理完整个输入序列后，模型运行结束。

由以上过程可知：Transducer 有可能在单个时间步输出多个标签，因此可以处理输出序列长度超过输入序列的情形；Transducer 的预测器本质是一个语言模型，因此可以更好地建模目标序列自身的依赖关系，例如，句子"I ate food"和"I eight food"发音相同，在不引入外部语言模型解码的情况下，CTC 难以区分这两者，而 Transducer 则很容易地知道"I ate food"更加符合语法和语义。

3. 编码器-解码器架构

编码器-解码器架构（Encoder-Decoder Framework）[8]是指这样一类模型：模型结构可以被明显地划分为编码器和解码器两个部分，其中编码器读入源序列，分析和提取其语义，并将结果表示为一个或一组向量；然后解码器从编码器给出的向量表示出发，一步一步恢复出目标序列中的元素。编码器和解码器的实现可以有多种方式，其中最基础的实现方式便是循环神经网络。

这类模型对输入序列和输出序列的依赖关系和长度都没有限制，可以应用于任何序列到序列问题，包括机器翻译和语音识别。但是，如果简单将编码器和解码器割裂开，当解码器想要反复揣摩输入、字斟句酌时便陷入了困难，因此常常需要使用注意力机制[10]来弥补。特别地，训练效率更高、扩展性更强的 Transformer[100]近年来越来越流行，逐渐成为主流的序列到序列模型。

4. 三种序列到序列模型的比较

在简要介绍这三类模型之后，这里给出一张表格（见表 6-1）来总结三类模型各自的特点，读者可以在后续章节学习具体的模型时进行参考。（将输入序列和输出序列的长度分别记为 T 和 U。）

表 6-1　序列到序列三类模型的特点

模型类别	CTC	Transducer	编码器-解码器架构
序列长度要求	$T \geqslant U$	无	无
解码所需步数	T	$T+U$	U
序列对齐要求	单调	单调	无
输出序列语言模型	无	有	有
流式预测[①]	支持	支持	不支持

6.2　CTC

为了解决长对短的单调对齐问题，CTC 设计了一整套枚举对齐关系的方法。本节将详细阐释 CTC 如何进行帧级别的对齐，以及相应的高效求解算法。根据建模粒度的不同，CTC 可以使用的标签有很多种，例如字符序列[②]、单词序列等。本书中举的例子以

---

① 流式预测是指一边处理输入序列一边给出输出序列。以语音识别为例，流式预测是指边说话边识别，非流式预测则是指当说话人说完一句话后再统一给出识别结果。需要注意的是，流式预测需要网络的所有模块都满足流式设计，例如使用单向 RNN 而非双向 RNN，使用因果卷积而非普通卷积。

② 对于空格和标点符号有两种处理方法：一种是将它们加入输出词表中，让模型直接预测；另一种是将他们从输出中过滤掉，最后使用单独的模型来加标点。

字符序列为主,例如假设某条语音的内容为"hello",那么认为它的标签是一个长为 5 的序列,分别是 h, e, l, l, o。

6.2.1 CTC 模型结构

在很多序列到序列问题中,往往可以相对容易地拿到序列级别的标注结果,却很难拿到帧级别的对齐信息。例如,大部分语音识别数据集都包含很多由语音和文本组成的成对数据,但是不会精确到文本里的每个单词(或者每个字符)的发音对应了语音里的第几帧到第几帧——标注帧级别的对齐信息所需的人力和物力实在太多了,难以在海量数据集上实现。

CTC 的思路很简单:既然没有现成的对齐信息,那把可能的对齐方式全部枚举一遍。这种方式无须修改底层模型结构——底层模型本身只需要在帧级别做预测(对于语音识别来说就是预测每一帧对应哪个字符或单词),然后由 CTC 负责在帧级别的预测结果和最终的输出序列之间进行转换。在训练的时候,CTC 负责枚举每一种可能的对齐方式并求和,来得到目标序列的概率,进而通过最大似然估计来优化模型参数;在推断的时候,CTC 负责将帧级别的预测结果整合为可读的单词或者字符序列,得到最终输出,如图 6-1 所示。

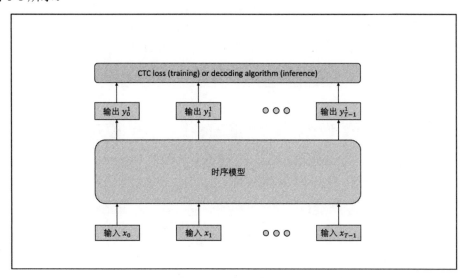

图 6-1　CTC 模型结构

6.2.2　长短序列的转换

CTC 的核心思想是通过引入空白符号，并允许相邻的符号重复来将短序列扩展为长序列，由此将长度不定的对应关系转为各时间步一一对应。根据空白符号和重复符号的位置不同，一个短序列可以有多种方法被扩展为长序列，不过所有这些扩展方法都可以被动态规划算法高效地枚举。

考虑一个具体的例子：假设某种语言的输出词表只包含两个字符 $\{a,b\}$，并且有一条长度为 5 帧（5 个时间步）的语音样本，其标签（语音对应的文字序列）为 ba。此时，标签和语音可能的对应关系有很多，例如一种可能是前 3 个时间步没有声音，第 4 个时间步发出了 b 的音，最后一个时间步发出了 a 的音；而另一种可能则是，第 1 个时间步没有声音，第 2 个时间步发出了 b 的声音，接着第 3、第 4 个时间步都对应于元音 a，最后一个时间步没有声音。当然，对齐方式还有很多其他可能，这里没有一一列举。

CTC 的做法是向词汇表中引入一个新的空白符号 ϵ，此时输出词表变为 $\{\epsilon,a,b\}$。于是，上面两种可能的对齐方式分别可以被表示为 $\epsilon\epsilon\epsilon ba$ 和 $\epsilon baa\epsilon$，这便将多对少变成了等长序列之间的对应。

思考一个细节问题：如何表示标签中连续的相同符号？更具体地，如何区分目标序列 ba 和 baa？假如思考一下实际情况，容易想到 baa 中的两个 a 之间会有停顿，否则人也难以区分音频中出现的究竟是一个长元音 a 还是两个短元音 a，而这个停顿恰好可以对应空白符号 ϵ。如果长为 5 帧的输入序列，那么 $\epsilon\epsilon\epsilon ba$，$\epsilon baa\epsilon$，$be\epsilon aa$ 等序列可以对应标签 ba，而 $\epsilon ba\epsilon a$，$be a\epsilon a$，$baa\epsilon a$ 等序列则可以对应标签 baa，如图 6-2 前两列所示。

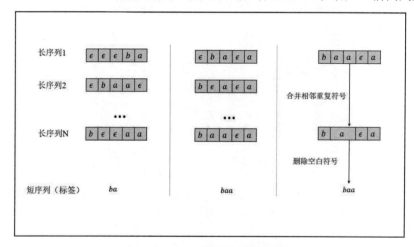

图 6-2　CTC 长短序列转换方法

至此，我们已经得到了完整的长短序列转换方法，如图 6-2 第三列：对于一条包含空白符号 ϵ 的长序列，首先合并序列里相邻的重复符号（含正常符号和空白符号），然后去掉空白符号，剩下的序列就是它所对应的短序列。

将短序列拓展为长序列则是上述过程的逆过程：通过添加空白符号或重复某些符号来将短序列变长，并且需要保证长序列按照以上过程收缩后等于原本的短序列。

显然，长序列到短序列的映射关系是多对一的：一条长序列对应于唯一一条短序列，而一条短序列可以有多种方法被拓展为某个指定长度的长序列。

6.2.3　计算标签序列的概率

有了长短序列对齐的方法，神经网络只需在每个时间步都预测各个标签的 logits 即可（这正是 RNN 等模型的工作方式），帧级别的对齐可以由对齐算法来自动完成。

1. 标签序列概率的定义

假设输入序列为 $\mathbf{x}$，标签序列为 $\mathbf{y}$，其长度分别为 $|\mathbf{x}|=T$ 和 $|\mathbf{y}|=U$，那么标签的条件概率 $P(\mathbf{y}\,|\,\mathbf{x})$ 可以按照如下公式分两步来进行：

$$
\begin{aligned}
P(\mathbf{y}\,|\,\mathbf{x}) &= \sum_{\mathbf{y}'\in\mathrm{Align}(\mathbf{y},\mathbf{y}')} P(\mathbf{y}'\,|\,\mathbf{x}) \\
&= \sum_{\mathbf{y}'\in\mathrm{Align}(\mathbf{y},\mathbf{y}')} \prod_t P_t(y_t'\,|\,\mathbf{x})
\end{aligned}
\tag{6-1}
$$

其中第一步为枚举所有能够和短标签序列 $\mathbf{y}$ 对齐的帧级别长序列 $\mathbf{y}'$（$|\mathbf{y}'|=T$）。由于帧级别的对齐关系未知，因此 CTC 的做法是直接枚举所有可能的对齐方式，并计算各种对齐方式的概率之和。例如，假设标签序列 $\mathbf{y}$ 是 ba，那么 $\mathbf{y}'$ 可能是 $\epsilon\epsilon\epsilon ba$ 或者 $\epsilon baa\epsilon$ 等序列。假设总共有 T 个时间步，输出词表的大小为 V，那么长为 T 的序列共有 V^T 种，其中能够和标签序列 $\mathbf{y}$ 对齐的序列也将是个天文数字。

而第二步则相对简单，对于某个帧级别的长序列 $\mathbf{y}'$，它的条件概率仅仅是各个时间步的概率乘积[①]，只需 $O(T)$ 的时间即可算出。

2. CTC 中隐藏的马尔科夫链

幸运的是，我们无须暴力枚举所有的帧级别长序列。这是因为，在长序列中存在很多重复，例如在能够聚合为标签 ba 的长序列中，序列 $\epsilon\epsilon be a$ 和 $\epsilon\epsilon bae$ 共享相同的前缀 $\epsilon\epsilon b$，

---

① CTC 认为各个时间步的预测结果是互相独立的（它们之间的依赖关系由下层模型来处理，而不是 CTC 层处理）。

序列 $\epsilon\epsilon b\epsilon a$ 和 $bbb\epsilon a$ 共享相同的后缀 $b\epsilon a$……这样的例子数不胜数。

考虑 $\mathbf{y}=ba$ 这个具体的例子，能够与之对齐的长序列的第一个元素必然是 ϵ 或者 b。假如第一个元素为 ϵ，那么第二个元素可以是 ϵ 或者 b；假如第一个元素是 b，那么第二个元素可以是 $\{\epsilon,a,b\}$ 中的任意一个……乍一看，枚举所有可能的对齐情况非常复杂，但其实所有合法的标签转移序列都能用如图 6-3 所示的马尔科夫链来描述。

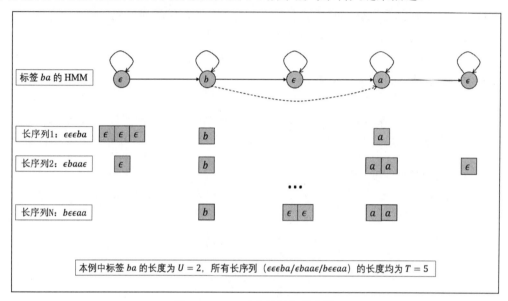

图 6-3　CTC 对应的马尔科夫链

如果将目标序列的长度记为 U，那么我们可以向真实标签的前后插入空白标签 ϵ，得到一个长度为 $2U+1$ 的、由真实标签和空白标签穿插形成的马尔科夫链。这是因为，在语音识别中，输入音频的任意一帧要么是在发某个音（对应于某个真实标签），要么是位于两个发音之间的停顿中（对应于空白标签）。以短标签序列 $\mathbf{y}=ba$ 为例，它所对应的马尔科夫链有 5 个状态，分别是 $\epsilon,b,\epsilon,a,\epsilon$。它的起始状态为前两个状态（语音可以从空白开始，也可以直接从第一个发音开始），接受状态为后两个状态（语音可以以空白结束，也可以以最后一个发音结束）。每个时间步在进行状态转移时，可行的状态转移将与当前状态的类型有关，一个具体的例子见图 6-3 最上方的 HMM：

● 如果当前状态为某个空白标签，那么下一时间步可以选择停留在当前状态（语音中继续保持安静或者是处于两个相邻发音之间），或者是前进到相邻的下一个真实标签。例如在长序列 $b\epsilon\epsilon aa$ 中，两个空白标签 ϵ 都表示当前帧位于发音 b 和 a 之间，但前一个 ϵ 的状态转移为停留在当前状态，而后一个 ϵ 则转移到了下一

个发音 a。

- 如果当前状态为某个真实标签，那么下一时间步可以选择停留在当前状态（语音中继续发当前这个音），或者是转移到空白标签（进入当前发音和下一发音之间的停顿），或者是前进到下一个真实标签（开始发下一个音）。上述一种状态转移方式需要限制相邻两个真实标签不同，这是因为 CTC 会将模型预测的、相同的相邻标签进行聚合；如果想要从某个发音转向下一个同样的发音，必须首先经过空白标签 ϵ。正因如此，图 6-3 最上方的状态转移 $b \rightarrow a$ 被标记为虚线——仅当相邻两个真实标签不同时（例如这里的 h 和 a）可以发生这一转移，如果语音的短标签为 aa，那么第一个发音 a 是无法直接跳到第二个发音 a 的。

对于短标签 ba，图 6-3 列举了 3 种与之对齐的长序列的例子，以及每个时间步的状态转移情况，供读者参考。另外需要说明的是，长序列的时间步数 T 由语音的长度决定，其标签马尔科夫链的状态数量 $2U+1$ 由标签长度 U 决定，图示里的 $T=2U+1$ 仅仅是一个巧合，除了 $U \leqslant T$ 以外，T 和 U 的数值大小没有必然联系。

3. 标签序列概率的高效算法

有了以上的观察，短标签序列的概率就可以使用动态规划法来高效地计算了：只需按照公式（6-2）定义前向变量 $\alpha_t(s)$，用于表示能够和短标签序列对齐的、在时间步 t 处于马尔科夫链状态 s[①] 的所有可能长序列的前缀概率之和。

$$
\begin{aligned}
\alpha_t(s) &= \sum_{\substack{\mathbf{y}' \in \text{Align}(\mathbf{y}, \mathbf{y}') \\ y'_t \text{ at state } s}} P(\mathbf{y}'_{0:t} \mid \mathbf{x}) \\
&= \sum_{\substack{\mathbf{y}' \in \text{Align}(\mathbf{y}, \mathbf{y}') \\ y'_t \text{ at state } s}} \prod_{\tau=0}^{t} P(y'_\tau \mid \mathbf{x})
\end{aligned}
\tag{6-2}
$$

所有前向变量可以按照时间步从前向后循环计算得出：

- 边界条件可以根据模型在起始时刻对各个标签的预测概率直接确定。第一个空白标签和真实标签对应的前向变量，即 $\alpha_0(0)$ 和 $\alpha_0(1)$ 为模型起始时刻预测的相应标签的概率值，而其他标签 S（其中 $S \geqslant 2$）此时的前向变量 $\alpha_0(S)$ 都为零，因为能够和短标签序列 $\mathbf{y}$ 对齐的长序列只能以 ϵ 或者 y_0 开始。
- 在任一中间时刻，新的前向变量可以根据当前允许的状态转移方式由两到三次计

---

① 这里把马尔科夫链的状态 s 用连续数字来编号，例如，0 表示最开始的空白符号，1 表示第一个真实标签，以此类推。最后一个真实标签和最后一个空白标签分别是 $2U-1$ 和 $2U$。

算得到。如果当前所处状态对应于某一真实标签，且此标签与前一真实标签不同，那么前向变量的递推式中将包含三项，即 $\alpha_t(s) = (\alpha_{t-1}(s) + \alpha_{t-1}(s-1) + \alpha_{t-1}(s-2))P(y_t' \mid \mathbf{x})$；反之，如果当前所处状态对应空白标签，或者当前所处状态的真实标签与前一真实标签相同，那么前向变量的递推式将只包含两项，即 $\alpha_t(s) = (\alpha_{t-1}(s) + \alpha_{t-1}(s-1))P(y_t' \mid \mathbf{x})$。

● 最终，短标签序列的概率即为两个接受状态的概率之和，即 $P(\mathbf{y}|\mathbf{x}) = \alpha_{T-1}(2U-1) + \alpha_{T-1}(2U)$。

所有需要计算的前向变量形成了一张形如 $T \times (2U+1)$ 的二维表格，其中每一项都可以在常数时间内计算得到，因此整个目标序列的条件概率可以在 $O(TU)$ 的时间内求得。为了数值稳定性，实际计算往往选择在对数空间中进行。

模型训练通过最大似然估计来进行。CTC 的反向传播过程较为烦琐，但核心思想与前向算法类似：可以定义一些和前向变量相对应的反向变量（表示能够与目标序列对齐的长序列的后缀概率和），以对大量重复的中间结果进行归集，避免重复计算。整个过程与隐马尔可夫模型、条件随机场模型的求解过程非常类似，限于篇幅本书不再展开讨论，读者如需详细了解可以参考原始文献[110]。

6.2.4　CTC 的推断算法

推断算法的目标是找到条件概率最大的输出序列 $\mathbf{y} = \operatorname{argmax}_{\mathbf{y}} P(\mathbf{y}|\mathbf{x})$。

在模型推断时，目标序列未知，因此不像训练时那样有一个特定的归集目标。每个帧级别长序列的概率本身很好计算——等于各个时间步的概率预测值的乘积——因此要找到概率最大的帧级别长序列是一件易如反掌的事情，只需在每个时间步都取概率最大的标签即可。但是，一旦考虑到长短序列之间的对齐关系，事情就变得异常复杂。例如，某些长序列无法缩短，一个例子是形如 $abab \cdots ab$ 这样的真实标签交错排序而成的长序列；而某些长序列可以被缩到很短，例如 $aa \cdots a$ 这样只由单个真实标签构成的长序列可以被 CTC 算法缩短为序列 a。反过来考量，这就意味着不同的短序列可能对应于不同数量的长序列，因此找到概率最大的短序列是一件相当困难的事情，毕竟我们不太可能枚举所有不同的短序列，然后按照前面所讲的动态规划算法精确求出每个短序列的概率。

一个最粗糙的办法便是贪心解码（Greedy Decoding），直接选择每个时间步概率最大的标签，然后按照 CTC 的长短标签转换算法，将它转换为短序列并输出。这种方法速度最快，并且结果往往也还不错。

如果想要用更多的计算资源来换取更准确的预测，那么可以使用集束搜索（Beam

Search）。集束搜索是一种近似搜索算法，可以在巨大的搜索空间中近似查找最优解，广泛应用于各类搜索问题中。一般的集束搜索流程如算法 6-1 所示。

算法 6-1 一般的集束搜索

输入：搜索空间，打分函数 f，集束宽度 W
输出：搜索到的最优结果

1. 初始化一个空的搜索列表
2. 将初始搜索节点加入搜索列表
3. 重复以下步骤直至达到预先设置的计算量或搜索深度：
4.   取出搜索列表中的所有节点
5.   将每个节点都扩展至搜索空间中的后续节点（若无法扩展则保留自身）
6.   如果所有节点都无法继续扩展
7.   跳出循环
8.   否则
9.   取所有后续节点中打分最高的 W 个，将其加入搜索列表
10. 返回当前搜索到的最优结果

简单来讲，集束搜索可以理解为宽度优先搜索（Breadth-First Search）算法的变种。宽度优先搜索将搜索空间划分为很多层，通过逐层扫描的方式来遍历搜索空间，找到其中的最优解[①]。然而，当搜索空间非常大时，完全遍历搜索空间将变得不可行。例如在机器翻译或者语音识别中，假设时间步数为 T，词表[②]大小为 V，那么搜索空间的大小将变成时间步数的指数 $O(V^T)$。

集束搜索通过限制搜索空间每一层的宽度，仅保留每一层中最有希望的节点，来实现更高效的启发式搜索。例如，假设集束宽度 $W=10$，那么在第一层搜索过程中，仅保留模型预测概率最高的 10 个节点，而非全部 V 个；而在第二层搜索过程中，先从第一层的 10 个节点扩展出全部的 $10V$[③]个后续节点，然后保留其中得分最高的 10 个，进入第三层。后续各层的搜索过程以此类推。集束宽度越大，搜索到的空间越大，越容易找出更优质的解，但同时计算量也越大。特别地，贪心搜索可以被视为集束搜索宽度为 1 的特殊情形。

---

① 如果打分函数就是节点的深度，那么第一次搜索到符合条件的节点时就找到了最优解。

② 根据建模粒度的不同，词表中的元素有可能是单词、字符或者音素等，词表大小从几十到几万不等。

③ 可以优化为 $10^2=100$ 个。

在 CTC 中使用集束搜索时，需要对以上的搜索算法进行一点细微的变化。这是因为 CTC 搜索的帧级别序列并非最终需要给出的目标序列，可能有多个帧级别序列对应相同的聚合结果，因此需要在搜索过程中考虑不同序列的合并。例如，假设搜索宽度为 3，第一层集束搜索中搜到的 3 个最优序列分别为 $\{a, \epsilon, b\}$，那么按照普通的集束搜索算法，第二层剪枝后的 3 个最优序列有可能是 $\{ab, \epsilon b, bb\}$；但是对于 CTC 所建模的问题来说，ϵb 和 bb 其实是等价的，它们都对应于聚合后的短标签序列 b，因此应当求和后作为一项来处理。当然，这里仅仅是对集束搜索过程中出现过的、能够对应于短标签序列 b 的帧序列进行合并，而没有合并所有可以对齐到短标签序列 b 的帧序列（比如在这个例子中，就没有合并帧序列 $b\epsilon$），因此计算出的概率 $P(b)$ 仍然比真实值偏小，不过这已经比贪心解码算法要好很多了。

此外，CTC 在做集束搜索时还需要记录当前部分序列是否以空白标签结尾，因为空白标签和真实标签的状态转移略有不同。以上便涵盖了 CTC 集束搜索算法的所有要点。

值得一提的是，使用 CTC 训练出的模型具有一种良好的性质，即模型预测的概率分布容易出现尖峰（Spike）。以语音识别为例，使用 CTC 的模型倾向于将大部分帧预测为空白标签，仅在少数帧有一个小凸起，认为这些帧对应于某个字符/单词/音素[①]。这就意味着可以对搜索空间进行剪枝（例如直接跳过模型以很高的置信度认为属于空白标签的片段），大大加快解码速度。

除了最大化条件概率 $P(\mathbf{y}|\mathbf{x})$ 外，实践中往往还会结合一些别的目标一起搜索，例如将文本语料上单独训练的语言模型 $P(\mathbf{y})$ 考虑进来，寻找使得 $P(\mathbf{y}|\mathbf{x})P(\mathbf{y})^{\alpha}$（其中 a 为超参数，用来平衡语音模型和声学模型的强弱）最大的序列 $\mathbf{y}$。甚至有时还会考虑别的一些正则项，例如输出序列的长度等。此时，要找到最优的序列 $\mathbf{y}$ 就几乎完全不可能了，只能依靠各种启发式搜索算法。考虑的因素越多，搜索到的序列在某种程度上就越好，但解码算法也就越难以实现。

如果 CTC 下层的主体模型是单向的（例如单向的循环神经网络），那么 CTC 的解码过程可以被实现为流式的，即无须拿到全部输入就可以开始对已经接收到的部分进行解码。如果对应到实际应用中，就相当于在语音输入法里用户可以一边说话一边识别，而无须等到一句话说完之后再进行识别，用户体验更加友好。不过这也使得整个语音识别系统更为复杂——从输入信号的采集到最终的解码，整个过程都要进行流式的适配。很多时候，解码算法都是语音识别系统里最为复杂的部分，想要实现一个高效而准确的解码算法绝非易事。

[①] 具体取决于标签序列的种类。如果标签为字符序列，这里的尖峰就是模型识别出的字符。

6.2.5　CTC 的缺陷

CTC 主要有两大缺陷: 一是只能支持输出序列不长于输入序列的情形, 即要求 $U \leqslant T$; 二是假定各个时间步的输出标签相互独立, 并未建模标签之间的转移概率。

对于第一条缺陷而言, 虽然语音识别场景中确实满足输入序列的长度长于输出序列的条件, 但这一限制毕竟影响了模型的表达能力, 使得我们无法对输入序列进行激进的降采样——如果把输入序列的时间步数变得比输出序列还短, 这会让 CTC 找不到输入和输出之间的对齐方式。因此, 我们总是需要在相对较长的输入序列上工作, 这也在一定程度上增加了模型训练和推断所需的计算量。

第二条缺陷则会导致 CTC 过于看重输入中的发音而忽视上下文, 时常给出不合语法或语义的输出序列。如果想要使用 CTC 得到较好的识别结果, 要么在解码过程中引入额外的语言模型来辅助, 要么使用层数更深、容量更大的底层模型, 期望它能够尽可能多地提取上下文之间的依赖关系, 减轻 CTC 部分未建模标签转移关系的压力。

6.2.6　TensorFlow 中的 CTC

幸运的是, 有很多成熟的工具包已经实现了 CTC 的完整功能, 我们不必自己去从头实现。如前所述, CTC 仅仅是对模型的输出进行了整合, 高效枚举所有对齐方式, 而不影响模型的主体部分。因此, 如果想在 TensorFlow 中使用 CTC 进行语音识别或者光学字符识别, 那么只需在正常的序列模型的基础上使用 tf.nn.ctc_loss 进行训练, 使用 tf.nn.ctc_greedy_decoder 或者 tf.nn.ctc_beam_search_decoder 进行解码即可, 这两个 API 分别对应于贪心解码和集束搜索解码。

一个具体的例子见本书配套代码 chapter6/lstm_ctc.py。在该示例中, 模型主体部分是一个单向循环神经网络, 并在每个时间步都预测各个标签的概率。在批量预测的场景下, 模型输出张量的形状为 [batch_size, time_steps, vocab_size]。当然, 如果输入序列长度远远长于标签长度, 有时也会在模型中采取池化（Pooling）等方法来降低时间轴上的分辨率, 例如将多个时间步的隐藏层向量取平均合并为一个时间步, 以减小枚举对齐关系时的计算量。这一部分代码与先前循环神经网络章节中的模型并无太大的不同, 区别仅在于这里给出了一些语音识别中的典型参数设置。模型的输入维度定义为 39, 这是语音识别中常用的 MFCC 特征的维度; 词表大小定义为 28, 这是因为我们假定输出词表为英文字符集——26 个英文字符、1 个空格, 再加 1 个 CTC 所需的空白符号。最大时间步数定义为 200, 在语音识别中通常意味着语音最大长度为 2 秒（因为语音特征一般以

10 毫秒为间隔在输入上滑动）。代码如下：

```python
import numpy as np
import tensorflow as tf

time_steps = 200
input_dim = 39  # MFCC 特征的维数
vocab_size = 28  # 26 个英文字母 + 空格 + CTC 的空白符号

model = tf.keras.Sequential([
  tf.keras.Input(batch_input_shape=(None, None, input_dim)),  # [B, T, D]
  tf.keras.layers.LSTM(units=128, return_sequences=True,
                       time_major=False, go_backwards=False,
                       dropout=0.1, recurrent_dropout=0.1),  # [B, T, D']
  tf.keras.layers.Dense(units=vocab_size, activation='relu'),  # [B, T, V]
])
model.summary()
optim = tf.keras.optimizers.Adam(learning_rate=0.1, clipnorm=1.0)
```

在模型训练的部分，我们随机生成一些训练数据，其中 x 为模型输入的语音特征，长度有一百多帧；而 labels 为相应的标签，即一些英文字符的 ID 序列，取值范围从 1 到 27（ID=0 的标签预留给空白符号）。标签长度远远小于输入序列的长度，满足 CTC 所要求的 $U \leqslant T$。代码如下：

```python
# 训练
batch_size = 2
x_lengths = [150, 180]
x = np.random.randn(batch_size, time_steps, input_dim)
y_lengths = [9, 12]
labels = np.random.randint(low=1, high=vocab_size,
                           size=(batch_size, time_steps))

with tf.GradientTape() as tape:
  logits = model(x)
  loss = tf.nn.ctc_loss(labels=labels, logits=logits,
                        label_length=y_lengths, logit_length=x_lengths,
                        blank_index=0,
                        logits_time_major=False)
optim.minimize(loss, model.trainable_variables, tape=tape)
```

可以看到，除了使用 tf.nn.ctc_loss 以外，模型训练部分和普通的 RNN 几乎没有什么区别。

而在推断时，我们先得到模型预测的 logits，然后使用 tf.nn.ctc_beam_search_decoder 来找到最优的标签及其概率。代码如下：

```python
# 推断
logits = model(x)  # [B, T, V]
```

```
logits_time_major = tf.transpose(logits, perm=[1, 0, 2])  # [T, B, V]
pred_labels, log_probs = \
  tf.nn.ctc_beam_search_decoder(inputs=logits_time_major,
                            sequence_length=x_lengths,beam_width=50,
                            top_paths=1)
print([(pred_label.indices, pred_label.values)
        for pred_label in pred_labels])
print(log_probs)
```

6.3　Transducer

和 CTC 类似，Transducer 也是非常常用的语音识别模型，并且支持流式预测。作为 CTC 的扩展，Transducer 正好可以解决 6.2.5 节中提到的 CTC 的两条缺陷。

第一条缺陷是输入和输出序列长度的限制。CTC 的标签聚合算法是多对一的，因此只能将长序列变为短序列；而 Transducer 则放松了这方面的限制，它允许每个输入帧对应零个到多个输出序列中的元素（但仍然要求对齐的单调性），于是便实现了任意长度序列之间的对齐。

第二条缺陷是 CTC 没有建模各个输出标签之间的依赖关系，而是把所有依赖的学习都丢给底层的神经网络去处理。虽然在大数据下，这种方式有时也能取得不错的效果，但显式地学习一个输出序列上的语言模型总是更加容易的，并且往往更适合于相对较小的数据集。Transducer 通过引入一个预测器来实现这一目的。

6.3.1　Transducer 模型结构

Transducer 主要由编码器、连接器和预测器组成，模型结构如图 6-4 所示。其中编码器部分是一个输入输出一一对应的序列模型，例如保留每个时间步的输出的循环神经网络，用来处理输入序列 $\mathbf{x}$；而预测器部分则是标签序列 $\mathbf{y}$ 上的语言模型，其输入和输出分别是错位一格的标签序列 $\mathbf{y}$[①]，通常也使用循环神经网络来实现。此处假设 $\mathbf{y}$ 的有效长度是 U，向其开头添加起始符号"BOS"后长度为 $U+1$。

[①] 图示中的输出 gu 是指序列模型的最后一个隐藏层向量，再经过一次线性变换可以变成词表上的 logits 并和真实标签计算交叉熵。为简洁起见，图示中未画出 logits 变量。

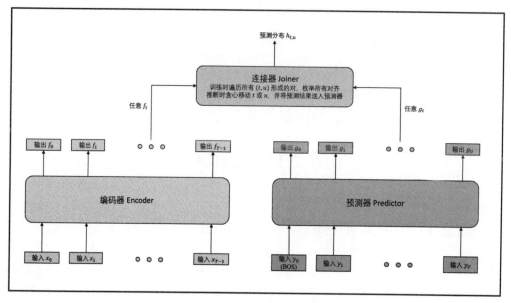

图 6-4　Transducer 模型结构

编码器和预测器都不涉及输入序列和标签序列之间的交互，这一核心工作由连接器来完成。连接器在一张形如 $T \times U$ 的网格上工作：对于任一输入时间步 t 和标签时间步 u，连接器以编码器的输出向量 f_t 和预测器的输出向量[①]g_u 为输入，预测下一个标签的概率分布 $h_{t,u} = Joiner(f_t, g_u)$。假设词表大小为 V，那么任意的 $h_{t,u}$ 都是一个长度为 V 的向量。另外需要说明的是，除了正常单词或者字符外，词表中还需要加入一个空集符号 $\varnothing$，用来表示当前时间步预测的结束（在下一节中我们将看到这种做法的意义）。

连接器用于确定输入和输出之间的对齐关系，这也是 Transducer 模型最为复杂的部分。Transducer 训练和预测时具有不同的行为，接下来我们将首先介绍 Transducer 所使用的对齐网格，然后分两个小节分别介绍 Transducer 在训练和预测时的不同行为。

6.3.2　Transducer 的对齐网格

和 CTC 类似，Transducer 选择直接枚举所有可能的对齐关系并对相应的结果进行求和。由于 Transducer 允许每个输入时间步对应零个或者多个标签，因此 Transducer 和 CTC 中的对齐的含义也略有不同：

---

① 这里是指 RNN 的隐藏层向量，而非预测下一个标签概率的 logits 向量。

- 在 CTC 中，如果某一帧对应某个标签，就意味着模型认为这一帧发出了相应的声音。
- 在 Transducer 中，如果连接器选择在某个时间步预测零个标签，不代表当前帧真的是空白帧，也有可能是模型对预测结果不够确定而主动选择推迟预测的时机；如果连接器选择在某个时间步预测某一个或者多个标签，也不代表当前帧恰好对应于这一个或者多个标签，而有可能是模型根据已经接收到的上文信息做出的一种提前的预测（例如英文中的 -ion 等字符组合），或者是对之前某些帧中所包含信息的推迟的预测。

如图 6-5 所示，Transducer 的对齐空间是一个形如 $T \times (U+1)$ 的网格[①]（右下角的双圆圈表示特殊的结束状态）。任意一条从左上到右下的、单调向右和向下走的路径都代表了一种可能的对齐方式。在该网格中，每一行对应一个时间步，从某个节点向右走意味着模型在这一时间步预测出了一个标签，而向下走则意味着模型停止这一时间步的预测并进入下一时间步。容易看出，网格中所有合法路径的长度都是 $T+U$，其中 T 步向下对应了时间步之间的转移，而 U 步向右对应了模型预测的标签。假设某条语音样本的输入共 5 帧，输出标签为 ba，那么图 6-5 中给出了两种可能的对齐方式：

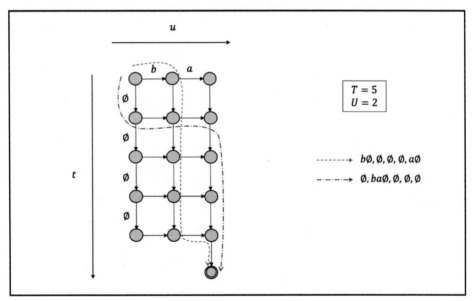

图 6-5　Transducer 对齐网格

[①] 多出的 1 列为向目标序列中添加的 BOS 符号。

- 虚线：模型将 $t=0$ 时刻对齐到标签 b，将 $t=4$ 时刻对齐到标签 a，其他时刻都不对应任何标签。从路径上看，模型在 $t=0$ 时刻先向右移动一格（预测标签 b），然后向下走（预测 ϕ，即结束当前时间步的预测）；然后，模型连续 3 次向下走，即直接预测 ϕ，这表示模型在接下来的 3 个时间步都不对应任何标签；最后，模型在 $t=4$ 时刻向右移动一格（预测 a），此时到了右下角，直接转入结束状态。
- 点划线：模型将 $t=1$ 时刻对齐到标签 ba，其他时刻都不预测任何标签。从路径上看，模型先向下走一步（预测 ϕ），选择跳过 $t=0$ 时的预测；然后向右走两步（预测 ba）再向下走一步（预测 ϕ），表示模型选择将这一时刻对齐到两个标签上；在后面的所有时间步里，模型都直接向下走（预测 ϕ），表示模型认为自己已经做完了所有的预测，不再产生新的预测结果。

6.3.3　Transducer 的训练算法

对于任意一种对齐方式，或者说对齐网格中从左上到右下的路径，我们可以定义其概率为路径上所有预测概率的乘积（其中向右为预测某个输出标签，向下为预测 ϕ 符号）。为了得到条件概率 $P(\mathbf{y}|\mathbf{x})$ 的值，我们选择枚举所有可能的单调对齐方式，然后对这些路径的概率求和。

容易发现，对齐网格中的很多路径都共享相同的前缀。因此，我们可以定义前向变量 $\alpha_{t,u}$，用来表示输入序列前缀 $x_{0:t}$ 和输出序列前缀 $y_{1:u}$[①]对齐的概率。由于我们只考虑单调（即从左上方到右下方）的对齐路径，因此对于任意一个格点，模型只能通过从上方预测 ϕ 或者从左侧预测 y_u 来抵达，这使得前向变量的递推方程非常简单：

$$\alpha_{t,u} = \alpha_{t-1,u} P(\varnothing \mid f_{t-1}, g_u) + \alpha_{t,u-1} P(y_u \mid f_t, g_{u-1}) \qquad (6\text{-}3)$$

显然，只需 $O(TU)$ 的时间便可按照从左上到右下的顺序计算出所有前向变量。然后，整个样本的条件概率就能由右下角的前向变量计算得到：

$$P(\mathbf{y} \mid \mathbf{x}) = \alpha_{T-1,U} P(\varnothing \mid f_{T-1}, g_U) \qquad (6\text{-}4)$$

有了高效求解样本条件概率的方法，训练便可以通过最大似然估计来进行。由于现代深度学习框架都有自动求导的功能，因此我们不必过分关注反向传播的计算过程。如果读者对此感兴趣，那么可以参考 Transducer 原论文中的推导。简单来说，可以定义后

---

① 这里没有写 y_0，即 BOS 符号，因为模型无须预测这一符号，它仅作为输入出现在 $t=0$ 时刻。

向变量来缓存相同后缀路径的概率之和，以简化计算。

　　由于当序列长度较长时，概率连乘可能发生下溢，因此实践中上面提到的所有操作全部都在对数域进行，并使用 log-sum-exp 技巧来增强计算过程中的数值稳定性。

　　另外，注意到预测器的输入和输出只和序列 **y** 有关，因此我们也可以收集目标序列的单模态数据（在语音识别中就是文本数据）来单独预训练预测器，最后再联合训练模型的所有部分，以使模型更容易收敛。

6.3.4　Transducer 模型的推断

　　在推断时，我们已知 **x** 而不知道目标序列 **y**，因此编码器可以正常运行，但是预测器却无法直接使用，继而连接器的使用方式也需要进行修改。此时，我们可以将预测器当作一对多的 RNN 来使用：每次向预测器中输入一个元素，拿到一个时间步的预测结果，然后对预测结果进行某种处理并再次输入给预测器，以拿到新的预测结果……如此循环往复，直到生成一个序列。

　　对 Transducer 来说，这里的"对预测结果进行某种处理"就是它的解码算法，需要由连接器来参与完成。和 CTC 类似，Transducer 可以使用贪心解码或集束搜索解码；同时，如果编码器和预测器都使用流式结构，那么 Transducer 也可以进行流式解码。

6.3.5　Transducer 的贪心解码算法

　　贪心解码算法非常简单，每次根据连接器预测的概率分布 $h_{t,u}$ 来决定下一步如何行动：如果模型认为符号 ϕ 的概率最大，那么不输出任何元素，然后令 $t=t+1$ 进入下一时间步；若模型认为某个真实标签的概率最大，那么输出该标签，然后令 $u=u+1$ 继续预测当前时间步的后续标签。整个过程用伪代码表示如下：

算法 6-2　Transducer 的贪心解码算法

输入：输出词表大小为 V 的 Transducer 模型 M，长为 T 的序列输入 **x**

输出：贪心解码结果 **y**

---

1. 将序列输入 **x** 送给编码器进行前向传播，得到向量序列 f_t，$t=0,\cdots,T-1$
2. 令 $t=0,u=0,\mathbf{y}=[\text{BOS}]$
3. 将 y_u 输入给预测器，得到特征向量 g_u
4. 使用连接器根据 f_t 和 g_u 计算得到标签概率分布 $h_{t,u}\in\mathbb{R}^V$

---

5. 若 $h_{t,u}$ 中概率最大的标签为 ϕ

6.   令 $t=t+1$

7.   如果 $t<T$

8.   回到第 4 步（第 4 行）

9.   否则

10.   结束算法，返回列表 **y**

11. 否则

12.   将 $h_{t,u}$ 中概率最大的标签 **y** 添加到列表 **y** 末尾

13.   令 $u=u+1$，回到第 3 步（第 3 行）

6.3.6　Transducer 的集束搜索解码算法

集束搜索算法也可以用在 Transducer 上，用来取得更优的解码结果。在贪心解码的过程中，我们选择概率最大的对齐路径一直往前走，但却没有考虑解码出的输出序列可能和输入序列有多种对齐方式，因此会低估解码出的输出序列的概率。于是，有可能存在一些别的输出序列，虽然单个对齐路径的概率小于贪心解码的结果，但是多种对齐路径的概率之和加起来却更优。

基于以上考量，我们可以采取类似 CTC 集束搜索的方法，即每次拓展多个序列来扩大搜索空间，同时把搜索过程中遇到的多种对齐方式的概率进行加总以更好地逼近输出序列的真实概率（各种对齐方式下的概率之和）。Transducer 的集束搜索解码算法过程如下所示。

算法 6-3　Transducer 的集束搜索解码算法

输入：Transducer 模型 M，长为 T 的序列输入 **x**，集束宽度 W

输出：集束搜索结果 $\mathbf{y}^{*}$

    ▷ 初始化

1. $B=\{\phi\}, P(\phi)=1$

2. 将序列输入 **x** 送给编码器进行前向传播，得到向量序列 f_t，$t=0,\cdots,T-1$

    ▷ 按照输入序列的时间步数从前向后一步一步搜索

3. **for** $t=0$ **to** $T-1$

4. $A=B$

5. $B=\{\}$

6.   ▷ 聚合多种对齐方式的概率

7.　　　　对集合 A 中的任一序列 $\mathbf{y}$

8.　　　　　　找到位于集合 A 中的并且是 $\mathbf{y}$ 的真前缀的所有序列 $\hat{\mathbf{y}}$

9.　　　　　　$P(\mathbf{y}) += \sum\limits_{\hat{\mathbf{y}} \in A} P(\hat{\mathbf{y}}) P(\mathbf{y}|\hat{\mathbf{y}}, f_t)$

　　　　　▷ 集束搜索过程

10.　　　当集合 B 中的序列数量未达到预期时

11.　　　　　取出集合 A 中概率最大的序列 $\mathbf{y}^*$

12.　　　　　将 $\mathbf{y}^*$ 从 A 中移除

13.　　　　　$P(\mathbf{y}^{'}) = P(\mathbf{y}^*) P(\varnothing|\mathbf{y}^*, f_t)$

14.　　　　　将 $\mathbf{y}^*$ 加入 B 中

15.　　　　　对于输出词表中的任一真实标签 k

16.　　　　　　$P(\mathbf{y}^* + k) = P(\mathbf{y}^*) P(k|\mathbf{y}^*, f_t)$

17.　　　　　　将 $\mathbf{y}^* + k$ 加入集合 A

18.　　　保留集合 B 中概率最高的 W 个序列

19. 返回集合 B 中得分 $\log P(\mathbf{y})/|\mathbf{y}|$ 最高的序列 $\mathbf{y}^*$

　　集束搜索过程是按照处理过的输入序列的帧数 t 来划分的。该搜索算法始终维持如下循环不变量：**$P(\mathbf{y})$ 表示到目前（即时间步 t）为止输出序列 $\mathbf{y}$ 的近似概率**——这里的近似指的是搜索算法没有遍历完全能够对齐到输出序列 $\mathbf{y}$ 的所有输入序列前缀，而是只对搜索算法执行过程中遇到的那些对齐方式进行了求和。

　　在搜索过程中，集合 A 用来拓展新的搜索空间，集合 B 则用于记录当前时间步的完整搜索结果（切记 Transducer 模型允许一个时间步解码出多个符号，仅当解码出特殊的空白符号 ϕ 时才转移到下一时间步）。在算法 6-3 的第 4~5 行，我们将集合 A 设置为上一时间步的完整搜索结果，试图以此为起点展开新一轮搜索；而将集合 B 置为空。在开始新一轮搜索前，第 6~8 行用于将搜索过程中遇到的多种可能的对齐方式的概率进行合并，以更好地逼近相应输出序列的全概率。例如，假设此时集合 A 中同时有两个序列 ba 和 b，那么这意味着解码算法当前维护的概率值 $P(b)$ 是模型将 $x_{0:t-1}$ 和输出序列 b 对齐计算得出的，而 $P(ba)$ 是模型将 $x_{0:t-1}$ 和输出序列 ba 对齐计算得出的。此时对于输出序列 $\mathbf{y}=ba$，我们可以选择扩展和输出序列 $\hat{\mathbf{y}}=b$ 之间的对齐，进一步让 x_t 与 a 对齐（即考虑模型在当前时间步解码出标签 a 的可能），据此聚合出更准确的概率 $P(\mathbf{y})$。一般地，将前缀序列 $\hat{\mathbf{y}}$ 拓展为序列 $\mathbf{y}$ 的方式就是让模型在当前时间步连续预测出 $\hat{\mathbf{y}}$ 相比于 $\mathbf{y}$ 所缺少的那些标签，因此拓展步骤的概率 $P(\mathbf{y}|\hat{\mathbf{y}}, f_t) = \prod\limits_{|\hat{\mathbf{y}}| \leqslant u < |\mathbf{y}|} P(y_u | \hat{\mathbf{y}}, f_t)$。

经过这一步的搜索操作后，集合 A 中的序列既包含了上一时间步 $t-1$ 的完整对齐序列（例如上面例子里 $x_{0:r-1}$ 对齐到输出序列 b_a 的情况，这是算法运行到第 4 行时维护的概率值 $P(\boldsymbol{y})$ 的含义），又包含了当前时间步 t 的部分对齐序列（例如上面例子里 $x_{0:r-1}$ 对齐到输出序列 b，然后当前时间步进一步解码出了 a 但尚未完全终止的情况。这是算法第 6~8 行对 $P(\boldsymbol{y})$ 的更新量），但无论是哪种情况，模型在当前时间步的解码都可以继续向后进行，在序列 $\boldsymbol{y}$ 的末尾继续添加新的元素、形成新的更长的序列。

然后便进入了集束搜索的主要过程。算法第 9 行中的搜索条件可以有多种设置方式，例如根据计算量设置固定的拓展次数，或者根据拓展到的序列的质量（如概率大小）来确定。在拓展的每一步，模型要么预测 ϕ 来终止当前时间步 t 的输出（对应第 12~13 行），要么可以预测一个真实标签 k 以在当前时间步 t 得到更多的输出（对应第 14~16 行）。当达到集束搜索的计算量限额时退出搜索过程，并保留概率最高的 W 个输出序列进入下一时间步 $t+1$，开始新一轮预测。当搜索全部结束时，返回搜索到的得分最高的序列即可。伪代码中返回的不是概率最高的输出序列，而是使用序列长度归一化后的、平均每一步概率最高的序列，这是为了在长短序列之间做权衡（否则越长的序列概率越小，搜索结果更容易倾向于短序列）。实践中使用的打分函数有可能更加复杂（例如在语言模型的概率和语音识别的条件概率之间做折中），这一点我们在 CTC 的解码算法中也讨论过。

6.4 编码器-解码器架构

CTC 和 Transducer 两个模型非常类似：它们都需要枚举对齐方式，都有相应的前向和后向算法，透露着概率图模型的精致感。然而，接下来我们要介绍的第三类序列到序列模型则会给人带来完全不同的感受——它通过编码器来理解输入序列，然后通过解码器直接预测输出序列，试图让神经网络模型通过自身强大的拟合能力直接学到输入序列到输出序列的变换，无视两个序列之间潜在的对齐信息。这带来了模型训练和解码算法的极大简化，同时也能够适用于任意复杂的序列到序列应用场景。当我们讨论 seq2seq 模型时，绝大多数时候指的都是编码器-解码器架构的模型。由于编码器-解码器架构不假设单调对齐，因此推断时无法进行流式解码，需要等到全部输出处理完成后再开始解码。

6.4.1　编码器−解码器架构简介

编码器−解码器架构的示意图如图 6-6 所示。

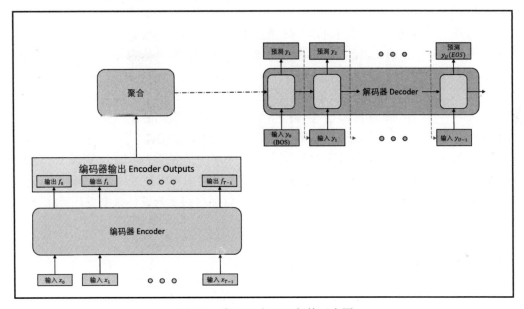

图 6-6　编码器−解码器架构示意图

编码器和解码器可以是任意的序列模型，最常用的便是循环神经网络。本节也主要以 RNN 为例进行讲解。由于输入序列在训练和推断时都是已知的，因此可以使用双向结构（例如双向 RNN）来增强模型对输入信息的抽取能力。而输出序列在推断时未知，因此只能使用单向结构（例如因果卷积或单向 RNN）。从示意图中可以看出，编码器−解码器架构的模型要先处理完所有输入再开始预测输出，因此无论编码器使用单向还是双向结构，都无法实现流式解码。

对于任意的输入序列，首先由编码器进行处理，得到一个等长的输出序列。然后，通过某种聚合算法来汇总整个输入序列的信息，例如取各个时间步的输出向量的平均值，或者是取最后一个时间步的输出向量 f_{T-1}（假如编码器是单向结构），再或者取正反向最终输出向量的拼接 $[\overrightarrow{f_{T-1}}; \overleftarrow{f_0}]$（假如编码器是双向结构）。当然，也可以再对上述结果做进一步的变换，有可能获得更好的效果。特别地，假如编码器为 RNN，还有一种选择是不使用其输出向量，而是使用其最终状态来对接解码器部分。

然后，我们可以把输入序列汇总后的信息作为初始状态传递给解码器。假设解码器有多层，那么可以将汇总后的输入信息作为解码器第一层的初始状态，以全零向量作为解码器更高层的起始状态。另一种做法是把汇总后的输入信息复制多份，在解码器的每一层都使用该信息作为起始状态。特别地，如果编码器层数恰好和解码器相同，那么也可以逐层对应进行初始化，例如将编码器 RNN 每一层的最终状态作为解码器 RNN 相应层的起始状态。

解码器本质上就是一个普通的语言模型。在训练阶段，标签是已知的，因此可以将它错位一步分别作为解码器的输入和输出。为方便处理，需要给目标序列的前后分别加入起始符号 BOS 和终止符号 EOS[①]。这一点和 Transducer 较为类似，因为它们都包含一个目标序列的语言模型（但还是略有差异：Transducer 的 ϕ 符号仅仅表示当前输入时间步不再做出新的预测，而编码器-解码器中的 EOS 表示全部输出的结束）；而 CTC 的输出序列长度会被输入序列所限定，因此无须额外的终止符号。

编码器-解码器架构和普通语言模型唯一的区别便是多了一个输入序列 $\mathbf{x}$。除此之外，它们的训练方式一模一样，因此编码器-解码器架构可以被视作一种条件语言模型（Conditional Language Model）。在训练时，对目标序列 $\mathbf{y}$ 的条件概率进行链式分解，然后做最大似然估计即可：

$$P(\mathbf{y}\,|\,\mathbf{x}) = \prod_{u=1}^{U} P(y_u\,|\,y_{<u}, \mathbf{x}) \qquad (6\text{-}5)$$

类似于 CTC 和 Transducer，编码器-解码器架构同样有贪心解码和集束搜索解码两种算法。贪心算法和 5.2.2 节中的字符集语言模型的解码算法非常相似，仅有的两点区别：一是需要先在输入序列 $\mathbf{x}$ 上完整运行编码器以初始化解码器状态，二是要将采样过程中的随机选取的预测结果换成贪心选取概率最大的预测结果。即只需先运行编码器得到输出向量并对解码器起始状态进行初始化，然后将 BOS 符号输入解码器得到第一步的预测结果，取概率最大的单词再次输入解码器，得到新的预测结果……以此类推，直到解码器预测出 EOS 时结束[②]。

编码器-解码器架构的集束搜索算法较为简单，因为不涉及对齐问题，所以无须对不同序列的概率进行合并。可以直接使用算法 6-1 所描述的一般的集束搜索算法——初始搜索节点为 BOS 符号，扩展方法为运行一步解码器，打分函数为目标序列的条件概率 $P(\mathbf{y}|\mathbf{x})$。由于解码算法本身比较简单，因此可以通过设计更加复杂的打分函数来引导模型预测出

---

① 源序列中也可以加入起始符号 BOS 和终止符号 EOS，但这不是必须的。因为模型只需"理解"源序列中包含的信息即可，而不需要对源序列做概率分布的建模。

② 在比较罕见的情况下，模型可能失控，一直不预测 EOS。此时可以设置一个最大步数（例如输入序列长度的两倍），当解码器预测的步数达到这一限制时停止预测。

更好的结果。以机器翻译为例，一般来说目标序列必须包含源序列中每个词的翻译，同时目标序列和源序列的长度比例倾向于接近某个常数，可以将这些信息加入打分函数中。一个好的打分函数可以给解码结果带来明显的提升。

6.4.2　编码器-解码器架构代码示例

在这一节中，我们使用编码器-解码器架构来解决一个玩具问题：给定一个由数字 1~9 组成的序列，删除其中的奇数。完整的代码详见本书配套代码 chapter6/seq2seq.py。为方便起见，我们额外引入三个特殊符号 BOS/EOS/PAD，分别用 ID 10/11/0 来代表，这样便形成了大小为 12 的输出词表。

由于任务较为简单，因此我们仅使用一层 GRU 作为编码器和解码器；由于输入和输出词表相同，因此我们让编码器和解码器共享同一个词向量矩阵。由于在序列到序列问题中有多个输入（**x** 和 **y** 两个序列），因此我们选择使用函数式 API 来定义模型。代码如下：

```
input_x = tf.keras.Input(batch_input_shape=(None, None))  # [B, T]
input_y = tf.keras.Input(batch_input_shape=(None, None))  # [B, U]
embedding = tf.keras.layers.Embedding(input_dim=vocab_size,
                                      output_dim=embedding_dim,
                                      input_length=max_len,
                                      mask_zero=True)
encoder = tf.keras.layers.GRU(units=hidden_size, time_major=False,
                              return_state=True,
                              recurrent_dropout=0.1)
decoder = tf.keras.layers.GRU(units=hidden_size, time_major=False,
                              return_sequences=True, return_state=True,
                              recurrent_dropout=0.1)
fc = tf.keras.layers.Dense(units=vocab_size)
input_x_embeddings = embedding(input_x)  # [B, T, E]
input_y_embeddings = embedding(input_y)  # [B, U, E]
_, encoder_state = encoder(input_x_embeddings)  # [B, D], [B, D]
decoder_out, _ = decoder(inputs=input_y_embeddings,
                         initial_state=encoder_state)  # [B, U, D], [B, D]
logits = fc(decoder_out)  # [B, U, V]

model = tf.keras.Model(inputs=[input_x, input_y], outputs=[logits])
model.summary(line_length=120)
```

以上代码定义了模型训练时的计算流程：首先将输入序列 input_x 通过词向量层转换为向量序列，然后经过编码器 RNN 拿到编码器的最终状态。编码器 RNN 的输出在这里被丢弃掉了，因为后续过程用不到。然后，我们以编码器的最终状态来初始化解码器的初始状态，再以输出序列 input_y 的词向量作为解码器的输入，拿到解码器的预测结果。解码器的状态在训练过程中用不到，因此这里我们将它丢弃掉，只提取解码器的隐藏层输出。最后，使用一个全连接层将解码器的隐藏层输出向量变换为输出词表上的logits。

　　和序列标注问题类似，这里的损失函数选择交叉熵即可，并且需要使用掩码盖住填充的时间步。训练可以通过梯度下降来完成，代码如下：

```python
def loss_fn(labels, logits, masks):
  # labels: [B, U], logits: [B, U, V], masks: [B, U]
  # ce: [B, U]
  ce = tf.keras.losses.sparse_categorical_crossentropy(labels, logits,
                                                        from_logits=True)
  return tf.reduce_sum(ce * masks) / tf.reduce_sum(masks)

@tf.function(experimental_relax_shapes=True)
def train_step(x, y_in, y_out):
  mask = tf.cast(y_out > PAD, dtype=tf.float32)
  with tf.GradientTape() as tape:
    pred_logits = model([x, y_in], training=True)
    loss = loss_fn(labels=y_out, logits=pred_logits, masks=mask)
  optim.minimize(loss, model.trainable_variables, tape=tape)
  return loss
```

　　推断时，我们仅仅知道输入序列 x，下面以贪心解码为例展示一下模型推断的过程。首先，将序列 x 输入编码器以获得其最终状态，再构建一个形如 [batch_size, 1] 的（这里考虑的是一个批量数据的解码，而非单独一条数据）、内容全部为 BOS 的张量，作为解码器刚开始时的输入。然后开始运行贪心解码算法：在任意时刻，我们尝试单步运行解码器，同时注意维护解码器状态的保存与传递（特别地，起始时解码器的初状态为编码器的终状态）；每次拿到编码器给出的新预测结果后，就去查找概率最大的元素。对于当前批量中的任意一个样本，如果模型预测概率最大的元素为 EOS，那么就标记该样本已经解码结束，不再更新其解码结果；否则，将模型预测出的标签加入相应的解码列表末尾。当批量中所有样本都已经解码结束（或者是达到最大预测长度，此处设置为输入最大长度的两倍）后，跳出解码循环，返回贪心解码的结果。

```python
def greedy_decode(x):
  _, state = encoder(embedding(x))
  curr_batch_size = int(x.shape[0])
  step_inputs = tf.tile([[BOS]], [curr_batch_size, 1])  # [B, 1]
  seq_stopped = [False for _ in range(curr_batch_size)]
  decoding_results = [[] for _ in range(curr_batch_size)]
  for t in range(max_len * 2):
    # [B, 1, D], [B, D]
    step_out, state = decoder(embedding(step_inputs), state)
    step_logits = fc(step_out[:, 0, :])  # [B, V]
    most_probable_ids = tf.argmax(step_logits, axis=1)  # [B]
```

```
  for b in range(curr_batch_size):
    seq_stopped[b] = seq_stopped[b] or most_probable_ids[b] == EOS
    if not seq_stopped[b]:
      decoding_results[b].append(most_probable_ids[b])
  step_inputs = tf.reshape(most_probable_ids, [-1, 1])  # [B, 1]
  if all(seq_stopped):
    break
 return [tf.stack(res) for res in decoding_results]

for step in range(5000):
  x, y_in, y_out, len_x, len_y = generate_batch_data(batch_size)
  loss = train_step(x, y_in, y_out)  # 教师强迫训练
  if step % 100 == 0:
    print('step', step, 'loss', loss)
    x, _1, _2, _3, _4 = generate_batch_data(num_samples=3)
    print('greedy:', x, greedy_decode(x))
```

训练过程只需数秒即可完成。观察模型日志可以发现，在训练刚开始时，模型倾向于连续预测单个符号，而当训练持续了两千步之后，贪心解码的结果就相当准确了。

除了手写解码过程以外，Tensorflow Addons 中也提供了一些可以直接调用的高级 API，以及集束搜索等算法，可以进一步简化 seq2seq 模型的代码实现。我们将在下一章中讲解这些 API 的使用。

6.4.3 编码器-解码器架构的其他应用

CTC、Transducer 模型是专为序列到序列问题设计的，并且引入了适当的假设以简化和适配需要解决的问题。与此不同的是，编码器-解码器架构几乎没有任何前提假设，因此它几乎能够在任何问题中使用，而不仅仅是序列到序列问题。只要可以找到一个合适的网络结构用来处理输入，再找到另一个网络结构来生成输出，就可以构造出一个编码器-解码器架构的模型。

例如，在图像字幕生成任务中，输入是一张图像，输出是一个自然语言的句子，也即单词序列。这时可以使用一个卷积神经网络（Convolutional Neural Network）作为编码器来提取图像内容，使用一个循环神经网络作为解码器来产生目标序列。这便是一个输入和输出一对多的例子。

6.5 文本生成问题的数据处理流程

对于文本生成问题（例如本章中的序列到序列问题）来说，模型需要产生一个单词

的序列。在实际应用中，我们通常会期望这个序列符合正字法（Orthography），即标点符号、字符大小写等的使用都符合规范，而不是仅仅停留在人能读懂的程度。因此，需要对语料进行合适的前处理和后处理，如图 6-7 所示。

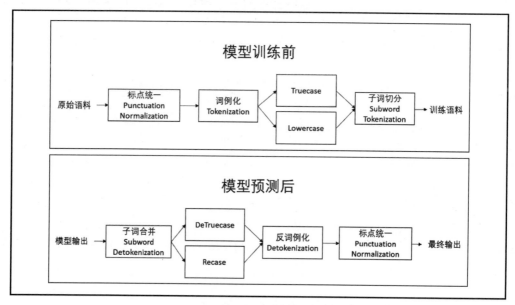

图 6-7　文本生成数据处理流程

在本书"5.2.2　字符级别语言模型"的例子中，我们使用的 Penn TreeBank 语料全都是小写字母，而且我们直接把空格和标点符号加入模型预测的字符集当中，因此跳过了语料前后处理的步骤。但在工业界真正应用的自然语言处理技术中，这些处理是必不可少的。

图 6-7 展示了机器翻译中常见的数据处理流程。这里首先介绍模型训练前的处理工作：

（1）由于原始语料往往是从网页上爬取的，因此首先需要进行统一标点，例如全角字符和半角字符之间的转换，以及对一些 Unicode 特殊字符的过滤处理。然后再进行词例化，例如对中文进行分词，或者将英文单词和其后的标点拆开。接下来需要对大小写进行处理，这一步有两种选择：

● Truecase：将单词转换为它真正的大小写。例如，英文中的 green 一词是绿色的意思，如果它位于句首，将会进行首字母大写，我们需要把句首的 Green 还原成全小写的 green。而如果有些单词本来就是首字母大写的，则不进行处理，例如句首或者句中出现的人名格林(英文拼写也是 Green)就保留它本身的大小写。这样一来,在处理过后的语料中,green 和 Green 这两个单词就会分开,单词的拼写和语义更加对应,更有利于模型学习,例如模型看到首字母大写的 Green 就容易知道这是一个人名,而不需要根据上下文去推断。这一步操作需要训练一个 Truecase 模型,在著名的机器翻译工具 Moses[112] 中有 perl 语言的实现。

● Lowercase:将单词转换为全小写字母。例如人名格林(英文拼写为 Green)和绿色(英文拼写为 green 或 Green,首字母是否大写取决于它在句子中的位置)统一被转换为 green。这种处理在操作上更为简单,可以在数据量较小时使用。因为数据量较小时可能人名格林在语料中只出现少数几次,假如采用 Truecase 的方式训练,该词的两种拼写形式的词向量难以训练完全,总体来说效果可能还不如通过全小写的方式来减小整个数据集的词表大小,让模型训练更充分,然后根据上下文来推断文本中的 green 一词的真正含义。

(2)在处理完大小写问题之后,大多数自然语言处理系统还会进行子词切分,将完整的单词切成更小的字符组合片段。这样可以进一步缩减词表大小,让模型训练更容易。在机器翻译这种涉及多种语言的场景下,有时还能让源语言和目标语言共享相同的词表①,特别是在某些亲缘关系较近的语言对中,相当一部分词根词缀可以共享。

经过上述处理后语料就可以用来训练了。在训练完毕后,模型预测结果呈现给最终用户之前,我们还需要对模型预测结果进行后处理,以便让最终输出变成规范的文本。后处理和前处理一一对应,只不过恰好是逆序的:

(1)首先将子词单元进行合并,以得到完整的单词。

(2)然后进行 DeTruecase 或者 Recase——这取决于前处理中做的是 Truecase 还是 Lowercase。DeTruecase 和 Truecase 相对应,指的是将单词真实的大小写还原为正字法中的大小写,例如将句首的小写单词 green 替换为首字母大写的 Green;而 Recase 则是指给一段没有大小写(或者说全小写)的文本赋予大小写,既包括将句首的绿色一词(拼写为 green)替换为 Green,也包括将句中的人名格林(本来正确的拼写应该是 Green,但是用全小写字符的语料训练出的模型会预测为 green,因为它的词表中只有全小写的 green)替换为 Green。负责 Recase 操作的模块称为 Recaser,Moses[112] 工具包中也有相应的实现。

(3)接着再进行反词例化(Detokenization),例如将紧跟英文单词后的标点和单词拼在一起,中间不留空格。

---

① 当然,每种语言只会用到共享词表中的一部分条目。

（4）最后再次统一标点，以减小训练语料未处理干净或者模型预测结果出状况的影响。

特别地，对于中文文本处理，有多种选择方式：

（1）是直接在汉字字符的级别进行处理。

（2）是在单词的级别进行处理，此时词例化操作就是汉语分词。

（3）是在子词的级别进行处理，即先对汉语句子进行分词，然后再从分词结果中学习子词单元，最终在子词级别的数据上进行模型训练和调优。这是因为，如果只进行分词，可能有些单词特别长（例如一些机构名称或者地名），在语料中出现的频率很低，这些单词在进一步拆分后才能被模型识别。例如"中华人民共和国国家卫生健康委员会"很可能被拆成"中华人民共和国@@/国家@@/卫生@@/健康@@/委员会"这几个部分，模型通过拆分后的子词结构便能够大致理解整个单词的意思。这里的后缀 @@[①] 表示当前字符串为子词，而非完整的单词。例如"中华人民共和国@@"和"中华人民共和国"在模型词表中是两个条目，前者表示子词内部的"中华人民共和国"字样，常常出现在各种机构名称、法律文件名称中，而后者则表示单独成词的"中华人民共和国"字样。

（4）也是在子词级别进行处理，但是不对汉语句子进行分词，直接把整个句子当成一个整体让子词学习算法去拆分子词。在这种处理方式下，机构名称中的"中国人民共和国"字样和独立成词的"中国人民共和国"字样很可能对应了词表中的同一个条目。

这里提到的第三种方式是工业界较为主流的处理方式。分词+子词的结构可以让模型充分利用已知的词汇信息，同时又能详细查看生僻词的内部结构来猜测它的意思，不至于在遇到没见过的单词时不知所措。在将汉语人名翻译成英语时，模型很多时候甚至可以通过查看每个单字来将汉语中的人名转换成相应的汉语拼音。

---

① 后缀 @@ 是子词学习算法 BPE 中使用的表示方法。其他子词学习算法可能会用不同的符号表示。

第 7 章

注意力机制

7

编码器-解码器架构没有显式建模两个序列之间的对齐方式,更没有源序列和目标序列单调对齐的约束,因此这一类模型可以用在机器翻译等对齐关系极为复杂的任务上。但是编码器将不定长的源序列压缩为定长的状态向量（或是输出向量），这将导致模型在处理长序列时负担加重、难以学习。因此，有些工作通过引入注意力机制来弥补这一缺陷，让解码器在解码时能够再次回顾源序列，以缓解模型的记忆压力，提升预测准确性。

7.1　编码器-解码器-注意力架构概述

向编码器-解码器架构中加入注意力机制后，可以得到如图 7-1 所示的模型。

和普通的编码器-解码器架构相比,编码器-解码器-注意力架构示意图主要变化在于右下角新增的注意力模块。注意力模块有两个输入，一个输出：

● 输入之一是编码器的所有输出张量。注意力模块直接处理编码器所有时间步的输出，这也就意味着这一部分输入是变长的，内容随着源序列变长而变多，因此可以避免因将变长的源序列信息压缩至定长张量而带来的信息损失。编码器所有时间步的输出可以视为一个"数据库"，其中保存了源序列中每个词的信息。

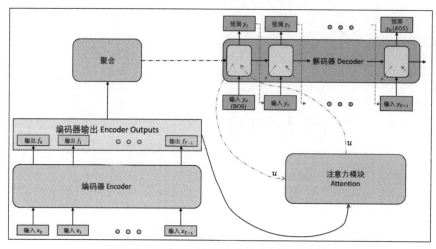

图 7-1 编码器-解码器-注意力架构示意图

- 输入之二是解码器在每个解码步骤中产生的某个张量,例如输入词向量或者中间的某个隐藏层向量（取决于模型设计），通常是定长的。该向量被用作查询向量，可以从前面所说的"数据库"中查询和提取与当前解码时间步 u 相关的信息。每个解码时间步都有不同的查询向量。

- 输出则是"数据库"中的查询结果，通常也是定长的。注意力模块的输出往往包含了对当前时间步的预测有用的信息，不同时间步 u 的输出向量往往也不同。输出向量的计算过程取决于注意力模块的具体实现。

编码器-解码器-注意力模型的一般框架如算法 7-1 所示。

算法 7-1 编码器-解码器-注意力模型的前向计算过程

输入：编码器-解码器-注意力模型 M
    训练样本 $(x_{0:T-1}, y_{0:U})$
输出：模型预测结果 $[\hat{y}_1, \hat{y}_2, \cdots, \hat{y}_U]$

▷ 数据库创建过程（数据库中的每个条目是一个源序列时间步的输出向量[①]）

1. 运行编码器，得到编码器在所有时间步的输出 $F = [f_0, f_1, \cdots, f_{T-1}]$

2. **for** u=0 **to** $U-1$

---

① 在某些复杂情形下，有时还会对编码器输出向量 f_i 做两种不同的变换，得到两个分别被称作键（key）和值（value）的向量：键用于查询（计算查询向量与数据库条目的相似性，对应算法第 5 行），值用于输出（返回查询结果，对应算法第 6 行）。

3. 　　　向解码器输入当前单词 y_u

4. 　　　运行解码器的底层部分，得到当前时间步的查询向量 q_u

　　　　　▷ 数据库查询过程

5. 　　　计算查询向量 q_u 与数据库 F 中每个条目的相似性，得到对齐向量 a_u

6. 　　　按照对齐向量 a_u 对数据库中的每个条目进行加权融合，得到输出向量 c_u

　　　　　▷ 数据库修改过程（可选，一般不需要）

7. 　　　对数据库 F 的内容进行相应的修改

8. 　　　使用输出向量 c_u 继续计算解码器的后续部分，得到当前时间步的预测结果 $\hat{y}_{u+1}$

9. 返回所有时间步的预测 $[\hat{y}_1, \hat{y}_2, \cdots, \hat{y}_U]$

由上述伪代码可知，模型每一步预测的过程都可以参考源序列中相关部分的信息，因此更有可能做出准确的预测。首先，解码器在每个时间步都先产生一个查询向量 q_u，根据不同的模型设计，查询向量有可能是输入单词的词向量，或者是解码器 RNN 前一时间步的状态，或者是解码器第一层 RNN 的输出向量等。然后，注意力模块根据查询向量 q_u 从数据库 F 中提取与之相关的源序列信息——只不过数据库查询过程是软性的，并非查找到某个精确匹配的条目并返回，而是以不同的权重融合数据库中的所有条目，越匹配的项权重越大。加权融合后的输出向量 c_u 也被称为上下文向量（Context Vector），因为它包含了当前时间步预测所需要的上下文信息。此后注意力模块可以选择是否对数据库 F 进行修改，例如抹除其中和 q_u 最相关的信息，以避免这些信息之后再次被查询到而导致模型给出重复预测——大部分常用模型中都不包含这一步骤，但一些较新的模型中偶尔可以见到。最后便是接着运行解码器的后续部分（例如 RNN 或/及全连接层），利用上下文向量 c_u 来预测下一个单词。

以上算法流程是按照训练过程来表述的，对于推断过程，只需在 $u>0$ 时将第 3 行的真实输入单词 y_u 替换为从前一时间步的预测结果中采样出的单词即可。不同的采样方式对应不同的解码算法，例如贪心解码、集束搜索解码等，这一点与普通的编码器-解码器模型一样。

带有注意力模块的模型的训练算法与普通的编码器-解码器模型完全相同，所有参数都可以使用最大似然估计来端对端地优化。

可以看到，这一框架允许很多不同的实现细节，例如，在解码器哪一层插入注意力模块？如何计算查询向量与数据库中每个条目的相似度？查询完毕后是否需要修改数据库？正是这些差别导致了不同的注意力机制的实现方式。

7.2　两种注意力机制的具体实现

在各种注意力机制的实现方式中，最有名、应用最广泛的两个便是加性注意力（Additive Attention）[10]和乘性注意力（Multiplicative Attention）[113]。本节我们将重点关注这两种注意力机制的具体实现方式。

7.2.1　加性注意力

加性注意力又称 Bahdanau's Attention，由文献[10]提出（该文献首次将注意力机制引入机器翻译），是机器翻译领域的经典方法。

1. 匹配度得分计算方法

加性注意力方法认为，任意两个向量之间的匹配程度可以用一个两层的多层感知机来度量。假设有向量 $q \in \mathbb{R}^Q$ 和 $h \in \mathbb{R}^H$，那么我们可以引入 3 个参数矩阵 $v \in \mathbb{R}^{A \times 1}, W \in \mathbb{R}^{A \times Q}, U \in \mathbb{R}^{A \times H}$，然后通过以下公式来计算 q 和 h 的匹配得分（一个实数）：

$$\text{Score}(q, h) = v^{\text{T}} \tanh(Wq + Uh) \tag{7-1}$$

这里没有引入偏置向量，是因为其输入向量 q 和 h 在多数情形下是 RNN 的输出，它们当中已经包含了偏置向量，因此无须额外叠加新的偏置项。引入的新参数都可以端对端地学习得到。

这里的得分有时候也被称作能量（Energy），用字母 e 来表示。

在解码器的任意时间步 u 中，可以计算查询向量 q_u 和每个编码器输出向量 f_t（其中 $t=0,\cdots,T\text{-}1$）之间的得分，然后对这全部 T 个得分使用 Softmax 函数进行归一化，再用归一化后的权重对各个编码器输出向量进行加权组合，即得当前的上下文向量 c_u：

$$\alpha_{ut} = \frac{\exp(\text{Score}(q_u, f_t))}{\sum_{t'=0}^{T-1} \exp(\text{Score}(q_u, f_{t'}))}$$

$$c_u = \sum_{t=0}^{T-1} \alpha_{ut} f_t \tag{7-2}$$

2. 单步解码计算过程

除了打分函数以外，完整的单步解码计算过程还包含查询向量 q 的处理等部分。文献[10]将注意力层放在解码器的输入端，加性注意力单步解码计算过程如图 7-2 所示。

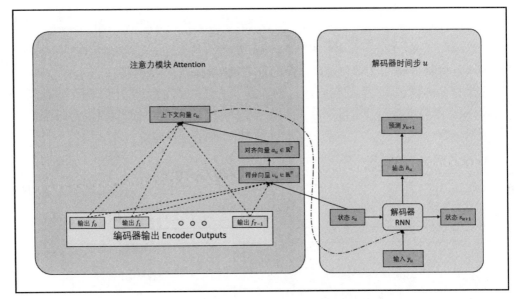

图 7-2 加性注意力单步解码计算过程

具体而言，对于解码器的任意时间步 u，作者将解码器 RNN 更新前的状态 s_u 作为查询向量 q_u，然后按照公式（7-2）计算上下文向量 c_u，再将上下文向量 c_u 和当前时间步单词 y_u 的词向量进行拼接作为解码器 RNN 的输入。此后正常运行解码器 RNN 即可。

这种做法将源序列的相关信息引入解码器 RNN 的输入端，使得解码器 RNN 的输入维度增加——增加的部分是上下文向量 c_u 的维度，也即编码器输出向量 f_i 的维度。如果将该维度记为 D，解码器 RNN 隐藏层维度记为 H，那么解码器输入端需要增加一个形如 $H \times D$ 的参数矩阵，以将多出来的输入向量 c_u 投影到解码器 RNN 隐藏层空间中。

7.2.2 乘性注意力

乘性注意力又称 Luong's Attention，由文献[113]引入。该方法在形式上更加简洁，并且近年来随着 Transformer[100] 模型的流行而逐渐发扬光大。

1. 匹配度得分计算方法

乘性注意力方法认为，任意两个向量之间的匹配程度可以用双线性函数来度量。假设有向量 $q \in \mathbb{R}^Q$ 和 $h \in \mathbb{R}^H$，那么可以引入一个参数矩阵 $W \in \mathbb{R}^{Q \times H}$，然后通过以下公式来计算 q 和 h 的匹配得分（一个实数）：

$$\text{Score}(q, h) = q^{\mathrm{T}}Wh \tag{7-3}$$

参数 W 可以端对端地学习得到。特别地，假如向量 q 和 h 维度相同，那么在最简化的情况下可以将 W 固定为单位矩阵，此时打分函数退化为向量内积。

有了打分函数之后，上下文向量 c_u 的计算方法与加性注意力完全相同，即对打分使用 Softmax 函数进行归一化得到对齐向量，然后再根据对齐向量的权重将编码器的输出进行加权求和。

2. 单步解码计算过程

文献[113]对解码器其他部分的处理也略有不同，它将注意力层放在解码器 RNN 之上，如图 7-3 所示。

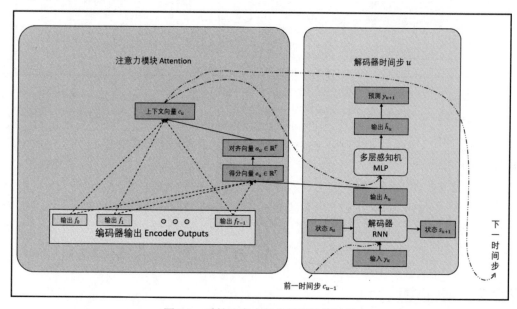

图 7-3　乘性注意力单步解码计算过程

我们暂时忽略来自前一时间步的上下文向量 c_{u-1} 这部分输入（即解码器时间步 u 圆角矩形左下角的双点画线部分）。除掉这一部分输入后，对于解码器的任意时间步 u，该方法首先单步运行解码器 RNN，更新其状态并获取输出向量 h_u，并以 h_u 为查询向量 q_u 来计算上下文向量 c_u。然后，使用一个多层感知机，同时根据解码器 RNN 的输出 h_u 和上下文向量 c_u 来预测下一时间步的单词概率分布。

可以看到，这种做法相当于在解码器的输出端额外引入了源序列的相关信息，让模型能够在给出最终预测结果前回顾当前时间步的相关信息，以提升预测的准确性。

最后再来解释一下前面跳过的双点画线部分，这一技巧被称作输入馈送（Input-feeding），具体做法是将前一时间步的上下文向量 c_{u-1} 和当前时间步单词 y_u 的词向量进行拼接作为解码器 RNN 当前时间步的输入，以让模型知道它自己在前一时间步关注了什么信息。这样一来，模型在进行当前时间步的预测时就可以参考上一时间步重点关注的信息，以加强预测的连贯性并减少重复预测现象。当然，这里也需要在解码器输入端再增加一部分参数，用来将前一时间步的上下文向量 c_{u-1} 变换到解码器 RNN 隐藏层空间。

引入输入馈送机制后，解码器的输入端和输出端都加入了额外信息，通常训练效果更好。

7.2.3 对注意力机制的理解

很多人把注意力机制理解为对齐（Alignment）。诚然，注意力机制可以被视作一种软性对齐（Soft Alignment）方法，允许一个待查询的元素以不同的权重检索到数据库中的多个元素，并且这个权重向量在文献中也常常被称为对齐向量（Alignment Vector）。但是注意力机制的参数毕竟是通过数据驱动的方法自主学习得到的，而没有显式的对齐信息作为指导，这就意味着模型可能会去提取任何对预测有帮助的信息，而不是或者不仅仅是人类所理解的对齐信息。

以机器翻译为例，人类所理解（或者是能够在语料库中手工标注）的对齐信息往往是指源语言和目标语言句子中具有相同语义的单词或词组，而注意力机制所学到的对齐向量则有可能同时查看源语言中的多个单词（例如在预测目标语言的动词时，可能需要同时查看源语言中的动词以确定词义、查看时间状语以确定时态、查看主语以确定单复数……），或者是选择不去查看源语言的信息（例如解码器部分根据目标语言的语言模型就已经非常确定下一个词应该是什么，此时模型可能选择不去查看源语言信息，具体表现为注意力向量权重分布较为均衡，或者是集中在个别无实际意义的单词上）。

有一些工作[114]表明，在采用多头注意力（Multi-Head Attention）①机制时，不同的注意力模块倾向于关注不同的内容，有些和人类所拥有的语言学知识相吻合（例如查看代词的指代关系、介词的宾语等），而有些则看不出明显的规律。

---

① 即在模型中同时使用多个注意力模块。后面"第 10 章 Transformer"中会详细讲解。

7.3 TensorFlow 中的注意力机制

经过前面的介绍，相信读者已经对注意力机制有了大致的了解。在本节中，我们将具体实现一个带有注意力模块的编码器-解码器模型，并对注意力部分进行可视化，来观察模型的注意力是否符合我们的预期。

我们考虑的任务还是一个类似 6.4.2 节的数字游戏，只不过稍微增加一点难度：给定一个由数字 1~9 组成的序列，删除其中的奇数，并将剩下的偶数序列重复一遍，例如序列 [2, 3, 4, 5, 6] 应当被变换为新序列 [2, 4, 6, 2, 4, 6]。为方便起见，我们额外引入三个特殊符号 BOS/EOS/PAD，分别用 ID 10/11/0 来代表，这样便形成了大小为 12 的词表。

在第 6 章中，我们的训练和解码代码是使用 TensorFlow 提供的基本 API 手写的。其实，TensorFlow Addons 已经给我们提供了很多序列到序列模型相关的工具类和函数，可以大大简化代码。这一次，我们使用 tfa.seq2seq 中的相关函数来完成这一任务。本节包括两个部分：首先，在 7.3.1 节，我们实现一个普通的编码器-解码器模型，借此来熟悉 tfa.seq2seq 模块中相关 API 的使用方法，相关代码位于文件 chapter7/basic_seq2seq.py 中；然后，在 7.3.2 节，我们引入注意力模块，并对模型的注意力热度图进行可视化，相关代码位于文件 chapter7/attn_seq2seq.py 中。

7.3.1 熟悉 tfa.seq2seq

在这一小节中，我们将借助 tfa.seq2seq 中的 API 来实现一个和 6.4.2 节几乎完全相同的编码器-解码器模型，并实现集束搜索解码。

1. 编码器与 tf.keras 模型的继承

TensorFlow 中定义 tf.keras 模型有三种方式：第一种是使用 tf.keras.Sequential 来定义序贯模型，适用于最简单的直筒状的模型结构；第二种是函数式 API，定义好模型的输入输出变换关系后使用 tf.keras.Model 来指定各个输入输出张量，灵活性更高一些；第三种是继承 tf.keras.Model，可以使得代码更加模块化，并且可以对模型进行更精细化的定制，例如修改训练过程。6.4.2 节中使用了第二种方法，而本小节则使用第三种继承的方法。TensorFlow 中有两个类，即 tf.keras.Model 和 tf.keras.layers.Layer，从模型计算的角度来讲，这两者的接口完全相同，但前者比后者多了一些训练、验证、预测、序列和反序列化相关的 API。

编码器部分由词向量层和单层 GRU 组成，定义如下[①]：

```
class Encoder(tf.keras.Model):
  def __init__(self):
    super().__init__()
    self.emb = tf.keras.layers.Embedding(input_dim=config.vocab_size,
                                         output_dim=config.embed_dim,
                                         mask_zero=True)
    self.rnn = tf.keras.layers.GRU(config.hidden_size,
                                   return_sequences=True,
                                   return_state=True)

  def call(self, inputs):
    # inputs: [B, T]
    inputs_embedded = self.emb(inputs)  # [B, T, E]
    output, state = self.rnn(inputs_embedded)  # [B, T, D], [B, D]
    return output, state
```

通过设置 mask_zero=True，编码器将掩盖掉填充的时间步，让 GRU 状态停留在最后一个有效时间步。该层的前向计算过程有一个输入和两个输出：输入为单词 ID 组成的源序列（在本任务中就是数字序列本身），输出分别为编码器 RNN 所有时间步的输出和最终状态。

2. 解码器和采样器

解码器部分由词向量层、单层 GRU 和输出层组成，定义如下：

```
class Decoder(tf.keras.Model):
  def __init__(self):
    super().__init__()
    self.emb = tf.keras.layers.Embedding(input_dim=config.vocab_size,
                                         output_dim=config.embed_dim,
                                         mask_zero=False)
#注意，这里是 GRUCell 而非 GRU
    self.rnn_cell = tf.keras.layers.GRUCell(config.hidden_size)
    self.fc = tf.keras.layers.Dense(config.vocab_size)
    self.sampler = tfa.seq2seq.TrainingSampler()
    self.decoder = tfa.seq2seq.BasicDecoder(cell=self.rnn_cell,
                                            sampler=self.sampler,
                                            output_layer=self.fc)

  def call(self, inputs, init_state=None):
    # x: [B, U]
    inputs_embedded = self.emb(inputs)  # [B, U, E]
```

[①] 严格来讲，tf.keras.Model 还需要实现 get_config 和 from_config 两个方法来获取模型配置（一般是模型超参数，如隐藏层大小等）和从配置实例化模型，但我们的代码使用了单独的配置类来管理模型超参数。

```
# [B, U, D], [B, D]
# final_outputs: BasicDecoderOutput:
#     (rnn_output: [B, U, D], sample_id: [B, D])
# final_states: [B, D]
# final_lengths: [B]
output, _, _ = self.decoder(inputs_embedded, initial_state=init_state)
return output.rnn_output  # [B, U, D]
```

由于解码器的最终状态不会被用到，因此词向量层无须设置 mask_zero 参数。解码器的输出层是一个全连接层，用于将 GRU 的输出变换为词表上的概率分布（准确地说是 logits，因为这里不包含概率归一化的部分）。

最复杂的部分是解码器内含的 RNN，正如代码中的注释所提示的那样，这里定义的不是序列级别的 tf.keras.layers.GRU，而是单步运行的 tf.keras.layers.GRUCell！这两者的区别已经在 3.2 节中详细讲述过，然而这里为什么要这么做呢？这是因为，解码器在训练和推断时的行为有所不同：训练时，解码器可以在序列级别运行；推断时只能单步运行，并根据前一步的预测结果来采样决定下一步的行动方式。如果我们想使用较为复杂的解码算法，单步运行的 RNNCell 自然是更合适的抽象——tfa.seq2seq 中的相关包装类也是这么实现的。

tfa.seq2seq 包通过 tfa.seq2seq.Sampler 和 tfa.seq2seq.BaseDecoder 两个类的协同来实现多种不同的解码方式。顾名思义，tfa.seq2seq.Sampler 负责从前一个时间步的预测结果中采样，并给下一时间步提供输入；而 tfa.seq2seq.BaseDecoder 负责具体的解码算法。tfa.seq2seq.BaseDecoder 是 tf.keras.layers.Layer 的子类，因此其实例都是可调用的。

训练阶段真实的目标序列已知，因此通常使用教师强迫来训练。tfa.seq2seq.TrainingSampler 正是这样一个符合要求的采样器：它无视模型前一步预测的概率分布，直接读取当前输入。由于解码算法并无特殊之处，仅仅是执行一步 RNN 的计算流程并得到输出，因此可以使用最普通的 tfa.seq2seq.BasicDecoder 类。该类有三个参数：cell 表示其内部所含的 RNNCell，sampler 负责提供输入给这个 cell（本例中直接读取当前输入），而 output_layer 负责将该 cell 的输出变换为最终的对外输出（本例中用全连接层 self.fc 做变换）。

构造好 tfa.seq2seq.BasicDecoder 实例后，便可以像使用 tf.keras.layers.RNN 一样使用它：告诉它输入张量和起始状态，它就能在序列上进行相应的运算并得到返回值。但它毕竟不是 tf.keras.layers.RNN 的子类，因此有着不同的返回值类型。tfa.seq2seq.BasicDecoder 的前向运算会产生三个返回值：final_outputs, final_states 和 final_lengths。后两个返回值的含义比较简单，分别是 tfa.seq2seq.BasicDecoder 中包含的 RNNCell 的最终状态和每个样本解码出的长度；第一个返回值的类别为 tfa.seq2seq.BasicDecoderOutput，包含 rnn_output 和 sample_id 两个字段，其中前者是整个 tfa.seq2seq.BasicDecoder 的所有时间步的输出（即对内含 RNNCell 的所有时间步的输出应用 output_layer 变换后的结果），而后者则是采样出的 ID 序列。对于模型训练来说，我们只关心第一个返回值的 rnn_output 字段，因为只有这个张量被用在损失函数的计算当中。

3. 模型训练

就模型训练而言，本节的代码和此前没有太大差别：只需使用掩码计算交叉熵损失函数，然后通过梯度下降来训练。

注　意

到此为止，我们并没有定义一个完整的模型，而是分别定义了编码器和解码器部分，因此需要在 tf.GradientTape() 环境下编写编码器和解码器交互部分的代码，同时要注意把编码器和解码器两部分的参数拼接起来送给优化器。

```python
encoder, decoder = Encoder(), Decoder()
optim = tf.keras.optimizers.Adam(learning_rate=1e-3, clipnorm=1.0)

def loss_fn(labels, logits, masks):
  # labels: [B, U], logits: [B, U, V], masks: [B, U]
  # ce: [B, U]
  ce = tf.keras.losses.sparse_categorical_crossentropy(labels, logits,
                                                        from_logits=True)
  return tf.reduce_sum(ce * masks) / tf.reduce_sum(masks)

@tf.function(experimental_relax_shapes=True)
def train_step(x, y_in, y_out):
  mask = tf.cast(y_out > config.PAD, dtype=tf.float32)
  with tf.GradientTape() as tape:
    _, encoder_final_state = encoder(x, training=True)  # _, [B, D]
    logits = decoder(y_in, encoder_final_state, training=True)  # [B, U, D]
    loss = loss_fn(labels=y_out, logits=logits, masks=mask)
  all_params = encoder.trainable_variables + decoder.trainable_variables
  optim.minimize(loss, all_params, tape=tape)
  return loss
```

4. 贪心解码算法

当训练完成后，由于推断环节目标序列未知，因此需要不同的解码算法。对于 tfa.seq2seq 包来说，也就是需要不同的 tfa.seq2seq.Sampler 和 tfa.seq2seq.BaseDecoder。

贪心解码算法可以用 tfa.seq2seq.GreedyEmbeddingSampler 和 tfa.seq2seq. BaseDecoder 来联合实现。tfa.seq2seq.GreedyEmbeddingSampler 每次需要取前一步概率

最大的单词作为下一步的输入单词。它的构造函数包含一个参数 embedding_fn[①]，表示对输入的单词 ID 所做的变换。由于在解码器中，RNNCell 的输入是相应单词的词向量，因此需要向 tfa.seq2seq.GreedyEmbeddingSampler 的构造函数传入解码器的词向量层，即 decoder.emb。贪心解码算法的运行过程是平凡的，给定采样器之后只要不断单步运行即可，因此 tfa.seq2seq.BaseDecoder 可以选择和训练阶段相同的 tfa.seq2seq.BasicDecoder。

　　具体的解码过程可以调用方法 tfa.seq2seq.dynamic_decode 来实现。事实上我们在 7.3.1.2 节中已经隐式地使用过这一函数了：tfa.seq2seq.BaseDecoder 的 call() 方法内部也会调用这一接口完成解码计算。正因如此，这里的返回值数量和类型与先前相同（详见代码注释）。只不过为了使整个流程更加清晰，这一次我们选择进行显式调用。

　　首先，将 BOS 符号按照批量大小复制相应的份数，作为当前批量的每个样本的起始输入。然后，我们设置解码器初始化的一些参数，例如终止符号 EOS 和起始状态（即编码器的最终状态）。decoder_init_input 用于设置解码器的输入——通常是词向量矩阵，但词向量查询操作已经在采样器中设置过了，所以这里直接传 None[②]。此外，限制解码步数为样本最大长度的两倍，以避免解码出现死循环。在推断时，我们关心的输出就不再是模型预测的概率值了，而是解码结果（即 sample_id），以及每个序列相应的长度。

```
def greedy_decode(x):
  greedy_sampler = tfa.seq2seq.GreedyEmbeddingSampler(decoder.emb)
  max_iter = config.max_len * 2
  basic_decoder = tfa.seq2seq.BasicDecoder(cell=decoder.rnn_cell,
                                           sampler=greedy_sampler,
                                           output_layer=decoder.fc)
  curr_batch_size = int(x.shape[0])
  _, encoder_final_state = encoder(x)  # _, [B, D]
  start_tokens = tf.tile([config.BOS], [curr_batch_size])  # [B]
  kwargs = {
    'initial_state': encoder_final_state,
    'start_tokens': start_tokens,
    'end_token': config.EOS}
    # tfa.seq2seq.dynamic_decode 的返回值有三项，分别是:
    # final_outputs: tfa.seq2seq.BasicDecoderOutput 类对象，是由以下两个张量
形成的元组
    #  (rnn_output: 形如 [B, U, D], sample_id: 形如 [B, D])
    # final_states: 批量大小为 B 的解码器最终状态
    # final_lengths: 形如 [B] 的张量
  outputs, _, lens = tfa.seq2seq.dynamic_decode(basic_decoder,
```

①　embedding_fn 可以是一个函数，也可以传递一个可调用对象，例如一个 keras 层或者模型。

②　看到这里可以发现，tfa.seq2seq 的部分接口是存在冗余的，可以在很多不同的位置进行配置，例如这里遇到的词向量查表操作。这主要源于序列解码算法的复杂性——在后面的注意力机制的实现中，我们还能再次见到类似的例子。

```
                                    maximum_iterations=max_iter,
                                    decoder_init_input=None,
                                    decoder_init_kwargs=kwargs)
  return outputs.sample_id.numpy(), lens.numpy()
```

5. 集束搜索解码算法

集束搜索解码算法在一定意义上是特化的：前面提到的 tfa.seq2seq.BasicDecoder 可以搭配不同的采样器，例如 tfa.seq2seq.TrainingSampler 和 tfa.seq2seq.GreedyEmbedding Sampler 等，但集束搜索算法却无法和不同的采样器搭配——集束搜索算法采样的永远是排名前几的预测结果。因此，要在 tta.seq2seq 中实现集束搜索解码，只需实例化一个 tfa.seq2seq.BeamSearchDecoder 即可，而无须设置采样器。

tfa.seq2seq.BeamSearchDecoder 解码器最重要的几个参数如下：

- cell：一个实现了 tf.keras.layers.AbstractRNNCell 接口的对象，即解码器内部的 RNNCell。
- beam_width：集束搜索的宽度。宽度越大越有可能找到最优解，但是需要的计算量也越大。宽度为 1 时便退化为了贪心解码算法。
- embedding_fn：对输入单词 ID 所做的变换，一般为词向量层。
- output_layer：对 RNNCell 输出所做的变换，一般为全连接层。

除了上面这些参数以外，该解码器还能接收 length_penalty_weight 或者 coverage_penalty_weight 等参数，用于对集束搜索的打分函数进行修改，不再是寻找概率最大的目标序列，而是在目标序列的概率、长度、目标序列对源序列的覆盖度等方面进行折中，详见 6.4.1 节末尾部分的解释。

集束搜索解码器的使用方法和贪心解码几乎相同，最主要的区别是先要使用 tfa.seq2seq.tile_batch 将编码器终止状态复制 beam_width 份：

```python
def beam_search_decode(x, beam_width):
  beam_decoder = tfa.seq2seq.BeamSearchDecoder(decoder.rnn_cell,
                                    beam_width=beam_width,
                                    embedding_fn=decoder.emb,
                                    output_layer=decoder.fc)
  max_iter = config.max_len * 2
  curr_batch_size = int(x.shape[0])
  _, encoder_final_state = encoder(x)  # _, [B, D]
  # set up decoder_initial_state
  decoder_initial_state = tfa.seq2seq.tile_batch(encoder_final_state,
                                    multiplier=beam_width)

  start_tokens = tf.tile([config.BOS], [curr_batch_size])  # [B]
```

```
kwargs = {
  'initial_state': decoder_initial_state,
  'start_tokens': start_tokens,
  'end_token': config.EOS}
# final_outputs: tfa.seq2seq.FinalBeamSearchDecoderOutput 对象，含以下两个
字段
#   beam_search_decoder_output: tfa.seq2seq.BeamSearchDecoderOutput
#     (scores: [B, U, W], predicted_ids: [B, U, W], parent_ids: [B, U, W]))
#   predicted_ids: 形如[B, U, W]的张量
# final_states: tfa.seq2seq.BeamSearchDecoderState 对象
# final_lengths: 形如[B, W]的张量
outputs, _, lens = tfa.seq2seq.dynamic_decode(beam_decoder,
                                        maximum_iterations=max_iter,
                                        decoder_init_input=None,
                                        decoder_init_kwargs=kwargs)
output_ids = outputs.predicted_ids.numpy()
output_scores = outputs.beam_search_decoder_output.scores.numpy()
return output_ids, output_scores, lens.numpy()
```

读取解码结果的部分则有较大的差异。tfa.seq2seq.BeamSearchDecoder 同样会产生三个返回值：

- final_outputs：tfa.seq2seq.FinalBeamSearchDecoderOutput 对象，包含两个字段，即 predicted_ids 和 beam_search_decoder_output。前者是形如 [batch_size, seq_length, beam_width] 的张量，包含了每个样本的 beam_width 条最佳解码结果；后者是 tfa.seq2seq.BeamSearchDecoderOutput 对象，记录了集束搜索过程的打分、搜索路径等信息。

- final_states：tfa.seq2seq.BeamSearchDecoderState 对象，表示集束搜索的最终状态。其中维护了序列得分、RNNCell 的状态、序列长度、注意力概率（如果有）等信息。

- final_lengths：形如 [batch_size, beam_width] 的张量，记录了每条样本的每个搜索结果的长度。

训练和验证的代码如下：

```
for step in range(5000):
  x, y_in, y_out, len_x, len_y = generate_data(config.batch_size,
                                        copy_sequence=True)
  loss = train_step(x, y_in, y_out)   # 教师强迫训练
  if step % 50 == 0:
    print('step', step, 'loss', loss)
    x, _1, _2, _3, _4 = generate_data(num_samples=config.inf_batch_size,
                                        copy_sequence=True)
    print('input data:', x)
```

```
greedy_ids, greedy_lens = greedy_decode(x)
beam_search_ids, scores, beam_search_lens = \
  beam_search_decode(x, beam_width=config.beam_width)
for b in range(config.inf_batch_size):
  print('-' * 50 + '\n', b, '-th sample:', x[b])
  print('greedy decoding result:\n', greedy_ids[b][:greedy_lens[b]])
  for w in range(config.beam_width):
    print(w + 1, '-th beam search result:\n',
          beam_search_ids[b, :beam_search_lens[b, w], w],
          'score:', scores[b, :beam_search_lens[b, w], w].sum())
```

其中展示了贪心解码结果和多条集束搜索解码结果的对比。观察模型训练日志可以发现，在大多数时候，贪心解码结果和第一条集束搜索结果相同，并且这一序列的得分远远高于第二条集束搜索结果，这说明模型对自己的预测相当自信。然而在少数情况下，例如序列中有多个相同的偶数导致模型开始怀疑自己输出的数字个数是否正确，此时两条集束搜索结果的得分就会更为接近，而且第一条集束搜索的结果往往比贪心解码要好。

7.3.2　注意力模块的引入

通过之前理论部分的学习我们了解到，注意力模块是用来沟通编码器和解码器之间的信息的。然而，从代码实现上讲，它更应当被抽象为解码器，因为编码器的计算过程完全不会用到注意力模块，而解码器在每一步运行过程中都需要注意力模块参与其中，完成相应的运算。正因如此，tfa.seq2seq 中设计了一个包装类 AttentionWrapper，用于封装解码器 RNNCell，并实现相应的解码算法。本节将介绍 AttentionWrapper 的使用，并对注意力结果进行可视化。

1. 初识 AttentionWrapper

如前所述，在代码实现时，注意力模块更适合被抽象为解码器。因此，在实现编码器–解码器–注意力模型时，编码器没有任何变化，只需要对解码器部分进行适当的修改和包装，代码如下：

```
class Decoder(tf.keras.Model):
  def __init__(self):
    super().__init__()
    self.emb = tf.keras.layers.Embedding(input_dim=config.vocab_size,
                                         output_dim=config.embed_dim,
                                         mask_zero=False)

    self.fc = tf.keras.layers.Dense(config.vocab_size, name='decoder_fc')

    # 注意这里是 GRUCell 而非 GRU
```

```
    rnn_cell = tf.keras.layers.GRUCell(config.hidden_size)
    # 此处可以传入参数 memory_layer=tf.keras.layers.Lambda(lambda x: x) 来禁
用注意力模块对键向量的变换，也即计算内积 <q, k> 而非 <q, Wk>
    self.attn = tfa.seq2seq.LuongAttention(units=config.attn_size,
                                           memory=None,
                                           memory_sequence_length=None)
    self.rnn_cell = tfa.seq2seq.AttentionWrapper(
      cell=rnn_cell,
      attention_mechanism=self.attn,
      alignment_history=True)
    self.sampler = tfa.seq2seq.TrainingSampler()
    self.decoder = tfa.seq2seq.BasicDecoder(cell=self.rnn_cell,
                                            sampler=self.sampler,
                                            output_layer=self.fc)

  def call(self, inputs, init_state=None):
    # inputs: 形如 [B, U] 的张量
    #     memory: 形如 [B, T, D] 的张量
    #     init_state: 形如 [B, D] 的张量
    inputs_embedded = self.emb(inputs)  # [B, U, E]
    # self.decoder 的返回值有三项，其中第一项是 tfa.seq2seq.BasicDecoderOutput
类的对象，包含了 rnn_output 和 sample_id 两个字段，分别是形如 [B, U, D] 和 [B, D]
的张量；第二项是解码器 RNN 的最终状态，是形如 [B, D] 的张量；第三项是解码出的各个句子
的长度，是形如 [B] 的张量。后两项我们在这里不太关心，所以用下划线把它们忽略掉
    output, _, _ = self.decoder(inputs_embedded, initial_state=init_state)
    return output.rnn_output  # [B, U, D]
```

和先前没有注意力模块的模型相比，这里仅仅是在解码器的定义部分多了几行代码，即使用 tfa.seq2seq.LuongAttention 及 tfa.seq2seq.AttentionWrapper 对解码器中的 RNNCell 进行了封装，而模型前向运算的过程则保持不变。

然而仔细一想便会发现，模型前向运算中缺少了"构建待查询数据库"这一步骤。如果没有待查询的数据库，模型要从哪里获取和当前预测相关的上下文信息呢？事实上，构建数据库这一步需要在每个批量数据的运算过程中通过接口 setup_memory() 来单独设置。也正因如此，解码器构造时 LuongAttention 中的 memory 和 memory_sequence_length 参数都为空。完整的模型前向计算过程的完整代码要在训练循环中才能看到：

```
@tf.function(experimental_relax_shapes=True)
def train_step(x, lx, y_in, y_out):
  # x: [B, T], lx: [B], y_in: [B, U], y_out: [B, U]
  mask = tf.cast(y_out > config.PAD, dtype=tf.float32)
  with tf.GradientTape() as tape:
    enc_out, enc_state = encoder(x, training=True)  # [B, T, D], [B, D]
    decoder.attn.setup_memory(memory=enc_out, memory_sequence_length=lx)
    zero_state =
decoder.rnn_cell.get_initial_state(batch_size=x.shape[0],
                                          dtype=tf.float32)
```

```
  init_state = zero_state.clone(cell_state=enc_state)
  logits = decoder(y_in, init_state, training=True)  # [B, U, D]
  loss = loss_fn(labels=y_out, logits=logits, masks=mask)
all_params = encoder.trainable_variables + decoder.trainable_variables
optim.minimize(loss, all_params, tape=tape)
return loss
```

在训练过程中，对于任一批量的数据，我们首先将源序列输入编码器，拿到其所有时间步的输出 enc_out 和最终状态 enc_state；然后通过调用注意力模块的 setup_memory() 接口来构建当前批量数据的"数据库"，即保存好 enc_out 以供解码器在后续步骤里查阅。特别地，在调用 setup_memory() 方法时，还可以通过设置参数 memory_sequence_length 或者 memory_mask 来告诉模型 enc_out 中哪些时间步是有效的，而哪些时间步需要被跳过。在构建完数据库之后，enc_out 便会被保存在相应 AttentionMechanism 实例的成员变量 values 中，此时再调用 AttentionWrapper 包装过的解码器实例就可以自动进行注意力相关的计算了。优化算法只需使用梯度下降即可。整个训练循环和 7.3.1 节中的并无不同，此处不再赘述。

2. AttentionWrapper 内部结构揭秘

上面便是包含了注意力机制的编码器-解码器模型的完整前向运算代码，但读者可能仍然感觉一头雾水——这里仅通过调用几个简单的接口就做完了所有的工作，但是注意力机制内部到底是如何实现的呢？不用着急，我们接下来就观察一下这几个接口内部到底做了什么。

在 tfa.seq2seq 中，通用的注意力模块父类是 tfa.seq2seq.AttentionMechanism。这是一个抽象类，有一个抽象方法 _calculate_attention() 需要靠子类去实现。不同的子类（例如 tfa.seq2seq.BahdanauAttention 或 tfa.seq2seq.LuongAttention 等）的主要区别就在于注意力计算方法不同。在任一时间步 u，_calculate_attention() 接受一个 query 和 state，返回一个对齐向量 a_u 和新状态 next_state。这个函数签名看起来有点像 RNNCell，这是因为注意力模块在解码器的每个时间步都要运行，工作方式确实有点像单步运行的 RNNCell；但是，这里的状态却不是解码器中的 RNNCell 的状态，而是 AttentionMechanism 自己的状态。

在本章前面的讲解中，我们并没有提及注意力模块的状态这一概念，那么注意力模块的状态到底是什么意思呢？如果查看 tfa.seq2seq.BahdanauAttention 或者 tfa.seq2seq.LuongAttention 的源码会发现，它们直接把对齐向量返回两次，也即新状态就等于对齐向量，看起来似乎多此一举。如果仔细回顾算法 7-1 中的一般性框架，可以发现我们至今为止还没有应用过"对数据库内容进行修改"这一可选步骤。一些较为复杂的算法可能会加入"对过去不曾关注过的数据库内容需要重点关注"等先验知识[1]，因此可以考虑将当前批量所有历史时间步的对齐向量累加起来作为状态，以此来调整新的对齐向量的值，获得更有意义的对齐结果；更加精细的算法甚至会考虑在每个时间步交互式地修改数据库内容。在这些复杂情形下，便可能会用到注意力机制的状态；而在大多数场景下，例如我们使用的 LuongAttention，就无须这一状态。因此，一般来说，我们只需关注对齐向量 a_u 的计算过程即可。

对于 LuongAttention，我们知道注意力得分的计算为双线性形式，那究竟如何设置中间的变换矩阵 W 呢？事实上，LuongAttention 的构造函数可以传入关键字参数 memory_layer，如果该参数为 None（默认情形），就会构造一个输出维度是 units[2] 的全连接层，对应变换矩阵 W[3]；如果我们传入其他 keras 层，这里就会执行我们传入的变换，例如代码注释中的恒等层 tf.keras.layers.Lambda(lambda x: x) 就表示不做变换。在对 AttentionMechanism 实例调用 setup_memory(memory=enc_out) 方法时，enc_out 会被保存为相应 AttentionMechanism 实例的 values 属性，而对 enc_out 做 memory_layer 参数所指定的变换后的结果则被保存为 keys 属性。这里的 keys 和 values 属性便对应算法 7-1 脚注中所说的键值分离：tfa 使用 keys 属性来计算注意力得分，而上下文向量则通过 values 属性加权求和来得到。

讲完了 AttentionMechanism，接下来我们再来看看 tfa.seq2seq.AttentionWrapper。该类用于包装 RNNCell 实例，将注意力计算步骤插入 RNNCell 的运行过程中。AttentionWrapper 继承自 tf.keras.layers.AbstractRNNCell，因此使用该类封装 RNNCell 实例后得到的仍然是 RNNCell 实例，可以做 RNNCell 能够做的任何事情。封装后的 RNNCell 的状态类型为 AttentionWrapperState，由五个分量组成：

- 被封装的内部 RNNCell 的状态 cell_state。
- 注意力向量 attention：上下文向量 c_u 或它经过某种变换后的结果。细节详见后文 AttentionWrapper 内部计算过程中第 4 行代码的说明。
- 对齐向量 alignments：即对齐向量 a_u。
- 对齐历史 alignment_history：解码过程中所有对齐向量的汇总，其类型为 TensorArray。这是一种类似于数组的特殊数据类型，但是每个位置只能写一次（这正好契合 RNN 的用法），可以在符号循环 tf.while_loop 中使用。仅当

---

[1] 在机器翻译中，这称为覆盖率（Coverage）机制，因为在多数情况下，每个源语言的单词都应该被翻译出来，对齐向量需要尽可能覆盖到每一个源语言的单词。

[2] LuongAttention 构造函数的第一个参数。

[3] 如果在训练代码中打印出解码器的所有参数，就可以看到一个名为 LuongAttention/memory_layer/kernel:0 的参数矩阵。

AttentionWrapper 的构造函数中指定了参数 alignment_history=True 时才生效，否则为空。

● 注意力模块的状态 attention_state：在大多数情形下（例如 LuongAttention 和 BahdanauAttention），attention_state 和 alignments 没有区别；在有些复杂的实现（例如覆盖率机制）中可能包含多个对齐向量的累加和等信息。

由于注意力模块加入的位置多种多样，因此 AttentionWrapper 类的构造函数也包含相当多的参数，如第一个参数 cell 是被封装的 RNNCell，第二个参数 attention_mechanism 是 AttentionMechanism 的实例①，用于指定所使用的注意力机制。但后面有一些参数，例如 attention_layer_size，cell_input_fn，output_attention，attention_layer，attention_fn 等，就开始变得晦涩难懂了。解释这些参数作用的最好方法就是结合封装后的 RNNCell 单步运行过程来进行分析：

```
1. def call(inputs, state, **kwargs):
2.   cell_inputs = cell_input_fn(inputs, state.attention)
3.   cell_output, next_cell_state = self._cell(cell_inputs,
state.cell_state)
4.   attention, alignments, next_attention_state = attention_fn(\
     attention_mechanism, cell_output, previous_attention_state,
attention_layer)
5.   module_output = attention if output_attention else cell_output
6.   next_state = AttentionWrapperState(next_cell_state, attention,
alignments, ...)
7.   return module_output, next_state
```

在第 2 行代码中，cell_input_fn 用于对当前输入和前一步的 attention 向量进行组合，默认组合方式为拼接，即 cell_input_fn=lambda inputs, attention: tf.concat([inputs, attention], -1)，这就是 7.2.2 节中介绍过的输入馈送机制。如果不需要这一机制，也可以通过设置 cell_input_fn=lambda inputs, attention: inputs 来选择仅保留当前时间步的输入。

第 3 行代码处理相对直接，是将处理后的输入"喂"给被封装的 RNNCell 实例，进行单步运算。

第 4 行代码里的 attention_fn 表示整个注意力机制的计算过程。AttentionMechanism 类的 call 方法仅仅定义了如何计算对齐向量 a_u，即如何计算查询向量 q 和数据库中的每一个向量 k 的相似度并进行归一化；而 attention_fn 则在此基础上额外包含了从对齐向

---

① 也可以是 AttentionMechanism 实例的列表，此时多个注意力计算结果会被拼接返回。但这里我们先不考虑这种奇怪而复杂的用法。

量拿到上下文向量这一加权求和的过程。在拿到上下文向量后，如果参数 attention_layer[①] 非空，还需要进一步完成 attention_layer 中所指示的独特操作（例如图 7-3 中，要使用多层感知机对上下文向量和被封装的 RNNCell 的输出向量进行处理）。最终，attention_fn 返回的结果为 attention 向量[②]、对齐向量，以及更新后的注意力状态。

对于第 4 行代码，如果构造函数中指定了 output_attention=True（此为默认行为），那么 attention 向量将作为整个模块的输出提供给模型其他部分，如图 7-3 所示；否则，被封装的内部 RNNCell 的输出将作为整个模块的输出，如图 7-2 所示。

如此一来，解码器中和注意力相关的代码的内在计算逻辑便可以说清楚了：在本书前面给出的示例代码中，AttentionWrapper 没有传入 cell_input_fn 参数，因此会采用输入馈送机制，将前一步的 attention 向量和当前时间步的输入相拼接，然后再交给解码器内嵌的 RNNCell 进行处理；AttentionWrapper 也没有传入 attention_fn, attention_layer 或者 attention_layer_size 等参数，因此 attention 向量就是上下文向量 c_u；同样，AttentionWrapper 也未传入参数 output_attention，所以根据默认配置，解码器会将 attention 向量（也就是上下文向量）提供给模型后续部分，即 decoder.fc 层。整个计算流程和图 7-3 非常类似，区别仅仅在于没有多层感知机模块。

3. 注意力机制的可视化

为了更好地理解模型是如何给出预测结果的，我们可以尝试对注意力权重进行可视化。假如模型在预测每个输出符号时都在关注输入序列中与之相关的部分，那么我们就有理由认为，模型确实学到了数据中的规律，而非完全瞎蒙。幸运的是，在定义 AttentionWrapper 时，我们使用了参数 alignment_history=True，这使得解码器运行过程中每一步的对齐向量都被记录在 AttentionWrapperState 中。于是，我们可以直接提取各个时间步的对齐信息，然后将它转换为矩阵并可视化[③]。

作为示例，我们考虑一个固定的例子：输入序列为 [1, 1, 2, 2, 3, 3, 4, 5, 6, 7, 8, 9]，那么根据"删掉奇数重复偶数"的规则，容易得知输出序列应为 [2, 2, 4, 6, 8, 2, 2, 4, 6, 8]。当然，在进行模型训练时，还需要在输出序列前后补上 BOS 和 EOS 符号（ID 分别为 10 和 11）。在该样例上进行贪心解码，便可以得到模型的预测结果。

---

① attention_layer 是 tf.keras.layers.Layer 实例或其列表，其中列表对应多种注意力机制同时使用的复杂情形。此外，也可以通过参数 attention_layer_size 来构造全连接层实例传给 attention_layer，因此这两个参数的设置有所冗余。

② 在 attention_layer 为空的情形下，attention 向量就是上下文向量 c_u，否则就是被封装的 RNNCell 的输出和上下文向量 c_u 相拼接，然后再经过 attention_layer 变换以后的结果，例如图 7-3 中的向量 $\tilde{h}_u$。

③ 另一种做法是手动模拟解码器每个时间步的运算过程并得到对齐向量，不过其结果应该与 alignment_history 中记录的对齐向量一致。

```
def plot_attention_weights():
  # 可视化单独一条样本的注意力权重
  x = np.array([[1, 1, 2, 2, 3, 3, 4, 5, 6, 7, 8, 9]])
  y_in = np.array([[10, 2, 2, 4, 6, 8, 2, 2, 4, 6, 8]])
  y_out = np.array([[2, 2, 4, 6, 8, 2, 2, 4, 6, 8, 11]])
  len_x = np.array([len(i) for i in x])
  len_y = np.array([len(i) for i in y_in])
  print('plot attention:', x, y_in, y_out, len_x, len_y)
  greedy_ids, len_g = greedy_decode(x, len_x)
  print('greedy ids:', greedy_ids, len_g)
```

为了分析模型做出贪心预测的"分析过程"，我们可以把贪心预测结果偏移一格[1]输入模型，重新运行模型的前向运算过程，以拿到解码器的最终状态[2]。从这一状态中，我们可以进一步提取出 alignment_history（类型为 TensorArray），然后通过 stack() 操作将它转换成普通的张量，这就得到了模型解码时每个时间步的对齐向量的热度图。

```
enc_out, enc_state = encoder(x, training=False)  # [B, T, D], [B, D]
decoder.attn.setup_memory(memory=enc_out, memory_sequence_length=len_x)
zero_state = decoder.rnn_cell.get_initial_state(batch_size=x.shape[0],
                                                dtype=tf.float32)
init_state = zero_state.clone(cell_state=enc_state)
greedy_ids_in = np.array([[config.BOS] + ids[:-1].tolist()
                          for ids in greedy_ids])
inputs_embedded = decoder.emb(greedy_ids_in)  # [B, U, E]
# 输出，状态，长度
_, state, _ = decoder.decoder(inputs_embedded, initial_state=init_state)
all_alignments = state.alignment_history.stack()  # [U, B, T]
attn_heatmap = all_alignments.numpy()[:len_g[0], 0, :len_x[0]]  # [U, T]
```

这种二维的热度图可以通过 matplotlib 库中的 matshow() 函数来可视化。如果再辅以适当的横、纵轴标签，在坐标轴上相应位置标注好输入和输出序列的 ID，便可以进行非常直观的展示，看到模型每个解码时间步分别在关心什么样的内容。

```
fig = plt.figure()
ax = fig.add_subplot(111)
cax = ax.matshow(attn_heatmap, interpolation='nearest')
fig.colorbar(cax)
plt.xticks(np.arange(len(x[0])))
plt.yticks(np.arange(len(greedy_ids[0])))
ax.set_xticklabels([str(i) for i in x[0]])
ax.set_yticklabels([str(i) for i in greedy_ids[0]])
ax.set_xlabel('Input sequence')
ax.set_ylabel('Output sequence')
```

---

[1] 即去掉最后的 EOS 符号，补上最开始的 BOS 符号。

[2] 因为这次我们想要的不是解码器的输出，而是每一步的对齐向量。

```
plt.title('Attention heatmap')
plt.show()
```

图 7-4 展示了一个训练好的模型的注意力分布情况。图中每行代表输出序列（或解码器）的一个时间步 u，每列代表输入序列（或编码器）的一个时间步 t。每一行的色块是解码器在该时间步的对齐向量的可视化，因此每一行的和应为 1，并且每个分量值都在 $[0, 1]$ 区间。色块颜色越亮，表示相应位置的注意力权重越大。例如，最上面一行色块表示了解码器在给出第一个预测结果（即数字 2）时所参考的编码器部分的信息。从图中可以看到，模型主要参考了输入序列中的两个 2，并且前一个 2 有着更大的权重，这也确实符合数据中隐含的规律。而对于下一个预测结果（第二个数字 2），模型就相当确定自己应该参考编码器读到的第二个 2 了。继续向后分析，可以看到模型几乎把全部的注意力都集中在正确的位置上，连续两遍扫过输入序列中的偶数，直到最后预测EOS（数字 11）时才把注意力移动到输入序列结束的位置上[①]。

假如每训练一定步数的模型就可视化一下注意力权重分布，很容易就可以发现：模型在随机初始化时完全不知道应该看哪里，每个解码时间步的对齐向量几乎都相同，并且永远给出相同的预测结果；随着训练的进行，对齐向量越来越接近独热向量，并且注意力在向正确的位置集中，这表示模型确实学到了数据中的规律，知道每一步解码时应该参考输入序列中哪一部分的信息。

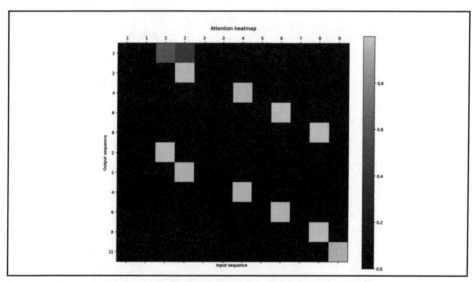

图 7-4　注意力热度图可视化

① 如果输入序列也有 BOS 或者 EOS 符号，模型这时也可能会选择去看输入序列的 BOS 或者 EOS 符号。

7.4 注意力机制的其他应用

到目前为止，我们仅仅是使用注意力机制来弥补模型记忆能力的不足，以便辅助模型每一步的决策。然而，在某些情况下，注意力机制本身就可以作为模型的预测结果来使用。对于输入和输出序列属于同一种语言的任务，例如文本摘要或者对话系统（Dialogue System），从原文中摘抄部分单词或短语有时甚至是不可或缺的。

即便在涉及多种语言的机器翻译任务中，也有一种后处理手段叫作未登录词替换（<UNK> Replace），即如果模型翻译出的结果中包含 <UNK> 符号（未知的词汇），那么可以从源语言中选择合适的单词把它替换掉。这是因为部分专有名词（例如人名或地名）有时不必翻译，直接把它从源语言中照搬过来即可。甚至在有些情况下，一些单词在源语言和目标语言中的拼写是高度相似甚至完全相同的，因此照抄原词也可以歪打正着。

于是，CopyNet[115]等工作试图向模型引入复制机制（Copy Mechanism），以在恰当的时候让模型进行复制。在普通的序列生成模型中，一般会预先定义好一个词表，然后模型每一步预测一个词表上的多项分布，表示这一步应该输出什么单词，直至生成完毕（即输出 <EOS> 符号）。引入复制机制后，模型每一步会预测两个概率分布①，其一是和普通序列生成模型相同的、目标词表上的多项分布，其二是源序列上的概率分布，即每一步计算注意力时产生的对齐向量 a_u。包含复制机制的模型在生成单词时，每一步有两种选择，其一是直接从目标词表上的概率分布中采样一个单词，其二是根据对齐向量从源序列中复制一个单词。这样一来，模型的输出词表便可以从一个预先设置好的、固定大小的词表扩充为固定词表和源序列中单词的并集。

在极端的情形下，甚至还可以抛弃固定词表，完全使用源序列构成的词表进行输出，以使神经网络实现一些独特的功能。例如在排序问题中，输入是一个数字序列，而输出序列是其重排序列。通过注意力机制，我们便可以使用神经网络来解决这一问题：

- 在任一解码时间步 u，模型的输出为对齐向量 a_u，表示模型认为输入序列中第 u 小的元素的位置在哪里。
- 构建一个独热分布作为模型这一步的训练目标：总维数和 a_u 相同，即为输入序列的长度；仅仅在输入序列中第 u 小的元素的下标②这一维取值为 1。例如，假设输入序列是 [1.2, −0.8, 0.5]，那么在第 0 个解码时间步，需要找到其中最小的

---

① 在有些文献中这两部分都是概率分布，而在另一些文献，例如 CopyNet[115]中，这两部分各自单独不满足归一化条件，因而不是概率分布，只有在两者求和以后才是概率分布。

② 第 u 小的下标都从 0 开始计数。

元素的下标，此处为 1，因此构建向量 $[0, 1, 0]$ 作为第一步的训练目标。

● 优化模型预测的第 u 小元素下标位置和其真实位置分布的距离（一般为交叉熵），通过梯度下降即可训练。

使用这种技巧，我们便可以应用神经网络来解决一些传统的算法问题，例如排序、求平面上点集的闭包、旅行商问题等，详见 Oriol Vinyals 等人的工作 Pointer Networks[116][117]。神经网络自然不是求解这些问题的最优解法，但是这种新颖的用法拓展了神经网络应用的新的可能性。

在理解注意力机制的原理之后，可以很容易地将注意力模块应用在各种各样的模型和问题中。例如在图像字幕生成任务中，可以加入一个注意力模块，让模型在每次预测下一个词之前先回顾图像中的相关区域①，然后再看图说话。

---

① 注意力是一种软寻址，因此准确地说模型是以不同的权重重新观察输入的图像的每一个位置。

## 第 8 章

超越序列表示：树和图

在很多情况下，序列中蕴含了更复杂的结构，而非简单的线性关系。例如，自然语言的句子在书写时虽然是将单词顺序排列的，但是单词之间的关系却不是线性的，而是受到内在的语法结构的制约。在某些情况下，这些约束可以给模型提供更多的信息，让模型更容易学到数据中的规律。

8.1 自然语言中的树结构

自然语言由不同的层级结构组成：单词、短语、从句和句子。每个层级都能够以一定的方式拓展，进而产生无穷无尽的组合。这些拓展的规则便是语法（Grammar）。例如，在"我/爱/你"这样的简单陈述句中，三个词分别对应主语、谓语和宾语。而其中任意一个词都可以替换为和它具有相同语法功能的词，例如谓语"爱"可以替换成"恨"，宾语"你"可以替换为"苹果"。尽管在日常交流中，我们接收和传达的只是单词组成的线性序列，然而在理解语言和组织语言的过程中，我们却需要理清单词之间的依赖关系，最终掌握整个句子的含义。在大多数情况下，我们很难感受到这个过程的存在，因为我们对于自己日常使用的语言已经足够熟悉；不过在阅读某些学术专著时，由于语句晦涩、题材生僻，标注句子成分的过程便会显式浮现出来，以帮助我们理解相应的内容。

递归结构在语言中经常出现，天然适合用树结构来描述。部分语言学家把递归性当作语言的基本特性[118]，并且这一观点也已经被广为接受①。有研究[120]认为，自然语言中的绝大部分语法规则都可以被上下文无关文法（Context-Free Grammar）描述。因此，在大多数情形下，树结构用于描述自然语言的结构是足够且恰当的。

自然语言处理中，经常出现两种类型的句法分析，分别是依存句法分析（Dependency Syntactic Parsing）和成分句法分析（Constituent Syntactic Parsing）。前者侧重于识别出单词两两之间的依赖关系，后者侧重于识别出哪些单词片段可以描述相对完整的语义。以句子"北京是中国的首都"为例，图 8-1 中展示了两种句法分析的结果。

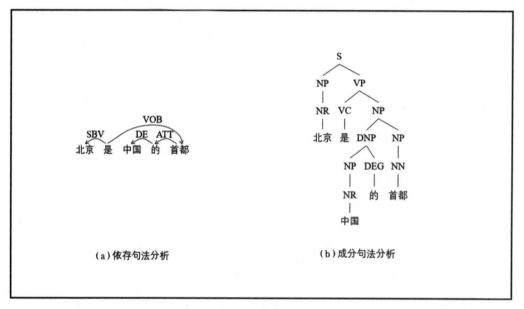

图 8-1　句法分析示例

依存句法分析认为，句法的本质是词与词之间的依存关系。每个依存关系是两个单词之间的有向关系，核心词（Head）可以支配依存词（Dependent）。谓语动词是一个句子的中心，句子里的其他词都直接或者间接地与谓语动词产生关系。例如，在"北京是中国的首都"一句中，"北京"和"是"构成主谓关系（Subject-Verb，SBV），"是"和"首都"构成动宾关系（Verb-Object，VOB）。而"中国"一词通过"的"字结构（DE）和定中关系（Attribute，ATT）最终和动词"是"产生联系。

成分句法分析则用于解析句子的短语结构语法（Phrase Structure Grammar），作用是识别句子里的短语结构及其层级关系。还是以"北京是中国的首都"一句为例，显然

---

① 也有研究[119]称某些人类语言中不存在递归性，例如亚马逊盆地中的部落所讲的语言 Pirahã。

"北京/是/中国"这部分表达的不是一个完整的意思，而"中国/的/首都"则可以传达相对完整的意思。成分句法分析将单词作为终结符（Terminal），一层一层识别出相对完整的语义结构并分配一些非终结符（Non-Terminal）来描述它们的地位，最终得到整个句子的句法树。在成分句法分析看来，"北京是中国的首都"这个句子最顶层的结构是名词短语（Noun Phrase，NP）+动词短语（Verb Phrase，VP），其中的名词短语仅由一个专有名词（Proper Noun，NR）组成，具体而言，这个专有名词就是"北京"。

这两种句法分析都可以对下游任务产生一定的帮助，并且两种分析结果也可以互相转化。但是两者并非一一对应的关系，一棵短语结构树可以被唯一地转换为一棵依存关系树，而反之则不然。从图 8-1 中也可以看出，短语结构树更为复杂，包含的信息更多。

8.2　递归神经网络：TreeLSTM

本节主要介绍递归神经网络 TreeLSTM 的相关内容。

8.2.1　递归神经网络简介

处理结构化的、树形输入的神经网络被称为递归神经网络（Recursive Neural Network）。递归神经网络通常会用模型参数来描述如何从子节点的张量表示计算出父节点的张量表示。这一规约过程可以自底向上进行，从叶节点一直重复到根节点（这也正是递归一词的来源），最终根节点的张量表示就是整棵树的张量表示。如果要进行一些序列分类任务，可以直接使用根节点的张量表示（例如使用全连接层将其变换为各个目标类别的 logits）；如果是在更复杂的任务中，也可以选择保留所有中间节点的张量表示（类似于循环神经网络中保留每个时间步的输出），然后将其作为相应子树的信息汇总供模型其他部分使用。

循环神经网络可以视作一种特殊的递归神经网络[1]，其中的树结构与句子的语法结构无关，而是采用固定的左倾树结构，如图 8-2（c）所示。在该结构中，白色节点表示单词（在神经网络中通常使用嵌入层转换为词向量），灰色节点表示神经网络的内部节点。图 8-2（a）和（b）两幅图对应递归神经网络的计算图，它们分别使用了依存关系树[2]和短语结构树；图 8-2（c）则是循环神经网络结构图，如果将它逆时针旋转 45°，容易观察到

---

[1] 有些较早期的中文文献会将循环神经网络错误翻译为递归神经网络，但它们其实是两类不同的模型。

[2] 图 8-2 中箭头的方向是按照计算图的习惯来画的，因此和依存句法分析中的箭头方向相反。

它也形成了树结构，只是这棵树的左分支一直向左下角延伸，而右分支每次都只有一个叶节点（就是输入单词本身），即是一棵左倾树。

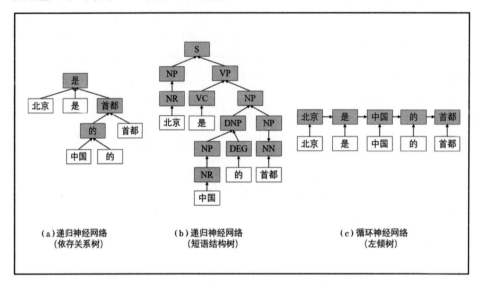

图 8-2　递归神经网络与循环神经网络的对比

递归神经网络在每个节点的计算过程中都可能会汇聚两方面的信息：其一是叶节点，通常为单词本身；其二为内部节点的隐状态，通常表示了句子某个局部的信息。

对于依存关系树来说，每个内部节点都会将它所对应的核心词词向量作为输入，并将它和相应依存词的信息进行汇总处理，来作为核心词的新的表示。例如图 8-2（a）中的灰色节点"首都"就接收了两个输入：核心词"首都"本身和依存词"的"，其中依存词"的"对应的张量不是单词"的"的词向量，而是它和它的依存词的信息总和。对于短语结构树来说，只有从非终结符推出终结符这一步才会接收词向量作为输入（例如从"中国"到 NR 这条边），计算图的其他部分仅仅依赖于内部节点的隐藏向量（例如从 NP 和 VP 规约到 S 这一步）。循环神经网络可以理解为"每个单词都支配它的前一个单词"这种特殊的依存关系树上的递归神经网络。

梳理清楚递归神经网络和循环神经网络的关系之后，便很容易把循环神经网络拓展到树结构上，得到递归神经网络。普通的 SimpleRNN 和 LSTM 等现代门控 RNN 单元都可以进行类似的推广，考虑到 LSTM 的常用性，本书中只介绍 LSTM 的树形推广，即 TreeLSTM[121]。

8.2.2 TreeLSTM 两例

在 TreeLSTM[121]一文中，作者 Kai Sheng Tai 等人提出了两个 LSTM 的树形变种，即子树和树形 LSTM（Child-Sum TreeLSTM）和 N 元树形 LSTM（N-ary TreeLSTM），它们分别适用于依存关系树和短语结构树。

1. 子树和树形 LSTM

在普通的 LSTM 结构中，模型在每一步中只需要处理一组输入 x_t 和隐藏层状态 $s_t = (c_t, h_t)$。然而一旦引入树结构，模型便有可能需要在某一步中处理数目可变的多个子节点，给参数化带来困难。一种简单的解决方法便是池化，即通过求和等方式将变长输入转换为定长。子树和树形 LSTM 便是如此，对于任意内部节点 j，可以将其所有子节点的 LSTM 隐藏层向量 h_k 求和，得到所有子节点的平均隐藏层表示 $\tilde{h}_j$；然后，使用和普通 LSTM 相同的公式，根据子节点的平均隐藏层表示 $\tilde{h}_j$ 和当前节点的输入 x_j 计算得出该节点的输入门、输出门和候选输入。遗忘门的处理则略有不同，此处根据每个子节点的隐藏层向量给每个子节点 h_k 算出一个单独的遗忘门 f_{jk}，这是因为并非所有子节点的信息都需要被传递到父节点。例如，在情感分析任务中，如果模型读到了一个转折连词，它可能会需要遗忘一整棵子树的信息而尽量记住另一棵子树的信息。子树和树形 LSTM 的公式如下：

$$
\begin{aligned}
\tilde{h}_j &= \sum_{k \in \text{Child}(j)} h_k \\
i_j &= f(W_{ii}x_j + W_{hi}\tilde{h}_j + b_i) \\
f_{jk} &= f(W_{if}x_j + W_{hf}h_k + b_f) \\
\hat{c}_j &= g(W_{ic}x_j + W_{hc}\tilde{h}_j + b_c) \\
o_j &= f(W_{io}x_j + W_{ho}\tilde{h}_j + b_o) \\
c_j &= i_j \odot \hat{c}_j + \sum_{k \in \text{Child}(j)} f_{jk} \odot c_k \\
h_j &= o_j \odot \tanh(c_j)
\end{aligned}
\tag{8-1}
$$

和普通 LSTM 类似，每个节点 j 的状态都由元组 (c_j, h_j) 组成。其中，细胞状态 c_j 是候选输入 $\hat{c}_j$ 和各个子节点细胞状态 c_k 的加权组合，组合系数分别为输入门 i_j 和各个遗忘门 f_{jk}；输出向量 h_j 的计算方法则和普通 LSTM 完全相同，由细胞状态 c_j 经过输出门 o_j 调控得到。

从数学公式中可以看出，子树和树形 LSTM 的优点是可以适用于子节点数量任意多的情形，但缺点是各个子节点没有顺序关系（交换各个子节点的顺序也不会影响父节点的状态计算）。这种模型恰好适用于依存关系树——依存关系树中的中心词可能支配任意多个依存词，并且各个依存词之间没有先后顺序。因此，子树和树形 LSTM 又称为依存树 LSTM（Dependency TreeLSTM）。

细心的读者可能会注意到，子树和树形 LSTM 的计算公式中认定每个内部节点 j 只能有一个输入张量 x_j，而在图 8-2（a）中，某些节点可能会输入多个单词，例如根节点"是"有 3 棵子树：单词"北京"、单词"是"和内部节点"首都"。为了解决这一矛盾，子树和树形 LSTM 仅仅将唯一的中心词的词向量作为输入 x_j，而将其他所有依存词全部转化为隐藏层状态 $s_k = (c_k, h_k)$ 来使用。再次以根节点"是"为例，它的依存词"北京"首先需要经过一次树形 LSTM 的运算（在这次运算中，单词"北京"的词向量被作为输入 x）被更新为相应的隐藏层状态 s_k，然后再用于根节点"是"的状态更新；它的另一个依存词"首都"已经在更底层的运算中被处理过了，转换成了隐藏层状态的形式，因此可以直接使用。

2. N 元树形 LSTM

另一种将 LSTM 推广到树形结构的自然方法便是给每一个子节点都定义一套变换参数，然后据此汇总各个子节点的信息，如公式（8-2）所示（其中遗忘门 f_{jk} 对应 $k = 1, \cdots, N$ 共 N 条公式）。

$$i_j = f\left(W_{ii}x_j + \sum_{l=1}^{N} W_{hi}^{(l)} h_{jl} + b_i\right)$$

$$f_{jk} = f\left(W_{if}x_j + \sum_{l=1}^{N} W_{hf}^{(k)(l)} h_{jl} + b_f\right)$$

$$\hat{c}_j = g\left(W_{ic}x_j + \sum_{l=1}^{N} W_{hc}^{(l)} h_{jl} + b_c\right)$$

$$o_j = f\left(W_{io}x_j + \sum_{l=1}^{N} W_{ho}^{(l)} h_{jl} + b_o\right) \tag{8-2}$$

$$c_j = i_j \odot \hat{c}_j + \sum_{l=1}^{N} f_{jl} \odot c_{jl}$$

$$h_j = o_j \odot \tanh(c_j)$$

假设节点 j 的子节点的数目至多为 N，分别编号为 $k = 1, \cdots, N$。那么对于输入门 i_j、候选输入 $\hat{c}_j$ 和输出门 o_j 来说，可以将每个子节点 k 的隐藏层向量 h_k 用单独的参数矩阵来处理，变换到同一个空间中再叠加。由于父节点可能需要在不同的程度上记忆或者遗忘来自不同子节点的信息，因此每个子节点都需要有自己的遗忘门 f_{jk}，从隐藏层向量 h 到

遗忘门 f 的变换矩阵 W_{hf} 共计需要 N^2 个。由于每个子节点可以看到自己的兄弟节点的隐藏层向量 h，因此模型可以选择根据其他兄弟节点的信息来抑制或者强调某个子节点的信息。

特别地，如果节点 j 的子节点数量不足 N，或者没有词向量输入 x_j，那么只需将相应的项置为零即可。

由于这种结构的树形 LSTM 处理的子节点数量是有限的（除掉输入词向量 x_j 以外至多有 N 个子节点），因此它被称为 N 元树形 LSTM。容易发现，假如 $N=1$，树结构采用左倾树，那么 N 元树形 LSTM 的公式恰好可以退化为普通的线性 LSTM。

N 元树形 LSTM 可以区分各个子树的顺序，适合用在短语结构树上，因此它也被称为成分树 LSTM（Constituency TreeLSTM）。美中不足的是，这一参数化形式中共有 N^2 个 W_{hf} 矩阵，因此当子节点数量 N 变大之后，模型参数量将迅速增长，难以充分训练。这一问题有两种解决办法：其一是减少模型参数数量，例如强制某些矩阵共享参数或者取为全零矩阵；其二是限制子节点数量 N 的大小，例如将语法树二叉化（Binarization）以确保每个节点至多只有两个子节点。实践中后一种做法更加常用。

8.2.3　N 元树形 LSTM 的 TensorFlow 实现

以 N 元树形 LSTM 为例，本节将讲述树形 LSTM 的 TensorFlow 实现。由于各个门的公式高度相似，因此我们先把单个门的公式抽象成一个层，以减少重复代码。

```python
class SingleGate(tf.keras.layers.Layer):
  def __init__(self, input_dim, hidden_dim, num_child,
activation='sigmoid'):
    super().__init__()
    self.num_child = num_child
    self.input_dim = input_dim
    self.hidden_dim = hidden_dim
    self.kernel = self.add_weight('W', [input_dim, hidden_dim])
    self.bias = self.add_weight('b', [hidden_dim])
    self.activation = tf.keras.layers.Activation(activation)
    self.kernels = [self.add_weight(f'W_{i}', [hidden_dim, hidden_dim])
                    for i in range(num_child)]

  def call(self, inputs, hiddens):
    # inputs: [B, D_in], hiddens: [B, N, H]
    if inputs is None:
      hidden = 0.0
    else:
      hidden = inputs @ self.kernel
    if hiddens is not None:
      for i in range(self.num_child):
```

```
        hidden += hiddens[:, i, :] @ self.kernels[i]
    return self.activation(hidden + self.bias)  # [B, H]
```

单个门的数学公式类似于普通的全连接层，只是除了输入 x 之外，还有多个隐藏层向量 h。因此，可以在初始化时定义 $N+1$ 个矩阵，其中一个对应从输入到隐藏层的变换矩阵（代码中的 self.kernel），剩下 N 个为子节点隐藏层到当前节点隐藏层的变换矩阵（代码中的 self.kernels）；偏置项 b 只需要定义一次即可（代码中的 self.bias）。

短语结构树上不同的节点有着不同的输入：叶节点有单词词向量作为输入 x，但是却没有子节点；而内部节点有来自子节点的隐藏层向量，但却没有单独的输入 x。因此，模型前向运算时，需要考虑某些输入为空的情况。如果用户提供了当前节点的输入 inputs（对应短语结构树中的叶节点），那么就把当前节点的隐藏层向量 hidden 初始化为输入 inputs（即当前词的词向量）经过线性变换后的结果（符号 @ 表示矩阵乘法）；否则隐藏层向量 hidden 初始化为零[1]。如果用户还额外提供了子节点的隐藏层向量 hiddens 作为输入（对应短语结构树的内部节点），那么还需要将各个子节点的隐藏层向量变换到同一空间中并进行叠加。

最后，给隐藏层向量 hidden 加上偏置项并经过激活函数，作为整个门最终的输出结果。

有了 SingleGate 的实现，N 元树形 LSTM 的实现就变得相当直接，只需按照公式将各个门定义一遍，特别注意遗忘门有 N 个即可。N 元树形 LSTM 的输入为当前词 x（代码中的 inputs）和子节点的状态（类似于普通 LSTM，是 cell_states 和 hiddens 形成的元组）。在前向运算中，同样需要注意处理叶节点的输入没有子节点状态这一特殊情形。

```
class NaryTreeLSTM(tf.keras.layers.Layer):
  def __init__(self, input_dim, hidden_dim, num_child):
    super().__init__()
    self.input_gate = SingleGate(input_dim, hidden_dim, num_child)
    self.output_gate = SingleGate(input_dim, hidden_dim, num_child)
    self.candidate = SingleGate(input_dim, hidden_dim, num_child, 'tanh')
    self.num_child = num_child
    self.activation = tf.keras.layers.Activation('tanh')
    self.forget_gates = [SingleGate(input_dim, hidden_dim, num_child)
                         for _ in range(num_child)]

  def call(self, inputs=None, cell_states=None, hiddens=None):
    # inputs: [B, D_in], hiddens: [B, N, H], cell_states: [B, N, H]
    input_gate = self.input_gate(inputs, hiddens)
    candidate_input = self.candidate(inputs, hiddens)
    cell_state = input_gate * candidate_input
```

---

[1] 严格来讲应该初始化为全零向量，但张量加法的自动广播会帮我们实现这一点。

```
if hiddens is not None:
  # 叶节点没有子节点
  for i in range(self.num_child):
    forget_gate = self.forget_gates[i](inputs, hiddens)
    cell_state += forget_gate * cell_states[:, i, :]
hidden = self.output_gate(inputs, hiddens) *
self.activation(cell_state)
  return cell_state, hidden
```

文献 TreeLSTM 的官方实现对叶节点有着特殊的处理，经过的非线性激活数量更少。不过这不影响树形 LSTM 的核心递归部分，于是此处按下不表。

8.3　树形 LSTM 的其他问题

在 8.2 节中，我们虽然实现了树形 LSTM 在单个树节点上运行的代码，但是要将它应用在实际任务中，仍然具有一定的困难。本节我们将讨论树形 LSTM 应用的一些实际问题。

8.3.1　树形递归

对于普通的 LSTM 而言，所有的输入和输出都是形状规整的：一开始我们可以拿到每个单词的 ID 列表，然后通过 Embedding 层给输入增加一个维度，将每个整数 ID 都变成一个高维向量。但是在树形 LSTM 中，树结构却有可能多种多样。即便采用二叉化方法固定了每个节点的子树数量，各个子树的深度也可能不尽相同，整棵语法树缺乏良好的对称性，进而导致编程困难。

首先考虑单个句子的情形：从逻辑上讲，我们需要从叶节点开始逐层进行每个节点的运算，直至处理完根节点。也就是说，首先需要对各个节点进行拓扑排序，保证在处理某个节点时它的子节点都已经被处理过了，这样才不会在计算过程中出现缺失值。可以想见，这种程序将非常难写，用户需要手动维护各个节点的拓扑关系，并在恰当的时候把恰当的张量输入模型。一种更简洁的实现方法是利用树的递归定义实现自顶向下的递归计算，把节点拓扑顺序的问题交给编译器和深度学习引擎来处理。例如，我们可以实现如下的树节点类型，在每个节点处记录当前节点的子节点数量 num_child 和当前节点对应单词的 ID word_id。如果当前节点不是叶节点，那么再额外记录各个子树根节点的列表 children。字段 state 用来保存当前节点的状态，即由 cell_state 和 hidden 形成的元组。

```
class Tree(object):
  def __init__(self):
    self.num_child = 0
    self.word_id = -1  # 当前单词 ID（仅对叶节点生效）
    self.children = list()  # Tree 类型的子树组成的列表
    self.state = None  # 用于保存当前节点的 TreeLSTM 状态
```

如果把输入按照这样的结构保存下来，那么我们便可以写出如下递归形式的前向计算函数，只需把树的根节点输入模型，整个函数便能自动完成全部计算：如果当前节点就是叶节点，那么首先查询当前节点对应单词的词向量，然后把它输入树形 LSTM 来得到新的状态并保存；如果当前节点是内部节点，那么首先递归处理它的各个子树并保存子树的状态，然后在当前节点处用树形 LSTM 来汇集所有子树的信息。整个函数的返回值为根节点的 TreeLSTM 状态，其第二个分量（即隐藏层向量）通常可以用于后续任务，例如对接一个全连接层做情感分析。

```
def tree_forward(tree: Tree, model: NaryTreeLSTM,
                 embs: tf.keras.layers.Embedding):
  if tree.num_child == 0:  # 叶节点
    word_emb = embs(tf.convert_to_tensor([tree.word_id]))  # [B, D]
    tree.state = model(inputs=word_emb, cell_states=None, hiddens=None) [0]
  else:  # 内部节点
    for idx in range(tree.num_child):
      tree.children[idx].state = tree_forward(tree.children[idx], model,
embs)
    # 将 N 个形如 [B, 1, D] 的张量拼接成一个形如 [B, N, D] 的张量
    cell_states = tf.concat([tf.expand_dims(tree.children[idx].state[0],
axis=1)
                             for idx in range(tree.num_child)], axis=1)
    # 将 N 个形如 [B, 1, D] 的张量拼接成一个形如 [B, N, D] 的张量
    hiddens = tf.concat([tf.expand_dims(tree.children[idx].state[1],
axis=1)
                         for idx in range(tree.num_child)], axis=1)
    tree.state = model(inputs=None, cell_states=cell_states,
hiddens=hiddens) [0]
  return tree.state  # TreeLSTM 的隐藏层向量
```

由于不同句子的语法树可能完全不同，因此不同句子的前向运算过程也不尽相同。对于每一棵树，都要有一幅单独的前向计算图，因此树形 LSTM 在静态图深度学习框架（例如 TensorFlow 1.x）中实现非常困难；而动态图深度学习框架（例如 TensorFlow 2 和 PyTorch）则允许我们用 Python 代码来动态控制计算图的产生，在每一次前向计算中使用不同的计算图，大大简化了复杂模型的实现难度。

8.3.2 动态批处理

和普通的 LSTM 相比，树形 LSTM 的批处理显得尤为复杂。对于普通的 LSTM 来说，由于所有的树结构都相同（都是左倾树），因此当各个句子长度不同时，只需简单加入掩码遮住多余的部分即可。如果不同句子长度差异过大，采用掩码方式浪费掉的无用计算太多，还可以选择分桶，把相似长度的句子组织在一起进行训练或推断（详见 5.1.2 节）。但在树形 LSTM 中，句法树通常是由句法分析器（Syntactic Parser）对语料进行标注得到的，因此不同的句子可能具有完全不同的结构，前向运算过程互不相同，这就带来了并行处理上的困难。

TensorFlow Fold[122] 采用了一种较为简单的动态批处理（Dynamic Batching）方案：将计算图按照节点深度进行拆分。如果多棵不同的语法树（或者子树）具有不同的深度，那么就通过插入一些恒等运算的节点来把它们对齐到同样的深度。这样一来，不同语法树（或者子树）的第一步都是查询词向量，第二步都是在深度为 1 的位置进行一次 TreeLSTM 的操作或者恒等操作，以此类推。在以上每一步中，模型总是对处于同样深度的节点进行操作，因此深度学习框架便能够知道要将哪些张量收集起来进行并行处理。它的缺点是有一定的侵入性，需要用户逐层构建计算图。尽管 TensorFlow Fold 采用了一些函数式的语法来尽可能简化这些操作，但仍然与普通的 Python 代码存在一定差异，需要一定的学习成本。

而 MXNet Gluon[123] 则采用了即时动态批处理（Just-In-Time Dynamic Batching）的方案，在程序运行的过程中动态找到不同子图中共享的算子。和前一种方案相比，这种方案并行的粒度更细，因为同一深度的节点内部可能也会有很多运算（例如矩阵乘法和加法），因此更容易找到可以同时并行的运算数据，并且用户体验更好，使用起来更加无感。

总的来说，树形 LSTM 的动态批处理较为复杂，深度学习框架对此的支持并不太好。

8.3.3 结构反向传播算法

树形 LSTM 的反向传播算法和其他神经网络本质上并无太大的不同。从理论上讲，只要有一张有向无环①的计算图，那么就可以沿着计算图的拓扑顺序进行反向计算，得到

---

① 循环神经网络的计算图表面上有环，但隐藏层节点其实是滞后一个时间步再连接到它自身的。如果把计算图沿时间轴展开，就会发现图中其实不存在环形依赖。

每个节点的梯度。无论是多层感知机、循环神经网络，还是其他任意类型的神经网络，都可以用这一套方法计算参数的梯度。对于树形 LSTM 而言，每个句子都有一棵不同的树结构，因而对应了一张独特的计算图。深度学习框架只需追踪每一次计算中新产生的计算图，然后为它生成相应的反向计算图即可。只不过，这里的反向传播是在树结构上进行的，因此有些文献会称它为结构反向传播算法（Back Propagation Through Structure）。

事实上，随着深度学习框架自动微分算法的完善，近年来已经很少看到有人专门研究和推导每种模型的反向传播算法了。自动微分功能可以帮助研究者从烦琐的计算中解脱出来，更加专注于模型的正向设计和优化。

8.3.4　树形 LSTM 的必要性

乍一看，树形结构非常契合自然语言，然而多年过去，树形 LSTM 等模型却并未大规模流传开来变成自然语言处理的主流模型。

从日常经验来讲，人类在处理自然语言时，即便句子内部有树形结构，大多数情况下也只需从头到尾顺序阅读一遍就能立即理解整个句子的意思。例如，在情感分析中，"虽然……但是……"这样的句子固然可以用树形结构来处理，给句子的每个成分都标注出情感极性，但是线性处理仍然可以高效而准确地完成任务——模型始终分析当前看到的部分的情感极性，并在看到"但是"一词时选择忘记前半句的内容。文献[124]在合成数据集上的实验指出，树形 LSTM 确实在提取递归结构时更加高效，但是普通的LSTM 同样体现了对于训练集中不存在的递归结构的泛化能力。

机器学习中有一个术语叫归纳偏好（Inductive Bias）[①]，指的是学习算法在整个假设空间中对各种假设进行选择时的偏好。当学习算法的归纳偏好恰好与问题本身的特点较为匹配时，学习算法就容易找到更好的解，对数据的利用率也更高。树形模型相当于引入了树形的归纳偏好，认为数据中的信息流动呈现树形，每个局部的信息层层聚合最终得到了整个句子的信息。然而在今天，深度学习和神经网络发展的主流趋势是大模型、大算力和大数据相结合，更少使用归纳偏好，而是尽量让算法充分发挥自身的能力，从尽可能多的数据中学习知识。这种方式的缺点是更加耗费资源，但优点是不会受到归纳偏好不匹配的影响（例如有些复杂的句子可能不能表示为树结构，此时就不适合使用树形 LSTM 来建模）。

在代码实现的复杂性、硬件运行的低效性等各种因素的综合影响下，树形模型现在

---

① 又译为归纳偏置。

确实逐渐式微了。

8.4　图与自然语言处理

　　LSTM 等循环神经网络不光可以推广到树上，还可以推广到图上。而且抛开循环神经网络不谈，图神经网络（Graph Neural Network）本身也是一个独立的研究方向，可以和自然语言处理进行交叉。本节我们将简要叙述图结构和自然语言处理相结合的一些方案。

8.4.1　LSTM 的其他拓展

1. 栈式 LSTM

　　有些文章[125]提出，LSTM 可以和堆栈这种数据结构结合以进行句法分析，这种结构被称为栈式 LSTM（Stack LSTM）①。普通的 LSTM 从左向右运算，每个位置的输出都总结了句子到当前位置为止这一部分的含义，而最右边的词例对应的输出则总结了整个句子的含义；而栈式 LSTM 则并不严格从左到右进行运算。

　　在基于转移的句法分析（Transition-based Parsing）中，句法分析任务通过队列和栈两个数据结构来实现：其中堆栈用于保存分析到一半的句法树，而队列用于保存待分析的单词序列。在初始状态下，队列保存了完整的句子（所有单词都有待分析），而栈为空（句法树还没有被解析出来）。在每一步分析过程中，句法分析器可以选择移进（Shift）和归约（Reduce）这两种操作之一，其中移进是指把队列开头的单词压入栈中——这对应了栈中的部分句法树已经无法进一步分析，需要读取新的输入的情况；而归约则是指将栈顶的若干个元素弹出来，为它们添加依赖关系后再将新的符号压入栈的过程——这对应了句法分析器已经读到了一部分句意相对完整的片段，需要对这一部分输入片段进行分析的情形。最终，队列变为空，而栈中只剩下一个根节点，表示句子全部分析完毕。

　　在使用神经网络模型进行句法分析时，栈这个数据结构可以用栈式 LSTM 来建模。栈式 LSTM 模型的参数和单步运算方式与普通 LSTM 完全相同，区别仅仅在于运行的顺序：普通 LSTM 从左到右依次读入句子中的各个单词进行顺序处理；而栈式 LSTM 则需要额外搭配一个栈使用，随着栈的相关操作时而前进时而后退。在任一时刻，如果

---

① 注意不要与堆叠 LSTM（Stacked LSTM）相混淆。堆叠 LSTM 是多层 LSTM 的另一种称呼，即表示多个 LSTM 层堆叠而成的结构。

需要做移进操作，那么就把一个新的单词压入栈中，同时让 LSTM 单元在新的输入上单步运行；如果需要做归约操作，那么就把栈顶元素弹出来（根据需要可能弹出多个），同时将 LSTM 的状态回溯到它处理栈顶这些被弹出的元素之前的状态。这里的回溯是指在计算图上回溯，它并不意味着需要"撤销"或者"覆盖"掉栈式 LSTM 的状态，而是更新一个计算图上的"指针"，让后续计算从栈式 LSTM 之前得到的某个状态出发接着计算。实际运算过程中，栈式 LSTM 经历过的所有状态都是保留的，以在梯度的反向传播过程中使用。

对于有监督的句法分析而言，每一步句法分析的动作（即需要移进还是归约，以及如何归约）都是已知的，因此可以把这个动作当成分类的标签，用栈式 LSTM 的状态（或者输出）去预测。栈式 LSTM 的状态固然是栈中所有内容的信息汇总，但是它却不是句法分析状态的完整描述——由于回溯的存在，某个时刻栈式 LSTM 的状态有可能和之前的时刻相同（例如某个符号被压入栈中然后又被弹了出来）。因此，我们还需要添加两个额外的神经网络模块：一个 LSTM 用来倒序处理单词队列，概括所有剩余未被分析的单词的语义[①]；另一个 LSTM 用来处理所有之前发生过的历史动作[②]（每种动作可以做成向量嵌入然后输入给模型）。由于后两个模块的输入都是线形顺序没有分叉的，因此使用普通 LSTM 即可。这三个模块（一个栈式 LSTM 和两个普通 LSTM）的状态相拼接，就得到了栈、队列和历史动作序列的完整表示，可以充分概括句法分析过程中的任意时间点的状态，因此足以给出下一步句法分析所需动作的预测。

除了进行句法分析以外，栈式 LSTM 还能和语言模型相结合用来提升语言模型的质量[126]，甚至通过变分推断（Variational Inference）等方法直接无监督地从语料中学习语法[127]。

2. 栅格 LSTM

在自然语言处理任务中，普遍存在输入单元粒度的问题。从字符、子词再到单词，粒度越来越大，单个输入符号变得更有意义，但是遇到未登录词的概率也越大。对中文来说，如果以单词作为模型输入的粒度，还可能存在分词错误，导致错误沿着模型不断传导下去，影响模型预测结果的准确性。

为了充分利用不同粒度的信息，有学者提出了栅格 LSTM（Lattice LSTM）[128]。普通的 LSTM 模型的输入仅仅是一条线性序列，而栅格 LSTM 的输入则可以是一张有向

---

① 倒序处理是为了通过一次运算就拿到队列在不同情况下的状态。如果是正序处理，那么队列里每移除一个词，都需要重新计算队列的最终状态。

② 该模块对于表示句法分析过程中的状态不是必须的（栈和队列已经足够），但是显式建模有助于模型训练。

无环图。以中文信息处理为例，首先可以把句子拆成单字，对每个字构造一个 LSTM 的隐藏层状态；然而各个隐藏层状态的连接关系却不是简单的从前到后顺序连接，而是在此基础上在任意可能的分词结果之间连边。考虑"长江大桥"这个短语，首先可以构造四组隐藏层状态，分别对应于"长""江""大""桥"四个汉字；然后可以在代表"长"和"江"的状态节点之间插入一个额外的输入"长江"，在代表"大"和"桥"的状态节点之间插入一个额外的输入"大桥"，最后在"长"和"桥"之间插入输入"长江大桥"。这样一来，"桥"字的状态不光会受到前一个汉字"大"的状态的直接影响，还会受到"大桥"和"长江大桥"这两条路径的影响①。于是，模型的任意状态节点不光包含了单字信息，同时也包含了各种可能的分词信息，进而实现多粒度的信息融合，避免单一分词算法可能引入的分词错误。

8.4.2　图神经网络的应用

作为一个独立的研究领域，图神经网络主要有两类用法：其一是得到某些图元素（例如节点或者整张图）的向量化表示，并以此作为其他任务的输入特征，这类用法称作图嵌入（Graph Embedding）；其二是直接用神经网络模型来处理输入的图信息，并得到最后的预测结果。这两种方式在自然语言处理中也都有相应的应用。

1. 图嵌入

从图的视角来看，本书第 2 章介绍的词向量的学习就可以视为一种图嵌入方法：单词就是节点，单词之间的关系（例如两个单词同时出现在一个较小的滑动窗口内）就是边；词向量学习算法给每个单词赋予一个向量表示，并通过随机梯度下降等方法为每个单词学到有意义的向量表示。

事实上，很多早期的图嵌入学习方法都有 Word2vec[6][7] 的影子。例如，在 Word2vec 问世后的第二年，DeepWalk[129] 就立刻出现。DeepWalk 的做法是，从图上某个节点出发，随机游走到该节点的相邻节点，然后继续随机游走到下一个节点，重复多次以后就可以得到一个节点的序列。如果我们把节点的序列类比成单词的序列，这一过程就相当于从图中采样出了一个"句子"。只要反复进行采样，就可以得到很多"句子"，也就是一整个"语料库"。在图上随机游走产生的"语料库"中，节点的分布规律与单词在语料库中的分布规律较为相似，大致服从幂律，因此我们便可以在随机游走产生的"语料库"上运行 Word2vec 算法，这样就能得到每个"单词"（也就是节点）的向量了。

---

① 当然，LSTM 的状态更新公式也需要进行相应修改，以接收多个输入。

DeepWalk 虽然简单，但是只能适用于直推式学习（Transductive Learning），即图结构在训练和推断时不发生变化的情形。对于训练时没有见过的节点，DeepWalk 就无能为力了，而这些没见过的节点在实践中相当常见，例如推荐系统中常常出现新的物品需要被推荐。如果想让一个模型适应拓扑结构可能会发生变化的场景，那么应该使用归纳式学习（Inductive Learning）算法，例如 GraphSAGE[130]等。

GraphSAGE 的主要流程有两步（这也是算法名称里 SAGE 的来源）：

● 采样（Sample）：对于任意节点，首先通过采样获得它的若干邻接节点，以及距离它两跳的节点（即邻接节点的邻接节点）。

● 聚合（Aggregate）：对于任意节点，首先聚合它的二跳节点的向量表示来得到其邻接节点的向量表示，然后再通过聚合邻接节点的向量表示来得到目标节点自身的向量表示。聚合函数可以有多种选择，最简单的便是各个节点的向量取平均并进行非线性变换。

在图结构中，我们通常有这样的先验知识：相邻的节点应该具有相似的嵌入，而远离的节点则通常不太相似。因此，可以据此对某个节点采样出正样本和负样本，然后用类似 Word2vec 中的负采样算法进行无监督训练，拉近相似节点向量，排斥随机节点向量。在有监督的情况下，训练过程就更为简单了，可以直接通过预测节点的标签来训练。由于聚合过程的存在，即便在推断时向图中加入了新节点，我们也可以通过聚合它的已知邻接节点的向量来表示它，这就实现了归纳式学习。

有了图嵌入算法，我们就能把各种图上的节点转化为向量了。例如知识图谱（Knowledge Graph）中往往包含了很多领域知识和实体之间的关系，我们可以在知识图谱上运行图嵌入算法来学习相应节点的向量表示，以供下游任务使用。

2. 图神经网络

图神经网络中最常用的便是图卷积网络（Graph Convolution Network）[131]和图注意力网络（Graph Attention Network）[132]。

图卷积网络可以看作卷积神经网络在图上的推广。在图像处理领域，输入数据是规整的网格状，每个像素点都和上下左右的像素点相连，因此可以直接在空域（Spatial Domain）计算卷积，即让卷积核在输入图像的不同位置进行滑动并得到计算结果。而在一般的图上，每个顶点的度数（Degree）①不固定，因此很难在空域上定义卷积核并对周围的顶点信息进行聚合。Joan Bruna 等人[133]最早提出，可以在谱域（Spectral Domain）进行图卷积操作。

---

① 即和它相连的顶点的数量。

信号处理中著名的卷积定理（Convolution Theorem）指出，两个信号的空域卷积的傅里叶变换等于两个信号分别做傅里叶变换然后在频域（Frequency Domain）内直接相乘。把这一结论应用到图上，便有了以下做法：对图的拉普拉斯矩阵（Laplacian Matrix）进行谱分解（Spectral Decomposition）[①]，得到的特征向量（Eigen Vector）就相当于图像中的傅里叶基底（Fourier Basis）。假设图上有个一维的信号[②] $x \in \mathbb{R}^N$，此时就可以用特征矩阵（Eigen Matrix）的逆 $U^{-1} \in \mathbb{R}^{N \times N}$ 把图信号 x 从空域变到谱域（类似于图像中的频域）。然后在谱域定义可学习的卷积核 $g_\theta \in \mathbb{R}^N$，让它与变换到谱域后的图信号 $U^{-1}x$ 逐元素相乘，最后再把结果用特征矩阵 U 变换回空域得到 $U(g_\theta \odot U^{-1}x)$。如果图信号是高维的（即每个顶点都有一个向量作为信号），那么可以对信号的每个维度分别应用上述过程来得到多个通道的卷积。这项工作解决了图上卷积的定义问题，但是谱分解却导致它的卷积没有局部性，卷积核大小等于图中的顶点数目，于是每个节点的信息并非聚合自邻接节点，而是来自全图；此外，谱分解需要 $O(N^3)$ 的计算复杂度，耗时较高。

后来，Michaël Defferrard 等人[134]提出用切比雪夫多项式（Chebyshev Polynomial）来参数化图卷积核，绕开了特征值分解，直接使用拉普拉斯矩阵本身进行计算；同时只取切比雪夫多项式中的前几项作为卷积核参数，减少了参数数量，并且维持了节点信息更新的局部性，让每个节点的信息只依赖距离它若干跳以内的邻接节点。后来，GCN[131]对此做了进一步简化，约束了切比雪夫多项式的项数和系数取值，让每个节点的信息直接取自它的邻接节点，把图卷积拉回了空域，得到了今天最为常见的图卷积神经网络形式。在这种形式下，图卷积的操作简化为某个节点的特征等于其周围邻接特征的聚合再经过一次参数化的矩阵变换。今天我们在提到图卷积网络时，大部分情况下指的都是 GCN。

GCN 虽然应用简单，但是存在一个缺陷：它对一个节点的不同邻接节点没有区别对待，融合时的边权重是固定的。图注意力网络 GAT[132] 则解决了这一问题。GAT 也是在空域中进行操作，它引入了注意力机制，根据中心节点和其邻接节点的特征计算出节点两两之间的相似度，区别对待各个顶点对；然后使用局部归一化后的相似性对各个邻接节点的特征进行聚合，以得到中心节点的新特征。这一模型形式简洁，目前应用也非常广泛。由于它的运算过程是逐个节点进行的，因此在推断时可以用到未知的图结构上，非常适合归纳式学习[③]。此外，图卷积网络和图注意力网络也都可以拓展到异质图

---

① 又称特征值分解。

② 即图中有 N 个顶点，每个顶点有一个实数值的信号。

③ 网络上有一种说法是 GCN 只能用于直推式学习，这是一种误解。最早期在谱域上实现的图卷积网络模型权重和图的全局拓扑结构相耦合，所以难以泛化到没有见过的图上，但现在常用的空域卷积 GCN 形式上和 GAT 已经没有太大差别了，同样具有不错的归纳式学习能力。

（Heterogeneous Graph）[①]上。

在用图神经网络解决自然语言处理问题时，一般的流程都是先想办法构图（例如根据单词和文档的共现关系构造二分图，或者根据已有的知识图谱构图等），然后应用图神经网络来建模图上的关系，得到节点向量，最终对接任务本身要预测的目标。在大多数情况下，假如模型输入只有文本信息，手动构图然后使用图神经网络的方法通常是不必要的；但如果本身就有图信息作为额外的知识输入，则可以适当考虑应用图神经网络的方法来建模，并和其他深度学习模型一起给出预测。

---

① 即具有多种不同类型的节点和/或边的图，与只有一种类型的节点和边的同质图（Homogeneous Graph）相对。

第 9 章

卷积神经网络

9

卷积神经网络最常见也最成功的应用领域就是图像处理。这当中的原因简要分析如下：

- 图像信号相对原始，是传感器直接接收到的信号。与此形成对比的是自然语言的文本，其中的最小单元是人类经过千万年的演化和改进而抽象出的符号（例如字母）。
- 图像往往信号规整，在二维格点上排列成矩形，因而易于操纵。很多其他类型的数据则没有这么良好的性质。

图像处理任务中常常需要保持平移同变性（Translation Equivariance）或者平移不变性（Translation Invariance），其中前者是指系统在不同位置具有相同的工作原理，但是响应随着目标位置的变化而变化；而后者则是指无论输入如何平移，系统总是给出相同的响应。例如，图像分割（Image Segmentation）任务需要识别并划分出图像中的不同区域或物体，因此需要平移同变性（例如图像中的物体移动了位置，它的掩码也要相应地移动位置）；而图像分类（Image Classification）任务则要识别出图像中出现了什么物体，而不在乎物体的位置，因此需要平移不变性。

当卷积应用于图像时，会将相同的卷积核在整个输入图像上滑动[1]。因此，如果图像

---

[1] 严格来讲，神经网络中的卷积层做的其实是相关（Correlation）运算。信号处理中，两个信号做卷积需要把其中一个信号反向再跟另一个信号运算；而相关运算则不需要经历反向这个步骤。用一组参数做相关，等价于把它翻转过来然后做卷积。神经网络中的卷积核一般是随机初始化训练得到的，因此没有必要严格区分相关和卷积这两个术语。

的不同位置有着相同的信号，卷积操作就会在不同位置得到相同的响应，这就自然维持了平移同变性。同时，池化①操作可以进行空间分辨率的缩减，例如最大池化（Max Pooling）会提取相邻几个像素中的最大值；当卷积和最大池化搭配时，如果输入信号平移的范围较小，没有超过最大池化的范围，那么此时恰好可以实现平移不变性。如此一来，卷积和池化层相互配合，让卷积神经网络模型的归纳偏置恰好与任务本身所需要的特性相匹配，就能够在图像处理任务中大放异彩。

在大部分序列数据处理中，循环神经网络等序列模型更加适合，但这也不代表卷积神经网络毫无用武之地。如果任务本身较为简单，例如文本分类任务中朴素贝叶斯算法往往也能取得较好的效果，此时就可以选取卷积神经网络作为一个更加强大却又不会过分笨重的方案（循环神经网络需要按照时间步顺序计算，推理时速度较慢）；再比如有时输入信号序列较长或者较为原始（事实上这两者往往同时发生），例如语音识别中一条语音信号的长度经常长达数百帧②甚至上万帧③，此时往往也会选择先使用卷积神经网络来降低时间分辨率，然后再处理时序上存在的其他依赖关系。本章将介绍卷积神经网络在序列任务中的应用。

9.1 离散卷积的定义

图像处理中常用的是二维卷积核。而在序列建模中，输入是一维的，因此使用的大多是一维卷积核。在本节中，我们将介绍卷积的基本定义，为后续的卷积神经网络模型做好准备。

9.1.1 卷积的维度

所谓 N 维卷积，指的是卷积核可以在 N 个维度上自由滑动，而不意味着输入信号必

---

① 池化是 Pooling 一词的通用中文翻译，但笔者以为这个翻译并不好。英文单词 pool 有"集中资源或材料"的意思，神经网络中的池化正是对应了这一义项。

② 语音识别中最常用的输入是梅尔频率倒谱系数（Mel-Frequency Cepstral Coefficient）及其变种，这是根据人耳听觉特性对输入信号进行特征提取和降维后得到的结果。梅尔特征一般以 10ms 为单位在时间轴上滑动，因此一秒钟的语音可以对应一百帧梅尔特征。

③ 有些模型直接处理原始的语音信号，即传感器采样到的空气振动情况。假设音频采样率为 16kHz，这意味着一秒钟的语音对应了 16000 个输入信号。

须恰好是 N 维。假如输入信号的维度超过 N，那么在多出的坐标轴上 N 维卷积核将和输入信号具有相同的尺寸，即不会在这些坐标轴上发生滑动。

以二维卷积为例，无论是单通道图像（输入形如 $H×W$，其中 H 和 W 分别为图像的高度和宽度）还是多通道图像（输入形如 $H×W×C$，其中 C 是图像的通道数）都可以做二维卷积，只不过在这两种情况下卷积核的参数量不同。假设卷积核的空间尺寸为 $k×k$（即卷积核在高度和宽度这两个坐标轴上都可以看到 k 个像素点），那么对于单通道图像，卷积核的参数量就是 $k×k$ 本身；而对于多通道图像，其卷积核的参数量会变为 $k×k×C$——这相当于对每个通道分别做一次卷积然后再汇总求和。在图 9-1 中，图（a）展示的是在 $6×6$ 图像上做 $3×3$ 卷积的情形：每个小方格代表一个像素点，卷积核可以对邻域内的 9 个像素点信息进行汇总（将输入信号和卷积核相同位置的值相乘，然后再求和），得到某个空间位置处的运算结果；卷积核还可以在不同空间位置上进行滑动，例如图（a）展示了左下角和中上部两个滑动窗口。多通道图像的二维卷积如图 9-1（b）所示，在任意空间位置处，需要将该位置所有通道的 $k×k$ 邻域内的像素点（共计 $k×k×C$ 个元素）和卷积核的所有参数（也是 $k×k×C$ 个元素）逐元素相乘最后再求和。

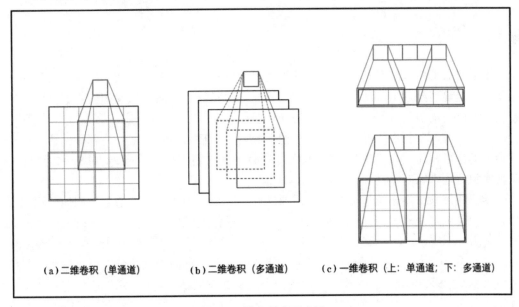

（a）二维卷积（单通道）　　　（b）二维卷积（多通道）　　　（c）一维卷积（上：单通道；下：多通道）

图 9-1　卷积维度示意图

在单通道的情况下，卷积核和输入信号都只有两个维度，并且卷积核可以在输入信号的任意位置滑动，自然属于二维卷积；而在多通道的情况下，虽然输入信号有三个维度，但是输入信号在通道这一维度上已经被卷积核填满，两者的尺寸都是 C，此时卷积核能够滑动的坐标轴还是只有两个（宽度和高度），因此这种情况仍然属于二维卷积。

类似地，假如输入信号是多通道的彩色视频，形如 $H×W×C×T$（其中 T 为时间轴），那么我们仍然可以在不同的空间位置进行二维卷积，此时卷积核尺寸为 $k×k×C×T$，即占满通道和时间这两个坐标轴，仍然只在宽度和高度上进行滑动。

有了以上铺垫，我们便很容易得出一维卷积的含义：只能在一个维度进行滑动的卷积操作。我们不妨假设滑动的这个维度为时间轴，信号本身也是一维的（即每个时间步有一个实数值作为信号），那么尺寸为 k 的一维卷积核将有 k 个参数，用于提取跨越 k 个时间步的信号模式；如果信号本身是二维的，即每个时间步有一个向量值 $\mathbb{R}^d$ 作为信号，那么尺寸为 k 的一维卷积核将有 $k×d$ 个参数，因为它需要在时间轴以外的维度上填满输入信号。图 9-1（c）中展示了单通道和多通道的一维卷积：水平方向表示输入信号的长度，图中共描绘了 7 个时间步；竖直方向表示通道数，因此上半部分表示单通道信号，下半部分表示多通道信号（图中描绘了 4 个通道）。无论哪种情形下，卷积核都只能在水平方向（即时间轴上）滑动，因此两种情况都属于一维卷积。在卷积核尺寸为 3 时，两种情况下卷积核的参数量分别为 3×1=3 和 3×4=12。

9.1.2　卷积的参数

本小节我们将介绍卷积操作的各项配置参数[①]。尽管本小节的介绍和图例主要针对一维卷积，但这些概念同样适用于高维卷积——只需对每一个需要做卷积操作的维度（即卷积核可以滑动的坐标轴）进行相应的处理即可。

假设现有一条长度为 7 个时间步、通道数为 2 的输入信号，我们将各种配置下的一维卷积进行可视化，如图 9-2 所示。图 9-2 所有子图的卷积核尺寸（Kernel Size）都是 3，而其他配置项则略有不同。

卷积核尺寸 k 用于描述卷积操作需要处理多少个时间步的输入信号。例如卷积核尺寸为 3 就表示每次对 3 个时间步的局部输入信号进行卷积操作。由于每个时间步的输入信号有两个通道，因此一维卷积的参数量就是卷积核尺寸 k 与输入通道数 C_{in} 的乘积，即 3×2=6[②]。图 9-2（a）展示了最基本的卷积操作：每个位置的卷积核可以覆盖输入信号中大小为 3×2=6 的区域，加权求和后得到一个局部的响应值（实数）；然后将卷积核沿着时间轴向右滑动一个窗口，重复以上计算，直到处理完所有输入信号，此时得到了 5 个响应值。也就是说，在这种基本的配置下，对于长度为 $T=7$ 的输入信号，一次卷积操作

---

① 注意不是卷积核的参数（或者说模型参数），而是卷积操作的各种不同运算方式。

② 这里只考虑了卷积核而忽略了偏置项，下同。如果要计算卷积层总的参数量，那么结果应为 6+1=7。

可以得到一个长为 $T-k+1=5$ 的向量作为输出。

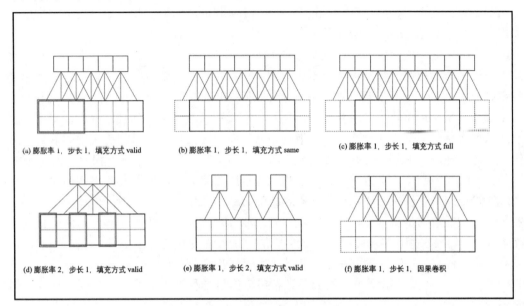

图 9-2　卷积操作的各种参数

　　在实践中，我们通常会学习多个不同的卷积核，再将每个卷积核计算得到的结果堆叠起来。不同卷积核的个数称为输出通道数 C_{out}，多个卷积核的计算结果堆叠后，总的输出张量形如 $C_{out} \times (T-k+1)$。

　　图 9-2（a）中，卷积核从输入信号的最左侧滑动到了最右侧，并且卷积核始终保持在输入信号的边界以内，因此这种填充模式称为 "valid"，参与卷积运算的永远是 "有效的、合法的" 信号。但有时候，我们可能希望输出和输入具有相同的长度，以便于后续处理，因此可以在输入信号的前后边界各填充 $(k-1)/2$ 个时间步的数据①使得卷积操作的输出长度保持不变，如图 9-2（b）所示。由于输入和输出信号长度相同，因此这种填充方式被称为 "same"。特别地，假如 k 不是奇数，那么 $(k-1)/2$ 就不是整数，此时具体的填充方式可能与卷积算子的实现相关，所以用户在使用卷积操作时一般需要避开这些与实现强相关或者容易引起错误的参数配置，例如在 "same" 填充方式下不要使用偶数尺寸的卷积核。最后，图 9-2（c）展示了另一种卷积操作滑动的极限——将卷积核滑动到仅有一个时间步为有效输入信号的位置，即向输入信号的两个边界各填充 $k-1$ 个时间步

①　一般来说，卷积操作填充全零值或复制输入信号的边界值，最大池化操作填充负无穷。具体细节需要参考深度学习框架中相应算子的文档。

的数据。这种填充方式称为"full"，因为卷积核滑动到了所有可能的位置。实践中较为常用的填充方式为"valid"和"same"。在 TensorFlow 2 中，填充模式可以在构造卷积层时通过参数 padding 来指定。

到此为止，我们使用的卷积核都着重于观察相邻的时间步。在某些情况下，相邻时间步的信号非常相似，我们可能会希望卷积"跳跃着"观察输入信号，以汇总更大感受野范围内的信息。一种实现方式就是膨胀卷积（Dilated Convolution），又称空洞卷积（Atrous Convolution），如图 9-2（d）所示。在卷积核尺寸 $k=3$ 保持不变的情况下，空洞卷积每次从若干个相邻时间步中只取一个进行查看，因此可以获得更大的感受野。这个"空洞"的大小称为膨胀率（Dilation Rate）。图 9-2（d）中的空洞卷积的膨胀率为 2，即每 2 个时间步选择一个查看。普通卷积相当于膨胀率为 1 的膨胀卷积的特例。另一种实现方式是调整卷积核的滑动步长（Kernel Stride），如图 9-2（e）所示。在该子图中，卷积核每次滑动的步长 $s=2$，因此滑动$(T-k)/s=2$ 次[①]就到了右边界，输出的信号长度为 $(T-k)/s+1$。容易看到，将 $s=1$ 代入该式，就能得到普通卷积的输出信号长度。

最后，还有一种特殊的卷积运算模式，就是因果卷积（Causal Convolution），如图 9-2（f）所示。在某些情况下，我们不光希望输出信号和输入信号具有相同的长度，同时还希望任意时间步的输出信号不要看到当前时间步之后的输入信号以免造成信息泄露。此时，我们可以向输入信号最前端填充若干个时间步的数据（如全零信号），然后进行正常的卷积操作。在这种情况下，输出信号就可以和输入信号长度对齐，并且完全没有信息泄露。例如，第一个时间步的输出信号只看到了填充的假数据，以及第一个时间步的真实输入信号；其他时间步以此类推。在 TensorFlow 2 中，因果卷积也被认为是一种填充模式，可以用参数 padding='causal' 来指定[②]。

以上便囊括了卷积运算的大部分基础知识。如果读者想要了解更多卷积运算的细节，可以参考文献[135]及其 GitHub 仓库，其中有非常精美的可视化结果。

9.2　卷积神经网络的两个实例

在了解一维卷积算术的基本概念之后，本节将展示两个在序列任务中应用卷积神经网络的实例，分别是应用于文本分类任务的 TextCNN[136] 和应用于语音合成任务的

---

① 如果 $T-k$ 不能被 s 整除，边界如何处理可能依赖于卷积算子的实现，因此在进行卷积操作时尽量不要使用这样的参数配置。

② 本书配套代码 chapter9/conv_example.py 中有使用零信号填充+"valid"卷积来实现因果卷积的示例。

WaveNet[137]。

9.2.1　文本分类与 TextCNN

　　大多数文本分类任务都是相对简单的，甚至只看几个词就能以相当高的准确率进行分类。例如进行新闻文本分类时，看到"股票""金融"等词就大概率说明当前文章属于"财经"板块，而看到"维生素""滋补"等词就大概率说明当前文章属于"健康"板块。此时，使用一层简单的卷积神经网络来提取局部单词组合模式就已经足够取得相当优异的性能了。

　　考虑输入序列"这/是/我/看过/最好/的/电影"，长度为 T=7 个词。首先，我们可以通过词向量层进行查表操作，将每个单词转换为一个 E 维[①]的向量，此时整个句子就变成了形如 $T×E$ 的张量。然后我们可以考虑用不同尺寸的一维卷积核在输入序列上进行卷积操作[②]：

- 例如，可以用一个尺寸为 k_1=2 的卷积核来提取两个单词的组合，如图 9-3 中加粗部分所示。该卷积核处理过输入序列后，假如采用 valid 填充方式，将得到长度为 $T-k_1+1$=6 的输出信号序列。该卷积核的参数量为 $k_1×E$=4。

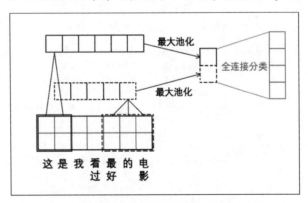

图 9-3　TextCNN 结构示意图

- 为了从输入序列中提取更多更丰富的信息，我们还可以使用不同的卷积核，例如一个尺寸为 k_2=3 的卷积核来提取三个单词的组合模式，如图 9-3 中虚线部分所示。该卷积核处理过输入序列后，假如采用 valid 填充方式，将得到长度为

---

① 为画图清晰，图中的词向量维度展示为 2。实践中常用的词向量维度一般是几十到几百。

② 词向量的维度在此处相当于输入通道数。一维卷积核只在时间轴上滑动，而词向量这一维被完全填满。

$T-k_2+1=5$ 的输出信号序列。该卷积核的参数量为 $k_2 \times E=6$。

● 当然，每种尺寸的卷积核我们也可以使用多个而非一个，这可以通过设置卷积核的输出通道数来实现。此时卷积核的参数量也需要再乘以输出通道的个数。

当我们有了不同卷积核提取的序列信息之后，会发现不同尺寸的卷积核的输出结果形状不同，这给不同输出之间的信息组合带来了一定的困难。解决这一问题有两种方法：其一是卷积操作时使用 same 填充模式，这样一来无论什么尺寸的卷积核都会得到 T 个时间步的输出信号，继而可以方便地进行拼接；其二是采用一些可以将变长转化为定长的层进行处理，例如最大池化操作。为简单起见，这里我们直接使用第二种方法（因为第一种方法最后还是需要池化操作来消除时间轴这一维）：对于任意一个卷积核，我们通过最大池化将它变成一个单独的实数，从而把变长的输出信号转化为定长。对所有卷积核的输出都进行最大池化处理后，我们便会得到 C_{out} 个实数信号（C_{out} 为所有不同的卷积核的个数，如果某个尺寸的卷积核有多个输出通道按多个算），然后把它们拼在一起得到一个向量，就可以使用我们熟悉的全连接层和交叉熵损失函数进行文本分类模型的训练了。

TextCNN 的模型代码较为简单，代码如下：

```
batch_size, time_steps = 32, 50
vocab_size, embedding_dim = 10000, 80
num_filters, num_classes = 64, 10
x = tf.keras.layers.Input(shape=(time_steps,))  # [B, T]
emb = tf.keras.layers.Embedding(vocab_size, embedding_dim)(x)  # [B, T, E]
conv1 = tf.keras.layers.Conv1D(filters=num_filters, kernel_size=3,
                               strides=1, padding='valid',
                               activation='relu')(emb)  # [B, T-2, F]
conv2 = tf.keras.layers.Conv1D(filters=num_filters, kernel_size=4,
                               strides=1, padding='valid',
                               activation='relu')(emb)  # [B, T-3, F]
conv3 = tf.keras.layers.Conv1D(filters=num_filters, kernel_size=5,
                               strides=1, padding='valid',
                               activation='relu')(emb)  # [B, T-4, F]
conv1p = tf.keras.layers.GlobalMaxPool1D()(conv1)  # [B, F]
conv2p = tf.keras.layers.GlobalMaxPool1D()(conv2)  # [B, F]
conv3p = tf.keras.layers.GlobalMaxPool1D()(conv3)  # [B, F]
conv_all = tf.keras.layers.Concatenate()([conv1p, conv2p, conv3p])  # [B,
3F]
logits = tf.keras.layers.Dense(units=num_classes)(conv_all)
model = tf.keras.Model(inputs=x, outputs=logits)
model.summary()
```

由于 TextCNN 中涉及多个不同尺寸卷积操作的融合，网络并非从头到尾顺序运算的序贯结构，因此使用函数式 API 来构建模型。假设模型输入的批大小为 batch_size、时间步数为 time_steps，我们先构建一个相应形状的输入层，并进行词向量查询操作得到张量 emb。此后，分别使用 3/4/5 三种不同尺寸的卷积核在输入信号 emb 上执行一维卷积算术 tf.keras.layers.Conv1D，得到结果 conv1/conv2/conv3。每种尺寸的卷积核都使用步长 1 进行滑动，并且填充模式为"valid"。为了提取多种不同的单词组合模式，每种尺寸的卷积核都使用多个（通过参数 filters 来指定），此即卷积操作的输出通道数。如此操作之后，三个卷积层的输出通道数均为 num_filters，但是时间步数却各不相同。TensorFlow 中的算子假定输入信号中通道维是最后一维，即 Conv1D 的默认参数为 data_format='channels_last'，这恰好也是我们这里的使用场景。如果在某些情形下通道维在前而时间维在后，可以通过设置参数 data_format='channels_first' 来告诉 Conv1D 层这个事实。

进一步地，我们可以使用 tf.keras.layers.GlobalMaxPool1D 层来消除时间轴这一维。GlobalMaxPool1D 层可以对不同的时间步数自适应，无须显式指出总的时间步数[1]。和 Conv1D 一样，该层假定通道维在最后。对三个卷积层的输出都进行最大池化操作后，我们便可以把它们拼接起来，使用全连接层进行分类了。为了防止模型过拟合，有时我们还会对卷积运算的结果进行适度的 dropout，或者是对全连接层的参数进行 L2 正则化处理。

尽管上述代码使用了 Conv1D 和 GlobalMaxPool1D，但是这里的实现方法并不是唯一的。根据本章开头的讨论，我们其实也可以用二维卷积来实现一维卷积，只需令二维卷积核填满所有输入通道即可。以尺寸为 3 的一维卷积为例，事实上我们可以用 tf.keras.layers.Conv2D(filters= num_filters, kernel_size=(3, embedding_dim), strides=(1, 1)) 来实现同样的效果。可以看到，在二维卷积中，我们需要给卷积核尺寸和滑动步长都指定两个超参数，用来表示两个维度上的尺寸和滑动步长，只不过在卷积核填满输入通道[2]的情形下，二维卷积无法在通道这个维度上进行滑动罢了。

类似地，我们也可以显式指定最大池化层的尺寸。以尺寸为 3 的卷积核为例，我们可以使用 tf.keras.layers.MaxPool1D(pool_size=time_steps – 2)对它的输出进行最大池化，甚至是使用恰当尺寸的二维最大池化层来完成这一操作，即 tf.keras.layers.MaxPool2D (pool_size= (time_steps – 2, 1), strides=(1, 1))。

---

[1] 普通的池化层通常需要指定池化操作的范围，而 GlobalMaxPooling 中的"Global"含义为池化操作的范围是整个时间轴（无论它包含多少个时间步）。

[2] 此处为词向量维度。

9.2.2 语音合成与 WaveNet

和文本数据相比，语音数据有着截然不同的特性。文本数据是人类经过成千上万年的进化不断抽象和总结得到的，字符和单词都是人类思维加工的产物，并非天然存在。而语音数据则和图像数据更为相似，可以由传感器直接记录得到，是更加原始的物理信号：感光元件记录每个空间位置接收到的光照强度，这就是图像数据；声音引起的空气振动导致麦克风的隔膜感受到风压不断变化，将不同时刻的风压记录下来组成一条时间序列，这就是语音数据。自然语言中虽然可以根据上文以一定的概率预测下文，但相邻两个单词的词性、语义等都可能完全不同，每个词都包含相当大的信息量；而语音数据中相邻两个时间点的取值则非常接近，因为声学信号受到物理定律的支配，在时间上具有连续性（例如麦克风隔膜的位置不会瞬移，只能连续地、逐渐地从一个位置移动到另一个位置）。

WaveNet 把语音合成当成一个自回归问题来求解。类似于语言模型，它把训练数据的似然函数分解为链式乘积，然后通过最大似然估计来优化模型，只不过它的输入和输出是相差一个时间步的波形数据而非单词。考虑到波形数据连续变化、时间步数较多的特点，WaveNet 没有使用语言模型中常用的循环神经网络结构，而是进行了一系列改编和适配。本小节首先会介绍语音数据的特点和传统语音处理算法的基础知识，然后介绍 WaveNet 模型的相关细节。

1. 语音数据简介

语音数据有以下三个较为常见的参数：

- 采样位深（Bit Depth）：表示每个时刻的采样数据使用多少比特来编码。例如，16 比特就表示任意时刻的数据可能有 2^{16}=65536 种不同的取值。采样位深越大，对每个时刻声音振动的情况描述就越精细，可以区分更多等级的声音强度。常见的采样位深为 8 位、16 位、24 位或 32 位。

- 采样频率（Sample Rate）：表示每隔多久采样一次声音振动情况。例如，16 kHz 就表示每秒钟进行 16000 次采样。采样率越高，越能捕捉声音随时间变化的情况，声音质量也就越高。根据香农-奈奎斯特采样定理，当采样频率超过信号中最高频率的 2 倍时，采样后的数字信号能够完整保留原始信号的信息。常见的采样频率为 16 kHz 或者 44.1 kHz，因此它们分别可以保存最高频率不超过 8 kHz 和 22.5 kHz 的声音信号——前者可以覆盖人声频率（人类语音信号的频率一般在 1 kHz 以内），而后者足以覆盖所有对人类听力来说有意义的频率（频率超过

20 kHz 的声音信号为超声波，人耳无法听到）。

- 通道数（Number of Channels）：一条通道是指某个位置流入或者流出的一条单独的声音信号。如果仅仅使用一个麦克风采集声音，或者一只扬声器来播放声音，这时候采集或播放的就是单通道的声音。在有些情形下，例如为了获得立体声效果，需要在多个不同的空间位置分别采集和播放声音信号，这时就会用到多通道的声音信号。

从上面的知识可以知道，一条音频所需的存储空间等于采样频率、采样位深、通道数与音频时长的乘积。例如，假设有一条时长为 2 秒、采样位深为 16 位、采样频率为 44.1 kHz 的单通道音频，其体积应为 $44.1\,\text{kHz} \times 16\,\text{bit} \times 1 \times 2\text{s} = 1.4112 \times 10^6\,\text{bit}$。这便是 WAV 格式的音频文件中所存储的数据字段的内容。

如果将这一数据和文本进行对比，很容易发现两者之间的信息量差别 2 秒的语音转换成文字，不过就是几个词的短句，按照文本方式保存只需几十字节的空间而已。语音中存储的信息自然远比文本丰富（例如包含了说话人的音色和情绪），但其中的冗余也是显而易见的。正因如此，各种音频压缩算法（例如 MP3 格式）可以在音频质量损失微乎其微的情况下大幅压缩音频文件的体积。

音频数据的这一特点对序列建模也会产生深刻的影响。每秒钟的音频就有多达上万个时间步，这意味着简单粗暴地使用一个 RNN 来处理音频或者生成音频是不切实际的，我们一般只会在长度为几十到几百个时间步的数据上使用 RNN。

因此，语音数据处理通常不直接在时域上进行，而是在频域上进行：

- 在进行语音识别时，我们往往将输入的时间序列划分为很多互相重叠的窗口。每个窗口称为一帧（Frame），其时长称为帧长（Frame Size），一般取为 20~50 毫秒。这个时间长度在宏观上足够小，通常仅仅包含一个音素，因而不会将多个音素放在一起产生混淆；同时在微观上又足够长，可以包含该音素的两到三个完整周期的波形，有助于信号处理算法提取其中的频率信息。各个窗口之间的偏移量称为帧移（Frame Shift），一般取为 10 毫秒左右，来保证相邻两个窗口不会差异太大，也不会过于相似。对于每个窗口，MFCC[17] 等算法可以提取出几十维的向量来表达对于语音识别任务有意义的信息；根据帧移数据能够算出，每秒钟的语音会被划分为 1 s/10 ms=100 个窗口，这就将原始语音信号的每秒上万个时间步降低了两个数量级。如此一来，一秒钟的原始音频会被转化为 100 个时间步、每个时间步几十维的数据，这就落到了 RNN 等模型可以处理的范围内。

- 在进行语音合成时，我们通常不会直接生成语音的波形，因为这意味着每秒需要预测上万个时间步的裸传感器数据。和语音识别算法类似，我们通常在频域上工作：模型首先预测出时间步数较少、维度较低的声学特征（例如 MFCC[17] 等），然后再使用 Griffin-Lim[138] 等声码器（Vocoder）①算法从中重建出原始的时域信号，即语音波形。

2. 使用 μ 律编码缩小预测空间

假设词表大小为 V、时间步数为 T，那么所有可能的序列数量有 V^T 种。当词表太大、时间步过多时，这将是一个天文数字。幸运的是，我们可以根据语音数据的特点来缩减词表大小 V。

在语言模型中，输出词表的大小通常为数万，但这是因为语言中会有上万个互不相同的单词；而在语音数据中，虽然每个时间步的输出也可能有数万种取值（例如采样位深为 16 比特时，每个时间步有 65536 种可能的取值），但这些取值却并非毫无关联的。单词词表为定类数据（Nominal Scale of Measurement），ID 为 1 的单词和 ID 为 2 的单词并没有什么大小关系，仅仅是属于两个不同的类别而已；而波形数据为定序数据（Ordinal Scale of Measurement），数值的大小是可以进行比较的，数值越大就意味着声压越强，使得麦克风隔膜产生的偏移越大，传感器转换成的电信号越强。

此外，心理学研究[139]显示，人耳对声音强度的响应并非线性，而是近似对数：同样的声音强度变化，在声强较小时人耳的感知更为敏锐，在声强较大时则略为迟钝。因此，我们可以对波形数据的范围进行适当的量化和压缩，在绝对值接近零的部分保留较多的数值等级，而在绝对值较大的部分把较宽的数值范围进行合并。这一编码算法被称为 μ 律编码[140]，公式如下：

$$f(x) = \text{sign}(x) \frac{\ln(1 + \mu \, | \, x \, |)}{\ln(1 + \mu)} \tag{9-1}$$

由于对数函数的使用，这一编码会凸显 $x=0$ 附近的变化，符合人耳认知规律。最终的变换结果可以强制类型转换为低精度的整数，以实现量化和压缩的目的。

```python
import numpy as np

def mu_law(x, mu=255):
    x = np.clip(x, -1, 1)
    x_mu = np.sign(x) * np.log(1 + mu * np.abs(x)) / np.log(1 + mu)
    return ((x_mu + 1) / 2 * mu).astype('int16')
```

以采样位深为 16 位的音频数据为例，每个时间步的输入信号取值范围为

---

① 对低分辨率的声学特征进行上采样以获得时域波形的组件称为声码器。

[−32768,32767]。首先，我们可以将这一数值除以 32768，得到一个归一化至区间[−1,1]的浮点数值；然后应用μ律变换的公式，在信号值域不变的情况下凸显其中接近零的部分，压缩远离零的部分；最后将结果量化为$[0,\mu]$区间的整数。假如取μ=255，我们就把每个信号点的可能取值范围从 65536 降低到了 256，因此可以大幅缩减模型需要预测的词表大小。μ律编码函数是单调的，因此我们也可以将这一操作过程反过来，从模型预测的低精度词表中恢复出原本的采样位深[①]。

3. 使用空洞卷积建模超长时序依赖

前面提到了缩减词表规模的方法，这里我们将讨论如何处理超长时间步。假设语音的采样频率是 16 kHz，那么仅仅一秒钟的语音便包含了 16000 个时间步，这显然不是循环神经网络擅长处理的。一个简单的想法就是通过池化等方法来降低时间分辨率——由于语音信号的连续性，适度的降采样不会丢失太多信息。但是 WaveNet 最终的目的是直接进行语音合成，也就是说要在输出端保持和输入端相同的时间分辨率，因此这种做法并不合适。

WaveNet 选择的方法是通过空洞卷积来增加感受野。在不改变卷积核参数量的情况下，空洞卷积跳跃着查看输入信号，因而可以获得更广阔的感受野，即能够处理更长的时间序列。语音信号的连续性意味着每个时间点的信息在它附近的其他时间点中也有部分保留，因此卷积核中的空洞不会遗漏太多信息。

图 9-4 中展示了三层因果空洞卷积。最下面是单通道的输入层，从左到右代表 16 个不同的时间步。容易看到，任意一个中间层神经元的值都是由前一层中不晚于当前时间步的神经元计算得出的，因此这三层都是因果卷积。在每个卷积层中，任意神经元的值都由两个前一层的神经元决定，因此卷积核尺寸固定为 2；卷积核每次在时间轴上滑动的距离为一个时间步，因此卷积核步长为 1。在第一层卷积中，卷积核的两个输入神经元是相邻的没有缝隙，因此膨胀率为 1，是最普通的卷积操作；在第二层卷积中，卷积核的两个输入神经元之间跳过了一个时间步，因此是膨胀率为 2 的空洞卷积；在第三层卷积中，卷积核的两个输入神经元之间跳过了 3 个时间步，因此是膨胀率为 4 的空洞卷积。为避免示意图中线条拥挤，每层只有最后一个时间步的卷积核用带箭头的实线标出，其余位置的卷积核表示为不带箭头的虚线。个别时间步靠前的卷积核可能会卷到下层输入中不存在的位置，这时只需在下层输入最前面补零即可。

---

① 恢复后的信号值动态范围是[−32768, 32767]，但只能跳着取到该区间内的 256 个值。不过这对人耳听力来说影响不大，因为这 256 个值在零附近覆盖较为密集，符合人耳听觉的敏感度。

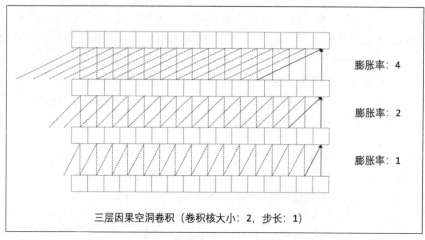

三层因果空洞卷积（卷积核大小：2，步长：1）

图 9-4　多层因果空洞卷积示意图

　　假设将这 16 个时间步分别标记为 t=0,⋯,15，那么可以发现，第三个卷积层的最后一个神经元可以看到第二个卷积层中 t=11 的神经元，而第二层这个神经元又能看到第一个卷积层中 t=9 的神经元，进而看到输入信号中 t=8 的神经元。通过更仔细地观察还能发现，第三层的最后一个神经元可以看到其感受野内的全部 8 个时间步（即时间步 t=8,⋯,15）的输入信号。从感受野的角度来讲，这三层空洞卷积起到了卷积核尺寸为 8 的一层卷积的效果[①]。作为对比，假如每层我们都使用普通卷积而非空洞卷积，那么最顶层的神经元只能看到 3 个时间步之前的输入信号。显然，空洞卷积可以大幅增加模型的感受野。特别地，如果每层空洞卷积核的膨胀率都翻倍，那么最顶层神经元的感受野将呈指数增长，这就解决了时间序列过长的问题。

　　WaveNet 也正是这么做的。WaveNet 中使用的卷积膨胀率从下到上依次为 1,2,⋯,512，这就意味着膨胀率为 512 的那一层神经元拥有大小为 1024 的感受野。假设输入信号的采样频率为 16 kHz，那么 1024 个时间步的输入信号对应于 1024/16 kHz =64ms 的语音。这一时间长度已经足够识别出音素了，具有了语音学上的意义。为了进一步增强模型的表达能力，WaveNet 将上述指数增长的膨胀卷积块重复多次，即在最顶层膨胀率为 512 的卷积层之上继续重复膨胀率为 1,2,⋯,512 的卷积，以进一步增强模型的表达能力，更加细致地观察每个时间步的信号。最终，靠近输出层的神经元共计可以看到数百毫秒的语音信号，这甚至能够包含一些完整单词的读音了。

---

① 从表达能力的角度讲，三层空洞卷积自然会更弱一些，因为它只有 6 个参数，这意味着它处理 8 个输入信号所用的权重不是完全互相独立的。不过，由于输入信号的冗余性，我们也不需要独立地对待每个输入信号。

4. 门控激活单元和残差连接

前面我们阐述了利用空洞卷积建模超长时序依赖的基本原理。不过在实践中，简单将空洞卷积层层堆叠的效果并不好，我们还需要引入恰当的非线性变换来增强模型的表达能力，以及增加一些特殊设计的结构来帮助模型训练和优化。

图 9-5（a）展示了 WaveNet 中每个空洞卷积模块的内部细节。可以看到，该模块的输入首先经过了一个门限激活单元（Gated Activation Unit）（图中用灰色方框标识）。门限激活单元是在 PixelCNN[141] 中引入的，它的内部首先对输入信号进行两次输出通道数相同的卷积操作①，然后分别经过双曲正切和 Sigmoid 激活函数再逐元素相乘。如果只看左半分支，卷积和非线性函数（双曲正切函数）的复合是一个在神经网络中非常常见的组合，然而门限激活单元还给每个激活值额外计算了一个门限值（Sigmoid 的部分），用来控制相应激活值的通过与否，以实现更强的非线性和对输入的选择性。公式如下（符号*表示卷积）：

$$\text{GAU}(x) = \tanh(W_1 * x + b_1) \odot \sigma(W_2 * x + b_2) \tag{9-2}$$

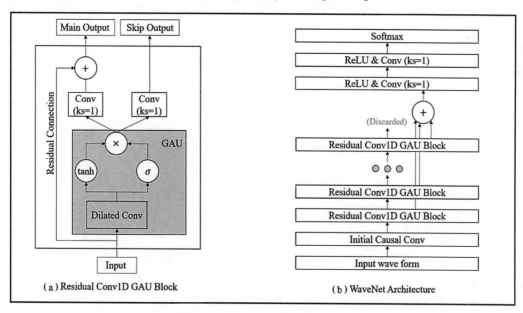

（a）Residual Conv1D GAU Block　　　（b）WaveNet Architecture

图 9-5　WaveNet 网络结构示意图

在门限激活单元之后有两个分支路径：一路执行卷积操作后与输入求和，得到该模

---

① 普通的门限激活单元中使用的是普通卷积，在 WaveNet 中我们使用的是空洞卷积。

块的主要输出（图示里的 Main Output）；另一路则在执行卷积操作后直接结束（图示里的 Skip Output）。前者用于将多个空洞卷积模块串行连接起来，不断扩大模型的感受野，以处理更久远的信息，同时残差连接（Residual Connection）[142]的使用也更有利于模型的训练和优化；而后者则可以提取和保留当前模块、当前尺度的信息，最终用于多层次信息的融合，让模型能够更好地建模语音数据的内在规律。这两路分支中的卷积核尺寸均为 1，即它们只负责各个通道之间的信息交换和融合，而无法在时间轴上提取波形变化的模式——时间轴上的模式提取完全由空洞卷积层负责。

在编写代码时，我们可以定义两个卷积层，分别对应靠近输入的空洞卷积运算以及靠近输出的普通卷积运算。从理论上讲，门控激活单元的部分需要两个卷积层，两个输出分支也需要两个卷积层；但是在代码实现上，我们可以化零为整，使用一个通道数翻倍的卷积层执行卷积操作，然后将结果按照通道维度切分，来模拟两次独立卷积操作的效果①。正因如此，以下代码定义的卷积层输出通道数都乘以 2。为避免泄露未来信息，空洞卷积的填充模式必须为 "causal"；而对于普通卷积来说，由于卷积核大小为 1，不涉及时间轴上的关联运算，其填充模式设置成 "causal,valid,same" 都可以，这几种模式的运算结果完全相同。

```python
class ResidualConv1DGAU(tf.keras.layers.Layer):
  def __init__(self, channels, kernel_size, dropout, dilation_rate=1):
    super().__init__()
    self.dilated_conv = tf.keras.layers.Conv1D(channels * 2,
                                               kernel_size=kernel_size,
                                               padding='causal',
                                               dilation_rate=dilation_rate)
    self.dropout = tf.keras.layers.Dropout(rate=dropout)
    self.conv = tf.keras.layers.Conv1D(channels * 2,
                                       kernel_size=1,
                                       padding='causal')

  def call(self, inputs):
    # inputs 是形如 [batch_size, time_steps, channels] 的张量（简写为 [B, T, C]）
    x = self.dropout(inputs)  # [B, T, C]
    x = self.dilated_conv(x)  # [B, T, 2C]
    # [B, T, 2C] -> [B, T, C], [B, T, C]
    x_tanh, x_sigmoid = tf.split(x, num_or_size_splits=2, axis=2)
    # 如果有必要，这里可以用卷积上采样的形式再加一些条件输入项
    x = tf.nn.tanh(x_tanh) * tf.nn.sigmoid(x_sigmoid)  # [B, T, C]
    x = self.conv(x)  # [B, T, 2C]
    # [B, T, 2C] -> [B, T, C], [B, T, C]
```

---

① 卷积层不同输出通道的参数互相独立，因此这种合并操作是等价的。将两次小的卷积操作合并成一次大的卷积操作更有利于提高硬件利用率。

```
out, skip = tf.split(x, num_or_size_splits=2, axis=2)
return (out + inputs) / np.sqrt(2.0), skip
```

在模型前向运算的代码中可以看到，首先进行随机 Dropout，然后执行空洞卷积操作并把结果沿着通道轴切分为两半（x_tanh 和 x_Sigmoid）。此时，假如我们准备了语音波形以外的其他可选输入[1]，可以把这些输入也处理为与 x_tanh 和 x_Sigmoid 形状相同的张量并与之叠加，以引入新的输入信息。这两部分分别经过双曲正切和 Sigmoid 激活函数后再相乘，便完成了门限激活单元的部分。

对于门控激活单元的输出，我们继续使用卷积和拆分操作来得到两个输出分支上的卷积结果。在第一个分支中，我们把卷积层的输出和整个模块的输入相叠加，然后再用系数 $1/\sqrt{2}$ 进行缩放[2]；在第二个分支中，卷积层的输出就是最终的输出结果。

5. WaveNet 完整代码

了解空洞卷积模块的实现之后，WaveNet 网络的完整代码[3]也就呼之欲出了。完整的 WaveNet 模型结构可以参考图 9-5（b）。语音样本 x_input 首先经过一个初始的因果卷积层，将单通道的原始波形变为多个通道。此后，多个空洞卷积模块顺序连接，在其他超参数相同的情况下，卷积核的膨胀率从 1 指数上升到 512（不同的膨胀率参数共计 block_size=10 种），然后再如此循环往复 num_blocks=4 次。代码中的变量 x 对应于网络结构示意图中的主要输出，可以看到它在不同的空洞卷积模块之间互相衔接，前一个模块的输出作为后一个模块的输入；而每个模块的次要输出 new_skips 则被累加起来，完成语音样本中不同尺度信息的提取。最终的累加值需要除以求和项数的平方根进行缩放，以利于神经网络的训练。

```
# block_size=10 对应于 dilation_rate 从 1, 2, … 一直取到 512
block_size, num_blocks = 10, 4
batch_size, time_steps, vocab_size = 4, 16000, 256
initial_channels, conv_kernel_size, output_channels = 128, 2, 256
dropout_rate = 0.05

x_input = tf.keras.layers.Input(shape=(time_steps,))  # [B, T]
```

---

[1] 截至目前，我们讨论的 WaveNet 还只是一个单纯的无条件语音模型，即建模语音数据自身的分布规律，用于随机地采样和生成一些语音样本。实际上还可以向 WaveNet 中引入一些额外输入，例如文本信息，让它进行受控的语音合成。我们将在后续小节中继续讨论这一点。

[2] 假设两个求和项是两个互相独立、方差相同的随机变量，如此缩放以后可以使得求和结果的方差与任意一个求和项相同，进而在多个神经网络模块堆叠时可以稳定隐藏层向量的数值分布，有利于模型训练。一般地，假设有 N 项参与求和，那么在类似的假设下可以推断出缩放的系数应为 $1/\sqrt{N}$。

[3] 参见本书配套代码 chapter9/wavenet.py。

```
# 拓展一维卷积的通道数
x = tf.expand_dims(x_input, axis=-1)  # [B, T, C=1]
x = tf.keras.layers.Conv1D(filters=initial_channels,
                           kernel_size=1,
                           strides=1, padding='causal',
                           activation='relu')(x)  # [B, T, C]

skips = 0
for block_index in range(num_blocks):
  for stack_index in range(block_size):
    x, new_skips = ResidualConv1DGAU(channels=initial_channels,
                                     kernel_size=conv_kernel_size,
                                     dropout=dropout_rate,
                                     dilation_rate=2 ** stack_index)(x)
    skips += new_skips
skips = skips / np.sqrt(block_size * num_blocks)
```

在各个空洞卷积模块堆叠完毕之后，最后一个空洞卷积模块的主要输出 x 直接被丢弃了，而各个模块次要输出的累加值 skips 则被利用起来，用于预测下一时间步的波形。WaveNet 的输出部分是一个简单的两层卷积神经网络，最终输出通道数为词表大小，即 μ 律编码并量化后的类别数。这一结果可以通过 Softmax 转化为一个概率分布，然后和真正的标签（即下一时刻的波形经过 μ 律编码和量化后的类别 ID）计算交叉熵损失函数，并通过梯度下降来优化。

```
out = tf.keras.Sequential(layers=[tf.keras.layers.ReLU(),
                                  tf.keras.layers.Conv1D(
                                    filters=output_channels,
                                    kernel_size=1,
                                    strides=1,
                                    padding='causal',
                                    use_bias=True
                                  ),
                                  tf.keras.layers.ReLU(),
                                  tf.keras.layers.Conv1D(filters=vocab_size,
                                                         kernel_size=1,
                                                         strides=1,
                                                         padding='causal',
                                                         use_bias=True
                                                         )
                                  ])(skips)   # [B, T, V]

model = tf.keras.Model(inputs=x_input, outputs=out)
model.summary()

wave_form = tf.random.uniform(shape=[batch_size, time_steps])
y = model(wave_form)
print(tf.shape(y), y)
```

6. WaveNet 的实际应用

如果仅仅是像上面那样训练，那么 WaveNet 只是在拟合训练集中的语音数据的分布。我们只能用它随机采样一些听起来似乎有点儿像那么回事儿的语音（回想我们之前训练过的语言模型，以及从中采样出的乍一看表面上还行的句子），却难以真正用它完成有意义的实际任务。对于有意义的任务，我们往往需要给模型更多的输入，让它以这些输入为条件合成相应的音频。例如，给模型一个句子，让它生成对应的语音；或者是告诉模型某个说话人的信息（性别、年龄或某些语音学特征），让它生成具有该说话人音色的语音。

从原理上说，这只需要给原始无监督版的 WaveNet 加上一个条件输入 **h** 即可：

$$p(\mathbf{x}\,|\,\mathbf{h}) = \prod_{t=1}^{T} p(x_t\,|\,x_{1:t-1}, \mathbf{h}) \tag{9-3}$$

由于条件输入 **h** 的时间分辨率往往低于语音信号 **x**，因此需要想办法把这两种输入在模型里融合起来。假如条件输入不含时间信息（例如说话人的身份信息），那么可以将该信息复制很多份，在每个时间步都引入该输入，使之成为模型在预测时需要时时关注的全局信息；假如条件输入的时间步数较少（例如文本信息），那么可以对条件输入进行上采样（例如使用转置卷积①或者是简单的线性上采样），然后在相同的时间分辨率上处理条件输入信息和语音信号（例如将这两种输入进行叠加）。这些额外信息可以添加到门控激活单元内部（9.2.2.4 节示例代码中的注释展示了添加的位置）。

WaveNet 最大的缺点就是推断速度慢。当模型训练时，各个时间步的输入和输出都是已知的，可以并行计算；然而在推断时，它只能自回归地单步运行，每次只采样出一个数据点，直到生成一条完整的音频。对于语言模型来说，由于句子长度有限，单步采样不算太大的问题；但是对于语音数据来说，每秒钟的语音包含多达上万个数据点，因此生成一句话对应的语音（通常时长为几秒钟）就需要数万次单步运行，难以满足实时性要求。后来，谷歌基于模型蒸馏方法和逆自回归流[143]提出了并行 WaveNet[144]，使得模型推断时的各个时间步也可以并行运算，大大提升了推断效率，并真正将这一模型应用到了产品中。

此外，使用 Softmax 来建模输出类别分布的做法也有改进的空间。如果仅仅把不同的量化级别当成独立的类别，这就忽略了语音数据定序的实质（例如类别 255 所代表的声音强度比类别 254 更强）。一种改进方案是仿照 PixelCNN++[145] 的做法，使用混合

---

① 由于滑动步长的存在，大部分常见的卷积操作会降低输入的分辨率。而转置卷积（Transposed Convolution）会向输入信号中插入零元素再进行卷积操作，最终的分辨率往往大于输入信号，可以起到提升分辨率的作用。

逻辑斯蒂分布（Mixture of Logistic Distributions）输出层。这一输出层用于在回归问题中建模一个连续实数值的概率密度分布情况，它认为一元连续概率分布可以用混合逻辑斯蒂分布来描述，其中需要模型学习的参数就是混合逻辑斯蒂分布中的每个分量的权重、位置和尺度。在分类问题中，可以通过分桶对连续概率分布进行离散化（例如将区间 $[253.5, 254.5]$ 中的值都对应到类别 254，区间 $[254.5, +\infty)$ 中的值都对应到类别 255），进而根据累积分布函数（Cumulative Distribution Function）计算出目标类别的概率并进行最大似然估计。混合逻辑斯蒂分布输出层考虑了不同类别之间的顺序特点，因此往往可以取得更好的效果。

## 第 10 章

Transformer

到目前为止，我们已经了解了很多常用的神经网络模型，尤其是循环神经网络和卷积神经网络，这两者都有相当悠久的历史，分别在自然语言处理和计算机视觉领域引领风骚，并且可以互相配合完成看图说话等多模态任务。然而，在 2017 年，Transformer[100]模型横空出世，以注意力机制为核心构建网络骨干结构，引领了一波新的潮流。随着硬件水平的进步和数据规模的增长，Transformer 甚至后来居上，大有一统天下之势。

Transformer 尚无约定俗成的中文翻译。从字面上讲，Transformer 可以直译为变换器，但这一翻译却难以体现 Transformer 的多重内涵：

- 从结构上讲，Transformer 的每一层都具有全局感受野，可以看到前一层所有时间步的输入，并且使用注意力机制以不同的权重去观察和提取序列不同位置的信息，与卷积或者循环神经网络相比具有极大的灵活性。从这一角度讲，或可参考美国科幻动作电影 *Transformer*（译为"变形金刚"）。
- 从应用范围来讲，Transformer[100]一开始是一个机器翻译模型，用于把源语言单词序列变成目标语言单词序列。也就是说，这一名称体现了其"序列变换（Sequence Transduction）"的用途。

因此，本书将直接使用 Transformer 这一术语，不进行翻译。在本章中，我们将首先介绍 Transformer 模型的结构，然后借由机器翻译问题探讨多个序列模型的融合方法和并行文本生成方法，最后涉及一些 Transformer 模型的变种和拓展。

10.1　Transformer 模型结构介绍

从狭义上讲，原版的适用于机器翻译任务的 Transformer 具有编码器-解码器-注意力架构，如图 10-1 所示。编码器内部和解码器内部各自使用自注意力（Self-Attention）模块来提取源语言和目标语言序列内部各个单词之间的关系，并有额外的交叉注意力（Cross-Attention）模块来连接编码器和解码器。从广义上讲，主要依赖自注意力模块来提取时序关联的模型都可称为 Transformer——这些模型可以应用在序列变换以外的任务上，也可能仅包含编码器或者解码器部分。

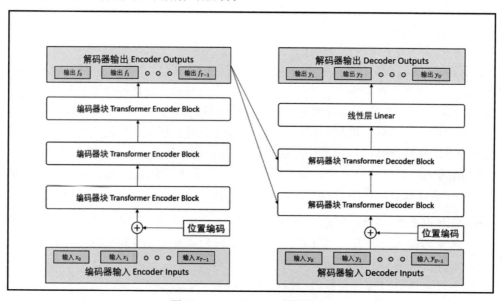

图 10-1　Transformer 模型结构

本节我们主要介绍原始版本的狭义 Transformer，在了解相应原理之后，截取和修改其中的部分结构便能得到各种各样的广义 Transformer。从图 10-1 中可以看到，无论是编码器还是解码器都由大量堆叠的 Transformer 块组成。对于编码器部分，每个块由两个主要的子模块组成（图 10-2 中用灰色底色标出），分别是自注意力模块和前馈网络模块；对于解码器部分，每个块由三个主要的子模块组成（图 10-3 中用灰色底色标出），分别是自注意力模块、交叉注意力模块和前馈网络模块。

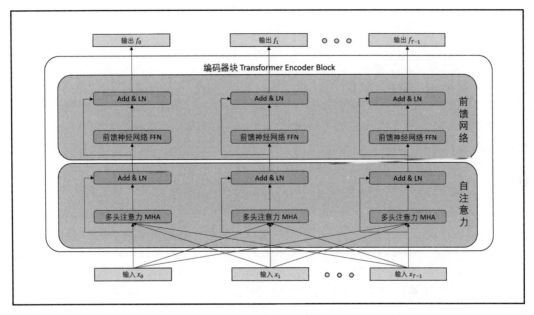

图 10-2　Transformer 编码器块结构

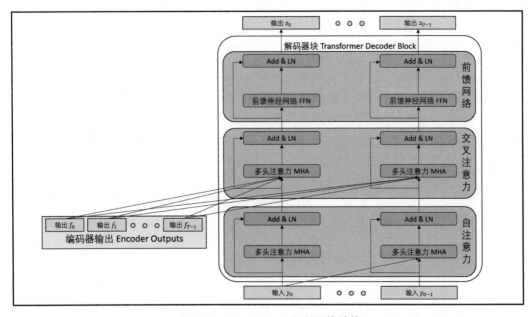

图 10-3　Transformer 解码器块结构

接下来, 我们将逐一分析 Transformer 中的各个组块, 最终勾勒出整个 Transformer

的完整图像。

10.1.1　注意力层

在第 7 章中，我们曾接触过注意力机制的一般框架，并研究过两种具体的注意力机制——乘性注意力和加性注意力。Transformer 中用到的缩放点积注意力（Scaled Dot Product Attention）便是乘性注意力的一个简单变种。只不过在前面的章节中，注意力机制仅仅用在编码器和解码器之间，用来实现两种语言单词之间的软对齐[①]——交叉注意力；而在 Transformer 中，注意力机制还有一项额外的功能：替代卷积或循环神经网络，用于建模源语言（或者目标语言）内部各个单词之间的关系。

与卷积或者循环神经网络相比，使用自注意力机制来挖掘单词之间的关联具有一个明显的优势：它可以直接计算任意两个元素之间的相似度，无视它们之间的距离[②]。作为对比，如果两个单词的距离为 d，那么在卷积核尺寸为 k 的一维卷积神经网络中，需要堆叠 $O(d/k)$ 个普通卷积层或者 $O(\log_k d)$ 个空洞卷积层才能将它们关联起来；在循环神经网络中，需要经过 $O(d)$ 次运算才能将两个词联系起来。这种"超距作用"使得 Transformer 较易习得远距离的依赖关系。

1. 缩放点积注意力

缩放点积注意力的运算过程如图 10-4 所示（其中 mmul 表示矩阵乘法）。该图直接展示了缩放点积注意力运算的批量版本，即同时对多个查询向量进行注意力运算。批量版本的注意力公式一方面有助于我们实现向量化的代码，另一方面也有助于阅读相关文献，降低思考 Transformer 模型时的思维负担。为了便于读者分析运算的具体过程，该图中的每个张量都进行了网格划分以直观展示其形状，同时右下角也用数学符号来进一步指明。

[①] 这里为了表述方便采用了软对齐的说法，但其实注意力机制有着更复杂的内涵，详见 7.2.3 节中的讨论。

[②] 此处指下标位置之差。例如两个单词在句子中相邻，便称它们距离为 1；中间相隔一个词，则距离为 2。

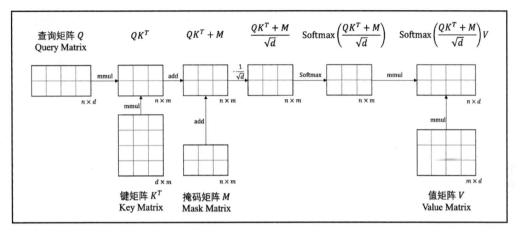

图 10-4　缩放点积注意力

缩放点积注意力模块的输入张量有 4 个，分别是查询矩阵 Q、键矩阵 K、掩码矩阵 M 和值矩阵 V。在第 7 章中，我们曾经把注意力模块类比为数据库操作，这里我们再进行一次简要回顾：

- 查询向量是待查询的信息（图 10-4 中为 d=4 维向量）。当我们需要批量处理多条（图 10-4 中有 n=2 条）待查询信息时，便会组成一个查询矩阵 $Q \in \mathbb{R}^{n \times d}$。
- 键矩阵 $K \in \mathbb{R}^{m \times d}$ 为数据库中各个条目（每个条目对应源语言或者目标语言序列的某个位置的单词，图 10-4 中有 m=3 个条目）的键。每个键都是一个 d 维向量，用来计算查询向量和相应数据库条目的相似性或相关性。图 10-4 中展示的是键矩阵的转置 K^T，因此形状为 $d \times m$。
- 值矩阵 $V \in \mathbb{R}^{m \times d}$ 则是数据库中各个条目的值。每个值都是一个 d 维向量，用于返回查询到的相关信息。对于数据库中的每个条目，其键和值可以相同（例如我们在第 7 章中见到的例子），也可以不同（例如本章中我们关注的 Transformer）。
- 掩码矩阵 $M \in \mathbb{R}^{n \times m}$ 用于在查询时盖住不需要被查询的条目，例如在批量训练时处理填充元素，或者是在解码器端引入因果性（避免前面的单词看到未来待预测的单词）。

如果用数学公式来表达，缩放点积注意力可以写为：

$$\text{Attention}(Q, K, V, M) = \text{Softmax}(\frac{QK^T + M}{\sqrt{d}})V \tag{10-1}$$

假设有 n 个查询向量 $q_i \in \mathbb{R}^d$，我们可以把它们排成一个查询矩阵 $Q \in \mathbb{R}^{n \times d}$，每行对

应一个查询向量；类似地，假设有 m 个键向量 $k_j \in \mathbb{R}^d$，我们可以把它们排成一个键矩阵 $K \in \mathbb{R}^{m \times d}$，每行对应一个键向量。假如我们用点积来刻画两个向量之间的匹配程度，那么很容易发现，通过一次矩阵转置和乘法操作可以轻松得到任意查询向量和键向量之间的相似度：矩阵 QK^T 的 (i, j) 元恰好是查询向量 q_i 和键向量 k_j 之间的相似度。

为了便于批量操作，我们还需要给初步的相似性矩阵 QK^T 加上一个额外的掩码矩阵 $M \in \mathbb{R}^{n \times m}$，其 (i,j) 元表示我们是否希望查询向量 q_i 看到数据库中的条目 j：

- 假如我们希望查询向量 q_i 能够看到数据库中的条目 j，那么可以将掩码矩阵的相应元素 M_{ij} 设置为零。这样一来，相似度矩阵 QK^T 中对应的元素在求和后可以保持原样，不受影响。
- 假如我们希望查询向量 q_i 不要看到数据库中的条目 j，那么可以将掩码矩阵的相应元素 M_{ij} 设置为负无穷。这样一来，相似度矩阵 QK^T 中对应的元素在求和后也会变为负无穷，进而在 Softmax 操作后变为零（因为 $\exp(-\infty) = 0$），即最终不会给这些位置分配注意力权重[1]。

我们暂且忽略分母中的 $\sqrt{d}$ 这一缩放操作，直接对加上掩码之后的相似性矩阵逐行进行 Softmax 运算，就可以得到注意力权重矩阵 $\mathrm{Softmax}\left(QK^T + M\right)$，其第 i 行表示了查询向量 q_i 在所有 m 个数据库条目[2]上分配的注意力权重。此时，假设有一个值矩阵 $V \in \mathbb{R}^{m \times d}$，其中每行对应一个值向量，那么将注意力权重矩阵 $\mathrm{Softmax}\left(QK^T + M\right)$ 和值矩阵 V 相乘，从矩阵分块乘法的角度容易看出，运算结果的第 i 行恰好等于按照注意力权重矩阵的第 i 行[3]对值矩阵 V 的各行进行线性组合的结果。在第 7 章中我们提到，这一向量可以被称为上下文向量，因为它融合了对该位置来说进一步预测所需的上下文信息[4]。如此一来，我们便批量得到了每个查询向量 q_i 对应的上下文向量，并把它们以矩阵的形式紧凑地存储了下来。

现在，让我们再返回来考察分母中 $\sqrt{d}$ 的作用。假设查询向量 q_i 和键向量 k_j 的每个分量都是从标准正态分布中采样得到的，并且两者互相独立，那么容易证明这两个向量的内积服从均值为 0、方差为 d 的分布。当向量维度 d 较高时（实践中往往可以取到几百甚至上千），两个向量的内积就容易产生较大的极端值，进而在经过 Softmax 后几乎

---

① 由此可见，这里使用加性掩码而非乘性二元掩码的核心原因是相似度矩阵后面需要经过 Softmax 操作。
② 如果允许查询的数据库条目不足 m 个，那么多出来的位置会被掩码遮住，注意力权重为零。
③ 此即查询向量 q_i 在所有 m 个数据库条目上分配的注意力权重。特别地，被掩码盖住的位置权重为零。
④ 值矩阵 V 的各行对应于序列不同位置的单词，融合后就混合了来自不同位置的信息。

变成独热向量，造成梯度消失，模型优化困难。而使用$1/\sqrt{d}$对向量内积缩放后，其结果又会回到均值为 0、方差为 1 的分布，具有良好的数值性质，有助于模型收敛。这就是"缩放点积注意力"中"缩放"一词的来源。

回顾缩放点积注意力的计算过程，可以发现：

● 它会为每个查询向量计算出一个相应的上下文向量，因此它可以把一个向量的序列变成和它等长的另一个向量的序列。

● 每个查询向量计算得到的上下文向量与其他查询向量无关。这也意味着各个查询向量的注意力计算过程可以独立完成，互相之间没有依赖关系。因此，在硬件允许（计算资源足够）的情况下，多个查询可以并行计算，大大加快了计算速度。在序列建模任务中，每个查询对应序列中的一个位置，这也就意味着序列的各个位置可以同步计算，而不必像循环神经网络那样顺序处理。

● 查询向量和键向量的维度必须相同（因为它们要进行内积运算），而值向量的维度可以与之不同（此时最终得到的上下文向量的维度就是值向量的维度）。不过在大多数情形下，为方便起见，查询向量、键向量和值向量都会采用相同的维度。

● 键向量和值向量的个数必须相同，即键矩阵和值矩阵的行数必须相同（因为该数值对应数据库中的条目数量，每个条目都有一个键向量和一个值向量）；而查询向量的个数则可以与之不同（该数值是任意的，可以多个向量批量查询，也可以进行单个查询）。

● 排列不变性（Permutation Invariance）：容易发现，把键矩阵的各行打乱进行重排，同时对值矩阵的各行也按照相同的方式打乱重排[①]，任意查询向量 q 查询出的上下文向量都是不变的。

排列不变性对集合建模来说是很好的性质，无论我们把集合元素以什么顺序输入模型，最终结果都完全相同；但是对序列建模来说，这却意味着模型无法捕捉序列元素中的顺序关系（例如无法区分"我/爱/你"和"你/爱/我"两个句子），这往往是一个缺点。Transformer 解决这一缺点的办法是直接将位置信息简单粗暴地输入模型，我们将在本章后续部分详细介绍这一点。

2. 多头注意力

类似于编码器-解码器-注意力架构，查询向量、键向量和值向量来自输入的特征向

---

① 如果有掩码矩阵，那么掩码矩阵的各列也要按照相同的方式重排。

量（对于机器翻译问题来说就是词向量）或者网络中间的隐藏层向量。在编码器-解码器-注意力架构中，注意力模块仅仅起到辅助和增强的作用（用来防止模型忘记太长的输入），编码器或者解码器本身就具备相当的时序特征提取能力；但是在 Transformer 中，注意力模块是唯一的提取时序信息的模块，因此有必要对它进行进一步的增强。

在注意力模块中，Softmax 函数往往会导致注意力权重集中在个别位置，也就是说每个查询向量可能只能重点关注个别单词的信息，这显然不利于模型整合整个句子的信息。对此，Transformer 中使用了多头注意力（Multi-Head Attention），以期每个注意力头关注不同的位置，进而增强模型表达能力。具体而言，假设有了查询矩阵 $Q \in \mathbb{R}^{n \times d}$、键矩阵 $K \in \mathbb{R}^{m \times d}$ 和值矩阵 $V \in \mathbb{R}^{m \times d}$，那么可以用若干变换矩阵将各个查询向量、键向量和值向量投影到不同的子空间，然后对投影后的查询向量、键向量和值向量做注意力运算，最后把各个投影子空间的结果拼接起来作为最终结果。不同子空间的个数就是注意力头的个数，每个注意力头可能会关注不同的内容。例如，在模型的第一层，查询向量、键向量和值向量都从词向量中产生，可能一个子空间侧重于词性信息，该空间对应的注意力头重点关注词性搭配的正确性；另一个子空间侧重于指代信息，该空间对应的注意力头负责解析代词的指代关系。在实践中，有些注意力头确实能够学到这些意义非常鲜明的语言学特征，当然也会有部分注意力头含义不明、存在冗余[114]。

用数学公式来表达，就是：

$$\begin{aligned} \text{MHA}(Q, K, V, M) &= [\text{head}_1, \cdots, \text{head}_h] W^O \\ \text{head}_i &= \text{Attention}(Q W_i^Q, K W_i^K, V W_i^V, M) \end{aligned} \quad (10\text{-}2)$$

其中 $W_i^Q, W_i^K, W_i^V \in \mathbb{R}^{d \times d/h}$ 为模型参数[①]，将原先的 d 维查询向量、键向量和值向量投影到维度为 d/h 的低维子空间，计算出每个头注意力结果 $head_i \in \mathbb{R}^{n \times d/h}$ 后再将它们拼接为一个形如 $n \times d$ 的大矩阵，并经过参数矩阵 $W^O \in \mathbb{R}^{d \times d}$ 的变换[②]得到多头注意力的最终结果。

3. 自注意力与交叉注意力

在 Transformer 中，注意力机制有三种不同的用法：

● 在编码器端，用于提取源语言的时序依赖关系，对应图 10-2 中的自注意力模块。对于机器翻译而言，源语言序列总是已知的，因此我们允许源语言的任意单词

---

① 为简洁起见，这里省略了多个 d/h 维的偏置参数。

② 这一变换是为了融合各个注意力头所在的子空间的信息。

关注其他任意单词，无须掩码操作。于是，掩码矩阵 $M \in \mathbb{R}^{T \times T}$ 是全零矩阵，查询矩阵 Q、键矩阵 K 和值矩阵 V 是同一个 $\mathbb{R}^{T \times d}$ 的矩阵[①]（T 为源语言序列的长度），其中第一层用的是源语言序列每个单词的词向量[②]组成的矩阵，后面的层用的是源序列前一层每个位置的隐藏层向量拼成的矩阵。

- 在解码器端，提取目标语言的时序依赖关系，对应图 10-3 中的自注意力模块。在这部分中，我们只能根据前面的单词来预测后面的单词（因为推断时目标语言序列是未知的，需要从前到后逐词预测）。在图 10-3 中也可以看到，输入 y_0 在计算自注意力时不能查看它后面的输入（例如 y_{U-1}）的信息，而输入 y_{U-1} 在计算自注意力时却可以查看它前面的输入（例如 y_0）的信息。因此，我们需要采用一个因果掩码 $M \in \mathbb{R}^{U \times U}$（$U$ 为目标语言序列的长度），其对角线及左下方的元素为零，对角线右上方的元素为负无穷，表示在任意位置 j 处只允许模型查看该位置及之前的信息。查询矩阵 Q、键矩阵 K 和值矩阵 V 是同一个 $\mathbb{R}^{U \times d}$ 的矩阵，其中第一层用的是目标语言序列每个单词的词向量组成的矩阵[③]，后面的层用的是目标序列前一层每个位置的隐藏层向量拼成的矩阵。

- 在解码器端，进行跨语言的信息检索，对应图 10-3 中的交叉注意力模块。此时，查询矩阵 $Q \in \mathbb{R}^{U \times d}$ 从目标序列中来（依层数不同可能是词向量组成的矩阵，或是前一层的隐藏层向量组成的矩阵），而键矩阵 $K \in \mathbb{R}^{T \times d}$ 和值矩阵 $V \in \mathbb{R}^{T \times d}$ 则从源序列的输出中来（这里 K 和 V 永远是由解码器最高层的输出向量组成的矩阵，因此可以适配解码器和编码器层数不同的情形）。我们允许解码器查看编码器的任意位置，所以此时也不需要掩码操作，掩码矩阵 $M \in \mathbb{R}^{U \times T}$ 可以取全零。

以上讨论针对的是单个样本（一条源序列和一条目标序列组成的句子对）的情形。在批量训练时，由于不同的样本其长度可能不同，我们往往会把不同样本都填充到某个最大长度，此时这三种注意力操作可能都需要加上合适的掩码（让模型不要查看不存在的位置）。我们将在后续的代码环节仔细研究批量训练时掩码的实现方法。

10.1.2　前馈神经网络层

要想取得好的序列预测效果，模型一方面需要对序列不同位置的信息进行混合，另

---

① 查询矩阵 Q、键矩阵 K 和值矩阵 V 三者都是同一个矩阵，一个序列自己对自己进行注意力运算，这就是自注意力一词的由来。

② 有时可能还要加上位置编码，本章后续部分会讲到。

③ 有时可能还要加上位置编码，本章后续部分会讲到。

一方面还要对序列每个位置的信息进行深度加工处理。在 Transformer 中，注意力层可以实现前一种功能，而后一种功能则由前馈神经网络层（Feed-Forward Network）来完成。

　　Transformer 的具体做法是，对序列的任意位置都使用一个两层的多层感知机对输入向量进行变换：

$$FFN(x) = Linear(ReLU(Linear(x)))$$

（10-3）

　　其中 Linear 表示线性层（又称全连接层）。这里的 $x \in \mathbb{R}^d$ 代表序列任意位置的输入向量，第一个线性层会把它变换为更高维（通常为 $4d$ 维）的隐藏层向量，经过激活函数后再由另一个线性层降维至原先的维度 d。这样一来，序列任何一个位置的输入向量都被变换成了一个同维度的输出向量。因此，和注意力层类似，前馈神经网络层也可以将一个向量的序列变成相同长度的另一个向量序列。

　　值得注意的是，我们并没有把各个时间步的输入向量拼接在一起再经过前馈神经网络，而是让每个时间步的输入向量单独经过同一个前馈神经网络，所以该层也被称为逐点（Point-wise）①前馈神经网络层。以第一个全连接层为例，它所包含的参数为权重矩阵 $W \in \mathbb{R}^{d \times 4d}$ 和偏置向量 $b \in \mathbb{R}^d$，参数形状只与模型的隐藏层维度 d（每个时间步的输入向量的维度）有关而与序列长度无关，因此可以适应任意长度的输入序列。

　　假如我们把视角从局部（单个时间步）拉远到全局（整个序列输入），就能发现逐点全连接层等价于卷积层：第一个全连接层等价于输入通道数为 d、输出通道数为 $4d$、卷积核尺寸为1（这里也体现了"逐点"特性）的一维卷积，第二个全连接层等价于输入通道数为 $4d$、输出通道数为 d、卷积核尺寸为 1 的一维卷积。于是我们得出，逐点前馈神经网络相当于在序列上进行两次卷积操作，并且这两层卷积核的尺寸均为 1。

　　前馈神经网络层中间大、两边小，和 MobileNetV2[146] 中的逆残差模块（Inverted Residual Block）设计如出一辙。MobileNetV2[146] 发现激活函数 ReLU 会将部分激活值置为零，因此在残差模块中升维可以提高特征提取的效果。对于 Transformer 而言，也有研究[147]表明大的中间维度可以提升机器翻译质量。和注意力层相比，前馈神经网络拥有大量参数，可以记住语言中的特定搭配和各种知识。

10.1.3　残差连接与层归一化

　　至此，我们已经了解了 Transformer 最重要的两个组件——注意力层和前馈神经网络层。这两个模块互相搭配，便形成了 Transformer 的主体结构。通常 Transformer 网络

---

① 即每次作用在一个位置上。

层数较多，难以优化，于是我们需要添加一些技巧来帮助模型训练。在 Transformer 中，我们使用的主要技术是残差连接[142]和层归一化[88]，公式如下：

$$y = \text{LayerNorm}(x + f(x)) \tag{10-4}$$

其中 LayerNorm 表示层归一化，$f(\cdot)$ 表示任意一个网络模块，例如多头注意力或前馈神经网络。

残差连接的有效性有很多种解释：从反向传播的角度分析，它向模型中引入了一条不会衰减的梯度流动路径，因而有助于模型训练[142]；也有人认为它改善了损失函数的地貌，使之变得更加平滑[148]；还有人认为它使得网络中产生了很多条长短不同的路径，相当于隐式进行了模型集成[149]。

层归一化我们曾在 4.3.2 节中介绍过，这里再来回顾一下它有效的原因：从前向计算的角度讲，层归一化可以对网络中的数值分布进行调整，使得每层的输出都保持在一个合理的数值范围；从反向传播的角度讲，层归一化过程中计算出的均值和方差可以对梯度进行中心化和缩放，使得模型中的梯度流动更加稳定[150]。

残差连接和层归一化这两项技巧是相当通用的，也可以应用在其他任意序列模型上，用于加速模型收敛和稳定模型训练过程。

10.1.4　位置信息的引入

现在我们来到了 Transformer 模型基本组件的最后一部分——位置编码（Position Encoding）或位置嵌入（Position Embedding）。从字面含义出发，前者通常是指预先设置好的、由固定的数学公式计算出的位置表示，后者则多指作为网络参数训练得到的位置表示（类似词向量）①。正因如此，前者具备一定的外推（Extrapolation）能力，在遇到训练时没见过的超长序列时，可以根据数学公式计算出一个新的位置表示并进行推理②；而后者在这种情况下就会不知所措，因为无法为没有见过的长度产生一个适当的位置表示③。

在 10.1.1.1 节中，我们提到了注意力机制的排列不变性：对于同一个查询向量，如果将数据库里的键向量和值向量的顺序同步打乱，最终会得到同一个上下文向量。更进一步地，对于**自注意力机制**而言，每个位置的查询向量、键向量和值向量都从相同的输

---

① 也有些文献对这两个术语不作区分。

② 至于具体效果如何就不一定能保证了。

③ 实践中当然也存在一些变通之法，例如使用滑动窗口处理，或者将超出某个时间步以外的位置嵌入都固定为同一个值。

入向量中产生，那么很自然的结论就是排列等变性（Permutation Equivariance）：在打乱输入向量序列时，所有位置的查询向量、键向量和值向量都会被同步打乱，最终输出的上下文向量序列也将按照相同的方式进行重排。这一性质是循环神经网络和卷积神经网络所不具备的。

排列等变性导致自注意力层无法区分"我/爱/你"和"你/爱/我"这样的语序不同、含义也不同的句子，其中一种解决办法就是从输入层面打破这种对称性。Transformer 采用的办法便是绝对位置编码（Absolute Position Encoding）：首先定义一个位置编码函数，将序列的每个位置映射到一个和词向量同维度的位置向量；然后，每个位置产生的输入不光包含该位置对应单词的词向量，还要加上相应位置的位置向量。假设"我""爱""你"这三个词的词向量分别为 e_1, e_2, e_3，序列第一个、第二个、第三个位置的位置向量分别为 p_1, p_2, p_3，那么句子"我/爱/你"产生的最终输入将是 $e_1 + p_1, e_2 + p_2, e_3 + p_3$，有别于"你/爱/我"所产生的 $e_3 + p_1, e_2 + p_2, e_1 + p_3$。这样一来，两个句子产生的输入序列不再是彼此的重排，模型也就有了区分两个句子的能力。

Transformer 中使用的绝对位置编码方案是一系列频率不同的正弦波的组合。常见的序列长度一般不超过一万，因此我们可以从 $[2\pi, 10000 \times 2\pi]$ 区间以几何级数为步长选择一系列不同的波长，这些正弦波的组合应该能够充分提取 10000 以内的各种不同周期的信息。考虑到正弦和余弦函数的波峰和波谷恰好相互错开，一个信号变化平缓的时候另一个信号正好变化剧烈，因此我们可以让位置向量一半的维度取正弦信号，另一半的维度取余弦信号，这样可以让模型不至于因为数值精度问题而难以区分相邻的位置。

假设模型维度为 d，那么位置向量的数学公式可以表达为：

$$\text{PE}(pos)_i = \sin\left(\frac{pos}{10000^{2i/d}}\right)$$

$$\text{PE}(pos)_{d/2+i} = \cos\left(\frac{pos}{10000^{2i/d}}\right)$$

（10-5）

其中 $i = 0, \cdots, d/2 - 1$ 为维度下标，$pos = 0, 1, \cdots, T - 1$ 为序列中的位置，每个序列位置有一个对应的 d 维向量。

从公式可以看出，位置向量前一半维度取正弦，后一半维度取余弦。这里我们用到的公式与 Transformer 原论文（按照维度的奇偶分别取正余弦）略有不同，但两者本质上是等价的，只是差了一个可逆的排列矩阵：只要将词向量、位置向量以及输入向量到查询向量、键向量和值向量的变换矩阵 W^Q, W^K, W^V 的各个维度进行重排，便可以从一种表示变换为另一种。

如果对位置编码进行可视化[1]，效果如图 10-5 所示。

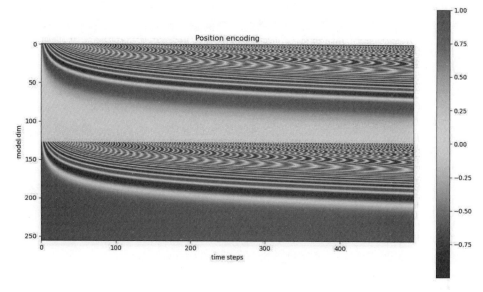

图 10-5　位置编码的可视化

图 10-5 展示了维度为 256 的位置编码在位置范围 [0, 500] 的变化情况。原则上，对于任意的位置我们都可以使用同样的数学公式计算出相应位置的位置编码[2]，这里为了图示清晰仅展示前 500 个位置。可以发现，不同频率（对应图上不同的横线）随着位置变化的速度快慢不同，这正是频率一词的含义[3]；不同位置（对应图上不同的竖线）有着不同的位置向量，并且前一半和后一半维度分别对应于正弦和余弦信号，让模型能够区分出不同的位置。

将位置编码设计为正余弦的形式，还可以隐式地引入相对位置信息。由三角函数中两角和的正弦及余弦公式可知，位置 $i+k$ 的位置编码 $\text{PE}(i+k)$ 可以由位置 i 的位置编码 $\text{PE}(i)$ 线性表示，表示的系数为两者相对位置 k 的正余弦值。如果将这一线性表示的过程完整地写出来，可以发现位置向量 $\text{PE}(i+k)$ 等于一个 $d \times d$ 的变换矩阵乘位置向量 $\text{PE}(i)$，其中变换矩阵是一个每行只有两个非零元素的稀疏矩阵，并且非零元素仅由相对位置 k 决定。以频率为 ω 的正弦信号为例，$\sin(\omega(i+k)) = \sin(\omega i)\cos(\omega k) + \cos(\omega i)\sin(\omega k)$，其

---

[1] 代码详见本书配套代码 chapter10/plot_position_encoding.py。

[2] 只不过对于训练集中没有见过的序列长度来说，模型的泛化效果可能难以保证。

[3] 图中靠后的那些维度（例如最后一行）取值似乎一成不变，这是因为图中展示的序列长度（500）远小于最后一维的波长（接近 20000π），当序列长度上万时，便能看到这些维度的取值变化。

中等式左边是位置向量 PE($i+k$) 的某个维度的值，等式右边的 $\sin(\omega i)$ 和 $\cos(\omega i)$ 则来源于位置编码向量 PE(i) 的两个对应维度，组合系数 $\cos(\omega k)$ 和 $\sin(\omega k)$ 取决于相对距离 k。

位置向量和词向量相加还需要额外考虑一个问题：两者的数值范围是否匹配。假如两者数值范围相差过大，甚至是相差一个或多个数量级，就会导致求和的结果被其中一项主导，使得模型难以辨识出位置信息或者单词信息，这显然不是我们所期望的。在机器翻译任务中，假如源语言和目标语言非常相似（例如英语和法语），我们通常会采用三路权重共享（Three-Way Weight Tying）[151][152]，即让源语言和目标语言共享词表①，同时让源语言词向量矩阵、目标语言词向量矩阵和目标语言 Softmax 前的全连接层共享参数②。全连接层的参数通常采用 Xavier 初始化[29]以保持其输出方差的稳定，此时参数初始化的标准差为 $O(1/\sqrt{d})$，这就意味着与之共享权重的词向量矩阵的初始值也处于这一量级，和位置编码的量级③ $O(1)$ 产生了不匹配。解决这一问题的办法便是让查询出的词向量先乘 $\sqrt{d}$ 再加位置向量，如此一来两者的数值范围就匹配了。当然，假如不采用正/余弦形式的位置编码而是采用可学习的位置向量，那么只需将位置向量和词向量矩阵初始化为相同的量级即可，无须再通过系数 $\sqrt{d}$ 进行缩放。

10.1.5　Transformer 整体结构

至此，我们已经了解了 Transformer 中的所有基本模块，把它们组装起来，就可以得到完整的 Transformer，如图 10-1 所示。狭义的 Transformer 仍然具备编码器-解码器架构，因此编码器的输入是源语言的单词序列（例如"我/爱/你"），解码器的输入和输出是错位一个时间步的目标语言单词序列（例如输入是"<sos>/I/love"，输出是"I/love/you"）。

在编码器端，我们查询得到每个源语言单词的词向量，并把每个词向量和相应位置的位置向量相加，以此作为编码器后续部分的输入。编码器的后续部分由多个编码器块堆叠而成，每个编码器块的结构如图 10-2 所示：首先是一个自注意力模块，允许输入向量两两之间进行交互，让每个位置都能从整个序列中得到其自身所必需的信息，然后应

---

① 现代大部分自然语言处理模型的输入都是子词而非完整的单词，因此两种语言的词表存在极大重合，可以直接将两种语言的语料混合起来统计其中的字母组合分布，形成一个统一的共享词表。

② 词向量层只有一个参数矩阵，而全连接层除参数矩阵外还有一个偏置向量，共享参数时对全连接层的偏置向量不做约束，仅要求它的参数矩阵和词向量矩阵共享。此外，三路权重共享要求词向量维度和模型输出层（不含最后一个变换到输出词表大小的分类层）的维度相同，这对于 Transformer 来说是成立的。

③ 正/余弦函数的取值范围是[-1,1]。

用残差连接和层归一化；接下来是一个逐点前馈神经网络模块，对每个位置的信息进行更精细的处理并再次应用残差连接和层归一化。若干层堆叠之后，编码器端便产生了一个和源语言序列等长的向量序列作为输出。对于机器翻译问题而言，编码器的输出没有直接的监督信号，它所产生的向量序列会被用作"数据库"，供解码器在必要时进行查询。

解码器端的输入处理方法类似：查询得到每个目标语言单词的词向量，并把每个词向量和相应位置的位置向量相加，以此作为解码器后续部分的输入。解码器的后续部分由多个解码器块堆叠而成，每个解码器块的结构如图 10-3 所示：首先是一个自注意力模块，但它仅允许每个目标语言的单词本身及前面的单词（这一点可以通过因果掩码来实现），并应用残差连接和层归一化；然后是一个交叉注意力模块，以目标语言的信息为查询向量，从编码器的输出中得到键向量和值向量，用以提取源序列中的相关信息，并再次应用残差连接和层归一化；最后是一个逐点前馈神经网络模块，同样需要应用残差连接和层归一化。

在解码器最顶端还需要一个额外的全连接层，用来将解码器的隐藏层向量转换为目标语言词表上的 logits，这样就可以和目标分布[①]计算交叉熵并使用梯度下降来优化模型了。

10.2　Transformer：实现与思考

在前一节中，我们学习了 Transformer 的理论基础；在本节中，我们将研究其代码实现，以及思考各个模块的其他变种和改进。本节还将介绍多模型融合的几种方法，特别是序列到序列模型的融合方法。

10.2.1　从零实现 Transformer

在本节中，我们将依次介绍 Transformer 中各个模块的实现方法，直到搭建出一个完整的 Transformer 模型。

1. 注意力层

我们将遵循 10.1.1 节中的讲解顺序，从缩放点积注意力逐渐扩展到多头自注意力模块。

---

① 即真实的下一个单词概率为 1、其他单词概率为 0 的独热分布。

　　如果不考虑查询向量、键向量和值向量的产生过程，缩放点积注意力模块本身并没有参数，因此其构造函数非常简单。在前向计算时，只需简单将公式（10-1）翻译成 TensorFlow 代码即可。以下代码关于张量形状的注释部分有省略号（…），这是在 numpy 中进行索引的一种语法，用于指代任意数量的坐标轴。这一记号简洁方便，在深度学习框架中也被广泛使用。以张量 query 为例，它的形状被标记为 [⋯, N, D_k]，意味着它的最后两个维度尺寸必须是 N 和 D_k，但它总共有几维、前几个维度的尺寸如何却没有限制——无论是形如 [N, D_k] 的二维张量、形如 [batch_size, N, D_k] 的三维张量，还是形如 [batch_size, num_heads, N, D_k] 的四维张量，全都符合这一注释的形状要求。

　　tf.matmul 函数用于实现批量矩阵乘法。这一函数要求两个输入张量后两维的形状应当满足矩阵乘法的运算规则，在待求和的维度上尺寸相同；而输入张量靠前的坐标轴数量和维度可以是任意的，只要两者广播后能够互相匹配[①]即可。例如，假设两个输入张量的形状分别为 $a×b×c×x×y$ 和 $a×b×c×y×z$，那么相当于做 $a×b×c$ 次矩阵乘法，其中每一次矩阵乘法的两个矩阵形状分别为 $x×y$ 和 $y×z$，并且最终结果会被保存在一个形如 $a×b×c×x×z$ 的张量中。利用好这一点，我们便可以用相同的代码同时实现单头注意力和多头注意力机制，而无须对每个注意力头进行手动循环。

　　在代码的最后，我们同时返回查询出的上下文向量和注意力权重矩阵。假如需要对模型的注意力权重进行可视化，下面代码中的 p_attn 就是我们所需要的张量。

```python
class ScaledDotProductAttention(tf.keras.layers.Layer):
  def __init__(self, d_k):
    super(ScaledDotProductAttention, self).__init__()
    self.scale = tf.sqrt(tf.cast(d_k, dtype=tf.float32))

  def call(self, query, key, value, mask=None):
    # query/key/value 分别是形如 [..., N, D_k]、[..., M, D_k] 和 [..., M, D_v] 的
    张量，mask 是形如 [..., N, M] 的张量。其中 N 是查询向量的个数，M 是键向量（或值向量）
    的个数，D_k 是键向量和查询向量的维度，D_v 是值向量的维度。多数情况下 D_k=D_v
    scores = tf.matmul(query, key, transpose_b=True)  # [..., N, M]
    if mask is not None:
      scores += mask  # [..., N, M]
    p_attn = tf.nn.Softmax(scores / self.scale, axis=-1)  # [..., N, M]
    return tf.matmul(p_attn, value), p_attn  # [..., N, D_v], [..., N, M]
```

　　有了缩放点积注意力的实现之后，多头注意力模块也就水到渠成了。在构造函数中，我们只需根据公式（10-2）定义好参数矩阵 W_q, W_k, W_v, W_o——特别地，对于前三项参数，我们没有严格按照数学公式定义 h 个形如 $\mathbb{R}^{d×d/h}$ 的小矩阵，而是化零为整，直接使用形

---

① 即如果两个张量在某个坐标轴上的尺寸不同，必须有一个张量在这一维上尺寸为 1。

如 $\mathbb{R}^{d \times d}$ 的大矩阵，并在后面通过对张量进行重排和变形来实现公式中的效果。在模型前向运算的过程中，首先分别对 query/key/value 施加相应的变换，然后将最后一个坐标轴一分为二来划分出多个注意力头，最后交换中间两个坐标轴（分别对应 H 个注意力头和 N/M 个时间步）以使结果符合 ScaledDotProductAttention 类的输入签名。经过缩放点积注意力后，我们可以逆向执行以上操作来合并多个注意力头，得到最终结果并返回。同样，注意力权重张量 attn 被记录和返回，以便在需要的时候使用[①]。

```python
class MultiHeadAttention(tf.keras.layers.Layer):
  def __init__(self, n_heads, d_model):
    super(MultiHeadAttention, self).__init__()
    assert d_model % n_heads == 0, "d_model must be a multiple of n_heads"
    self.d_k = d_model // n_heads
    self.h = n_heads
    self.W_q = tf.keras.layers.Dense(d_model)
    self.W_k = tf.keras.layers.Dense(d_model)
    self.W_v = tf.keras.layers.Dense(d_model)
    self.W_o = tf.keras.layers.Dense(d_model)
    self.scaled_dot_product = ScaledDotProductAttention(self.d_k)

  def call(self, query, key, value, mask=None):
    # query/key/value/mask 分别是形如 [B, N, D], [B, M, D], [B, M, D] 和 [...,
M, N] 的张量，其中 B 为批量大小，N 为查询向量的个数，M 为键向量（或值向量）的个数，D 是
模型维度

    batch_size = tf.shape(query)[0]
    # query/key/value 分别形如 [B, N, D], [B, M, D], [B, M, D]。H 是注意力头
的个数。
    query = tf.transpose(tf.reshape(query, (batch_size, -1, self.h,
self.d_k)), [B, N, D] -> [B, N, H, D_k=D/H] -> [B, H, N, D_k]
                [0, 2, 1, 3])
    # [B, M, D] -> [B, M, H, D_k=D/H] -> [B, H, M, D_k]
    key = tf.transpose(tf.reshape(key, (batch_size, -1, self.h, self.d_k)),
                [0, 2, 1, 3])
    # [B, M, D] -> [B, M, H, D_v=D/H] -> [B, H, M, D_v]
    value = tf.transpose(tf.reshape(value, (batch_size, -1, self.h,
self.d_k)),
                [0, 2, 1, 3])

    # [B, H, N, D_v], [B, H, N, M]
    x, attn = self.scaled_dot_product(query, key, value, mask=mask)
    # [B, H, N, D_v] -> [B, N, H, D_v] -> [B, N, D]
    x = tf.reshape(tf.transpose(x, [0, 2, 1, 3]),
              (batch_size, -1, self.h * self.d_k))
```

---

① 例如想要可视化每个注意力头在关注什么内容，就需要用到其中的信息。

```
    return self.W_o(x), attn  # [B, N, D], [B, H, N, M]
```

2. 前馈神经网络层

前馈神经网络层可以说是 Transformer 中最简单的部分，与普通的多层感知机实现无异。

```
class FeedForwardNetwork(tf.keras.layers.Layer):
  # f(x) = Linear(ReLU(Linear(x)))
  def __init__(self, d_model, d_ff):
    super(FeedForwardNetwork, self).__init__()
    self.fc1 = tf.keras.layers.Dense(d_ff)
    self.fc2 = tf.keras.layers.Dense(d_model)

  def call(self, x):
    # 输入和输出形状均为 [batch_size, time_steps, model_dim]
    return self.fc2(tf.nn.relu(self.fc1(x)))
```

3. 层归一化

TensorFlow 中有层归一化的官方实现 tf.keras.layers.LayerNormalization，不过为了加深理解，我们在这里选择手动实现一次。

假设模型输入维度为 [batch_size, time_steps, model_dim]，那么 LayerNormalization 会在最后一个坐标轴上进行归一化，因此它的缩放参数 gamma 和偏置参数 beta 都是形如[model_dim] 的一维张量。对于任意一条样本、任意一个时间步，我们都可以计算 model_dim 个神经元的均值和方差，并据此对输入张量进行归一化。最后，再使用缩放参数 gamma 和偏置参数 beta 进行反归一化，以增强模型的表达能力。

通过使用…运算符，以下代码可以适配任意多个坐标轴的输入。在本节中，我们只会在具有三个坐标轴的输入张量上使用它，但是编写维度无关的代码是一个好习惯。

```
class LayerNormalization(tf.keras.layers.Layer):
  def __init__(self, axis=-1, eps=1e-5):
    super(LayerNormalization, self).__init__()
    self.axis = axis
    self.eps = eps

  def build(self, input_shape):
    dim = input_shape[-1]
    self.gamma = self.add_weight(name='gamma', shape=(dim,),
                                 initializer='ones', trainable=True)
    self.beta = self.add_weight(name='beta', shape=(dim,),
                                initializer='zeros', trainable=True)
    return super(LayerNormalization, self).build(input_shape)

  def call(self, x, **kwargs):
    # x: [..., D]
```

```
    mean = tf.reduce_mean(x, axis=self.axis, keepdims=True)  # [..., 1]
    variance = tf.math.reduce_std(x, axis=self.axis, keepdims=True)  # [...,
1]
    normalized_inputs = (x - mean) / tf.sqrt(variance + self.eps)  # [...,
D]
    return self.gamma * normalized_inputs + self.beta  # [..., D]
```

4. 编码器块和解码器块

有了前面的基础，编码器块和解码器块的代码也就呼之欲出了。在 Transformer 原文中，每个子层（注意力层或前馈神经网络层）后都会加一个 Dropout 模块，并且会应用残差连接和层归一化。除注意力子层外的其他部分较为简单，读者很容易在代码实现中找到相应的部分，因此我们将重点讲解注意力模块的用法。

每个编码器块由自注意力模块和前馈神经网络模块组成。自注意力用多头注意力模块实现，只需令查询向量、键向量和值向量都从同样的向量 x 中产生即可。x 自己对自己进行注意力运算，很好地贴合了自注意力这一名称。在批量训练时，每个样本的长度可能不同，因此需要一个合适的掩码（参数 mask）来盖住序列中的无效位置[①]。最后，我们选择额外返回注意力权重矩阵 attn。

```
class EncoderBlock(tf.keras.layers.Layer):
  def __init__(self, heads, d_model, d_ff, dropout):
    super(EncoderBlock, self).__init__()
    self.self_attn = MultiHeadAttention(heads, d_model)
    self.ffn = FeedForwardNetwork(d_model, d_ff)
    self.ln1 = LayerNormalization()
    self.ln2 = LayerNormalization()
    self.drop1 = tf.keras.layers.Dropout(dropout)
    self.drop2 = tf.keras.layers.Dropout(dropout)

  def call(self, x, mask=None, training=False):
    # x: [B, T, D], where B is batch_size, T is the length of source sequence,
    # x 形如 [B, T, D]，其中 B 为批量大小，T 为源序列长度，D 为模型维度
    input_x = x  # [B, T, D]
    x, attn = self.self_attn(x, x, x, mask=mask)  # [B, T, D], [B, H, T, T]
    attn_output = self.drop1(x, training=training)  # [B, T, D]
    x = self.ln1(input_x + attn_output)  # [B, T, D]

    # 前馈网络子层
    ffn_output = self.drop2(self.ffn(x), training=training)  # [B, T,
D]
    x = self.ln2(x + self.drop2(ffn_output))  # [B, T, D]
    return x, attn  # [B, T, D], [B, H, T, T]
```

---

① 我们将在 10.2.1.6 节中说明如何产生这一掩码。

　　每个解码器块由自注意力模块、交叉注意力模块和前馈神经网络模块组成。因此，我们需要定义两个多头注意力模块，通过不同的调用方法和合适的掩码[①]来分别实现自注意力和交叉注意力。

● 自注意力模块：该模块的功能是建模目标序列各个单词之间的依赖。和编码器块中的自注意力模块类似，这里的查询向量、键向量、值向量均从解码器输入张量 x 中产生。由于预测目标序列时模型不知道未来的单词[②]，因此需要应用一个因果掩码 causal_mask，使得后面的词可以看到前面的词，而前面的词无法看到后面的词。

● 交叉注意力模块：该模块的功能是让模型查看源序列信息，以帮助预测目标序列的下一个元素。对该模块而言，其查询向量从前述自注意力模块的输出中产生，而键向量和值向量都从编码器最上层的输出张量 enc_output 中产生。因为查询向量和键向量、值向量来源不同，故称为交叉注意力。在批量训练时，一个数据批次内不同样本的源序列长度可能不同，因此这里需要搭配一个填充掩码 padding_mask，以使得查询向量不要关注源序列中被填充的、本不存在的位置。

　　同样，我们在最后额外返回解码器的自注意力和交叉注意力权重矩阵（分别为 attn1 和 attn2）。

```
class DecoderBlock(tf.keras.layers.Layer):
  def __init__(self, heads, d_model, d_ff, dropout):
    super(DecoderBlock, self).__init__()
    self.cross_attn = MultiHeadAttention(heads, d_model)
    self.causal_self_attn = MultiHeadAttention(heads, d_model)

    self.ffn = FeedForwardNetwork(d_model, d_ff)

    self.ln1 = LayerNormalization()
    self.ln2 = LayerNormalization()
    self.ln3 = LayerNormalization()

    self.drop1 = tf.keras.layers.Dropout(dropout)
    self.drop2 = tf.keras.layers.Dropout(dropout)
    self.drop3 = tf.keras.layers.Dropout(dropout)

  def call(self, x, enc_output, causal_mask, padding_mask, training=False):
    # x 是解码器的输入，形如 [B, U, D]
```

[①] 我们将在 10.2.1.6 节中说明如何产生相应的掩码。

[②] 标准的 Transformer 模型是编码器-解码器-注意力架构的一种实现，通过链式分解来建模目标序列的概率（参考公式（6-5）），详见 6.4.1 节的介绍。

```
    # enc_output 是编码器最后一层的输出，形如 [B, T, D]
    # 因果掩码 causal_mask 用于解码器的自注意力计算，形如 [..., U, U]
    # 填充掩码 padding_mask 用于编码器–解码器之间的交叉注意力计算，形如 [..., U, T]
    # 自注意力子层
    # attn_out 形如 [B, U, D]，attn1 形如 [B, H, U, U]
    attn_out, attn1 = self.causal_self_attn(x, x, x, causal_mask)
    x = self.ln1(x + self.drop1(attn_out, training=training))  # [B, U, D]

    # 交叉自注意力子层
    # [B, U, D], [B, H, U, T]
    attn_out, attn2 = self.cross_attn(x, enc_output, enc_output,
padding_mask)
    x = self.ln2(x + self.drop2(attn_out, training=training))  # [B, U, D]

    # 前馈网络子层
    x = self.ln3(x + self.drop3(self.ffn(x), training=training))  # [B, U,
D]
    return x, attn1, attn2
```

5. 词向量和输出层

我们之前曾经提到，自注意力层具有排列等变性，因此需要给 Transformer 的输入添加位置编码来破坏这种对称性。下面便是具体的实现方式：

```
class TransformerEmbedding(tf.keras.layers.Layer):
  def __init__(self, d_model, vocab_size, dropout, max_len=5000):
    super(TransformerEmbedding, self).__init__()
    self.emb = tf.keras.layers.Embedding(vocab_size, d_model)
    self.d_model = d_model
    self.vocab_size = vocab_size
    self.drop = tf.keras.layers.Dropout(dropout)

    half_dim = d_model // 2
    pe = np.zeros((d_model, max_len))  # [D, T_max]
    pos = np.arange(max_len)  # [T_max]
    freq = 10000 ** (2 * np.arange(half_dim) / d_model)  # [D//2]
    pos_freq = pos.reshape((1, -1)) / freq.reshape((-1, 1))  # [D//2, T_max]
    pe[:d_model // 2, :] = np.sin(pos_freq)
    pe[d_model // 2:, :] = np.cos(pos_freq)
    self.pe = tf.constant(pe.T, dtype=tf.float32)  # [T_max, D]

  def build(self, input_shape):
    self.emb.build(input_shape)
    self.built = True

  def call(self, x, training=False):
    # x 是单词 ID 组成的形如 [B, T] 的张量，其中 B 为批量大小，T 为输入长度
    x = self.emb(x) * tf.sqrt(tf.cast(self.d_model, tf.float32))  # [B, T,
D]
```

```
      time_steps = x.get_shape()[1]
      return self.drop(x + self.pe[:time_steps], training=training)  # [B, T,
D]
```

在构造函数中，我们先定义了一个常规的词向量层；然后根据正余弦位置编码的公式计算出序列长度不超过 max_len=5000 的所有位置的位置编码向量，并存储下来以备不时之需。在前向运算时，拿到一个批次的单词 ID 后，首先查询词向量矩阵得到所有单词的词向量，然后再用模型维度的算术平方根进行缩放，最后提取当前输入所需的位置编码进行叠加并应用 Dropout[1]。

这个缩放系数的由来我们在 10.1.4 节末尾提到过：机器翻译中常用三路权重共享，需要词向量层和解码器最后输出端的全连接层共享参数，而后者通常使用 Xavier 初始化，这就导致词向量层的数值范围较小，如果不做缩放处理，和位置编码直接叠加会导致结果被位置编码所主导。在这里的代码实现中，我们没有对词向量层的初始化方法加以限制，这就意味着直接使用了默认的词向量初始化方法，即区间 $[-0.05, 0.05]$ 上的均匀分布。虽然不是严格意义上的 Xavier 初始化方法，但在常见的几百维词向量的情形下两种初始化方法较为接近，所以这里不再细究。

既然提到了三路权重共享，那么就要想办法实现让最后输出端的全连接层和输入词向量层共享参数，也即下面代码中的 TiedEmbeddingDense 类。该类的构造函数有一个参数 tied_to，表示要让这个全连接层和哪个层[2]共享参数。在其 build 方法中，需要想办法构建这一全连接层的变换矩阵和偏置参数：变换矩阵直接使用待共享的词向量矩阵 self.tied_to.weights[0] 即可[3]，而偏置参数则需要我们手动添加。在该层的前向运算过程中，我们可以手动实现矩阵乘法并添加偏置项来完成全连接层的内部计算。

```
class TiedEmbeddingDense(tf.keras.layers.Layer):
  def __init__(self, tied_to: tf.keras.layers.Layer, **kwargs):
    super(TiedEmbeddingDense, self).__init__(**kwargs)
    self.tied_to = tied_to

  def build(self, input_shape):
    # kernel: [vocab_size, model_dim]
    self.kernel = self.tied_to.weights[0]
    # bias: [vocab_size]
    self.bias = self.add_weight(name="bias", shape=[self.kernel.shape[0]])
    self.built = True
```

---

① 这里的 Dropout 也是为了和 Transformer 原论文保持一致。

② 具体应用时，这里传入词向量层即可。

③ self.tied_to 是一个 tf.keras.layers.Layer，可以通过 .weights 拿到由该层所有参数组成的列表。词向量层的参数列表只有词向量矩阵一项，因此 self.tied_to.weights[0] 就是我们要找的词向量矩阵。

```
def call(self, inputs):
  # inputs: [B, T, D], self.kernel: [V, D], self.bias: [V]
  # 其中 B=batch_size, T=time_steps, D=d_model, V=vocab_size
  output = inputs @ tf.transpose(self.kernel) + self.bias  # [B, T, V]
  return output

def get_config(self):
  return dict(list(super(TiedEmbeddingDense,
self).get_config().items())))
```

6. 完整的 Transformer 代码

现在，我们几乎已经完成了所有必要的子模块，欠缺的最后一块拼图是注意力模块中所需的掩码的构造，而这一步可以使用如下代码来实现：

```
def create_masks(seq, causal=False):
  # seq 是由输入单词 ID 组成的形如 [batch_size, seq_len] 的张量
  # causal 是一个布尔变量，表示是否需要构造因果掩码
  neg_inf = -1e9
  if causal:
    seq_len = tf.shape(seq)[1]
    # mask 形如[seq_len, seq_len]，是类似[[0, 1], [0, 0]] 的上三角矩阵
    mask = 1 - tf.linalg.band_part(tf.ones((seq_len, seq_len)), -1, 0)
    return mask * neg_inf  # [seq_len, seq_len]
  else:
    # [batch_size, seq_len] -> [batch_size, 1, 1, seq_len]
    seq = tf.cast(tf.math.equal(seq, PAD_ID), tf.float32)
    return seq[:, tf.newaxis, tf.newaxis, :] * neg_inf
```

假如需要构造因果掩码（对应 causal=True），那么就要构造一个边长为输入序列长度的上三角矩阵。在这一矩阵中，对角线及对角线左下角的部分均为 0，而对角线右上角的部分为负无穷。对于任意一个位置 i，掩码矩阵的第 i 行就表示允许它关注到的位置，具体而言，这一行的前 i 个位置为 0，在加性掩码中就代表仅允许它关注到输入序列的前 i 个位置，也即它自身或者更靠前的单词，这正是因果掩码的定义。

假如需要构造填充掩码（对应 causal=False），那么我们可以找出 ID 为特殊符号 PAD_ID 的单词，然后将这些位置设置为负无穷（表示不可关注），其他位置设置为 0（表示允许关注）。在返回时，我们通过 tf.newaxis 向掩码张量中间插入了两个新的坐标轴，稍后就能从 Transformer 的完整代码中看到这么做的巧妙之处。

终于迎来了最后的高光时刻，把前面用到的所有东西组合起来，就是完整的 Transformer 代码：

```
class Transformer(tf.keras.Model):
  def __init__(self, nlayers_enc, nlayers_dec, d_model, n_heads,
               d_ff, vocab_size, max_len=5000, dropout=0.1):
    super(Transformer, self).__init__()
    self.nlayers_enc = nlayers_enc
    self.nlayers_dec = nlayers_dec
    self.emb_layer = TransformerEmbedding(d_model, vocab_size,
                                          dropout=dropout, max_len=max_len)
    self.enc_blocks = [EncoderBlock(n_heads, d_model, d_ff, dropout)
                       for _ in range(nlayers_enc)]
    self.dec_blocks = [DecoderBlock(n_heads, d_model, d_ff, dropout)
                       for _ in range(nlayers_dec)]
    self.linear = TiedEmbeddingDense(tied_to=self.emb_layer)

  def call(self, src_ids, tgt_ids, training=False):
    # src_ids 是由源语言单词 ID 组成的形如 [B, T] 的张量
    # tgt_ids 是由目标语言单词 ID 组成的形如 [B, U] 的张量
    # 其中 B 为批量大小，T 为源序列长度，U 为目标序列长度，D 为模型维度，H 为注意力头的个数

    enc_x = self.emb_layer(src_ids, training=training)  # [B, T, D]
    # 填充掩码 padding_mask 形如 [B, 1, 1, T]。在编码器中它的形状会被广播为 [B, H,
T, T]，在解码器中则会被广播为 [B, H, U, T]
    padding_mask = create_masks(src_ids, causal=False)  # [B, 1, 1, T]
    for i in range(self.nlayers_enc):
      # [B, T, D], [B, H, T, T]
      enc_x, enc_attn = self.enc_blocks[i](enc_x, padding_mask,
                                           training=training)

    dec_x = self.emb_layer(tgt_ids, training=training)  # [B, U, D]
    # 因果掩码形如 [U, U]，后面会被广播为 [B, H, U, U]
    causal_mask = create_masks(tgt_ids, causal=True)
    for i in range(self.nlayers_dec):
      # [B, U, D], [B, H, U, U], [B, H, U, T]
      dec_x, dec_attn1, dec_attn2 = self.dec_blocks[i](dec_x, enc_x,
                                                       causal_mask,
                                                       padding_mask,
                                                       training=training)
    # [B, U, V], [B, H, T, T], [B, H, U, U], [B, H, U, T]
    return self.linear(dec_x), enc_attn, dec_attn1, dec_attn2
```

在 Transformer 的构造函数中，我们定义出所有需要的子网络：各个编码器块、解码器块，还有最前面的词向量层和最后面的输出全连接层。在前向计算代码中，我们首先拿到源序列的输入和目标序列的输入[①]，对源序列的单词 ID 查询词向量并

---

① 目标序列的输入仅在训练时可以拿到。推断时和我们先前遇到的其他编码器-解码器-注意力架构的模型类似，需要逐词从前到后解码。

添加位置编码，然后构造恰当的掩码再逐层经过一个个编码器块。理论上，这里需要一个形如 [B, H, T, T] 的掩码来表示每个样本、每个注意力头、每个序列位置可以关注哪些序列位置。不过仔细思考可以发现，这里可以直接使用 [B, 1, 1, T] 的 padding_mask 进行广播[①]，这是因为每个样本的多个注意力头用到的掩码矩阵完全相同，并且掩码矩阵的每一行[②]也完全相同（编码器中任何一个位置都可以关注源序列的所有合法位置）。

在解码器部分，我们先对目标序列的单词 ID 查询词向量并添加位置编码，然后构造恰当的掩码再逐层经过　一个个解码器块。编码器的顶层输出 enc_x 需要传递给每个解码器块，以计算交叉注意力部分。此外，每个解码器块都需要两个掩码，分别是形如[B, H, U, U]的因果掩码和形如 [B, H, U, T] 的填充掩码。对于因果掩码，我们需要通过函数 create_masks() 来构造，它会返回一个形如 [U, U] 的掩码，并在解码器块的自注意力子层中被广播为形状为[B, H, U, U][③]的掩码。对于填充掩码，我们可以直接复用先前生成的 padding_mask，这是因为每个样本的多个注意力头用到的掩码矩阵完全相同，并且掩码矩阵的每一行[④]也完全相同（解码器中任何一个位置都可以关注源序列的所有合法位置）。同样，从 [B, 1, 1, T] 到 [B, H, U, T] 的广播过程将在解码器块的交叉注意力子层中完成。

解码器层的最终输出再经过一个全连接层，就得到了目标序列下一个单词的 logits $\log P(y_u \mid y_{<u}, \mathbf{x})$，可以进一步应用于梯度传播（训练）或者目标序列的采样（推断）。

如果我们构建一个模型并通过 model.summary() 打印它的参数，就能发现总参数量小于各层参数量之和，而且两者的差距正好等于词向量层的参数量，这是因为我们共享了输入词向量矩阵和输出全连接层的权重（对应代码实现中的 TiedEmbeddingDense 层）。

---

① 具体的广播操作将在 ScaledDotProductAttention 层的前向计算中完成，这正是…运算符的妙用。
② 其第 t 行表示源序列的第 t 个位置可以关注该序列的哪些位置。
③ 虽然一个训练批次中不同的样本可能具有不同的目标序列长度，不过我们可以统一使用边长为最大目标序列长度的掩码矩阵。对于那些目标序列较短的样本，计算 loss 时用一个新的掩码屏蔽掉序列末尾的填充时间步的输出即可。
④ 其第 u 行表示目标序列的第 u 个位置可以关注源序列哪些位置。

10.2.2　训练和推断

如前所述，Transformer 也是编码器-解码器-注意力架构的一种实现，因此它将目标序列的概率建模为：

$$P(\mathbf{y}|\mathbf{x}) = \prod_{u=1}^{U} P(\mathbf{y}_u|\mathbf{y}_{<u}, \mathbf{x}) \tag{10-6}$$

从这一点上讲，它的训练和推断过程与其他的编码器-解码器-注意力架构的模型（例如在第 6、7 章中介绍的那些）是一致的。但是，Transformer 的复杂度显然超过了之前介绍过的任何模型，因此也需要一些额外的处理技巧。

1. Transformer 作为编码器-解码器架构

和其他编码器-解码器架构的模型类似，Transformer 的训练一般通过最大似然估计和教师强迫来进行。我们将源序列 **x** 和目标序列 **y** 同时输入模型，只不过目标序列的输入值和输出值互相错位一个时间步。假如要把"我/爱/你"翻译成"I/love/you"，那么需要分别向目标序列的开头和结尾添加特殊符号（"<BOS>"和"<EOS>"）来标记其开始和结束，让目标序列输入变为"<BOS>/I/love"，目标序列输出变为"I/love/<EOS>"。这是因为目标序列需要进行链式分解，添加这些特殊标记后才能形成一个满足归一化条件的语言模型。而源序列是否进行类似的处理则不那么重要，可以直接将"我/爱/你"输入模型，因为源序列的存在仅仅是为了向模型提供条件输入信息。

下面再通过一段示例代码来回顾一下这一过程。首先随机生成两个整数数组作为源序列和目标序列中的单词 ID（注意其中不要有特殊符号 <PAD> 的 ID），然后生成两个数组作为源序列和目标序列的实际长度。这时再对第一步中产生的原始单词 ID 数组进行特殊处理，将超过实际长度的部分填充为 <PAD> 符号，并在目标序列的开头和结尾分别添加 <BOS> 和 <EOS> 符号。最后，再生成一个合适的 mask，仅在目标序列的实际长度范围内为 1、填充位置为 0，用于后面损失函数的计算。

```
def generate_data():
  # 假设 PAD_ID=0, BOS_ID=1, EOS_ID=2。
  # 第一步：随机生成 [1, vocab_size - 1] 范围内的单词 ID
  src_ids = np.random.randint(vocab_size - 1, size=[batch_size, enc_len])
+ 1
  tgt_ids = np.random.randint(vocab_size - 1, size=[batch_size, dec_len])
+ 1
```

```
# 第二步，生成序列长度并处理特殊词例。此处序列长度包含 <BOS> 符号，但不包含 <EOS>
src_lens = np.random.randint(low=enc_len//2, high=enc_len - 1,
                             size=[batch_size])
tgt_lens = np.random.randint(low=dec_len // 2, high=dec_len - 1,
                             size=[batch_size])
mask = np.zeros(shape=[batch_size, dec_len - 1], dtype=np.float32)
for i in range(batch_size):
  src_ids[i, src_lens[i]:] = PAD_ID
  tgt_ids[i, 0] = BOS_ID
  tgt_ids[i, tgt_lens[i]] = EOS_ID
  tgt_ids[i, tgt_lens[i] + 1:] = PAD_ID
  mask[i, :tgt_lens[i]] = 1.0
# tgt_ids[:, :-1] 和 tgt_ids[:, 1:]   分别为目标语言序列的输入和输出

    return src_ids, tgt_ids[:, :-1], tgt_ids[:, 1:], src_lens, tgt_lens,
mask
```

在训练时，我们只需将 src_ids 和 tgt_ids[:, :-1] 输入模型，而将 tgt_ids[:, 1:] 作为预测目标。在所有位置逐一对应计算出交叉熵损失后，我们需要用 mask 来掩盖目标序列的填充位置，然后对剩下的有效位置的损失函数进行加权平均，并通过梯度下降来优化模型。我们还可以检查一下词向量层和输出全连接层的第一个参数矩阵是否相同，以此来确认三路权重共享是否正确实现。

```
src_ids, tgt_ids_in, tgt_ids_out, *_ = generate_data()
y = model(src_ids, tgt_ids_in)
model.summary()

optim = tf.keras.optimizers.Adam(learning_rate=3e-4, clipnorm=1.0)

for i in range(5):
  src_ids, tgt_ids_in, tgt_ids_out, src_lens, tgt_lens, mask =
generate_data()
  with tf.GradientTape() as tape:
    logits, _, _, _ = model(src_ids, tgt_ids_in)
    ce = tf.keras.losses.sparse_categorical_crossentropy(tgt_ids_out,
                                                          logits,
                                                          from_logits=True)
    loss = tf.reduce_sum(ce * mask) / tf.reduce_sum(mask)
    print(loss)
  optim.minimize(loss, model.trainable_variables, tape=tape)
  # 检查权重是否绑定成功
  print(tf.reduce_sum(model.emb_layer.weights[0] - model.linear.weights[0]))
```

作为编码器–解码器–注意力框架的一种具体实现，Transformer 的推断过程也具有同样的步骤。在推断时，只有源序列是已知的，因此我们首先将源序列输入编码器，得到

编码器的最终输出，保存起来备用；然后将 <BOS> 符号作为目标序列的起始单词输入解码器，预测下一个词的概率分布；接着从中采样一个词作为目标序列下一步的输入单词，再次单步运行解码器的推断过程，预测下一个词的概率分布，以此类推，直至遇到 <EOS> 符号或是达到最大解码长度限制。根据采样方法不同，解码算法可以分为贪心解码、集束搜索等，与本书 6.4.2 节和 7.3 节中介绍的步骤完全相同，此处不再赘述。

　　这里唯一有些微妙的点在于"单步运行"。对于循环神经网络来说，单步运行非常自然，只需每次保留其状态，然后在新的输入上运行 RNNCell 的 call()函数即可；而对于 Transformer 来说，我们前面仅仅介绍了如何同时给出一整个序列上的预测结果，却没有提及如何"单步运行"。最简单也最粗暴的方法当然是在整个序列上重新运行一遍，然后取最后一个时间步的结果。例如，假设 Transformer 解码器已经预测出了<BOS>符号的下一个词为"I"，我们想要进一步预测"I"的下一个单词，那么可以把序列"<BOS>/I"输入解码器，然后取"I"的位置对应的预测结果——显然，这会导致<BOS>对应位置的所有中间隐藏层被重复计算。另一种方法是先把<BOS>对应位置的所有中间隐藏层缓存起来，然后仅仅将"I"这个词输入 Transformer 解码器①，并在计算解码器端的因果自注意力模块时利用之前缓存的<BOS>单词位置处的解码器中间隐藏层结果。显然，随着解码出的序列越来越长，这种方法需要缓存的张量也越来越多（因为解码器端每个词对应的各个隐藏层状态都要保存），而不能像循环神经网络那样把所有信息压缩在一个定长的状态向量中。实践中采取两种方法都可以，主要在于计算量和存储量之间的取舍。

　　综上所述，在训练时，Transformer 可以让各个时间步同时计算，在硬件资源充足的情况下训练速度非常快；而循环神经网络在时间轴这一维度上难以并行，在长序列问题上难以充分利用硬件，这使得 Transformer 结构更适应算力飞速发展的时代，也为其大红大紫奠定了基础。在推断时，Transformer 则采用普通的自回归解码模式，各个时间步无法并行，此时和循环神经网络相比并无优势，甚至因为无法在常数空间下进行单步解码而略微具有部署上的劣势。

2. Transformer 的独特之处

　　Transformer 是我们目前见到的最复杂的模型，从实践上来讲它也确实难以训练，需要一些额外的优化技巧。

　　首先是优化器的选择问题。Transformer 模型一般都使用 Adam 优化器[24]，在复杂优化问题上，Adam 优化器良好的自适应能力可以让很多奇奇怪怪的问题变得简单，例如解决不同单词词频相差悬殊的问题、模型不同层的梯度量级不同的问题。特别地，假

---

① 注意需要搭配正确的位置编码，即使单词"I"是单独输入模型的，也需要搭配代表"序列第二个位置"的位置编码。

如模型训练时要引入 L2 正则，那么通常会使用 AdamW 优化器[153]，即在 Adam 优化器内部修正权重衰减，而非向目标函数引入一个二次惩罚项①。

另一个非常重要的超参数是学习率。Transformer 的学习率调整算法通常采用一种独特的热身机制：在训练开始时，学习率逐渐线性增大到某个最大值，然后再从这个最大值开始进行根号衰减，如图 10-6 所示。如果用数学公式来表达，Transformer 的学习率随训练步数 step 的关系为：

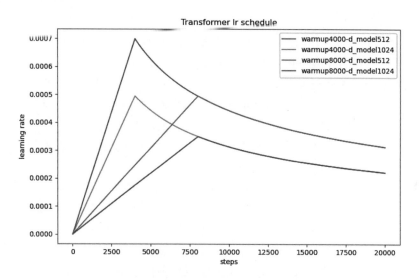

图 10-6　Transformer 学习率调整算法

$$learning\_rate = d\_model^{-0.5} \cdot \begin{cases} warmup\_steps^{-1.5} \cdot step \\ step^{-0.5} \end{cases} \qquad (10\text{-}7)$$

从图 10-6 和公式（10-7）中可以发现，warmup_steps 参数决定了学习率线性增大这一部分的长度。在 Transformer 训练初期，模型参数离最优值还很远，如果学习率过大可能导致模型一步更新量过大，把模型参数"带坏"，因此需要用较小的学习率慢慢训练。如果模型难以收敛，可以适当增加热身的步数。而在热身步数一定的情况下，模型维度越大，训练的最大学习率就越小，参数更新就越谨慎，以防一步不慎满盘皆输。

Transformer 训练往往需要较大的数据批量大小。如果每个批次的数据太少，不但最终收敛效果较差，甚至还有可能完全无法收敛。在 Transformer 相关的库中，超参数

---

① 这两种实现方法对于最简单的 SGD 优化器来说是等价的，但对于自适应学习率的优化器则会产生差异。

batch_size 通常是指每个批量数据里的子词数量而非句子数量，这一数值往往可以达到数千。

最后，笔者在这里分享一个通用技巧：对于任何模型，如果共享了输入词向量层和输出全连接层，那么都可以通过调小初始化的方差和减小学习率来提高模型的收敛性。

文献[154]通过大量实验总结了 Transformer 训练时超参数设置的技巧，以及设置不当时会出现的现象，对于 Transformer 的调参实践具有很大的参考价值。

3. 多模型结合方法

在推断时，我们往往可以通过结合多个模型的预测结果来提高预测结果的性能，这便是模型集成（Model Ensemble）。模型集成有很多方法，对于简单分类问题而言，最常见的就是投票法（Voting）或者平均法（Averaging）：前者是指统计每个子模型预测的分类结果，选取出现频次最高的类别作为最终结果；后者是指对各个模型预测出的概率分布进行平均，然后取平均后的概率分布中概率最高的类别作为最终结果。不过，对于序列生成问题（例如文本生成或者机器翻译）而言，模型集成算法就略微复杂一些了，我们在本节中简单介绍两种模型集成算法。

一种方法是权重平均（Weight Averaging）[155]。在模型训练过程中，每训练一步（进行一步梯度下降）都会产生一组新的模型参数，因此在一次完整的训练过程中会产生很多组参数不同的模型。我们通常会每经过一定步数（例如遍历一次训练集的全部数据）就保存一个模型的检查点，以期在训练失败（例如硬件故障或者损失函数发散）时可以从某个先前的检查点恢复，或者是从一系列检查点中挑选出在验证集上效果最好的那个检查点来供测试集使用。事实上，除了单独选择某一个检查点以外，我们还可以挑选多个检查点的参数，然后在参数空间上进行平均①来得到一组更优的模型参数。这是因为，在一次完整的模型训练过程中，模型参数很难恰好收敛到最优解处，但训练后期的参数往往在最优解附近抖动，直接对多个不同训练步骤的参数取平均往往可以更靠近最优解，取得更好的泛化效果。**权重平均方法最简单的实现就是用一次训练中的最后若干个检查点进行平均，**这也是 Transformer 原论文中使用的方法。权重平均还有很多复杂的变种，例如随机权重平均（Stochastic Weight Averaging）[156]，即在训练末期采用循环学习率（Cyclic Learning Rate），故意让学习率时不时变大来使模型更好地探索最优解附近的参数空间，并取每个循环周期学习率最低时②的模型参数进行平均作为最终结果。

---

① 对于每个参数张量，都取它在各个检查点里的平均值。例如词向量层的参数取各个检查点的词向量层参数的平均值，第一个全连接层的参数取各个检查点的第一个全连接层参数的平均值。

② 此时模型进入这一轮探索的稳定状态。

权重平均方法最终会产生一个单一的模型，且参数量和运算量都和普通的单模型没有区别，因此可以在不增加计算量的条件下提高性能，几乎可以说是"免费的午餐"。更妙的是，该方法对任何神经网络模型都适用[①]，唯一的要求是用于平均的多个模型检查点来自同一次训练过程[②]。

另一种方法是模型融合（Model Fusion）。假设我们手头有多个训练好的序列生成模型（例如机器翻译模型），这些模型可能具有不同的结构或超参数（例如分别是循环神经网络和 Transformer，或者是隐藏层维度不同），但只要它们的输出词表相同，我们就能把它们的预测结果进行融合，获得一个更强的模型。

前面提到的投票法在序列生成问题中一般是不太好用的：假如让每个模型各自独立生成一个序列，最后各个模型生成的互不相同[③]，这时就难以从中选取出现次数最多的结果了。因此，序列生成问题中常用平均法来综合多个模型的预测结果。

具体来说，对于任何一种序列生成的解码算法，例如本书 7.3.1 节中提到的贪心解码算法和集束搜索算法，总会有一个步骤是从**模型预测的概率分布**中采样这一步需要生成的单词——对贪心解码算法而言，就是取模型预测出的概率最大的单词；对集束搜索算法而言，就是取模型预测出的概率排名前几的单词作为候选集，并维护所有候选单词序列的队列。假如我们使用单个模型进行解码，那么序列生成算法中用到的"模型预测的概率分布"自然是该模型在这一时间步的预测结果；而如果我们同时使用输出词表相同的多个模型解码，那么可以把各个模型预测的概率分布进行平均，然后从平均后的概率分布中采样这一步生成的单词。这样一来，每个模型的解码过程就不再独立了，而是在所有模型共同解码出的一个序列前缀的基础上再进行下一步解码。因而，各个模型可以取长补短，最终提高序列生成的效果。

10.2.3 关于 Transformer 模块的反思

在先前的章节中，我们介绍了标准 Transformer 模型的各个组件及其代码实现；其中很多组件的选择都不是唯一的，可以有多种替代或者改进方式。受篇幅所限，本节中所涵盖的模块变种仅仅是冰山一角，我们将选取一些较为著名的变种实现进行介绍。

---

① 对于包含批归一化层（BatchNorm）的模型来说，该层的统计量需要重新计算，例如再对训练数据集进行一轮前向传播并求取滑动平均。

② 不同训练过程（例如不同的模型随机初始化方法或者不同的数据集遍历顺序）产生的模型可能会收敛到不同的局部最优解附近，因此对它们进行平均没有意义。

③ 序列生成任务的输出空间是指数级别的（词表大小的序列长度次方），因此这是很有可能出现的。

1. 绝对位置编码 vs 相对位置编码

Transformer 引入位置编码的动机是自注意力层的排列等变性。为了打破这种对称性，只好显式向模型引入位置信息。我们在前面提过常用的位置编码通常有两种，一种是通过数学公式计算出的，另一种是通过训练学习到的，并且前者具备一定的外推能力（即泛化到训练时没见过的序列长度上）。在原版 Transformer 中，位置信息只在模型最前面和词向量相加，而不会在中间层再次添加，这可能会导致模型靠后的层遗忘或混淆位置信息。因此，在位置特别重要的场合，例如某些可以并行解码①的非自回归模型[157]，选择在每一层 Transformer 块中都添加一次位置编码，以向模型强调位置信息。

到目前为止，我们讨论的都是绝对位置，即每个词是序列里的第几个词。但绝对位置有一个缺点，就是对流式输入不太友好。假如我们需要处理超长文本，并且由于硬件限制决定分成 512 个单词的块进行处理，那么对于第二块中的单词，它们的位置应该从 0 开始还是从 512 开始计算呢？而且，有时候单词的绝对位置没那么重要，反而是单词间的相对位置更加重要。尽管正余弦形式的位置编码可以在一定程度上引入相对位置信息，但还是不如直接在注意力模块的计算中插入相对位置信息来得干脆。

在机器翻译中，相对位置编码（Relative Position Encoding）被证实可以提高翻译质量[158]。在相对位置编码中，位置编码不是添加到输入词向量上，而是直接添加到注意力模块中。一般来说，模型需要精确区分距离较近的单词的位置信息，而不太需要精确了解距离较远的单词的位置信息，因此相对位置编码中会设置一个最大距离 d_{max}，如果两个单词的实际距离超过这一数值，就全部当成距离为 d_{max} 对待。相对位置编码会引入两个可学习的参数矩阵 $a^K, a^V \in \mathbb{R}^{(2d_{max}+1) \times d_{model}}$。其中 d_{model} 是 Transformer 模型的维度，也是单个位置向量的维度；$2d_{max}+1$ 是不同相对位置的种类数，因为两个词的距离可以是 $[-d_{max}, d_{max}]$ 区间内的任意整数。

在引入相对位置编码后，我们需要对计算上下文向量的公式（10-1）进行两点小修改：

● 原先我们通过向量内积 $<q_i, k_j>$ 来衡量查询向量 q_i 和键向量 k_j 之间的相似度，现在则将相似度度量方式修改为 $<q_i, k_j + a^K_{j-i}>$，即给键向量加上一个和它同维度的、由相对位置 $j-i$ 决定的相对位置向量 a^K_{j-i}。

● 原先我们使用一套固定的值向量 $\{v_k | k = 0, \cdots, T-1\}$，现在则在计算每个查询向量 q_i 对应的上下文向量（即根据注意力权重对各个值向量进行汇总）时，将初始值向量 v_k 修正为 $v_k + a^V_{j-i}$，即给值向量加上一个和它同维度的、由相对位置 $j-i$ 决

---

① 我们将在本章最后讨论解码时也可以并行运算的 Transformer 变种。

定的相对位置向量 a_{j-i}^{V}。这意味着同一个单词会对不同的查询向量提供不同的值向量。

这样一来，自注意力层不再具有排列等变性，也就无须在模型输入端添加绝对位置编码了。此外，相对位置信息添加到注意力层还意味着位置信息会在每个 Transformer 块中都注入模型，不必担心位置信息会随着层数加深而衰减。

2. Pre-Norm vs Post-Norm

本节我们将讨论一个名为 Pre-Norm 的 Transformer 变种[159]。在 10.1.3 节中，我们提到 Transformer 会使用残差连接和层归一化来增强训练稳定性，即 $y = \mathrm{LayerNorm}(x + f(x))$，其中 $f(\cdot)$ 代表注意力子层或者逐点全连接子层。事实上，我们还有另一种选择：先进行层归一化再做残差连接（因此称为 Pre-Norm），也就是 $y = x + \mathrm{LayerNorm}(f(x))$。

从数学公式上看，这两种实现的区别仅仅是移动了层归一化的位置。熟悉计算机视觉领域的读者可能知道，著名的残差网络 ResNet 也有两个版本：在第一版 ResNet[142]（又称后激活版 Post-Activation）中，激活函数 ReLU 会出现在网络主干上，而在第二版 ResNet[160]（又称前激活版 Pre-Activation）中，ReLU 激活函数从网络主干被移走，使网络真真正正保留了一条从输入直通输出的恒等映射①。这和 Transformer 的层归一化何其相似！Pre-Norm 通过把层归一化的位置从网络主干移走实现了和 ResNet v2 相同的效果。

那么这一修改到底会带来什么样的实际效果呢？一个普遍的观点是：Pre-Norm Transformer 更容易训练，例如可以不需要学习率热身、在层数较多时更容易收敛；而 Post-Norm Transformer 仔细调化后往往效果更好。对于这种现象，有一个直观解释：Post-Norm Transformer 在网络主干上引入了一些非线性，因此在相同层数的情况下它的有效深度比 Pre-Norm Transformer 更深，所以拟合能力更强；而 Pre-Norm Transformer 在某种意义上相当于更浅、更宽的神经网络，因而更容易训练。

在实践中，尽管 Post-Norm Transformer 相对来说更难训练，但最终还是它的使用范围较广。这一点也和 ResNet 的遭遇非常类似——ResNet v2 基本上只有在极深网络上才会有优势，对于常见的 ResNet-18 或者 ResNet-50 等，大家还是喜欢用原始的、后激活版本的 ResNet v1。

---

① 实际由于网络主干会分阶段缩减空间分辨率，所以网络中不存在从头到尾的恒等路径；但在每个分辨率保持不变的阶段内部，恒等映射可以跨越多个残差块，从阶段开始直通到阶段结束。

3. 线性注意力

让我们再来思考一下 Transformer 中的注意力模块。忽略掉常数项和掩码，注意力模块的主要计算公式可以写为 $\text{Softmax}(QK^T)V$。如果不考虑激活函数 Softmax[①]，那么注意力模块可以进一步简化为 QK^TV。对于这个简化后的注意力层，我们有两种计算方法：其一是 $(QK^T)V$，即先计算所有词两两之间的注意力 QK^T，然后再右乘矩阵 V；其二是 $Q(K^TV)$，即先融合键矩阵和值矩阵 K^TV，然后再左乘矩阵 Q。假设矩阵 $Q, K, V \in \mathbb{R}^{n \times d}$，即查询向量、键向量、值向量各有 n 个（n 为序列长度）、模型维度为 d，那么这两种算法的计算量分别为 $O(n^2 d)$ 和 $O(d^2 n)$。

在标准的 Transformer 结构中，由于 Softmax 激活函数的存在，我们只能采用前一种计算方法。在序列长度 n 较大时，这导致我们需要保存一个巨大的相似性矩阵 $QK^T \in \mathbb{R}^{n \times n}$，存储空间和计算量都随着序列长度按平方增长，因而难以应用在长序列问题上。于是，我们寄希望于修改注意力模块，将 Softmax 替换为某种易于操纵的、引入非线性的方法，然后通过后一种计算方法来实现线性[②]存储空间和计算量的注意力机制。

归根结底，$\text{Softmax}(QK^T)$ 仅仅是一种度量相似性的方式，我们可以用其他相似性计算方法来代替它。这种两两配对的形式容易让人想到核方法（Kernel Trick）[③]：我们可以引入一个非线性映射 $\phi(\cdot)$，将它分别作用在查询矩阵和键矩阵上得到 $\phi(Q)$ 和 $\phi(K)$，然后注意力模块就可以写为 $\phi(Q)\phi(K)^T V$。此时我们就完成了 Q 和 K 的分离，可以用矩阵乘法的结合律优先计算 $\phi(K)^T V$，进而实现线性的注意力机制了。这就是线性化 Transformer[161] 的基本思路。如果再考虑因果掩码，我们甚至可以将线性化 Transformer 适当进行代数变形，最终实现为一种循环神经网络：模型的所有历史信息被压缩为固定尺寸的张量，只需在这一状态上进行 $O(1)$[④] 时间的运算即可得到模型这一步的输出，并更新其状态张量供下一步预测使用。

这样一来，线性化 Transformer 就同时具有了标准 Transformer 和循环神经网络的好处：训练时，各个时间步同时并行计算，极大加快训练速度；推断时可以重参数化成普通的循环神经网络，享受到常量存储空间和计算量的单步推断。从本质上说，线性化的 Transformer 就是一类特殊的循环神经网络，它的状态更新方程既可以写成递推的（从

---

① 和矩阵乘法相比，这部分计算量是低阶的，所以我们在这里忽略掉它的计算量。

② 线性是指关于序列长度 n 呈线性。

③ 大部分人初次接触核方法可能是在支持向量机中。支持向量机一般避开了显式计算非线性映射 $\phi(\cdot)$，直接计算样本间两两的相似性；而这里我们则是反过来，直接计算非线性映射 $\phi(\cdot)$，避开计算样本两两间的相似性。

④ 这里的 $O(1)$ 仅仅是指与时间步数量 T 无关，假如考虑到模型维度 d 的话，计算量应当是 $O(d)$。

前一步的状态中增量获得，以实现快速推断），又可以写成从各个时间步的输入中同步计算的[①]（以实现快速训练）。

　　不过，想要用线性化的 Transformer 无缝替代标准 Transformer 的读者可能要失望了：就训练过程而言，线性化 Transformer 仅仅是在序列长度非常大（通常为数千甚至上万）时相比标准 Transformer 才会有明显的优势[②]，这可不是一个太过常见的场景。另外，如果线性化 Transformer 中的非线性映射 $\phi(\cdot)$ 的输出维度太低，那么 $\phi(Q)\phi(K)^T V$ 将会产生低秩现象[③]，影响注意力层的表达能力，因而往往需要使用较大的非线性映射维度来弥补性能上的不足，这又在某种程度上增加了计算量。当然，线性化 Transformer 在单步推断时的优势是实打实存在的。

10.3　Transformer 模型的拓展

　　Transformer 在诸多领域都取得了巨大的成功，不过这并不意味着 Transformer 就是万能的。在前一节中，我们讨论了 Transformer 几个内部模块的可能改进，这里我们再从整个模型设计的层面来探讨一下 Transformer 的拓展方案。

10.3.1　平方复杂度与显存优化

　　假设输入序列长度为 T，那么 Transformer 的自注意力模块需要 $O(T^2)$ 的空间和时间来处理它，因而难以应用于超长序列。需要说明的是，这里"超长序列"指的是长度数千乃至上万的序列。如果序列长度仅仅是几百，那么单张显卡一般是可以容纳的，我们会直接用普通的 Transformer 来处理它。

　　超长序列有很多种处理方法，10.2.3.3 节中提到的线性注意力机制便是其中的一种。本小节我们从 Transformer 模型整体设计的角度，再来介绍三大类处理方法。

---

① 当然，这种写法一般需要消耗较多的显存。如果硬件显存无法支撑各个时间步并行训练，那么也可以将其重参数化为循环神经网络来训练，此时线性化 Transformer 就彻底退化成了循环神经网络。

② 如果序列长度较短，Transformer 中主要计算量集中在逐点前馈神经网络中，而非注意力层。

③ 多个矩阵相乘时，最终结果的秩不会超过任何一个矩阵的秩。如果 $\phi(Q)$ 和 $\phi(K)$ 的秩较低，那么 $\phi(Q)\phi(K)^T V$ 将是一个低秩矩阵。作为对比，标准 Transformer 中的 $\text{Softmax}(QK^T)$ 在矩阵乘法 QK^T 之后再次引入了非线性操作 Softmax，因此起到了升秩的作用。

1. 稀疏化注意力矩阵

第一种方法是只计算一个稀疏的注意力矩阵。标准 Transformer 的平方复杂度来源于输入序列中的元素的两两全部配对，但是在多数情况下，对某个元素影响最大的只有少数几个其他元素，因此我们可以启发式地只计算个别可能产生较大影响的元素对之间的注意力。

一类启发式规则是基于位置的，典型代表例如稀疏 Transformer（Sparse Transformer）[162]和 LongFormer[163]。从直觉上讲，位置相邻的元素之间应该会有较大的影响，所以我们可以只计算每个序列元素和它相邻若干个元素之间的注意力权重。如果输入数据具有规整的多维网格状结构，只是我们为了适应 Transformer 模型将它押成了一维序列，那么我们还可以在原始的数据网格中寻找位置近邻关系，例如让图像输入中的一个像素（或者块）去关注它所在的同一行或者同一列的其他像素（或者块）。当然，我们也可以保留一些全局关系，例如向输入序列引入少数特殊元素（例如代表整句句意的[CLS]），让它们和序列的所有元素都进行配对以捕获整个序列的信息。在大部分情况下，这些基于位置的注意力模式已经满足了任务的需要，并且可以将需要计算注意力权重的元素对数降低到平方复杂度以下，例如 $O(T\sqrt{T})$ 甚至 $O(T)$。

另一类启发式规则是基于内容的，典型代表例如 Reformer[164]。Transformer 中的注意力权重需要使用 Softmax 函数进行归一化，由于指数函数的存在，往往不同元素对之间的相似度差异会被放大，最终结果会接近于一个独热向量，因此我们只需关注那些最相似的元素对即可。为了在不计算所有元素两两之间相似度的情况下快速找到那些最相似的元素对，Reformer 使用了局部敏感哈希（Locality Sensitive Hashing）[165]算法。局部敏感哈希是一类特殊的哈希算法：通常的哈希算法是对任意输入元素 x 应用一个变换 $f(\cdot)$，使得不同的输入元素 x 的哈希值 $f(x)$ 也尽可能不同，以减少碰撞、混淆均匀；而局部敏感哈希则是希望距离较近的输入元素 x 的哈希值 $f(x)$ 有较大概率取值相同，而距离较远的输入元素 x 的哈希值 $f(x)$ 则尽量不要碰撞。如此一来，我们只需对所有的查询向量和键向量都应用同一个位置敏感哈希函数 $f(\cdot)$，然后看哪些向量的哈希值发生了碰撞，便可以快速找到距离较近（也就是相似度较高）的查询向量和键向量。

更具体地，Reformer[164] 使用的是一种基于角度的局部敏感哈希函数（因为标准 Transformer 的相似度计算方法就是向量内积，在忽略模长的意义下可以认为是向量夹角），它可以使得角度接近的向量有较大的概率产生相同的哈希值。对于任意一个高维向量 $x \in \mathbb{R}^d$，选取一个桶大小 $b \in \mathbb{Z}$，然后生成一个随机旋转矩阵 $R \in \mathbb{R}^{b/2 \times d}$，然后计算 $h(x) = \mathrm{argmax}([Rx; -Rx])$ 来得到一个介于 0 和 $b-1$ 之间的整数，表示向量 x 在随机旋转后落在了哪个桶里。这个过程也可以进行多次，得到多个哈希值。如果两个高维向量在多次哈希后落在相同桶里的次数较多，那么就说明这两个向量的原始方向大概率较为接近。局部敏感哈希是单独应用在单个向量上的，不涉及元素对之间的计算，因此计算复杂度与序列长度呈现线性关系。

经过局部敏感哈希之后，我们只需重点计算落在同一个桶里的元素之间的相似度即可。再进行一些排序和分块计算，就可以在 $O(T \log T)$ 的时间内计算出最相似的键-值对之间的相似度，进而得到最终的注意力结果。

2. 分段处理输入数据

假如不追求模型方面的完美，只关注工程实践方面的可用性，那么普通的 Transformer 有时也可以用于长序列。例如，假如要进行文本分类任务，那么我们可以对输入样本进行截断，只保留前若干个单词或者后若干个单词进行分类；另一种做法是对输入样本进行分段处理，将超长的样本切分为多个片段（相邻片段之间可以有一定重合，以避免切分边界处的单词没有足够的上下文），然后训练照常进行，推断时在每个片段上进行预测，并把最终的结果进行融合。

不过，如果仅仅考虑工程方面的妥协这也太不优雅了。更好的做法是在模型层面直接让 Transformer 能够分段处理数据，例如 Transformer-XL[166]。在这里，我们仅仅考虑应用于语言模型的单向 Transformer 模型，即标准的 Transformer 模型中的编码器部分加上因果掩码。

由于显存限制的存在，我们将无限长的文本序列切分成固定大小的片段进行训练和推断，如图 10-7 所示。

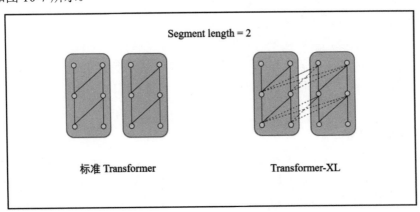

图 10-7　Transformer-XL 示意图

图 10-7 中展示的分段长度为 2（实践中常用的分段长度一般为 128 或者 512，这里为了展示方便所以图中画出的分段长度较短），即每次选取连续的两个词组成一个片段，交给硬件进行一步训练或者推断。在标准 Transformer 结构中，每个分段之间没有联系，

这会导致分段开头的部分元素（特别是第一个元素）只能读取到很少的上文，进而影响模型预测下一个单词的能力。在推断时，这个问题可以通过调整滑动窗口的步长进行缓解：虽然我们每次处理一个分段的输入数据，但是可以只对分段中后一半的单词给出预测，因为它们具有较长的上文，预测结果较为准确；然后将输入数据向后滑动半个分段，再次读取一个分段的数据并对后一半单词给出预测……每次窗口滑动的步长越小，输入片段末尾的单词拥有的上文就越长，预测结果也就越准确，但是代价就是重复计算会更多，需要在输入数据上滑动更多的次数。

Transformer-XL[166] 则通过引入跨分段的循环来解决这一问题。在训练时，可以每次把两个分段的数据输入模型，其中前一个分段只做前向计算，然后截断梯度的反向传播过程，其目的在于为后一个分段提供有效上文；后一个分段则正常进行梯度下降训练，其输入不光有当前分段本身的数据，还有前一个分段计算出的中间隐藏层等结果。相邻两个分段的连接在图 10-7 中用虚线表示，以强调这部分连接不参与梯度计算。在 TensorFlow 框架中，截断梯度这一操作可以用函数 tf.stop_gradient() 来实现。这样一来，在训练时，分段开头的单词也能够拥有较长的上文，有利于模型的训练和收敛；在推断时，可以直接以整个分段长度为步长进行滑动，既消除了重复计算，又能保证每个单词所能获取的上文长度，取得较好的预测结果。

需要特别说明的是，在这种处理方式下，模型获得的上文长度有可能超过两个分段，因为某个分段的单词可以看到上一个分段的单词，而上一个分段的单词又在之前的循环过程中看到了上上一个分段的单词……假设模型层数为 L，每个分段的长度为 T，那么 Transformer-XL 最多可以看到长度为 $O(TL)$ 的上文。

标准 Transformer 通过引入绝对位置编码来让模型区分不同的位置，但在分段处理的情况下，这可能导致模型难以区分不同分段内的同一个位置。因此，Transformer-XL 采用了相对位置编码的一个变种实现，用来标记查询向量和键向量的相对位置，进而完美解决这一问题。

3. 可逆神经网络

除了平方复杂度的自注意力模块以外，较深的模型层数有时也会给我们带来障碍。在标准的反向传播算法中，每一层的中间变量都需要保存下来，以供反向传播时使用，这导致模型占用的显存大小随着层数线性增长。在 Transformer 网络中，每个编码器块和解码器块内部都有较为复杂的结构，中间会产生非常多的中间变量，导致显存急剧增长。

深度学习中有一些通用的做法来缓解这一问题，例如梯度检查点（Gradient Checkpointing）[167]方法选择性地保存一部分前向过程中产生的中间变量，在反向传播需要用到某些未保存的隐藏层中间变量时就从已保存的中间变量开始再进行一次前向传播来重新计算需要的值，从而做到以时间换空间。不过，从模型设计的层面来讲，还有一类特殊的模型可以仅使用常数级别①的存储空间来进行无限层数的计算，这就是可逆残差网络（Reversible Residual Network）[168]，简称 RevNet。Transformer 的子模块中也使用了残差连接，并且每个块的输入和输出维度都相同，正好可以借鉴这一设计。我们前面提到的 Reformer[164] 也确实采用了这一设计，使得保存中间变量所需的显存消耗与模型层数无关。

RevNet 的核心思想是让网络前一层的计算结果可以从后一层的计算结果中很方便地恢复回来，这样就无须保存前一层的结果了，进而实现和层数无关的显存消耗。为了做到这一点，RevNet 把每一层划分为两个部分，并让两个部分交替进行残差更新，颇有左脚踩右脚螺旋升天的意味。假设某层的输入为 (x_1, x_2)，输出为 (y_1, y_2)，那么可逆残差模块的构造方式如下（其中 $F(\cdot)$ 和 $G(\cdot)$ 是包含模型参数的部分）：

在前向计算中，我们先从 x_1 和 x_2 出发计算出 y_1，然后再根据 x_2 和 y_1 计算出 y_2。此时我们就可以放心地丢弃 x_1 和 x_2 了，这是因为我们能够从 y_1 和 y_2 中轻松地把它们恢复出来。反向传播时，只需对 y_1 再次应用模块 $G(\cdot)$，并用 y_2 减掉它就得到了 x_2；然后对 x_2 再次应用模块 $F(\cdot)$，并用 y_1 减掉它就得到了 x_1。这使得我们始终只需要保存最新的一组隐藏层向量即可，如图 10-8 所示。

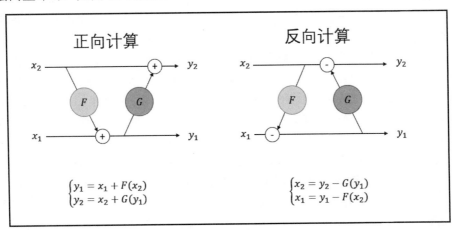

$$\begin{cases} y_1 = x_1 + F(x_2) \\ y_2 = x_2 + G(y_1) \end{cases} \qquad \begin{cases} x_2 = y_2 - G(y_1) \\ x_1 = y_1 - F(x_2) \end{cases}$$

图 10-8　可逆残差模块

在 Transformer 中，我们可以将 $F(\cdot)$ 和 $G(\cdot)$ 分别取为注意力模块和逐点全连接模块，

---

① 这里的常数指的是保存中间变量的额外空间是常数，不包括模型本身的参数所需的存储空间。

这样就得到了可逆的 Transformer 块。在训练由多个可逆的 Transformer 块组成的 Transformer 模型时，显存占用就与模型层数无关了[①]。

10.3.2 图灵完备性与归纳偏置

在理论计算机研究中，我们时常会关心一个计算模型是否图灵完备（Turing Complete），以此来了解它的计算能力的上限。对于神经网络理论研究而言，如果一个神经网络有能力模拟一台图灵机，那么我们就称其为图灵完备的。具体到 Transformer 这一类神经网络，如果假定浮点算术的精度是无限的，那么 Transformer 也具有图灵完备性[169]；如果假定浮点算术的精度是有限的（这与实际场景更加相符），那么 Transformer 将不具备图灵完备性[170]。

尽管在实践中，当训练数据足够多时 Transformer 几乎总可以成为效果最好的模型，但这往往是因为在这些任务中"顺序"没有那么重要。例如在自然语言理解中，虽然也存在打乱单词顺序导致句意改变的极端场景，但是大多数情况下调整和打乱少数单词的位置并不影响句意的理解。在某些极端依赖顺序性的任务（尤其是人工设计的任务）中，Transformer 的理论计算能力缺陷就会暴露出来。例如，Transformer 在"翻转输入序列"这一任务上的表现很可能就不如 LSTM 这样的循环神经网络[170]。归根结底，这是因为循环神经网络使用相同的变换函数在不同时间步做计算，引入了时序上的归纳偏置，并且每次只单步运行，产生一个新的预测结果，具有"迭代"的特性。如果观察循环神经网络生成的文本序列，就可以发现有时会连续生成相同的单词或是多个单词的循环节[②]，这便是归纳偏置的一种具体体现。而 Transformer 则是各个时间步同时计算，没有这种时序上的循环或者递推关系，而是靠不那么优雅的位置编码强行引入时序关系，因此时序上的归纳偏置较弱，在"翻转输入序列"这种具有明显"递推"或者"循环"性质的任务上就会表现欠佳。

一种改进方案便是通用 Transformer（Universal Transformer）[170]。和标准 Transformer 相比，它引入了循环神经网络式的归纳偏置，只不过是在"层数"这个方向上。通用 Transformer 相当于在层数这一维上进行"循环"的标准 Transformer：和标准 Transformer 类似，它在序列各个位置可以并行计算；但是不同于标准 Transformer 每层具有独立的参数，通用 Transformer 的每一层编码器（或解码器）使用的是完全相同的

---

① 当然，这需要特殊的代码实现，让深度学习框架不要追踪各个中间变量的梯度，仅当我们需要时在函数 $F(\cdot)$ 和 $G(\cdot)$ 的内部构建计算图和求导。

② 模型训练得越充分，出现这种情况的概率越低。

参数。循环的最大层数在这里是一个超参数，可以由用户指定。

各层之间共享参数意味着编码器（或者解码器）的每一层都在做完全相同的计算过程，仅仅是作用在不同的数据（前一层的输出）上。这样一来，通用 Transformer 就具有了和循环神经网络相似的归纳偏置，并且可以证明它在有限浮点算术精度下也具有图灵完备性[170]①。这里，无限多层编码器和解码器给予了通用 Transformer 在特定输入上反复思考乃至永不停机的能力，拓展了它的计算能力边界。

由于担心层数深了之后模型记不清当前处理的是第几个单词，通用 Transformer 在每一层都加上位置编码以示强调。此外，Transformer 块在本质上并不是循环的，它可能难以知道自己在层数这一维上到底循环了几次，因此我们选择向通用 Transformer 的每一层再添加一个步骤向量（Step Embedding）来表示当前在层数这一维上执行了几次循环。

对于可解的问题而言，通用 Transformer 往往并不需要思考无限多步，所以我们也没有必要将循环最大层数设置为无穷或者相当大的数字，而且序列中不同位置所需的计算量通常是不同的，例如人类在理解文本时，含义单一的单词只需要较少的思考时间，而多义词或是需要根据上下文来确定指代关系的单词则需要较多的思考时间。为此，通用 Transformer 采用了一种最早出现在循环神经网络中的自适应计算时间（Adaptive Computation Time）[171]机制，在每计算一层后都让模型自己判断是否还需要进一步的计算，如果不需要就停止并得到最终结果。这个停机的判定是逐词进行的，各个位置互相独立，使得通用 Transformer 对一个句子中不同的单词可能分配不同的计算量。实验表明这一模仿人类行为的操作能提高模型效果。

10.3.3　非自回归模型

序列生成任务的常见训练方法是对序列进行链式分解，然后进行最大似然估计；在推断时，通常是从前到后每次采样一个单词，直至产生完整的序列为止。遵循这一范式的模型称为自回归（Auto-Regressive）模型，即使用输入数据自己预测自己未来的值。标准 Transformer 也符合这一范式，因此它的并行性只有在训练时才能得到发挥（因为这时目标序列的真值是已知的，可以采用教师强迫的方式来训练），而推断时就退化为了和循环神经网络相同的单步预测模式。

如果想要摆脱这种限制，让训练和解码同时并行化，就需要跳出自回归模型的框架。在本节中，我们以机器翻译问题为例，介绍两种不同的思路。

---

① 这要求循环的层数足够多，例如是输入序列长度的函数，而不是预先设定好的一个固定的数字。

第一种思路是建模时去掉解码器部分对目标序列输入的依赖，同时预测目标序列每个位置的元素。以非自回归 Transformer（Non-Autoregressive Transformer）[157]为例，该模型会尝试预测如下目标：

$$P(\mathbf{y} \mid \mathbf{x}) = P(U \mid \mathbf{x}) \prod_{u=1}^{U} P(y_u \mid \mathbf{z}, \mathbf{x}) \tag{10-8}$$

这一训练目标和普通的自回归模型主要有两点区别：其一是需要首先预测目标序列的长度 U，其二是在预测目标序列的每个单词 y_u 时不再依赖目标序列的前面部分序列 $y_{<u}$，而是依赖从某种方法生成的隐变量序列 $\mathbf{z}$。这样一来，在模型推断时，就不必逐词生成目标序列了，而是可以先预测出目标序列的长度，然后利用 Transformer 的并行性同时预测出各个位置的目标单词 y_u。于是，非自回归 Transformer 只需常数时间就能生成任意长度的目标序列，不必再从前到后逐一解码。

隐变量序列 $\mathbf{z}$ 的选择对非自回归模型来说非常关键。如果能够提供一个和真正的目标序列对齐较好的隐变量序列 $\mathbf{z}$，那么 y_u 的预测就会变得较为简单，大大减轻解码器的负担。例如，可以将源序列的词向量复制并进行简单变换后作为隐变量序列 $\mathbf{z}$。

为了提高序列生成的质量，可以进一步修饰模型给出的初始解码结果，让 Transformer 解码器多运行几层，替换掉初始翻译结果中不太准确的单词，得到更好的翻译结果[172][173]。

第二种思路则是拓展模型的输出动作空间，让模型不是从左到右顺序预测下一个单词，而是对序列的多个位置进行乱序的编辑操作。如果多个位置的预测结果互不冲突，就可以一次性预测出多个单词，进而快速生成整个序列。例如插入 Transformer（Insertion Transformer）[174]每次在部分单词序列①的基础上预测要插入的新单词及其位置，当有多个互不矛盾的位置可以插入单词时，就能够在一步之内生成多个单词，让生成的序列长度快速增长。特别地，假设按照平衡二叉树的方式进行插入，那么只需 $O(\log T)$ 个步骤就能生成长度为 T 的序列了。而 Levenshtein Transformer[175] 则更进一步，考虑了编辑距离（Levenshtein Distance）允许的所有操作类型，在每一步解码操作中尝试在各个序列位置同时进行插入和删除，使得模型具备修复解码错误的能力（例如删除先前步骤中生成的重复单词）。实践中通常只需两三个解码步骤就能完成源语言句子的翻译工作。

和前一种思路（先预测出目标序列的长度再直接预测所有单词）相比，第二种思路可以动态调整预测出的序列长度，使用更为灵活。而且乱序的编辑操作模拟了人类反复推敲和修改的行为，使得人机交互成为可能。例如在翻译时，可以由人工译员指定某个

---

① 可以不是目标序列中的连续单词片段。

句子片段的翻译结果，然后让模型负责翻译剩下的部分，实现计算机辅助翻译。此外，某些任务的输入和输出序列极为相似，例如语法纠错任务的输出序列一般可以通过对输入序列进行少量修改得到，这一类能够进行乱序编辑的模型就非常合适，可以直接在源序列的基础上进行微调以生成目标序列。

不过，在拓展模型的输出动作空间后，模型可能无法再给出目标序列的条件概率，因而不再是一个合法的条件语言模型，在某些场合下不能直接拿来作为标准的自回归式 Transformer 的替代品。

10.4 Transformer 与其他模型的联系

现在，我们已经掌握了卷积神经网络、循环神经网络、图神经网络和 Transformer 模型，大部分深度学习模型都由这些模型组合而成，进而完成千变万化的学习任务。在本章的最后，我们来对比一下这些模型之间的区别和联系。

从模型结构上讲，Transformer 或多或少能看到其他模型的影子：

- 逐点全连接层本质上就是卷积核尺寸为 1 的一维卷积，所以可以说 Transformer 中包含了卷积层。
- 如果对注意力模块进行线性化，那么 Transformer 可以退化为一类特殊的循环神经网络。
- 在自注意力层中会计算输入序列所有元素对两两之间的权重，然后按照相应的权重去聚合序列不同位置的信息，这一操作相当于在全连接图上运行图注意力网络。

从归纳偏置上讲，Transformer 对数据所做的假设是最弱的：

- 在大多数任务中，位置相近的序列元素关联更为紧密。卷积神经网络认为数据具有局部性和平移等变性，每次只处理局部输入之间的关联，从而显式建模了这一先验信息；而 Transformer 的注意力模块让序列的任意两个位置直接发生接触，模型并不知道距离较近的输入元素之间关系也较近，只能从大量数据中自行习得。对这一先验信息的利用导致卷积神经网络更容易训练和收敛，在数据量较小时也能获得不错的效果；而不理会这一先验信息则给 Transformer 带来了更大的灵活度，有利于远距离依赖关系的学习（作为对比，卷积神经网络想要学习远距离依赖关系，往往需要堆叠多层以扩大感受野）。
- 循环神经网络在每个时间步上都应用相同的递推函数，自然而然地表现出了一种循环倾向，在某些具有明显循环性质的任务（例如序列翻转或者重复）上表现出色。而 Transformer 则具有排列等变性，通过位置编码来强行引入位置信息，对序列元素的顺序往往不够敏感。不过，在大多数任务中这一缺陷影响不大，例如对自然语言的句子调换少量单词的顺序通常也不影响阅读理解。

- 图神经网络通常会以一幅稀疏图作为输入，图的连边关系标明了可以发生互相影响的节点。在自然语言处理中，图神经网络通常会采用语法树等额外输入作为图，但 Transformer 直接采用了所有单词两两相连的全连接图，相当于认为任何两个单词都有可能互相影响：一方面，这增大了潜在的探索空间，使得模型学习难度变大；但是另一方面，这也避免了稀疏图上可能存在的连边错误（例如句法分析器的标注错误）所带来的错误传播和累积。

正因为 Transformer 模型中引入的归纳偏置较少，所以它往往需要更多的数据来训练，并且数据量越大时它对其他模型的优势也越大，从而在大数据时代独领风骚。

## 第 11 章

预训练语言模型

11

计算机视觉领域很早就有了预训练模型：在 ImageNet[31] 数据集上训练一个分类模型①，然后将最后一个全连接分类层替换成适应下游任务的预测层（例如相应的检测层或者分类层），再把前面骨干网络的权重加载回来，使用下游任务的数据进行精调。研究[176]表明，卷积神经网络提取出的特征具有层次性，第一层学到的往往是简单的边缘信息，第二层开始出现角点和颜色，第三层能够捕捉到一些纹理特征（例如多个孔洞组成的网格），第四层能够提取到物体的局部信息（例如狗的脸），第五层则能够识别出完整的物体（例如狗）。对不同任务来说，尽管要进行分类或者检测的物体可能不同，但是识别边缘、纹理等功能却是通用的，因此预训练好的模型对于各种下游任务往往都能起到一定的帮助，特别是当下游任务数据量较小时。

在自然语言处理领域，大家长期以来仅仅是使用预训练好的词向量，例如 GloVe[60]或者 Word2vec[6][7]，而不存在类似 ResNet[142] 这样的预训练网络。下游任务的模型部分（例如循环神经网络等）一般需要自己搭建并从头训练，而不是复用一个已经训练好的模型并精调少量额外参数。

在计算机视觉和自然语言处理两个领域产生这种差异的原因有很多，其中一个非常重要的原因就是自然语言处理任务的输入输出形式的多样性。在 3.1 节中，我们介绍了多种输入输出格式，例如多对一的情感分析（输入是一个序列，输出是一个类别），输入输出一一对应的词性标注（输入和输出是等长的序列）……想要寻找一个能适用于各

---

① 通常无须自己重新训练，从网络上下载已有的、训练好的模型权重即可。

种任务的骨干网络，看起来确实不太容易。

不过，这种万能的骨干网络后来竟然真的被找到了，这就是本章要介绍的预训练语言模型。在接下来的部分中，我们将首先介绍预训练语言模型的发展史，然后重点介绍大名鼎鼎的 GPT[177] 和 BERT[11]。

11.1　预训练语言模型发展简史

词向量学习算法走出了预训练模型的第一步，学到了通用的单词表示，但还没有学到句子级别的表示。CoVe[178] 则提出了"语境化的词向量"这一概念①，它不再把单词视为静态的，而是认为单词在不同的句子中会有不同的含义，从而增强了词向量的表达能力。CoVe 词向量是通过机器翻译任务习得的，在双语对齐数据上训练完编码器-解码器架构的神经机器翻译模型后，可以单独把编码器拿出来在下游任务的语料上运行，然后提取编码器最顶层的输出作为语境化的词向量，供下游任务的模型替代静态词向量来使用。由于 CoVe 的预训练过程采用的是有监督的机器翻译任务，需要双语平行语料来完成，这就带来了一个显而易见的缺点：难以利用互联网上海量的无标注数据。本书 5.4.1节中介绍过的 ELMo[66] 通过更换预训练任务破除了这一限制：ELMo 使用双向语言模型作为预训练任务，前向语言模型从前向后处理文本并预测后一个词，后向语言模型从后向前处理文本并预测前一个词，这使得大量无标注的文本数据被利用了起来，进一步提升了语境化词向量表示的效果。此外，ELMo 还提出可以对预训练模型的各层表示进行加权组合来作为下游任务的输入，而不必像 CoVe 一样固定采用最后一层的输出（因为有些任务可能需要更低级的语义表示，另一些任务则需要更高级的语义表示，应该让模型自己学习如何组合各种粒度的语义信息）。在某些任务中，把 ELMo 向量加入下游任务的中间层或是输出层也有一定的效果提升。ELMo 大约在 2018 年 2 月出现，并一举斩获了当年的 NAACL 最佳论文奖。

语境化的词向量，例如 CoVe[178] 或者 ELMo[66]，它们的作用仅仅是给下游任务提供一份表达能力更强的输入特征，但下游任务仍需搭建一个任务特定的模型并进行训练。那么，自然语言处理任务能不能也像计算机视觉那样，迁移一个预训练好的模型，只在最后更换一下预测头来适应不同的任务呢？对于文本分类任务来说，ULMFiT[179] 给出了答案。使用 ULMFiT 有以下三个步骤：

---

① CoVe 是 Context Vector 的缩写。但是注意不要与词向量学习算法中的上下文词向量（又称输出词向量）相混淆，详见 2.3.1 节中的辨析。

- 训练一个 LSTM 语言模型。
- 在下游任务的语料上继续训练语言模型。这里可能需要一些小技巧，例如分层设置学习率并采用特殊的学习率调整算法。
- 在下游任务上训练目标分类器。同样，这里有一些值得注意的小技巧，例如可以先对语言模型的所有状态分别进行平均和最大池化，然后和最后一个时间步的状态进行拼接，作为任务最终分类器的输入，因为这样可以提取输入序列中不同位置和尺度的信息；另一个技巧是从高到低逐层解冻语言模型的参数，以避免灾难性遗忘问题。

对于文本分类以外的任务，有没有办法把它们纳入一个统一的框架下面呢？2018 年 6 月，CoVe 的作者进一步提出了 DecaNLP（十项全能 NLP）[180]，通过把所有自然语言处理任务都转化为给定上下文的问答任务解决了这一困难。具体转化方法举例如下：

- 情感分析任务需要模型预测出句子的情感倾向，我们可以进行如下转化：把待分析的句子作为上下文，然后提问"这一表述是正面的还是负面的？"，让模型生成"正面"或者"负面"作为回答。
- 自然语言推理任务需要模型判断出两个句子的关系是"蕴含""矛盾"还是"无关"，我们可以进行如下转化：将第一个句子作为上下文并告诉模型这是前提，然后提问"猜想是……（第二个句子的内容），前提和猜想之间的关系是蕴含、矛盾还是无关？"，让模型生成"蕴含""矛盾"或"无关"作为回答。
- 机器翻译任务需要将一种语言的句子翻译为另一种语言，我们可以进行如下转化：将源语言的句子作为上下文，然后提问"把这个句子翻译为目标语言，结果是什么？"，让模型生成目标语言的单词序列作为回答。
- ……

显然，这一框架可以容纳所有的自然语言处理任务，甚至是所有的机器学习任务，毕竟我们总能用自然语言来描述任务的输入、要求和输出，并分别对应这一框架中的上下文、问题和回答。具体到模型层面，DecaNLP 设计了一个相当复杂的多任务问答神经网络，大致具有编码器-解码器架构：在编码器端，首先用两个双向 LSTM 分别处理上下文和问题，然后使用注意力模块来建模上下文和问题之间的交互，并进行适当的信息压缩；在解码器端，每次可以选择从固定的词表中生成一个单词，或是用注意力机制从上下文或问题中复制一个单词，最终形成完整的输出。DecaNLP 为自然语言处理任务的大一统做出了很好的表率，但是模型实在太过复杂，限制了其最终应用。

几乎与 DecaNLP 同时，OpenAI 发布了 GPT[177]模型。GPT 全名为 Generative Pre-Training，即生成式预训练，其具体实现也非常简单，只需使用一个 Transformer 解码器^①来训练一个正常的语言模型即可。当然，GPT 的贡献不在于提出了新的模型结构，而在于提出了一种把几乎各种自然语言处理任务都归结为"语言模型 + 任务特定预测头"的新范式。这样一来，预训练好的语言模型这一部分就可以在不同任务之间共享了，不同的下游任务只需再添加一点新的参数进行精调就能获得很好的效果。

GPT 诞生不久后，2018 年 10 月 BERT[11] 又横空出世，它通过巧妙的掩码操作来建模双向的上下文。在 GPT 中，模型预训练时只能根据上文来预测下一个词，而无法利用双向的信息^②，这就限制了模型提取句子语义的能力；但是 BERT 采用了完形填空作为主要的预训练任务，即从语料中随机挖掉某些词，让模型根据上下文来预测缺失的单词。这样一来，模型在预训练阶段就能学会提取双向上下文中的依赖关系，更有利于语义理解。与 GPT 类似，BERT 也提出了一套通过添加任务相关的预测头来复用预训练模型的方法。BERT 模型足够简单又效果超群，一经推出便掀起了巨大的波澜，不负众望地摘得 NAACL 2019 年最佳论文奖。

自此以后，预训练语言模型的工作层出不穷，自然语言处理领域也来到了一个崭新的时代。

11.2　GPT

预训练模型，主要需要解决两个问题：其一是选用什么样的前置任务（Pretext Task）作为预训练时提取知识的方法，其二是如何对预训练模型的结构和下游任务的输入格式进行少量修改以适配新任务。在本节中，我们也将按照这一顺序来介绍 GPT[177]，最后再补充一点 GPT 系列模型的后续发展情况。

11.2.1　语言模型+精调解决一切问题

如前所述，ULMFit[179] 几乎已经给出了在自然语言处理中使用预训练模型的方法，只可惜下游任务太过狭窄，仅限于分类问题。为了突破这一限制，GPT 做了两点改进：一是使用更强大的 Transformer[100] 来构建语言模型，二是提出了在多种不同类型的下游任务中使用预训练模型的方法。

---

① 这里所说的解码器不含交叉注意力的部分。

② 否则模型可以直接照抄后一个词并输出，语言模型的训练变得毫无意义。

1. Transformer 语言模型

GPT 的出发点很简单：语言模型是一个非常基础的任务，因此语言模型中的知识应当可以迁移到相当广泛的下游任务中。就好像我们学习外语时，先要学会读写正常的句子，然后才能去做完形填空、阅读理解等试题。GPT 是生成式预训练的缩写，所谓生成式预训练，其实就是链式分解的语言模型，即估计给定上文时下一个词[①]的概率[②]：

$$P(w_{1:T}) = \prod_{t=1}^{T} P(w_t \mid w_{<t}) \tag{11-1}$$

GPT 使用了 Transformer 解码器而非循环神经网络（例如 LSTM[26][81] 等）作为语言模型的主体结构，更严格地讲，应该是去掉交叉注意力模块的 Transformer 解码器，或者也可以理解为搭配了因果掩码和输出词向量层的 Transformer 编码器。在不引起歧义的情况下（毕竟当只有一条输入序列时，交叉注意力模块也无从存在），很多文献都会将这种结构称为 Transformer 解码器，这里我们也沿用这一称呼。由于 Transformer 模型不太方便在不同批次之间接续状态，因此 Transformer 语言模型里的上文 $w_{<t}$ 实际只有有限长度 $w_{t-k:t-1}$，其中 k 为窗口大小[③]。尽管理论上 Transformer 语言模型只能利用窗口有限的上文，但其实际效果却往往可以超过能够利用无限长历史的循环神经网络语言模型，这是因为 Transformer 模型往往容量更大，可以更有效地利用更大规模的训练数据。就 GPT 提出当时（2018 年 6 月）而言，Transformer 仅仅是一个问世不足一年的[④]、相对较新的模型，当时选择使用这一模型是需要一定的魄力的——当然现在我们都知道这么做是对的。

从训练数据上讲，GPT 使用了 BooksCorpus[181]，大约包含 7000 本图书的体量、8 亿个单词，并用字节对编码[54]进行词例切分。从模型层面上讲，GPT 使用了一个隐藏层维度为 768、共 12 层的 Transformer 解码器，参数量约为 1.2 亿，因而具有极强的拟合能力，远超普通的循环神经网络。此外，GPT 选择了高斯误差线性单元（Gaussian Error Linear Unit）[182] 作为激活函数，即 $\text{GELU}(x) = x\Phi(x)$，其中 $\Phi(x)$ 是标准正态分布的累计密度函数。这一激活函数可以看成以 $\Phi(x)$ 的概率返回输入信号 x 本身和以 $1-\Phi(x)$ 的概率返回零信号 0 这两种情况的期望，有些类似于 Dropout[86]和 ReLU[12]激活函数的组合。GELU 的函数图像接近于 ReLU，但是在输入信号为负数时也可以传回一定的梯度，如

---

① 对 GPT 而言，更准确地说是子词。

② 实际操作是在对数空间上进行，把连乘转化为加法以避免数值下溢。

③ GPT 采用了 512 个子词。

④ Transformer 是 2017 年 6 月提出的。如果考虑到研究项目从开始立项到产生成果的时间差，那么 GPT 立项时 Transformer 很可能刚刚出现几个月。

图 11-1 所示。后来，GELU 激活函数大量应用在各种预训练语言模型中[①]。

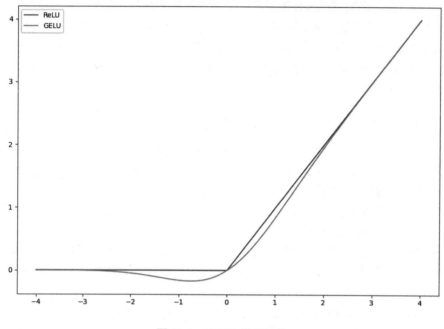

图 11-1　GELU 激活函数

　　从模型优化方面讲，GPT 使用了方差为 0.02（该值小于按照 Xavier 初始化[29]方法计算出来的方差）的正态分布来初始化模型参数，并且采用了标准 Transformer 中出现的学习率预热策略和 AdamW[153]优化器（权重衰减系数为 0.01）。后来很多基于 Transformer 的大型预训练语言模型都采用了类似的"将参数初始化为较小值"的策略，而不再使用普通神经网络中常见的 Xavier 初始化等方法，这似乎可以提升大型语言模型训练初期的稳定性。训练时，每个批次会读入 64 个长为 512 个连续子词[②]的句子，这使得模型可以建模数百个单词之间的依赖关系。这里需要指出的是，预训练语言模型中的"句子"一般是指"连续的单词片段"，而不是语言学意义上的句子，也就是说，它可能横跨多个语言学意义下的句子，并且开头和结尾部分极有可能不完整。预训练结束后，训练语料上的困惑度只有 18.4[177]，也就是说在平均意义下模型认为给定上文时下一个词只有 18.4 种选择，说明它具有了相当好的"语感"。

---

① GELU 原论文展示了该激活函数在部分数据集和任务中的优越性，但它在 Transformer 里的实际效果似乎并不明显好于原版 Transformer 中的 ReLU，只是理论性质更加吸引人并逐渐流传开来。

② 近年来绝大部分自然语言处理系统的输入都是子词，详见 6.7 节末尾部分的介绍。

2. 在语言理解任务上使用 GPT

剩下的问题便是如何在下游任务中使用预训练好的模型。GPT 本身是一个语言模型，也就意味着它天然是一个生成模型，可以用于采样生成一些质量不错的句子。不过 GPT 原论文倒没太关注如何在生成任务上使用它，而是给出了一些将预训练模型作为特征提取器用来增强判别任务效果的方案。对自然语言理解来说，大部分判别任务都是（或者可以转换为）分类问题，GPT 就给出了如图 11-2 所示的四种转换方法：

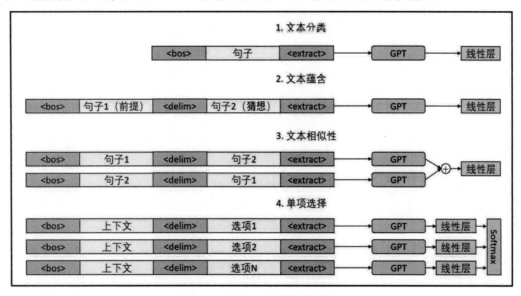

图 11-2　GPT 的四种应用模式

- 文本分类：在输入文本的开头添加特殊符号 <BOS>，末尾添加特殊符号 <extract>，经过 Transformer 解码器的前向运算后，使用 <extract> 符号对应的隐藏层向量再过一个线性层进行分类。
- 文本蕴含：又称自然语言推理，需要判断两个输入句子①之间的关系是蕴含、矛盾还是无关。处理方法是用特殊符号 <BOS> 拼接上第一个句子，然后插入分隔符 <delim> 再拼接上第二个句子，最后插入特殊符号 <extract>。在拼接好的输入序列上运行 Transformer 解码器，然后用最后一个单词 <extract> 符号对应的隐藏层向量再过一个线性层进行三分类。

---

① 分别称为前提（Premise）和猜想（Hypothesis）。

- 文本相似性：需要判断两个输入句子语义是否相似，即二分类。考虑到两个句子没有文本蕴涵任务中那样明显的顺序关系，因此 GPT 选择枚举两种不同的句子先后顺序，按照文本蕴涵任务中的构造方法产生两条不同的输入序列。Transformer 解码器在两条输入序列上各自单独运行，最后对两个序列的 <extract> 符号对应的隐藏层向量进行求和，并使用线性层进行分类。
- 单项选择：通常出现在阅读理解或者完形填空任务中，首先给定一段文本（可能包含问题），然后要求模型判断出多个选项中的哪一个是最合适的。处理方法是把上下文和每一个选项单独拼接起来，经过 Transformer 解码器后再用线性层降维到 1（只含一个神经元），用来表示选择这一选项的置信度。所有选项的置信度相拼接，然后经过 Softmax 层得到各个选项上的概率分布。

通过巧妙地对输入数据的格式进行转化，预训练出的 GPT 往往能够提炼出足够强的特征。以文本蕴涵任务为例，预训练语言模型连续读到前提和猜想两个句子，它的隐状态很可能已经包含了这两个句子之间的关系，所以此时只需在下游任务上使用标注数据对额外引入的少数参数（包括特殊符号的词向量和最后的线性层）进行精调就能获得不错的效果。和 ULMFiT[179] 类似，在下游任务上进行精调时可以同时使用语言模型和当前判别任务的损失函数进行联合训练，以加速收敛和提升模型泛化性能。

有了这几种转换下游任务输入格式的方法，预训练模型从此开始走上全能之路。

11.2.2　GPT-2 和 GPT-3：大力出奇迹

GPT 本身应用于文本理解就已经具备不错的效果了，不过大数据和大算力的组合总能带给我们惊喜。后来，OpenAI 将 GPT 继续扩大到 15 亿参数量的 GPT-2[183]和 1750 亿参数量的 GPT-3[184]，确实也观察到了更多有意思的现象。不过，走到这一步时，GPT 的关注点已经从"获得更强的预训练模型以便更好地完成下游任务"变成了"语言模型真的是万能的吗？它究竟能够学到多少知识？"。如果读者是为了利用强大的预训练模型来解决手头的自然语言处理问题，那么应当重点关注后续我们将介绍的 BERT[11] 模型及其变种；而在此时，先让我们来欣赏一下超大规模语言模型所带来的不可思议的神迹吧。

1. GPT-2 与零次学习

GPT-2[183] 的论文标题为 *Language Models are Unsupervised Multitask Learners*（语言模型是无监督的多任务学习器），这也很好地概括了论文的发现。最初的 GPT-1[177] 为四类下游任务分别设计了四种不同的预训练模型使用方法，而 GPT-2 尝试直接通过语言模型本身来解决下游任务——这不是解决下游任务的最佳方式，但却是展示预训练语言模型能力的最直观的方式，并且完美契合了我们最初的出发点"语言模型包含了各种各样的下游任务所需的知识"。

　　GPT-2 使用的数据集是从国外社交网站 Reddit 上的点赞数量超过 3 的外链网页中爬取的，这里的点赞数量可以视为一种启发式规则，帮助我们筛选出质量相对较高的网页。在对这些网页进行文本提取和数据清洗后，最终可以得到大约 40GB 的文本数据[①]，称为 WebText。尽管作者进行了语种检测和过滤，语料中还是会混入少量非英语文本，因此作者使用了一种特殊的词表：直接在字节级别[②]运行 BPE 算法[54]，这样既可以处理非英文字符，又可以避免引入所有 Unicode 字符导致词表过大。特别地，作者对 BPE 算法的合并操作进行了一些限制，让它不要合并普通字符和标点符号，以避免"dog""dog."和"dog!"被当作互不相同的单词同时出现在词表中。当然，和 GPT-1 相比，GPT-2 的最终词表还是会略大一些。经过大数据的预训练之后，GPT-2 无须进一步精调就能在很多其他语言模型常用的数据集上取得当时最优的困惑度，这展示了 GPT-2 的泛化性能。如果直接尝试从 GPT-2 中采样文本，经过多次尝试和挑选后，它甚至可以生成相当惊艳的文章[③]：

> In a shocking finding, scientist discovered a herd of unicorns living in a remote, previously unexplored valley, in the Andes Mountains. Even more surprising to the researchers was the fact that the unicorns spoke perfect English. 在一项令人震惊的发现中，科学家发现一群独角兽生活在安第斯山脉一个偏远、先前未被开发的山谷中。更令人惊讶的是研究人员发现独角兽的英语说得很好。
>
> The scientist named the population, after their distinctive horn, Ovid's Unicorn. These four-horned, silver-white unicorns were previously unknown to science. 科学家根据它们独特的角将其命名为奥维德独角兽。这些四只角的、银白色的独角兽以前不为科学界所知。
>
> Now, after almost two centuries, the mystery of what sparked this odd phenomenon is finally solved. 现在，几乎在两个世纪之后，引发这一奇怪现象的谜团终于揭开了。

---

① 这里移除了维基百科的数据，因为很多自然语言处理的数据集都来自维基百科，假如语言模型的训练数据中也包含了维基百科，就会使得预训练任务和下游任务语料产生重叠，难以分析预训练模型的泛化性能。

② 通常的做法是在字符级别运行 BPE 算法。对 Unicode 字符串来说，字符就是 Unicode 代码点，因此字符集大小高达 13 万。

③ 摘自 GPT-2 原论文[183]中的表 13。原文为英文，中文部分是笔者给出的参考翻译。第一段内容是人类写出的故事开头，其余段落由 GPT-2 模型生成。

Dr. Jorge Pérez, an evolutionary biologist from the University of La Paz, and several companions, were exploring the Andes Mountains when they found a small valley, with no other animals or humans. Pérez noticed that the valley had what appeared to be a natural fountain, surrounded by two peaks of rock and silver snow. 拉巴斯大学的进化生物学家乔治·佩雷斯博士和几位同伴在探索安第斯山脉时发现了一个小山谷，那里没有其他动物或人类。佩雷斯注意到山谷里似乎有一座天然喷泉，周围环绕着两座岩石和银色雪峰。

Pérez and the others then ventured further into the valley. "By the time we reached the top of one peak, the water looked blue, with some crystals on top," said Pérez. 佩雷斯和其他人进一步向峡谷中探险。"当我们到达一座峰顶的时候，水看起来蓝蓝的，上面还有一些水晶"，佩雷斯说道。

Pérez and his friends were astonished to see the unicorn herd. These creatures could be seen from the air without having to move too much to see them – they were so close they could touch their horns. 佩雷斯和他的朋友们看到独角兽群非常震惊。这些生物从空中就能看见，无须移动太多距离——他们距离独角兽是如此之近，以至于可以触摸到它们的角。

While examining these bizarre creatures the scientists discovered that the creatures also spoke some fairly regular English. Pérez stated, "We can see, for example, that they have a common 'language,' something like a dialect or dialectic." 在检查这些异乎寻常的生物时，科学家们发现它们也能说一口相当标准的英语。佩雷斯陈述说："我们可以看到，比如说，它们有一种公共'语言'，一种类似方言的东西"

Dr. Pérez believes that the unicorns may have originated in Argentina, where the animals were believed to be descendants of a lost race of people who lived there before the arrival of humans in those parts of South America. 佩雷斯博士认为这些独角兽可能发源于阿根廷，据信这些动物是在人类抵达南美洲这些地区之前生活在那里的一个失落种族的后裔。

While their origins are still unclear, some believe that perhaps the creatures were created when a human and a unicorn met each other in a time before human civilization. According to Pérez, "In South America, such incidents seem to be quite common." 尽管它们的起源仍不清楚，但有些人认为这些生物可能是人类和独角兽在人类文明之前相遇时创造的。根据佩雷斯的说法，"这类事情在南美洲似乎很常见。"

However, Pérez also pointed out that it is likely that the only way of knowing for sure if unicorns are indeed the descendants of a lost alien race is through DNA. "But they seem to be able to communicate in English quite well, which I believe is a sign of evolution, or at least a change in social organization," said the scientist. 然而，佩雷斯同样指出，确定独角兽是否确实是一个失落的外星种族的后裔的唯一方法很可能是通过 DNA。"但是它们似乎也能用英语交流得很好，我认为这是进化的标志，或者至少是社会组织的变化（带来的）。"科学家说。

可以说，除了独角兽有四只角以外，这篇文章几乎没有什么硬伤，在当时引起了相当大的轰动。

在模型层面，GPT-2 基本继承了 GPT-1 中的全部设定，只不过扩大了模型规模：GPT-2 具有 48 个维度为 1600 的隐藏层，共计 15 亿参数量。但是考虑到大模型更难训练，GPT-2 引入了如下几点修改：

- 采用了 Pre-Norm[159] 而非 Post-Norm，并在最后一个自注意力子层后再引入一次层归一化。我们在 10.2.3.2 节中介绍过，Pre-Norm 结构更容易训练。

- 在模型初始化时，每个残差模块内部的权重在正常的 Xavier 初始化[29]的基础上再乘缩放系数 $\frac{1}{\sqrt{N}}$，其中 N 为模型层数。和 Fixup 初始化[185]在 $m=2$ 时的做法非常相似，被认为可以增强残差网络（包括 ResNet[142] 和 Transformer[100]）训练时的稳定性——Fixup 初始化可以使得残差网络预测值的改变量与学习率量级相当，甚至可以在不引入归一化层（包括批归一化[95]和层归一化[90]）的条件下进行训练。

- 训练时使用更大的上下文窗口大小（1024 个子词，而非 GPT-1 中的 512 个子词）和批大小（512，而非 GPT-1 中的 64）。

当应用于下游任务时，我们几乎总是可以添加少量提示词把该任务变成语言建模的任务，而无须在任何标注数据上进行精调。这种使用方式称为零次学习（Zero-Shot Learning），或者零次迁移（Zero-Shot Transfer）。例如：

- 阅读理解或问答任务：让模型先读入文章内容和问题，然后再输入"A:"让它接着预测后面的内容，此即回答。这是因为很多英文文章（例如报社采访稿）都会把问题（Question）和答案（Answer）分别缩写为 Q 和 A，所以提示词"A:"相当于中文里的"答:"，可以引出答案的内容。

- 文本摘要任务：让模型先读入文章内容，然后再输入"TL; DR:"让它接着预测后面的内容，此即摘要。提示词"TL; DR:"是"Too Long; Didn't Read:"的缩写，直译为"太长不看"——很多英文博客（或者长文章）的作者都会给自己的文章写一段摘要，并用"TL; DR:"开头以节约读者时间。现在的中文博客慢慢也有了这种趋势，会有一个"太长不看版"的简单摘要呈现给没有耐心或没有时间看完全文的读者。

除了零次学习之外，我们还可以给模型提供一个示例样本，让它从中学习规律并完成下游任务，这种方式叫作一次学习（One-Shot Learning）或者一次迁移（One-Shot Transfer）。以机器翻译任务为例，假设我们希望用语言模型把汉语句子"你好"翻译为英语，零次学习和一次学习分别是指：

- 零次学习的机器翻译：给模型输入"'你好'在英语中的说法是"，让它预测下文。如果模型具备中英翻译能力，那它可能就会预测下一个词是"hello"或者"hi"。
- 一次学习的机器翻译：给模型输入"谢谢=thanks,你好="，让它预测下文。模型可以从样例输入"谢谢=thanks"中领悟任务的内容并进行应用，预测出"你好"对应的英文单词。

从实验结果来看，GPT-2 在零次学习的阅读理解和文本摘要中都展现了不错的效果。虽然和有监督的最佳方法比起来还有一定的差距，但是已经展现出了远超随机基线的能力，甚至还超过了一部分较弱的有监督学习方法。在一次学习的机器翻译任务上，GPT-2 的英译法能力较弱，BLEU[186]① 分数只有 5，略弱于逐词翻译的效果；但法译英能力尚可，BLEU 分数可以达到 11.5。造成这种不对称性的原因是 GPT-2 的训练语料大部分是英语文本，而机器翻译模型本质上是目标语言的条件语言模型，所以当英语作为目标语言时效果更好。虽然 GPT-2 的翻译能力还远不及最先进的无监督机器翻译系统，但是考虑到 GPT-2 模型几乎没有见过法语语料②，这已经是相当惊人的结果了。也就是说，GPT-2 在仅仅接受语言模型预训练的情况下，就已经掌握了相当多的知识，在部分下游任务上无须精调就有不错的表现，无愧于文章标题 *Language Models are Unsupervised Multitask Learners*。

2. GPT-3 与少样本学习

GPT-1 需要使用下游任务的标注数据对预训练好的模型进行精调，因而无法使用同

---

① BLEU（Bilingual Evaluation Understudy）直译为双语评价替代（此处指替代人类手工评价），是机器翻译的常见自动评价指标，数值越大越好。逐词翻译的 BLEU 分数一般为个位数；如果 BLEU 分数为 10~20，那么大致就是一份可读的译文了；如果 BLEU 分数超过 30，一般就是质量较高的翻译结果了。

② 预训练语料会把非英语语料过滤掉，仅仅残留少量的"漏网之鱼"。事后再次确认表明，模型在训练时仅仅见过大约 10MB 的法语语料，而典型的无监督机器翻译系统用到的法语语料规模比这大数百倍。

一份模型权重来完成多个不同的下游任务；GPT-2 中的零次学习和一次学习虽然令人耳目一新，但是这个万能模型的效果有时却不尽如人意。在这种矛盾中，GPT-3 诞生了。

GPT-3 的论文全名为 *Language Models are Few-Shot Learners*（语言模型是少样本学习器），该论文自然是展示了大规模语言模型在少样本学习时的威力。首先，让我们来解释一下少样本学习（Few-Shot Learning）或者说少样本迁移（Few-Shot Transfer）的含义：仅仅给模型少数几个样本作为示例，让模型来完成相应的任务。还是以机器翻译任务为例，假如我们希望语言模型给出"你好"的英文翻译，那么可以多给模型几个样例输入和输出，例如给模型输入"谢谢=thanks,再见=good bye,你好="，然后让它预测下文。这样一来，模型就可以从两组样例"谢谢=thanks"和"再见=good bye"中更好地领悟任务内容，进而更有可能给出"你好"的正确翻译。示例样本的数量越多，模型就越有可能学会其中的规律进行类比，提升预测质量，实验结果也证明了这一点。需要说明的是，少样本学习这一学习范式由来已久，它本身并不禁止模型更新参数[1]，只是 GPT-3 自己选择了这种通过上下文的提示来影响模型预测结果的方法，并称之为情境学习（In-Context Learning）。

从模型层面来讲，GPT-3 和 GPT-2 的结构几乎相同，唯一的区别在于 GPT-3 的注意力模块中交替使用了稠密注意力和局部带状的稀疏注意力[162]。预料之内的是，GPT-3 的参数量更大，每层维度为 12288，有 96 个注意力头，共计 96 层，约 1750 亿参数。在训练时，GPT-3 用到的批大小和上下文窗口大小是 GPT 系列中最大的，但学习率却是最小的。对于大模型来说，更大的批大小可以使得数据并行更加高效，梯度噪声更小（对小模型这么做则可能导致训练结果次优）；更小的学习率则可以增强训练过程的稳定性。这么大的模型当然不是简单的数据并行就能解决的，需要模型并行和数据并行同时使用，并且在模型并行中也要考虑多种模型拆分方法，具体细节可以参考英伟达的 Megatron-LM[187]。作为题外话，Megatron 这个名字其实也是在玩梗——Megatron（威震天）是 Transformer（变形金刚）中的头号反派。现在，Megatron-LM 中的并行方法已经成为大规模 Transformer 语言模型训练的标准做法。

从训练语料上来讲，GPT-3 使用了 Common Crawl[2]、WebText2[3]、Books1、Books2[4]、Wikipedia[5] 数据，共计约 5 千亿子词。考虑到 Common Crawl 数据集的质量可能不高，

---

① 例如把少数几个示例样本作为标注数据，进行微调。

② 几乎是整个互联网上的所有数据的爬取结果，数据量巨大但质量较低。

③ GPT-2[183]中用到的 Reddit 外链数据集 WebText 的拓展版本。

④ Books1 和 Books2 是两个互联网图书语料库。

⑤ 此处指英语维基百科。

作者以维基百科等高质量语料库为正样本、原始的 Common Crawl 语料库为负样本训练了一个分类器，以此筛选出 Common Crawl 数据集中质量相对较高的部分。此外，为了避免训练语料中包含下游任务中的数据[①]，作者还对训练语料进行了过滤和去重[②]。在训练时，所有数据集并非均匀采样的：质量相对较高的 Wikipedia，Books1 和 WebText2 会以更高的概率被选中，重复训练多轮；而质量相对较低的 Common Crawl 和 Books2 则只训练了不到一轮，甚至没有读完全部数据。

有了超大模型和超大数据的加持，再加上少样本学习，最终 GPT-3 在一部分自然语言处理任务上甚至超过了精调后的 BERT[11]，堪称优秀。为了进一步探究 GPT-3 的少样本学习能力，作者还让它进行了一些人工合成的任务，例如将打乱字母顺序的单词还原、进行多位数的加减法等。和机器翻译、文本摘要等"天然"任务相比，这些合成的任务不太可能出现在训练语料中，因此模型想要完成任务必须更加依赖于对示例样本的理解而非对训练语料的记忆。实验结果证明，越大的模型在这些人工合成的任务上表现越好，示例样本越多模型表现越好，完全符合预期。也就是说，模型确实具备了一定的少样本学习能力。

GPT-3 当然也不是万能的：它会学习语料中的数据分布情况，自然也会受到人类偏见的影响（例如关于性别、种族、宗教等的仇恨言论）；它的体积实在太庞大，以至于应用起来并不是一件容易的事情；它在某些自然语言处理任务上表现不佳，这可能是它采用单向语言模型带来的固有缺陷。由于担心 GPT-3 被滥用，OpenAI 选择不开源它的权重，这确实是一件憾事。

11.2.3　GPT 系列全回顾

对 GPT-1~GPT-3 的对比总结如表 11-1 所示。

表 11-1　对 GPT-1~GPT-3 的对比总结

模型	语料	发布时间	层数/隐藏层维度	参数量	内容概括
GPT-1	BooksCorpus（8 亿词）	2018/06	12/768	1.2 亿	语言模型预训练 + 有监督数据精调

---

① 例如很多自然语言处理数据集是基于维基百科语料构造的。

② 根据文章描述，过滤过程中出现了一些差错，最终的过滤结果并不完美。

（续表）

模型	语料	发布时间	层数/隐藏层维度	参数量	内容概括
GPT-2	WebText（40GB[①]）	2019/02	48/1600	15 亿	语言模型预训练 + 零次学习
GPT-3	Common Crawl+WebText2+Books1+Books2+Wikipedia（5 千亿词）	2020/05	96/12288	1750 亿	语言模型预训练 + 少样本学习

11.3　BERT

和 GPT[177] 相比，BERT[11] 就显得务实了很多，专为提高下游任务的性能而设计，在预训练+精调的道路上一路狂奔。在本节中，我们将首先介绍 BERT 的预训练和精调方法，然后再补充一点 BERT 训练的小细节及其改进。

11.3.1　为什么 GPT 和 ELMo 还不够好

想要提高下游任务的性能，那就必须要让预训练好的模型成为一个极为强大的特征抽取器。GPT[177] 系列以语言模型作为提取知识的方法，模型只能看到上文而看不到下文，显然不是最优的方案。ELMo[66] 倒是朝着"特征抽取器"这一目标设计的，它使用了双向语言模型进行预训练，用两个 LSTM[26][81] 分别建模正向和反向的语言模型，两者相结合就可以同时抽取出双向的信息。但是，ELMo 中的正向语言模型无法看到下一个词，反向语言模型无法看到上一个词[②]，参考图 5-3。也就是说，ELMo 中正向和反向信息的融合是在两个语言模型的最后一层而非中间层进行的，这仅仅是一种浅层的融合，会导致整个句子的信息融合不够充分，因此仍然不是理想的特征抽取器。而 BERT 改良的主要也是这一点。

---

① 论文中未提及词数。假如按照一个子词包含 8 个字符来统计，40GB 语料大约相当于 50 亿词。

② 否则会产生信息泄露，模型直接照抄待预测的单词即可，无须努力提取整个句子中的依赖关系和信息。

BERT 全名为 Bidirectional Encoder Representations from Transformers，直译为"从 Transformer 中获取的双向编码器表示"。Transformer 编码器天然具有双向结构，在每一层都能融合两个方向的上下文信息，因此性能更为强大。唯一的问题在于如何在信息融合的同时避免信息泄露，我们会在下一节中详细讨论这个问题。

这里再提一个中国读者可能不太熟悉的冷知识：Elmo 和 Bert 都是木偶剧《芝麻街》中的人物。《芝麻街》一经播出就高居全美儿童节目收视榜冠军，后来成为获得艾美奖奖项最多的儿童电视节目，影响了相当一批国外的自然语言处理工作者。在预训练语言模型这个领域，相当多的模型是以《芝麻街》中的人物命名的，例如 Facebook 提出的 BART[188]、清华的 ERNIE[189]、百度的 ERNIE[190]、华盛顿大学和艾伦人工智能研究所的 Grover[191]……因此，各种各样的预训练语言模型有个可爱的统称"Bert 和它的朋友们"，在预训练语言模型这一领域取得突破也被比喻为"穿过芝麻街"。

11.3.2　无监督语料知识提取方案

为了从无监督的文本数据中提取知识，BERT 设计了两个预训练任务，分别是掩码语言模型（Masked Language Model）和邻句预测（Next Sentence Prediction）任务。从直觉出发，这两者分别可以用于建模句子中不同单词的关联和汇总整个句子的信息，因而可以为单词级别和句子级别的下游任务提供一定的帮助。

1. 掩码语言模型

我们先来看第一个任务：掩码语言模型。严格来讲，掩码语言模型并非语言模型，因为它不符合标准的语言模型的定义。在 2.4.1 节中我们曾经提过，语言模型可以给任何一个单词序列赋予一个归一化的概率值，表示该单词序列在人类语言中出现的概率大小。掩码语言模型给出的值则是未归一化的[①]，因而无法完成这一任务。除掩码语言模型外，后续还有很多其他的预训练语言模型都不再是严格意义上的语言模型，但它们的预测目标又都是建模句子内部各个单词的依赖关系，这些语言模型的变种可以统称为广义语言模型（Generalized Language Model）。

掩码语言模型所做的事情几乎[②]就是完形填空：对于一句话，先挖掉其中的几个词，然后让模型去预测空缺的单词是什么。对每个被挖掉的位置，模型会预测一个词表上的概率分布，然后最大化真正的目标单词的概率。假设有一句话是"我/喜欢/吃/苹果"，

---

① 准确地说是仅在单词级别进行了归一化，而没有在所有单词序列组成的空间上归一化。

② 后面我们将解释"几乎"二字的含义。

我们可以随机盖住若干个单词，例如"喜欢"和"吃"，把它们用特殊符号 [MASK] 代替[①]，然后给模型输入"我/[MASK]/[MASK]/苹果"，让它在第一个 [MASK] 处预测"喜欢"，在第二个 [MASK] 处预测"吃"。为了完成这一任务，模型必须把视野放大到整个句子，根据未被遮盖的单词"我"和"苹果"，以及被遮盖单词的位置信息来预测被遮盖的内容。如果模型训练效果较好，那么就会在第一个 [MASK] 处给单词"喜欢"赋予较大的概率，在第二个 [MASK] 处给单词"吃"赋予较大的概率。当然，模型也可能会将第一个 [MASK] 预测为"想/要/爱/不/讨厌"等词，而把第二个 [MASK] 预测为"削/种"等词，这取决于语料中的单词分布情况。用数学公式来表达，就是对于句子 x，首先随机对其中的部分单词进行遮掩，得到扰动后的句子 $\tilde{x}$；然后以扰动后的句子作为输入，预测所有被遮掩位置 i 处的正确单词 x_i 的对数概率。

$$L(x) = \mathop{\mathbb{E}}_{\tilde{x} \sim M(x)} \sum_{\text{masked } i} \log p(x_i | \tilde{x}) \tag{11-2}$$

完形填空作为一种阅读理解能力的测验早已有之[192]，自然语言处理任务中很多阅读理解任务的数据集也是以这一形式呈现的。然而，**BERT 的巧妙之处在于，它不是把完形填空当成一项需要解决的下游任务，而是当成一种可以帮助模型训练的知识来源**。因此，它不需要标注数据——任意的文本数据都可以通过随机去掉几个词来生成完形填空的题目，进而帮助模型训练。我们前面曾经提到，ELMo 为了避免信息泄露选择在最后一层才融合前向和后向的信息，而掩码语言模型则通过随机盖住一些单词来直截了当地解决信息泄露问题——不让模型看到待预测的单词，自然就不会泄露。显然，遮盖的单词比例越高，预训练任务就越难，越能强迫模型学习不同单词之间的依赖；同时，由于只有被遮掩的位置才会计算损失函数并进行优化（如果在其他位置进行预测，那么模型只需照抄输入单词即可，任务太过平凡），因此当遮盖单词比例变高时样本利用率也会变高，可以更高效地进行模型训练。但是反过来，如果遮盖比例过高，可能会导致预训练任务难度太大，进而使得模型难以收敛。最终，BERT 选择了 15% 的遮掩比例，但这一设置并未经过严格的实验验证，可能存在更优的遮掩比例。

完形填空这种预训练方式虽然可以强迫模型学习不同位置单词之间的依赖关系，但也不是完全没有缺点。假如预训练时我们一直采用完形填空的方式来进行，这就意味着模型在预训练时其实没有见过正常的、完整无缺的句子；而在很多其他各种下游任务中，输入序列一般都是完整的句子，这就带来了预训练和精调时的数据分布差异。特别是在词性标注等单词级别的下游任务中，每个单词的标签主要依赖于当前单词自身；而模型预训

---

① [MASK] 相当于一个新加入词表的单词，对应了一个可学习的词向量。

练时则仅仅是在尝试根据其他单词预测被遮掩的单词，忽视了对每个单词自身信息的提取和处理。为了解决这一问题，BERT 选择综合使用多种遮掩方式①。如果 BERT 模型决定要遮掩某个单词（概率为 15%），那么：

- 以 80%（在整个句子里的比例就是 15%×80%=12%）的概率将其替换为 [MASK] 符号，这就是前面所说的完形填空任务。
- 以 10%（在整个句子里的比例就是 15%×10%=1.5%）的概率将其替换为一个词表中的随机单词。
- 还有 10%（在整个句子里的比例就是 15%×10%=1.5%）的概率保持原样不变，即不进行遮掩。

这样一来，模型在训练时就有一定的概率是从正常的单词（特殊符号 [MASK] 以外的单词）预测目标单词了，减小了预训练和精调之间的数据分布差异。正常单词中正确单词和随机单词概率各占一半的原因：假如全用正确单词，模型可能会直接照抄输入单词而不对它进行信息加工处理，假如全用随机单词，那么这一信息对预测毫无帮助，纯属噪声；两者相结合才能让模型既学会在一定程度上利用当前输入单词的信息，同时又避免无脑照抄、模型鲁棒性增强（比如在遇到错误输入时主要依赖上下文信息，在遇到正确输入时同时依赖上下文和当前单词信息）。

2. 邻句预测

掩码语言模型是一个词级别的任务，主要用于学习对词级别的自然语言处理任务（例如词性标注和命名实体识别）有帮助的信息。对于句级别的自然语言处理任务，例如情感分析或者自然语言推理等，我们则需要另外的一些预训练方法来解决。

BERT 使用的方案是邻句预测任务：从训练语料中选择两个句子（可以是同一文档中的两个相邻句子，也可以是从不同文档中各自随机采样到的两个句子，两者概率均等），再使用一些特殊的分隔符 [CLS] 和[SEP] 把它们拼起来②。例如，假设两个句子分别是"我/爱/吃/苹果"和"但/我/讨厌/削/苹果"，那么就把它们拼成"[CLS]/我/爱/吃/苹果/[SEP]/但/我/讨厌/削/苹果/[SEP]"输入模型。然后，用 [CLS] 符号位置处的最终隐藏层输出来预测这两个句子在原语料中是否是相邻的。

由于 Transformer 模型是直接计算任意两个单词之间的注意力权重的，在拿到两个

---

① 这就是前面所说的"掩码语言模型**几乎**等价于完形填空"的含义。用 [MASK] 符号掩盖待预测单词是最主要的扰动方式，但实际中 BERT 还会以较小的概率使用另外两种扰动方案。

② 和[MASK]类似，[CLS]和[SEP]也是插入词表中的特殊单词，各自对应一个词向量。CLS 和 SEP 分别是 classification 和 separation 的缩写，前者用于对句子进行分类，后者用于分隔不同的句子。

单词时它难以知道两个单词是否来自同一个句子，因此我们选择在模型输入上略微动一点手脚：正常的 Transformer 模型的输入是词向量加上位置向量，而 BERT 的输入在此基础上还要再加上分段向量（Segment Embedding）。位置向量用于标记每个词的位置，而分段向量用于标记句子的位置。具体实现时，分段向量是从一个 $2 \times E$ 的嵌入矩阵（模型的可学习参数）中查询得到的，其中第一行代表第一个句子的分段向量，第二行代表第二个句子的分段向量。在下游任务中，如果只有一个句子，那么就只使用第一个分段向量（相当于只有一个句子）。

3. 训练方法及其他

BERT 的预训练采用多任务学习的方式完成，即掩码语言模型和邻句预测任务同时进行。因此模型在预训练时读到的永远是两个句子的拼接，如图 11-3 所示。假设随机采样了两个句子，分别是"我/爱/吃/苹果"和"但/我/讨厌/削/苹果"，那么我们会用特殊符号 [CLS] 和 [SEP] 把它们拼接起来，形成一条输入序列；然后，我们随机选择 15% 的单词进行扰动（例如第一个"苹果"和"讨厌"这两个词，在图中用下划线标出），然后以 80% 的比例将这些词替换为特殊符号 [MASK]（例如第一个"苹果"），以 10% 的比例将其保持不变（例如"讨厌"），以 10% 的比例将其替换为随机单词（示意图中未体现）。得到扰动过的输入序列之后，将每个词的词向量加上位置向量以及分段向量（示意图中用 A 表示第一个句子分段，用 B 表示第二个句子分段）来得到 Transformer 编码器的输入。在模型输出端，[CLS] 对应的输出向量会进行二分类，用来预测两个句子是否相邻（在我们的样例输入上是相邻的），而两个被扰动的位置则会接多分类器，类别数为词表大小，用于预测每个被扰动位置的原本的单词。

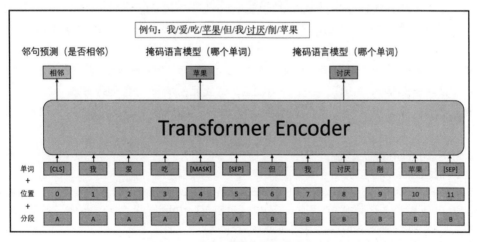

图 11-3　BERT 预训练方法示意图

　　和 GPT[177] 类似，为了充分利用硬件算力，BERT 的预训练也是在连续的单词片段上进行的，而不是语言学意义下的句子[①]。BERT 预训练使用的数据集为 BooksCorpus[181] 加上英语维基百科，共计约 33 亿词。BERT 训练的批量大小为 256，共计训练 100 万步。为了节约算力，在前 90% 的训练步骤里 BERT 在长为 128 的单词片段上进行训练[②]；仅在最后 10% 的训练步骤中在长为 512 的单词片段上进行训练。可以看到，BERT 使用的数据集规模和训练批量大小都介于 GPT[177] 和 GPT-2[183] 之间。由于使用了 Transformer 模型，BERT 自然也使用了学习率预热策略和 AdamW[153] 优化器[③]（权重衰减系数为 0.01）。

　　BERT 有两种不同规模的模型配置：基础版本 BERT-base 有 12 个 768 维的隐藏层，每层有 12 个注意力头，即和 GPT-1[177] 规模相当，参数量约 1.1 亿[④]；大型版本 BERT-large 有 24 个 1024 维的隐藏层，每层有 16 个注意力头，参数量约 3.4 亿，介于 GPT-1[177] 和 GPT-2[183] 之间——从时间线来看，BERT 模型发布于 2018 年 10 月，恰好也位于这两者之间。

11.3.3　在下游任务上精调 BERT

　　和 GPT 类似，BERT 也可以作为骨干模型应用于下游任务，并且在多数情况下只需添加少量模型参数进行精调即可。如图 11-4 所示。

- 对于单个句子的序列分类任务，例如情感分析，可以给句子开头添加 [CLS] 符号然后输入 BERT，再对 [CLS] 处的输出向量进行分类即可。
- 对于序列标注任务，例如词性标注，每个单词都要有一个相应的标签，因此我们给句子开头添加 [CLS] 符号并输入 BERT，然后在每个位置都进行相应的标签预测。
- 对于句子对的分类任务，例如自然语言推理，可以将两个句子像预训练时那样拼接在一起输入 BERT，然后对 [CLS] 位置处的输出向量进行分类。
- 对于从原文中提取答案的问答任务，例如 SQuAD[193]，我们可以把问题和文档

---

① 其实预训练语言模型的工作大都如此。

② 短序列计算速度更快，模型也更容易学习。

③ 严格来讲 BERT 的优化器不是 AdamW，而是在 AdamW 的基础上去掉了梯度各阶统计量的补偿。这会导致训练刚启动时梯度各阶统计量发生系统性的偏移，因此后来被认为是 BERT 中的一个设计失误，会带来训练和精调时的不稳定性。GitHub 讨论帖 https://github.com/huggingface/transformers/issues/420。

④ BERT-base 和 GPT-1 参数量上的差异主要是词表不同带来的。

通过 [CLS] 和 [SEP] 拼接起来输入 BERT。我们首先定义两个特殊的、可学习的参数向量 S 和 E，分别代表答案开始和结束；然后将文档中任意一个词的输出向量和它们分别做点积，代表该词为答案开始（或结束）的得分；最后将所有开始（或结束）得分对文档中的所有单词位置做 Softmax 归一化^①，便可得到每个词作为答案开始（或结束）的概率。如果进一步考虑答案不在文档中的可能性，那么可以把 [CLS] 符号也纳入 Softmax 归一化的范围^②，并规定答案在文档中不存在时其开始和结束位置都是 [CLS] 即可。在推断时，概率最大的起始-结束片段就是模型最终预测结果。

　　和 GPT 相比，如果是句子相似性这类对称的任务，BERT 没有像 GPT 那样考虑句子的顺序并进行全排列，而是直接进行一次前向推理。这是因为 BERT 的特征提取能力更强，其预训练任务不依赖于语言模型的链式分解，而是更强调全局的信息提取。BERT 的精调通常只是用较小的学习率（例如 3e-5）精调少数几轮（例如 3 轮）即可，优化器仍然使用 AdamW^[153]。

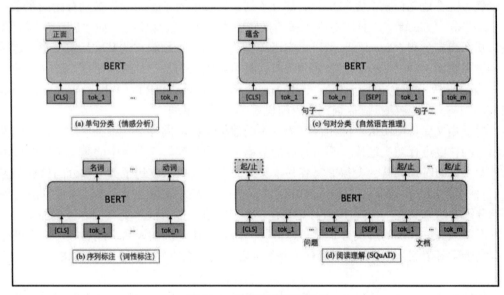

图 11-4　BERT 精调示意图

---

^① 即参与 Softmax 运算的元素个数为文档中的单词数。

^② 可以看到图 11-4（d）中[CLS]符号对应的预测框为虚线，这是因为仅当需要考虑答案不在文档中的情形时才需要把它纳入归一化的范围中。

11.3.4　BERT 改进方案

可以看到，BERT 的预训练算法有一些非常自然的改进方案。就掩码语言模型而言，虽然其思想和完形填空一脉相承，但是真正的完形填空任务往往是人工设置的，任务难度恰到好处：待填入的单词在给定的语境下一般只有唯一的正确答案，并且常常需要从前后文的指代关系中寻找线索，而不是直接通过相邻单词的固定搭配推断出来。而邻句预测任务多多少少有一些反直觉：和词级别的完形填空任务相比，判断两个句子是否相邻是一个相当简单的任务。假设负样本是随机采样得到的，那么基本上只要判断两句话的内容是否来自同一话题即可，而无须弄明白它们之间的逻辑关系。在本节中，我们介绍一些改进的预训练方法。

1. 掩码语言模型的改进

由于 BERT 采用由 SentencePiece[55] 算法切分出的子词作为建模单位，因此随机遮盖词例可能会遮盖住某个完整单词的部分子词。假设单词"greatest"被切分为两个子词"great"和"##est"[①]，而在随机生成的掩码中"great"被保留下来而"##est"被遮盖住，那么模型预测"##est"时就可以参考单词"great"去预测它的某种后缀变形，这就比预测完整的单词"greatest"要容易很多，甚至可以认为是一种低级错误。BERT 的作者本人也很快意识到了这一点，推出了一个名为 wwm-BERT（Whole-Word-Masking BERT）的补丁，将随机遮盖词例变为随机遮盖完整的单词。

对于中文而言，BERT 采用汉字为基本的建模单位，同样会导致类似的问题。假设以汉字为粒度进行随机遮掩，那么有可能会遮住"哈尔滨"三个字中的某一个字而保留另外两个，此时预测就会变得非常容易，甚至完全不需要来自句子其他部分的信息。因此，对中文 BERT 来说，类似 wwm-BERT 的改进方案就是以中文单词（可以用某种自动分词算法来实现[②]）为粒度进行遮盖：一个单词里的所有汉字要么同时被覆盖，要么同时保留。更进一步的解决方案就是遮掩某些命名实体，例如人名、地名等，这样可能更有利于学习某些常识（例如"哈尔滨是黑龙江省的省会"），这便是 ERNIE[189][190] 的做法。

从另一个角度讲，遮掩连续的单词片段也能在一定程度上提高预测难度，强迫模型提取更远距离的依赖关系。这便是 SpanBERT[194] 的做法，每次随机遮掩掉一个连续的片段（Span）。

---

① "##"是 SentencePiece 算法中子词开头的标记，将子词拼接回原单词时需要去掉这一标记。

② 可能会引入少量错误，不过无伤大雅，因为最差的情况下就是退化为随机遮掩汉字。

除了改进掩码策略（上面提到的改进都属于这一类）以外，还可以尝试用其他目标函数来增强模型提取单词之间依赖关系的效果。这里我们试举两例：

- SpanBERT[194] 提出了片段边界目标（Span Boundary Objective），让模型根据被遮掩的片段边界处单词的信息来预测被遮掩单词的信息。假设被遮掩的片段为第 s 个词到第 e 个词，那么让模型根据第 $s{-}1$ 个词和第 $e{-}1$ 个词的输出向量[①]和位置向量 p_i（其中 $i \in [s, e]$）来预测位置 i 处的单词。实验表明这种做法可以大幅提高指代消解（Coreference Resolution）和抽取式问答任务的效果。
- XLNet[195] 提出了排列语言模型（Permutation Language Model），让模型预测单词之间乱序的依赖关系，可以认为是朴素的自回归语言模型（从左到右链式分解）的推广。假设有一个被遮掩了部分单词的句子"我/爱/吃/[MASK]/，/但/我/讨厌/削/[MASK]"，显然两个被遮掩的位置应该填入同样的水果名（例如都填入"苹果"或者"梨"），但在 BERT 的掩码语言模型中，这两个位置是独立进行预测的，每个位置都以其他未被遮掩位置的单词为条件输入，这就可能导致模型给一个位置预测出"苹果"而给另一个位置预测出"梨"。而 XLNet 中的排列语言模型则考虑了不同掩码位置之间的顺序问题，训练时每一步都随机选取一种顺序关系，让每个 [MASK] 位置的条件输入变成所有未被遮掩的单词再加上预测顺序在它之前的那些 [MASK] 位置的真实单词（相当于打乱顺序的教师强迫训练），因此可以对多个掩码位置给出更为一致的预测结果。此外，从名字可以看出，这一模型是基于 Transformer-XL[166] 的。

2. 邻句预测任务的改进

前面我们提到，假如负样本是随机采样的，那么判断两个句子是否相邻这一任务太过简单：很可能模型只需判断两个句子是否在话题上相关即可，而无须理解两个句子之间的逻辑关系。事实上，确实有很多相关研究（如 SpanBERT[194] 和 XLNet[195]）发现，去掉邻句预测任务后效果更好。去掉邻句预测任务以后，这些 BERT 的变种模型只需要在单独的句子（或者说单词片段）上进行预训练即可，更加简洁。如此一来，在预训练时不再存在一个能够聚合所有信息的词例 [CLS]，因而在下游任务精调时特殊符号 [CLS] 的语义需要从头学起；不过这也不算一件坏事，因为 Sentence-BERT[196] 的研究表明，在不做有监督精调的情况下，即便是原版 BERT 中 [CLS] 符号的输出向量也不是一个好的句子信息表示，甚至效果还不如各个单词的 GloVe[60] 词向量直接加权平均。关于如何使用 BERT 和它的朋友们得到一个更好的全局句子表示，读者可以参考

---

① 经过神经网络多层运算后，这两个位置的输出向量其实已经包含了很多整个句子的信息。

Sentence-BERT[196] 及其后续研究，此处按下不表，这里我们只要知道 BERT 中[CLS]符号的输出向量还远远不够就行了。

　　既然邻句预测任务的主要问题是难度太低，那是不是说只要加大它的难度就可以了？是的，确实有后续研究这么做，并且实验验证取得了较好的效果。例如，ALBERT[197]提出可以用句子顺序预测（Sentence Order Prediction）来代替邻句预测，即每次输入模型的两句话都是同一文档中的连续两句话，只不过以一定的概率交换它们的顺序，让模型判断正确的顺序应当是什么。显然，为了解决这一任务模型就必须理解两句话之间的逻辑关系，而无法再通过查看句子主题是否相同来投机取巧了。百度的 ERNIE 2.0[198] 中也提出了句子重排序任务（Sentence Reordering Task），即将一段完整的话拆分成若干个片段并随机重排列输入模型，要求模型预测出拆分片段的数量以及各个片段的正确排序。

3. 训练方法的改进

　　如果使用商用的云服务器训练 BERT，那么对于大型配置训练一次可能需要花费数万元人民币。在今天看来这只不过是小儿科罢了，但是在 BERT 出现当年这还是令人震惊的。也正因如此，原版的 BERT 在模型调优方面其实没有做到精益求精，这一切都交给了它的继任者 RoBERTa[199]。

　　RoBERTa 全名为"A Robustly Optimized BERT Pretraining Approach"，由此可以看出它是对 BERT 训练方法的改进。首先，RoBERTa 使用更多的训练数据①、更久的训练时间、更大的批量大小（每个批量中有 8 千个句子）——现在我们知道，不断地扩大模型和数据规模几乎总是有益的。在实践上，RoBERTa 还发现在大批量训练时将 Adam 优化器的超参数 β_2 设置为 0.98 可以提升训练的稳定性，这在后来逐渐成为标准做法。除此之外，RoBERTa 还有如下几点改动：

- 使用动态掩码而非原版 BERT 中的静态掩码，即每个小批量的数据在训练时都随机产生一组掩码，而非固定几组预训练好的掩码，因而数据增强的随机性更强。
- 和其他研究类似，RoBERTa 同样发现邻句预测任务可能有负面效果，因而在预训练阶段去掉了这一预测目标。
- RoBERTa 永远采用长度为 512 的句子进行训练，而不像 BERT 那样在 90% 的训练步骤里仅在长度为 128 的句子上训练。

---

① 除 BERT 原本的数据外，RoBERTa 还使用了从 CommonCrawl 提取过滤出的 CC-News 和 Stories[200]，以及仿照 GPT-2[183]构建的数据集 OpenWebText。

经过这一系列改进，RoBERTa 的效果明显超出了 BERT，后来也成为使用得最多的 BERT 变种。BERT 和 RoBERTa 的对比如表 11-2 所示。

表 11-2 BERT 和 RoBERTa 的对比

模型	语料	发布时间	参数量	预训练方法
BERT	BooksCorpus+Wikipedia（16 GB）	2018/10	1.1 亿（基础）/3.4 亿（大型）	掩码语言模型 + 邻句预测任务
RoBERTa	BooksCorpus+Wikipedia+OpenWebText+CC-News+Stories（160 GB）	2019/07	同 BERT	掩码语言模型

11.4 后预训练时代

在 BERT 出现之前，自然语言处理领域的预训练技术是落后于计算机视觉的，大家一直盯着 ImageNet[31] 上预训练出的 ResNet[142] 眼馋；然而当 BERT 出现之后，同一个骨干模型解决了各种下游自然语言处理任务的难题，又轮到计算机视觉领域的研究者开始眼馋 BERT 和它的朋友们了。这是因为 ImageNet 再大也只是一个有标注的数据集，难以无限制地扩充规模；而预训练语言模型使用的则是无标注的文本数据，可以说互联网上要多少有多少。从此以后，自然语言处理的预训练方法开始引领和反哺其他人工智能研究领域。

我们前面介绍了用于文本生成的 GPT[177][183][184] 系列和用于文本理解的 BERT[11] 系列，而这两类模型后来甚至获得了大一统：不同于使用因果掩码的 GPT 和使用双向注意力的 BERT，微软亚洲研究院提出的 UNILM[201] 使用了更加灵活的阶梯状掩码，允许某些单词之间互相可见，而另一些单词则仅仅单向可见，通过一套共享的 Transformer 参数把编码器和解码器统一了起来，因而可以同时完成文本理解和生成任务。

有了 BERT 和它的朋友们之后，很多自然语言处理问题都变得非常简单，一个资深自然语言处理工程师的多年经验很可能会轻易地被刚入门的新人用超强预训练模型加精调打败。假如不考虑大模型部署困难带来的困扰，这一波预训练模型的浪潮可以说导致了自然语言处理领域的重新洗牌。后面研究 BERT 有效性原因的文章也层出不穷，例如有人认为 BERT 虽然是一个端对端的模型，但它自下而上每一层提取的信息都在变得越来越全局和高级，从词汇级别慢慢达到句子级别[202]。

除了预训练再精调这种范式以外，自然语言处理领域还出现了一些全新的模型使用范式。假如每个下游任务的模型都需要精调，那么不同任务将需要不同的参数取值，这会带来巨大的存储负担。GPT-2[183] 的零次学习和 GPT-3[184] 的少样本学习确实是不错的方法，但是效果却不太理想（特别是当模型不够大时）。近年来，出现了一种被称为提示精调（Prompt Tuning）的预训练新范式——在解决下游任务时，不是调整预训练模型的参数，而是调整它的输入。在传统的精调中，我们通过调整预训练模型的参数以让它适应下游任务；而在提示精调中，我们通过重新表述下游任务的输入形式来让它适配预训练模型本身。如此一来，预训练模型本身不需要发生改变，我们就可以使用同一个模型来执行各种各样的下游任务了。

GPT-2[183] 和 GPT-3[184] 可以看作比较初级的提示学习方法，它们的提示词是人工设计的，用来诱导出模型在预训练阶段所学到的知识。更为复杂的提示学习方法则是启发式地构造多种不同的提示词（有时甚至不直接使用词表里已有的单词，而是在词向量空间中调整输入向量），并对模型的预测结果进行集成[203]，这样就能更准确地提取出预训练模型内隐含的知识。

## 第 12 章

其他复杂模型

到目前为止，我们已经介绍了所有主流的深度序列模型，可以解决绝大部分自然语言处理任务以及多模态任务了。然而，深度学习囊括的范围实在太大，还有相当一部分新颖和奇妙的模型我们没能接触到。这些模型在自然语言处理领域可能不那么常见，但是却在其他深度学习领域大放异彩，如果不了解的话实在是令人惋惜。

作为本书的终章，我们将简要介绍这些神奇的模型，以及它们在序列生成方面的应用。

12.1 生成对抗网络

本节主要介绍生成对抗网络的相关内容。

12.1.1 生成对抗网络简介

2014 年，Ian Goodfellow 等人提出了大名鼎鼎的生成对抗网络（Generative Adversarial Network）[204]，缩写为 GAN，后来被深度学习奠基人之一、LeNet[25] 的发明者 Yann LeCun 称为过去十年间机器学习领域最有趣的想法。

生成对抗网络的示意图如图 12-1 所示，它包含了一对神经网络，分别称为生成器（Generator）网络 G 和判别器（Discriminator）网络 D，两者各有各的可学习的参数。生成器的输入是一些随机噪声 $z \in \mathbb{R}^n$（一般从性质良好、易于采样的分布中采样，例如高斯分布），然后通过多层神经网络将其变换为一些新的信号 $G(z) \in \mathbb{R}^m$（m 为想要生成的数据的维度，例如图像中的像素个数，可以不同于噪声维度 n）；而判别器则接收一组 m 维信号 $x \in \mathbb{R}^m$（x 既可能是生成器从随机噪声中变换出的假信号 $x_{fake} = G(z)$，也可能是从真实数据集中采样到的数据样本 x_{real}）作为输入，然后用多层神经网络给出这组信号为真的概率 $D(x) \in [0,1]$。

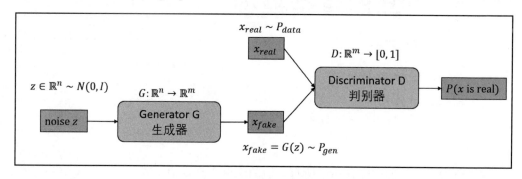

图 12-1　生成对抗网络

它的训练过程也不是单纯地最小化某个目标函数，而是一种博弈的过程：生成器的目标是生成尽量逼真的信号[①]以骗过判别器，而判别器的目标则是尽量提升自己辨别真假信号的能力。这就是生成对抗网络中"对抗"一词的含义。从数学公式的角度讲，生成对抗网络是在对如下的价值函数（Value Function）进行极大极小博弈（Minimax Game）：

$$\min_G \max_D V(G,D) = \mathbb{E}_{x \sim p_{data}(x)}[\log D(x)] + \mathbb{E}_{z \sim p_z(z)}[\log(1 - D(G(z)))] \qquad (12\text{-}1)$$

让我们先来观察一下生成对抗网络中涉及的价值函数 $V(G,D)$。它由两项组成，第一项是判别器对真实数据给出的对数概率，第二项是判别器将生成器产生的虚假数据判定为假的对数概率。所谓极大极小博弈，在数学上指的是：对于任意的生成器 G，我们可以暂时把它的参数当成固定的常数，先来求解内层的最大化问题 $\max_D V(G,D)$——显然当生成器 G 的参数变化时，这一最大化问题的解往往也会发生变化，这意味着内层最大化问题的解是关于 G 的参数取值的函数，不妨将它记为 $C(G) \triangleq \max_D V(G,D)$；然后再来求解外层的最小化问题 $\min_G C(G)$，这一步是一个普通的最小化问题。

这里用到的极大极小博弈在深度学习中并不常见，因此我们再多花一些笔墨，用更加平实的文字描述来剖析它：

---

① 即和训练数据相似的数据。以人脸生成为例，就是要生成尽量逼真的人脸。

- 判别器的目标是要区分真假样本。这里的假样本不是指某个"特定"的生成器产生的假样本，而是"任意"的生成器产生的假样本。判别器要有能够鉴别"任意"的假样本的能力，因此需要求解内层的最大化问题——对任意的生成器 G，都要最大化它的判别能力——反映到价值函数上，就是要最大化真样本的对数概率，以及将生成器产生的虚假数据判定为假的对数概率。

- 生成器的目标是要产生以假乱真的样本。因此，我们最终应该选择"最强"的生成器。内层最大化问题的最优值 $C(G) = \max_D V(G, D)$ 代表了在某个生成器 G 下的最强判别器的判别能力，如果我们选择 $G^* = \mathrm{argmin}_G C(G)$，就意味着和其他生成器 G 相比，这一 G^* 可以使得它所对应的最强判别器的鉴别能力最弱（那就更不要说其他弱一些的判别器了）。这样一来，不存在一个判别器可以很好地鉴别 G^* 生成的假样本，也就意味着 G^* 生成的假样本质量足够高了。

不过，虽说生成器和判别器需要进行对抗，但两者同时也是合作关系：假如判别器太强，那么无论生成器产生什么样的信号都被认为是假信号，就会导致生成器无法获得有效的梯度指导，不知道怎样才能生成更加逼真的信号，继而无法学习；假如判别器太弱，它就难以判断生成器产生的假信号的质量好坏，那么我们可能会得到一个"放飞自我"的生成器，产生一堆"一眼假"的数据。事实上，在生成对抗网络的训练中，平衡判别器和生成器的训练进度确实是关乎训练成败的重要因素。以图像生成为例，判别器通常只是几层非常简单的卷积或全连接层，而不会用 ResNet-50[142] 这样的大杀器。

在真正训练时，我们也是基于随机梯度下降来求解的。一方面，我们不可能遍历所有的 G[①]，因为在有限的训练时间内我们只能采样、搜索到一部分 G 的参数；另一方面，即便对于某个固定的 G，在训练过程中我们通常也不必严格求解 $\max_D V(G, D)$，尤其是在训练初期，G 和 D 距离最优解都还相当远，没必要对着一个不够好的 G 求出它对应的最强的 D（这仅仅是在浪费计算资源罢了）。因此，不管是内层的最大化问题还是外层的最小化问题，我们的处理方法都是简单做一次（或几次）随机梯度下降即可，而不是一直闷着头"跑"到收敛为止。生成对抗网络的训练算法用伪代码表示如下：

算法 12-1　生成对抗网络的训练算法

输入：生成器 G，判别器 D，训练样本集合 $data$，噪声分布 p_z，批量大小 B
输出：训练好的生成器 G^*

---

① 在固定生成器模型结构的情况下，这一句话可以理解为遍历其参数空间。

1. **while** 模型未收敛

　　▷ 训练判别器 D

2.　　随机采样 B 个噪声样本 $\{z^{(i)} \sim p_z \in \mathbb{R}^n \mid i = 1, \cdots, B\}$

3.　　随机采样 B 个真实样本 $\{x^{(i)} \sim p_{data} \in \mathbb{R}^m \mid i = 1, \cdots, B\}$①

4.　　求出以下目标函数②关于判别器 D 的梯度，并进行随机梯度上升

$$\frac{1}{B}\sum_{i=1}^{B}\Big[\log D(x^{(i)}) + \log(1 - D(G(z^{(i)})))\Big]$$

　　▷训练生成器 G

5.　　随机采样 B 个噪声样本 $\{z^{(i)} \sim p_z \in \mathbb{R}^n \mid i = 1, \cdots, B\}$

6.　　求出以下目标函数③关于生成器 G 的梯度，并进行随机梯度下降

$$\frac{1}{B}\sum_{i=1}^{B}\log(1 - D(G(z^{(i)})))$$

7.　$G^* = G$

在算法 12-1 中，判别器和生成器交替执行一步梯度上升④和下降。实践中，判别器和生成器也可以各自交替训练多步。

虽然理论很美好，但是生成对抗网络是出了名的难训练。这个难训练体现在如下几个方面：

● 需要小心平衡判别器和生成器的训练进度。如前所述，这两者不光需要对抗，也需要合作。

● 不存在一个指示训练进度的指标。普通的深度学习模型一般是求解一个最小化（或者最大化）问题，可以通过观察损失函数的数值来确定训练进度；而生成对抗网络则是进行极大极小博弈，损失函数基本上是在某个定值⑤附近抖动。

● 容易遇到模式坍缩（Mode Collapse）问题：生成器有可能生成足够逼真、但是多样性较差的信号来作弊。换句话说，生成器可能记住少数几个样本，然后总

---

① 理论上应该从训练样本的分布中采样，但这一分布是未知的；实践中只能从训练数据集中随机采样，因此训练多轮的话会有重复采样。

② 可以看出，这里采用蒙特卡洛估计（即采样出的均值）代替了理论公式（12-1）中的数学期望。

③ 价值函数的第一项与生成器无关，不会产生关于生成器的梯度，所以这里只有后一项。

④ 在代码实现时，常常会给判别器的损失函数加一个负号，然后执行梯度下降（这是大部分深度学习框架的优化器的默认行为）。

⑤ 事实上，博弈均衡点可以通过理论计算得到。

是用这些样本来骗过判别器。这样的生成器显然不是我们想要的。

再后来，Wasserstein GAN[205][206][207] 进一步提出了一些稳定生成对抗网络训练过程的方法，并被广泛采用。

生成对抗网络在图像生成中大放异彩[208][209]，但在自然语言处理领域却成果寥寥，最直接的原因便是图像信号是连续的，而文本信号却是离散的。生成器在生成图像时，可以直接预测每个像素点的亮度；判别器也可以通过梯度告诉生成器，某个位置的像素点应该更亮（或暗）一些，你应该把它的预测值调大（或小）。但生成文本则是预测单词或字符等预定义类别的 ID 序列，"把预测出的类别 ID 调大（或小）一点"是毫无意义的①。引入了梯度惩罚（Gradient Penalty）的 Wasserstein GAN[207] 在非常受限的场景下略微解决了一点使用文本数据训练 GAN 的问题，不过距离自回归语言模型生成的文本还差着十万八千里。

难道在自然语言处理中生成对抗网络就没有用武之地了吗？倒也不尽然。一种应用思路就是把生成对抗网络和强化学习结合，来解决离散状态空间的问题，如本章后面将要提及的 SeqGAN[210]；另一种应用思路就是在一种天然连续的对象上使用它。那么，在自然语言处理领域，单词 ID 是不连续的，有什么东西是连续的吗？答案很显然：词向量！早在 2013 年，Thomas Mikolov 等人就发现 Word2vec[6][7]方法训练出的词向量具有跨语言的结构相似性，例如汉语的"一/二/三"和英语的"one/two/three"在各自词向量空间中的相对位置关系几乎相同。利用这一点，以及一点生成对抗网络的知识，我们甚至无须双语对齐的平行语料，只需要两种语言各自的单语语料，就能够实现一个机器翻译系统！

12.1.2　生成对抗网络与无监督机器翻译

在本节中，我们将从易到难，先介绍无监督的双语词表导出（Bilingual Lexicon Induction）方法，然后慢慢过渡到完整的无监督双语文本互译。

1. 双语词表导出

所谓双语词表导出，一般指的是在没有双语平行语料②（但是有两种语言各自的单语语料）的情况下获取一份双语对照的词表。进一步地，根据是否使用有监督数据，该问题又可以细分为两类：

---

① 试想，假设 ID 为 1 的单词是"苹果"，ID 为 2 的单词是"我"，那 ID 为 1.001 到底代表什么？
② 假如有双语平行语料，那这一任务就简化成了机器翻译中的词对齐问题，难度降低了很多。

- 有监督双语词表导出：除两种语言各自的单语语料之外，还有少量已知的种子词对（Seed Bilingual Lexicon）。例如给出几十对中文和英文单词的对应关系作为种子词对，希望模型在此基础上找到词表里剩下的数千乃至数万个单词在另一种语言里对应的单词。
- 无监督双语词表导出：只有两种语言各自的单语语料作为输入，让模型"凭空"导出双语词表。

乍一看无监督双语词表导出似乎是不可能完成的任务，但其实不同语言的文本具有相当程度的相似性。这是因为无论用什么语言作为描述的载体，它所描述的客观世界几乎都是相同的：例如数字 2 是 1 的两倍（无论这些数字是被表达为"二/一"还是"two/one"），猫会抓老鼠（无论这些动物是被表达为"猫/老鼠"还是"cat/mouse"）……当然，不同语言的母语者之间确实也存在一些文化差异，导致互相对译的单词有时也不能表达完全相同的含义：例如中国人一般认为数字 4 不太吉利，因为它和"死"字同音，但讲其他语言的人则可能没有这种顾虑。不过总的来说，讲不同语言的人们都生活在同一个地球上，对世界万物的认知有极大的相同之处，因此描述这些事物所用的语言也会展现出分布上的统计相似性[47]。各种双语词表导出算法的本质就是在利用这种分布相似性，例如基于词向量的双语词表导出算法就是在尝试对齐两种语言的词向量空间：通过施加恰当的线性变换，不同语言中的同义词的词向量几乎可以被调整到互相重合的位置，如图 12-2 所示。

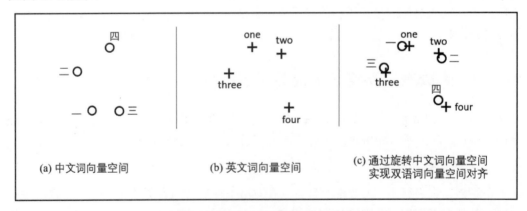

图 12-2　双语词向量空间位置关系

那么连接不同语种词向量空间的线性变换究竟要怎么寻找呢？在有监督的情况下，这是相当简单的，我们只需求解一个最小二乘问题即可[211]。以中英词表对齐为例，假设

有一个 d 维的中文词向量空间[①]和相同维度的英文词向量空间[②]，以及 n 对已知具有同义关系的种子中英词对 $\{(x_i, y_i) \mid i = 1, \cdots, n\}$，那么我们可以通过最小化以下目标函数来求解两者之间的线性映射 W：

$$W^* = \underset{W \in \mathbb{R}^{d \times d}}{\arg\min} \| WX - Y \| \tag{12-2}$$

其中 $X \in \mathbb{R}^{d \times n}$（或 $Y \in \mathbb{R}^{d \times n}$）是 n 个中文（或英文）词向量拼接成的矩阵，每列代表一个单词的词向量。从矩阵分块乘法的角度来看，公式（12-2）右边可以解释为对矩阵 X 的任一列（也即任意一个中文词向量）应用变换 W，将其映射到一个新向量，计算新向量与矩阵 Y 的相应列（也即相应的英文词向量）之间的变换误差，最后对所有 n 列（即所有中英词对）之间的变换误差求和，使得这一误差最小的变换矩阵就是能够将两种语言的词向量空间对齐的线性变换。后来，有研究者发现将线性变换限制为正交变换效果更好[212]。从几何直观上来讲，这就是说不同语言的词向量空间在对齐时只需要进行旋转和镜面反射等保持夹角和距离的操作，而不宜进行拉伸和压缩。这也说明了不同语种词向量空间的相对位置信息几乎是一致的。学习到变换矩阵 W 之后，我们可以对中文词表中的任何一个单词的词向量进行相应的变换，并在英文词向量空间中寻找与之距离最近的单词，进而得到一份更大、更全的双语对照词表。

可是，在无监督的情形下，我们只能从两种语言各自的单语语料中训练出两个语言各自的词向量空间，却没有用于对齐的种子词对。这种情况下要怎么办呢？文献[213]提出了一个绝妙的办法，使用生成对抗网络来解决它：假设我们要学习一个从词向量空间 A 到词向量空间 B 的线性变换 W，那么我们可以把这个变换当成 GAN 中的生成器，它每次接收一个词向量空间 A 中的词向量[③]x 作为输入，将线性变换后的结果 $G(x) = Wx$ 作为输出，试图将其变成词向量空间 B 中的对应词向量；而判别器则接收一个词向量作为输入，试图辨别自身的输入到底是来自词向量空间 B 中的真实词向量，还是生成器变换后的结果 $G(x)$。如果这一训练过程最终能够达到平衡，就意味着判别器无法区分来自词向量空间 B 中的真实词向量和生成器变换的结果，也就是说生成器把两个词向量空间对齐了，这就是我们想要寻找的线性变换。

如果用数学公式来表达，相当于要优化以下目标：

①　其中包含多个（通常为数万）中文单词的 d 维词向量，通常以词向量矩阵的形式来保存。此外还额外需要一个单词拼写和单词 ID（或者说词向量矩阵的行号）之间转换关系的映射表。

②　和中文词向量空间的含义类似。但两种语言的词表大小不必恰好相同。有可能一种语言的单词在另一种语言里没有对应的单词，在翻译时需要用多个单词甚至一句话来表达。

③　注意这里和原始的生成对抗网络略有区别，原始的生成对抗网络是接收一个噪声向量作为输入。

$$\min_{G} \max_{D} V(G,D) = \mathbb{E}_{y \sim p_B(y)}[\log D(y)] + \mathbb{E}_{x \sim p_A(x)}[\log(1 - D(G(x)))] \qquad （12\text{-}3）$$

对于判别器 D 来说，它要尽量把从词向量空间 B 中采样出的真实词向量 y 判定为真，同时尽量把词向量空间 A 中的词向量 x 经过生成器 G 变换过的结果 $G(x)$ 判定为假；生成器 $G(x) = Wx$ 的目标则反之，如图 12-3 所示。具体的训练算法和原版的生成对抗网络几乎相同，交替对生成器和判别器做梯度更新即可。为了将变换矩阵 W 近似约束为正交矩阵，可以在每次对生成器参数 W 进行梯度下降之后再额外执行一步修正 $W \leftarrow W - \beta(WW^T - I)W$。这本质上相当于以 $\beta/4 \cdot \left\| WW^T - I \right\|_2^2$（这就是正交矩阵的定义）为目标函数进行一步梯度下降操作。

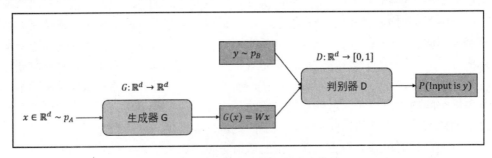

图 12-3　无监督词向量空间对齐算法

学到理想的映射 W 之后，我们就可以尝试对词向量空间 A 中的所有词向量都应用这一变换，然后寻找每个变换后的词向量在空间 B 中的最近邻，并把对齐得最好的那些词对挑出来，认定它们是互为翻译的单词。再通过一些启发式的筛选和调整方法，最终导出的双语对照词表可以有相当高的质量，甚至接近有监督方法的对齐结果。如果用这种方法导出的词表对文本进行逐词翻译，BLEU 指标可以达到 10 左右，大约是勉强可读的水平。

2. 双语文本互译

事实上，不同语言之间除了词向量空间可以对齐以外，短语甚至句子空间也是可以对齐的。序列到序列机器翻译的早期工作[9]就对这一点进行过验证和可视化，神经网络可以把双语平行句对编码为相近的向量。以此为基础，如果我们尝试将对抗训练（Adversarial Training）①的思想进一步发扬光大，在句向量的空间内进行类似的操作，

---

① 有人将对抗训练理解为一种增强模型鲁棒性的操作，即约束模型对输入及其小邻域内的其他输入具有相似的预测结果，不至于因为输入的微小改变就带来输出的巨大偏差（例如对抗攻防）。这里我们提到的对抗训练指的是生成器和判别器之间的对抗，用来对齐不同分布的特征。

就能得到一种形式优雅、结果漂亮的无监督机器翻译算法[214]。

该算法的核心在于对齐不同语言的隐空间。为了从单语数据出发得到句子的向量表示，我们可以使用自编码器结构[215]；为了得到机器翻译模型，我们可以使用编码器-解码器架构[8]；再考虑到对抗训练的需要和两对翻译方向的对称性，最终的模型由 5 个模块组成，分别是源语言编码器 E_s、目标语言编码器 E_t、源语言解码器 D_s、目标语言解码器 D_t、判别器 D。其中前 4 个模块可以灵活组合，形成如图 12-4 所示的 4 个共享权重的模型[1]：

● 源语言编码器 E_s 和源语言解码器 D_s 搭配，形成源语言的自编码器。

● 目标语言编码器 E_t 和目标语言解码器 D_t 搭配，形成目标语言的自编码器。

● 源语言编码器 E_s 和目标语言解码器 D_t 搭配，形成从源语言到目标语言的翻译模型。

● 目标语言编码器 E_t 和源语言解码器 D_s 搭配，形成从目标语言到源语言的翻译模型。

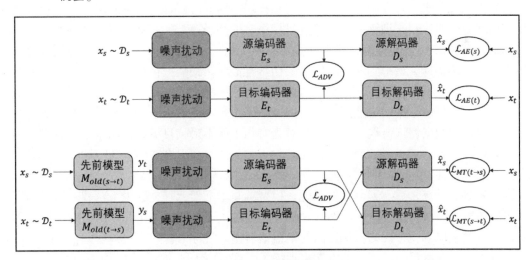

图 12-4 无监督机器翻译算法

有些多语种自然语言处理的研究工作[216]表明，多种语言共享同一个编码器或者解码器[2]往往也能取得不错的效果。因此我们可以让两个编码器 E_s 和 E_t 共享除词向量层外的

---

① 判别器模块 D 在计算对抗损失 $\mathcal{L}_{ADV}$（细节后面会介绍）时会用到，图 12-4 中未展示。

② 这里不包含词向量层。不同语言的词表可能不同，因而可能无法共享词向量层（不过对于在两种语言中同时出现的那些单词，它们的词向量可以共享）。

所有参数，让两个解码器 D_s 和 D_t 也共享除词向量层外的所有参数，进一步减少模型参数，提高训练效率。在文献[214]中，编码器使用的是双向 LSTM[26]，解码器使用的是带有注意力模块的单向 LSTM[26]。

在正式开始讲解无监督机器翻译模型之前，我们再来补充一个关于神经机器翻译的知识点：编码器和解码器的功能和地位是不对称的！编码器所要完成的任务仅仅是理解源语言文本，而解码器所要完成的任务则是生成目标语言文本。这就意味着解码器具有更重的负担，它不光需要了解目标语言的语义，还要掌握相应的语法规则以组织出通顺的句子。这就好像对汉语母语者来说，英译汉往往比汉译英更简单：英译汉的时候，只要弄明白每个英文单词的含义，甚至个别单词不认识也可以结合上下文猜个八九不离十，然后就能梳理清楚原句的意思进而翻译成汉语；而汉译英的时候，虽然读者完全理解汉语原文，但是却不知道如何用英语地道地表达相应的意思或者情绪。此外，编码器往往有一定的容错性：少量单词拼写或者使用错误不会影响句意的理解，甚至当句子较短时我们可以从无序的词袋中恢复出正确的语序并理解它（例如小学时做过的连词成句练习）。

正因如此，机器翻译中有一个数据增强技巧叫回译（Back Translation）：假设我们要使用双语平行语料来训练从源语言到目标语言的翻译模型，那么可以首先训练一个从目标语言到源语言①的反向翻译模型（称为回译模型），然后使用它把训练集里所有目标语言的句子都翻译一遍得到一份增广出的伪平行语料，最后把模型增广的伪平行语料和人工收集的真平行语料放在一起组成更大的训练数据集来训练我们需要的源语言到目标语言的翻译模型。数据增广之所以要"回译"而不是"正译"，是因为回译产生的潜在错误（或者说数据增广错误）仅仅影响源语言句子而不影响目标语言句子，而我们想要的正向翻译模型的编码器则恰恰对源语言句子中的错误容忍度较高，即"回译"可以在引入数据多样性②的同时几乎不对模型产生负面影响。

了解到这一点之后，无监督机器翻译模型的基本框架就呼之欲出了：我们可以利用单语语料制造一些伪平行语料，然后把模型生成的质量较低的句子作为源语言句子输入编码器，而把原本就存在的质量较高的单语语料作为目标语言句子输入解码器，这就可以通过正常的有监督机器翻译的方法来训练了。这对应于图 12-4 中的损失函数 $\mathcal{L}_{MT(s \to t)}$ 和 $\mathcal{L}_{MT(t \to s)}$。在训练起始阶段，我们可以先通过 12.1.2.1 节中的方法导出双语词表，把逐词翻译作为第一个版本的回译模型来生成初始的伪平行语料；在这之后，随着训练的进行，我们可以使用上一轮的编码器-解码器模型来生成更优质的伪平行语料，不断迭代直至最终收敛。

---

① 注意这里调换了翻译方向，所以该技巧被称为回译。

② 当然，这里的多样性只包含源语言句子的多样性。回译不影响目标语言句子的多样性。

可是，如果仅仅是这样的话，还不足以产生好的训练结果，因为初始的逐词翻译质量较差，还需要一些更强的约束来让模型参数训练得更加充分。还记得前面提到的自编码器吗？我们可以让源语言的自编码器和目标语言的自编码器各自重构自身的输入序列，从此来增强编码器对句意的理解能力和解码器对语法规则的掌握能力，这对应于图 12-4 中的损失函数 $\mathcal{L}_{AE(s)}$ 和 $\mathcal{L}_{AE(t)}$。不过如果直接使用朴素的自编码器，可能会事与愿违：模型很可能只是学会把输入序列复制一遍，而不是学习语言内在的结构。解决办法便是使用去噪自编码器[217]，让自编码器从带有噪声（例如语序重排和随机删除单词）的输入中重构出原本的无噪声输入。这样一来，编码器就必须增强自身的鲁棒性以适应带噪声的输入序列，而解码器就必须学习语言的语法规则来重新排列各个单词。这恰恰像是我们在小学语文里做过的连词成句练习。显然，加噪声这一操作也可以应用在翻译模型中，对伪平行语料的编码器输入端也加上噪声，进一步增强其鲁棒性。

有了去噪自编码器和伪平行语料监督以后，其实我们已经可以得到能用的无监督机器翻译模型了。只不过，加上对抗训练可以进一步提升模型效果。这就到了判别器 D 发挥作用的时候了：判别器接收一个隐向量序列 $(z_1,\cdots,z_m)$ 作为输入（其中 $z_i \in \mathbb{R}^d$ 为编码器在时间步 i 的输出向量），并努力判断该序列来自源语言编码器还是目标语言编码器，即优化二分类的交叉熵 $\mathcal{L}_D$①；与此同时，编码器的训练目标也要再加上一个对抗损失 $\mathcal{L}_{ADV} = -\mathcal{L}_D$②，其目的是骗过判别器，让它无法分辨出隐向量序列到底来自哪种语言。在这个对抗训练的过程中，编码器就相当于生成对抗网络中的生成器。

最终，完整的算法如算法 12-2 所示。

算法 12-2　无监督机器翻译算法

输入：语言 s 的单语语料库 D_s，语言 t 的单语语料库 D_t，最大训练轮数 N

输出：机器翻译模型 $M_{s \to t}$ 和 $M_{t \to s}$

1. 通过 12.1.2.1 节中的方法导出双语词表
2. 把逐词翻译方法作为初始的回译模型 $M_{old(s \to t)}$ 和 $M_{old(t \to s)}$
3. **for** $i=1,\cdots,N$
4. 　　　分别使用 $M_{old(s \to t)}$ 和 $M_{old(t \to s)}$ 翻译单语语料库 D_s 和 D_t
5. 　　　**while** 模型未收敛

---

① 注意这里是交叉熵而不是概率值，因此后面优化判别器时要进行极小化（或者说梯度下降）。

② 在原始的生成对抗网络中，生成器和判别器优化的是同一个价值函数，因此分别要进行最大化和最小化；而这里 $\mathcal{L}_D$ 和 $\mathcal{L}_{ADV}$ 互为相反数，所以后面训练时两者都是进行最小化。

6. 　　　　　对 $\mathcal{L}_D$ 做梯度下降来更新判别器参数

7. 　　　　　对 $\mathcal{L}_{AE(s)} + \mathcal{L}_{AE(t)} + \mathcal{L}_{MT(s \to t)} + \mathcal{L}_{MT(t \to s)} + \mathcal{L}_{ADV}$ 做梯度下降来更新编码器、解码器及词向量参数

8. 　　　　　$M_{old(s \to t)} = E_s \circ D_t$（符号"$\circ$"表示两个神经网络模块的组合，下同）

9. 　　　　　$M_{old(t \to s)} = E_t \circ D_s$

10. 　$M_{(s \to t)} = M_{old(s \to t)}$

11. 　$M_{(t \to s)} = M_{old(t \to s)}$

12.2　强化学习

本节主要介绍强化学习相关的内容。

12.2.1　强化学习基本概念

强化学习具有悠久的历史，是一种和有监督学习、无监督学习都不同的机器学习范式。这三种学习范式的区别简要概括如下：

- 有监督学习需要用到有标注的训练数据集 $D = \{(x_i, y_i) \mid i = 1, \cdots, N\}$，它根据输入数据 x_i 预测其标签 y_i，例如分类或回归问题。
- 无监督学习需要用到无标注的训练数据集 $D = \{x_i \mid i = 1, \cdots, N\}$，它主要用于发现数据集中隐藏的模式和规律，例如聚类（Clustering）算法可以把相似的数据点合并为一类。
- 强化学习则涉及智能体（Agent）在环境（Environment）中的决策和与环境的交互。智能体可以在环境中进行探索，然后环境会给出一个标量数值作为反馈，智能体最终的目的是调整自己的行为以便最大化累积回报。

上面的说法可能太过简略，我们不妨以贪食蛇这款经典游戏为例，进行一些具体的说明。如图 12-5 所示，智能体就是玩家所操纵的小蛇，环境就是整个游戏模拟器。我们可以操纵小蛇完成前进或者转向等行为，所有的这些行为都称为动作（Action）；当小蛇完成某个动作后，游戏得分往往会发生变化，例如小蛇吃到一枚蛋后游戏得分会增加，我们称之为即时奖励（Immediate Reward）或者直接简称为奖励（Reward）。当然，并非所有动作都会带来奖励，例如在蛇既没有吃到蛋又没有撞到墙的时候，它仅仅是在空旷的围栏里移动，这时我们所做的动作不会影响游戏得分，也即奖励为零。当小蛇完成

动作后，除了游戏得分可能发生变化外，游戏的状态（State）可能也会变化，例如吃到蛋以后蛇会变长、会有新的蛋出现在其他位置等。最终，当游戏时间足够长之后，我们可能因为小蛇变得太长无法灵活转身而最终撞墙或者咬到自己，导致游戏结束。从游戏开始到结束这个完整的过程就叫一段情节（Episode）[1]，其中所有状态和动作交替组成的序列 $\tau = (s_1, a_1, \cdots, s_T, a_T)$ 被称为轨迹（Trajectory）[2]。在任何时刻 t，我们想要优化的目标通常都不是短期收益（当前动作所带来的即时奖励 R_{t+1} [3]）而是长期收益（从现在起直到游戏结束所能获得的总分）[4]，这被称为累积奖励（Cumulative Reward）$G_t = \sum_{i \geq t} R_{i+1}$ 或者回报（Return）。

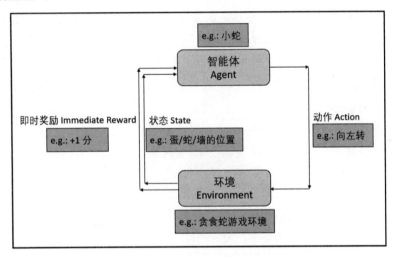

图 12-5　强化学习基本范式

　　贪食蛇这个例子基本囊括了强化学习中的所有重要概念，不过还有如下一些值得补充说明的地方：

---

① 很多强化学习任务会在有限步后结束，这些任务被称为情节性任务（Episodic Task）。Episode 一词似乎没有贴切的中文翻译，也有人将其译作回合或场景（为了避免与回合制游戏中的回合相混淆，本书不使用回合这一术语）。我们平常看美剧往往会看到 S01E06（第一季第六集）等字样，其中的 E 就是 Episode。也有些强化学习任务有无限多的步骤，这些任务被称为连续性任务（Continuing Task）。我们在本书中主要考虑情节性任务。

② 在有些定义里，即时奖励也被包含在轨迹之中。

③ 注意这里的下标为 $t+1$ 而不是 t。我们认为时间步在环境侧更新，即智能体在状态 s_t 做出动作 a_t 后，环境给出的对应这一动作的即时奖励是 R_{t+1} 而不是 R_t。大写的 R 表示随机变量，小写的 r 表示相应随机变量的具体取值。

④ 因为可能存在一些动作在当前时间步产生的即时奖励不高，但是和后续一系列动作结合后却能创造出更高的整体收益。就好像学习在短期内似乎是一件痛苦的事情，但是从长期来看却会提高一个人的学识和修养。

- 在贪食蛇游戏中我们可以看到蛇的长度、蛋和围墙的位置等，这些因素唯一确定了环境当前的情况，这种环境称为完全可观测的（Fully Observable）；还有一些环境中智能体只能观测到部分环境状态（例如有些游戏中由于有战争迷雾的存在，游戏角色只能观察到自己身边的环境而无法掌握全局的环境），这种环境称为部分可观测的（Partially Observable）。这两种环境分别称为马尔科夫决策过程（Markov Decision Process）和部分可观测马尔科夫决策过程（Partially Observable Markov Decision Process）。

- 强化学习优化的目标是智能体一系列行动带来的回报，但是很多时候奖励函数不是直接给出的，而是需要强化学习算法的研究者来设计。例如我们的目标是游戏通关，那么可能需要把各种游戏道具的获取、游戏经过的时间等因素都通过某种方式转换成一个标量即时奖励，然后使用强化学习算法来训练和优化。此外，有时会向累计奖励中引入一个折扣因子 $0 < \gamma \leqslant 1$（$\gamma = 1$ 时退化为无折扣的情形），将其定义为 $G_t = \sum_{i \geqslant t} \gamma^{i-t} R_{i+1}$，因为一个动作通常对临近的时间步影响较大，对较远的时间步影响较小。

- 策略分为随机性策略（Stochastic Policy）和确定性策略（Deterministic Policy）。前者是说即便面对同样的环境状态 s，智能体也可能从多个备选动作中随机选取一个动作 a 进行应对，通常这个概率分布被记为 $\pi(a|s) = P(A_t = a \mid S_t = s)$[①]；后者则是说智能体在相同的环境状态下总是会采取某个固定的动作进行应对，可以记为 $a^* = \mathrm{argmax}_a \pi(a|s)$。很多时候最优策略是随机性策略（例如"剪刀—石头—布"游戏，确定性策略很容易被对手针对）。

- 状态转移可能具有随机性。以贪食蛇游戏为例，有些状态转移是确定性的（例如蛇咬到自己就会死），而另一些状态转移则是不确定的（例如蛇吃到蛋后新的蛋可能出现在某个随机位置）。

和有监督学习相比，强化学习方法仅仅根据环境给出的反馈进行模型优化，而不知道某段情节里每一个动作的对错。以下围棋为例，如果用强化学习的方法来训练人工智能程序，那么我们仅仅是提供一个下棋的环境，告诉模型下棋的规则（允许的动作空间）和怎样判定胜负（奖励函数），希望它从大量的对局中找到好的招式；而如果用有监督学习的方法来训练，那么我们就要收集很多人类棋手的棋局，然后让模型拟合在每种局面下的应对措施，即在哪里落子（使用标注数据作为监督信号）。显然，强化学习算法用到的监督信号更少，因此模型学习更为困难（除了围棋规则以外，别的知识都要自己

---

① A_t 和 S_t 分别是代表当前时刻动作和状态的随机变量，a 和 s 是随机变量的具体取值。

去发现）；但同时也具有更高的上限，因为它无须拟合人类棋局中的恶手（相当于标注数据中的错误），不会被人类的低水平发挥误导。谷歌开发著名围棋程序 AlphaGo[①] 的过程也恰好体现了这两种算法的特点：和韩国棋手李世石对战的初代版本 AlphaGo Lee[218] 先收集人类棋局进行有监督训练，然后通过强化学习进一步调整，这主要是为了降低训练难度；后来和我国棋手柯洁对战的版本 AlphaGo Zero[219] 则无须人类对局的监督，而是完全从零开始用强化学习的方法训练，达到了更高的围棋水平。此外，有监督学习通常假设数据集是服从独立同分布（Independent and Identically Distributed）条件的，但在强化学习中这一假设往往不成立，因为相近时刻的环境状态非常接近，智能体在某个时刻的动作也会影响接下来的环境状态。

12.2.2　策略梯度和 REINFORCE 算法

强化学习算法大致可以分为两类，分别是基于策略（Policy-based）的和基于价值（Value-based）的[②]：

- 在基于策略的算法中，模型直接根据当前状态 s 来预测智能体应该执行的动作 $\pi_\theta(a|s) = P(A_t = a \mid S_t = s)$，其中 θ 为模型参数。特别地，如果把 $\pi_\theta(a|s)$ 设计为关于参数 θ 几乎处处可微的函数（例如多层神经网络），然后通过梯度上升算法更新参数 θ，就是策略梯度（Policy Gradient）算法。
- 在基于价值的算法中，模型通常先去拟合价值函数（Value Function），然后从价值函数中间接导出每种状态下应当采取的动作。价值函数是对策略 π 的未来回报的预测，通常有两种类型，分别是评估状态好坏的状态值函数（State Value Function）$V_\pi(s) = \mathbb{E}_\pi[G_t \mid S_t = s]$ 和评估某个状态下动作好坏的动作值函数（State-Action Value Function）$Q_\pi(s,a) = \mathbb{E}_\pi[G_t \mid S_t = s, A_t = a]$。从价值函数导出动作相当简单，例如，在某个状态 s 下，我们只要从动作空间中选取使得动作值函数最大的动作 $a^* = \mathrm{argmax}_{a \in A} Q_\pi(s,a)$ 即可，因为这是在模型看来当前最优的动作[③]。

[①] Alpha（α）是希腊字母中的头一个，在英语中有"同等事物中排第一"的含义（例如在生物学中 alpha monkey 表示猴王），go 是日语围棋一词"碁"的罗马音，因此 AlphaGo 是"围棋之王"的意思。

[②] 也有一些算法同时学习策略和价值函数，如演员-评论家（Actor-Critic）算法[220]，这里按下不表。

[③] 当然我们也可以选择导出一些随机性策略来增强模型的探索性，例如以一定概率不选择最优的动作而是做随机探索，这称为 ϵ-贪婪（ϵ-Greedy）策略。

价值函数在强化学习中是相当重要的概念，因此在进一步介绍强化学习算法之前，我们再稍微补充一点与价值函数相关的知识。根据定义，很容易发现两种价值函数是可以互相转换的：

- 状态值函数是动作值函数的期望，即 $V_\pi(s) = \sum_{a \in A} \pi(a|s) Q_\pi(s,a) = \mathbb{E}_{a \sim \pi(a|s)}[Q_\pi(s,a)]$。

- 反过来，动作值函数等于状态值函数的期望再加上单步动作带来的即时奖励 R_s^a，即 $Q_\pi(s,a) = R_s^a + \gamma \sum_{s' \in S} P_{ss'}^a V_\pi(s')$，其中 $P_{ss'}^a$ 表示在状态 s 执行动作 a 后系统状态变为 s' 的转移概率[①]。

- 我们也可以再展开一步，将上述两个递推式互相代入，得到同种价值函数之间的递推式，这被称为贝尔曼方程（Bellman Equation）。例如，状态值函数的贝尔曼方程是 $V_\pi(s) = \sum_{a \in A} \pi(a|s)(R_s^a + \gamma \sum_{s' \in S} P_{ss'}^a V_\pi(s'))$。

比较这两类算法，策略梯度算法思路直接、容易收敛，便于处理较大的动作空间甚至是连续动作空间问题，而且可以学习到随机性策略（在某些情况下，例如环境状态部分可观测时，随机性策略可能好于确定性策略）；但它的缺点是可能收敛至局部最优而非全局最优，有时学习率难以确定，并且可能有较高的方差。由于策略梯度算法的简洁性和广泛的适应性，我们在本节中重点关注策略梯度算法。

如果用 $\pi(\tau)$ 表示轨迹 τ 在策略 π 下的概率[②]，用 $R(\tau) = \sum_t R_{t+1}$ 表示轨迹 τ 的回报（总奖励），那么在强化学习中我们需要优化的往往是轨迹总奖励的期望 $\mathbb{E}_{\tau \sim \pi}[R(\tau)]$。如果我们的策略是可微的[③]，那么可以推导出 $\nabla_\theta \mathbb{E}_{\tau \sim \pi}[R(\tau)] = \nabla_\theta \sum_{\tau \sim \pi} \pi(\tau) R(\tau) = \sum_{\tau \sim \pi} R(\tau) \nabla_\theta \pi(\tau)$；再结合对数求导技巧（Log Derivative Trick）[④]，我们可以将上式右边变形为 $\sum_{\tau \sim \pi} R(\tau) \pi(\tau) \nabla_\theta \ln \pi(\tau) = \mathbb{E}_{\tau \sim \pi}[R(\tau) \nabla_\theta \ln \pi(\tau)]$。可以看到，对数求导技巧可以把所有轨迹的求和转换成单个轨迹的期望，而后者可以使用蒙特卡罗方法近似计算（采样若干条轨迹然后取平均即可）。这一做法在动作空间较大时可以极大减少计算量，使得某些原本不可能的计算成为可能；但是同时也会引入一定的噪声，有时梯度方差较大，难以准确估计，导致模型收敛变慢。

---

① 因为环境的状态转移可能具有随机性。

② 使用链式分解展开后可以得到 $\pi(\tau) = P(s_1) \prod_t \pi(a_t|s_t) P(s_{t+1}, r_{t+1}|s_t, a_t)$。

③ 指 $\pi_\theta(a|s)$ 对 θ 可微，而不是环境给出的即时奖励 R 对 θ 可微（R 是与 θ 无关的常量）。

④ 即 $\nabla f(x) = f(x) \nabla \ln f(x)$。这一点很容易通过复合函数求导法则来验证。

期望轨迹回报的梯度 $\nabla_\theta \mathbb{E}_{\tau \sim \pi}\left[R(\tau)\right]$ 等于轨迹回报 $R(\tau)$ 与策略对数概率的梯度 $\nabla_\theta \ln \pi(\tau)$ 两者乘积的期望 $\mathbb{E}_{\tau \sim \pi}\left[R(\tau)\nabla_\theta \ln \pi(\tau)\right]$，这一结果被称为**策略梯度定理**（**Policy Gradient Theorem**）。策略梯度定理的另一种常见表述是 $\nabla_\theta \mathbb{E}_{s,a \sim \pi}[V_\pi(s_1)] = \mathbb{E}_{s,a \sim \pi}[Q_\pi(s,a)\nabla_\theta \ln \pi(a \mid s)]$。注意，未来折扣回报 $G_t = \sum_{i \geqslant t} \gamma^{i-t} R_{i+1}$ 是动作值函数 $Q_\pi(s,a)$ 的无偏估计量，用 G_t 代替策略梯度定理中的 $Q_\pi(s,a)$，我们就能得到经典的策略梯度算法 REINFORCE[221]，如算法 12-3 所示。

算法 12-3　REINFORCE 算法

输入：可微策略 $\pi_\theta(a \mid s)$，学习率 a，折扣系数 $0 < \gamma \leqslant 1$①

输出：训练好的策略 $\pi_{\theta^*}(a \mid s)$

---

1. 随机初始化模型参数 θ
2. **while** 模型未收敛
3. 　　采样一段情节 $\{s_1, a_1, r_2, \cdots, s_{T-1}, a_{T-1}, r_T\}$② $\sim \pi_\theta$
4. 　　**for** t=1 **to** T–1
5. 　　　　$\theta \leftarrow \theta + \alpha \gamma^t G_t \nabla_\theta \ln \pi_\theta(a_t \mid s_t)$
6. $\theta^* = \theta$

如果用文字来描述，这一算法所做的事情就是按照蒙特卡洛思想不断地采样完整③的情节，然后使用随机梯度上升法去提高那些带来更高回报 G_t 的动作的概率，非常符合直觉。

12.2.3　强化学习与文本生成

文本生成任务（如语言模型或机器翻译等）是序列生成问题，一般通过连续多步采样（每次采样产生一个序列元素）来实现。模型在训练和推断时的行为往往不一致：训练时我们知道目标序列的真值，可以让模型基于真正的目标序列前缀来预测下一个子词，此即教师强迫；而推断时则只能依靠模型自身先前的预测结果，万一出现错误容易一错

---

① 在自然语言处理（尤其是文本生成任务）中，折扣系数通常简单取为 1。

② 这里用小写字母 r_t 表示即时奖励 R_t（这是个随机变量）在一次采样中的具体取值。

③ 这里强调完整，是因为蒙特卡罗方法必须采样直到情节结束才可以更新模型参数。作为对比，基于时序差分（Temporal Difference）思想的演员-评论家算法[220]可以在执行一步采样动作之后就更新模型参数，而不必等到当前情节结束。

再错，这称为暴露偏差。

为了解决暴露偏差，我们可以让模型在训练和推断时都基于自己先前的预测结果进行进一步的预测，以保持训练和推断的一致性。可是，一旦我们在训练时不再使用教师强迫，那么逐词计算交叉熵（就像通常在有监督学习里所做的那样）就不再是一个好的目标函数。以机器翻译为例，假设我们要把"谢谢你"翻译成英语，并且训练数据集中给出的标准参考翻译是"thank you"。如果模型第一个词预测出了"many"，那么对模型来说第二个词应该预测"thanks"（这样一来整句预测结果是"many thanks"，也是一个不错的翻译）而非参考译文中的第二个词"you"（"many you"这个句子是读不通的）。我们可能需要引入某种序列级别的相似性度量标准，给"many thanks"以更高的打分——这样的指标不一定关于机器翻译模型的参数可导，因此无法使用常规的有监督学习算法来优化。不过，只要每一步的预测过程 $\pi_\theta(a|s)$ [1]是关于翻译模型的参数可导的（这在大多数情况下都是成立的），我们就可以把序列级别的相似性度量标准视为环境给出的奖励，把序列生成过程看成一个马尔科夫决策过程[2]，然后使用强化学习中的策略梯度方法来优化模型。

对机器翻译任务而言，MIXER[222]就是一个这样的例子，它优化的目标是模型预测结果与参考翻译序列之间的序列级别相似度指标（如 BLEU[186]）的期望，然后使用前面提到的 REINFORCE 算法[221]来优化模型参数。不过在实践中，为了加快模型收敛速度和提升训练稳定性，MIXER 并非纯粹的强化学习，而是先使用正常的有监督学习方法初始化翻译模型的参数，然后以一定的比例混合交叉熵损失函数（有监督学习）和序列级别相似度损失函数（强化学习）。这也是大多数应用于自然语言处理任务的强化学习算法的实际做法。

另一个经典的例子是应用于文本生成的 SeqGAN[210]。类似于循环神经网络语言模型，SeqGAN 可以用于无条件的文本生成。SeqGAN 是生成对抗网络和强化学习两种思想的自然结合：

- 生成对抗网络的部分：我们的目标是得到一个高质量的文本生成模型，因此需要一个文本质量的自动评价指标。在 SeqGAN 中，这个指标是通过一个神经网络计算得到的，我们将它称为判别器；与此相对，文本生成模型就被叫作生成器。生成器和判别器互相博弈，判别器（一般用卷积神经网络实现）判断输入序列是来自于语料库还是模型生成结果（二分类），生成器（一般用循环神经网络

---

① 对大多数序列生成模型来说，就是单个子词的预测过程 $P(y_t|\mathbf{x}, y_{<t})$。

② 其状态是源语言序列和已经生成的部分序列组成的元组 $(\mathbf{x}, y_{<t})$。

实现）则试图不断提高自己的生成质量以骗过判别器。两者在训练中共同进步，而我们最终想要得到的是收敛后的生成器。

- 强化学习的部分：在前面的生成对抗网络中，由于从生成器得到预测的文本序列需要经过一系列采样操作，这会导致计算图断开，继而使得判别器的梯度无法反向传播至生成器[①]，因此生成器的参数更新使用了策略梯度算法 REINFORCE[221]，它把判别器给出的打分视为环境给出的奖励，试图通过调整生成器的参数来最大化这一奖励。

更具体地，假如我们用 G 和 D 分别表示生成器和判别器，$\mathbf{y} = y_{1:T}$ 表示一个文本序列，即 $V(G,D) = \mathbb{E}_{\mathbf{y} \sim p_{data}}\big[\log D(\mathbf{y})\big] + \mathbb{E}_{\mathbf{y} \sim G}\big[\log(1 - D(\mathbf{y}))\big]$，那么：

- 判别器 D 的目标是对语料库中的句子赋予较大的概率，而对生成器产生的句子赋予较小的概率，即 $\max_D V(G,D)$。

- 生成器 G 优化的目标是尽量骗过判别器，即 $\min_G \mathbb{E}_{\mathbf{y} \sim G}\big[\log(1 - D(\mathbf{y}))\big]$，或者说 $\max_G \mathbb{E}_{\mathbf{y} \sim G}\big[D(\mathbf{y})\big]$。不过由于在生成序列 $\mathbf{y}$ 的过程中需要进行采样操作，因此 $D(\mathbf{y})$ 对生成器 G 的参数不可导，进而导致我们无法通过常规的反向传播算法计算生成器的梯度。为了借助策略梯度方法克服这一困难，让我们用强化学习的术语来重新表述一下生成器的目标：我们认为序列 $\mathbf{y}$ 当且仅当最后一个时间步 T 有即时奖励 $R_{T+1} = D(\mathbf{y})$，因此当折扣系数 $\gamma = 1$ 时整个序列的回报（或者说累积奖励）就是 $D(\mathbf{y})$，而生成器的目标就是最大化它所生成的序列的期望回报 $J(\theta) = \mathbb{E}_{\mathbf{y} \sim G}\big[D(\mathbf{y})\big]$。

根据策略梯度定理，可以推导出 $\nabla_\theta J(\theta) \propto \sum_t \mathbb{E}_{y_t \sim G(y_t|y_{1:t-1})}[\nabla_\theta Q_{D,G}(y_{1:t-1}, y_t)\log G(y_t \mid y_{1:t-1})]$，其中 $Q_{D,G}(y_{1:t-1}, y_t)$[②]表示当智能体（即生成器）处于状态 $y_{1:t-1}$（即已经生成了部分序列 $y_{1:t-1}$）时采取动作 y_t（即生成的下一个词是 y_t）的动作值函数。而动作值函数 $Q_{D,G}(y_{1:t-1}, y_t)$ 我们可以采用蒙特卡罗方法求解：

- 如果 t 恰好就是最后一个时间步 T，那么动作值函数 $Q_{D,G}(y_{1:t-1}, y_t)$ 就等于环境给出的即时奖励，也就是判别器预测该序列为真的概率 $D(y_{1:T})$。

---

① 另一种解决采样操作导致计算图断开、梯度无法传递的方法是重参数化。对于多项分布的采样（例如序列生成中每一步所做的那样）来说，可以使用 Gumbel-Softmax 技巧（Gumbel-Softmax Trick）[223]将采样操作移出计算图。限于篇幅，本书不再详细展开。

② 这里的下标 D,G 表示其取值同时与生成器和判别器的参数有关。

● 如果 $t < T$，则用生成器 G 以 $y_{1:t}$ 为前缀随机采样多个完整的文本序列，不妨记为 $\{\mathbf{y}^{(1)}, \cdots, \mathbf{y}^{(M)}\}$；然后将动作值函数 $Q_{D,G}(y_{1:t-1}, y_t)$ 取为判别器对这些完整序列打分的均值 $1/M \cdot \sum_i D(\mathbf{y}^{(i)})$。

至此，完整的 SeqGAN 算法如算法 12-4 所示。

算法 12-4　SeqGAN 训练算法

输入：生成器 G，判别器 D，训练样本集
输出：训练好的生成器 G^*

▷ 初始化生成器和判别器
1. 使用最大似然估计在训练样本集合上训练生成器 G
2. 使用预训练好的生成器 G 产生一些序列作为负样本
3. 将训练集中的序列作为正样本
4. 以 $V(G,D)$ 为损失函数，使用上述正、负样本和梯度上升来训练判别器 D
5. **while** 模型未收敛
　　　　▷ 训练生成器 G
6. 　　随机采样序列 $y_{1:T} = (y_1, \cdots, y_T) \sim G$
7. 　　**for** t=1 **to** T
8. 　　　　使用蒙特卡洛方法估计出 $Q_{D,G}(s = y_{1:t}, a = y_t)$
9. 　　用策略梯度 $\sum_t \mathbb{E}_{y_t \sim G(y_t|y_{1:t-1})}[\nabla_\theta Q_{D,G}(y_{1:t-1}, y_t) \log G(y_t | y_{1:t-1})]$ 更新生成器 G 的参数
　　　　▷ 训练判别器 D
10. 　　使用生成器 G 产生一些序列作为负样本
11. 　　从训练数据集合中随机采样一些序列作为正样本
12. 　　以 $V(G,D)$ 为损失函数，使用上述正、负样本和梯度上升来训练判别器 D
13. $G^* = G$

SeqGAN 还有一些后续拓展，例如 LeakGAN[224] 将部分判别器的信息泄露给生成器以便更好地指导生成器；CoT[225] 将判别器替换为协调器（Mediator）来增强模型的训练稳定性，提升模型生成结果的多样性。不过近年来，实践中最常用的还是最大似然估计搭配有监督学习算法。站在大规模预训练的角度来看，大数据+大模型具有非常优异的可拓展性，直接用最大似然估计和教师强迫来训练的效果相当惊艳（例如 GPT-3[184]），这可能说明和模型的可拓展性相比暴露偏差不算特别严重的问题。

12.3　流模型

生成模型有很多大类，例如生成对抗网络[204]、变分自编码器（Variational Auto-Encoder)[226]、自回归模型①等。它们各自通过不同的方式显式或者隐式地建模训练数据的分布情况，并使得我们能够采样出和训练数据相类似的数据，例如生成人脸图像。然而，除了采样本身以外，有时候我们还希望能够计算出给定的样本点的概率密度，例如自回归语言模型可以计算出一个单词序列的概率，进而帮助我们完成更复杂的文本检查任务，例如输入法中的拼写纠错、办公软件里的语法校正等。流模型是和上述几个类别并列的另一类重要生成模型，它也可以显式计算出数据样本的概率密度，并且具有其他一些潜在优点。

流模型中的"流"字指的是归一化流（Normalizing Flow），它通过对概率分布密度进行可逆的、体积可追踪的一系列变换来将训练数据的分布变换为某种简单的分布（例如高斯分布）。这样一来，我们就能计算出任何一个数据点的概率密度了。生成对抗网络就无法做到这一点，它只能用于采样以假乱真的样本，却无法估计某个样本点的概率密度。

为了满足可逆性，流模型的输入和输出需要具有相同的维度。如果数据维度较高（例如高清图像有很多像素点），那么起始的简单分布（如高斯分布）也需要较高的维度。在很多时候这是一个缺点，因为高维数据意味着较大的显存占用和运算量（生成对抗网络往往只需要较低维度的噪声向量）；但在某些情况下这一特性也会成为优点，例如后面我们要提到的并行 WaveNet[144] 可以利用这一点同时生成多个时间步的数据，进行快速的推断。其次，流模型中不能随意使用 ReLU[12] 这样的激活函数，因为它在负半轴上恒为零，是不可逆的②。

为了满足体积可追踪，流模型中的每一层需要经过特殊的设计，以便快速计算体积变化比例。以线性变换为例，我们通常会选择应用三角矩阵或者对角矩阵进行变换。这是因为此时变换矩阵的行列式（行列式的几何意义就是变换前后的有向体积之比）等于对角元素的乘积，对于 n 阶矩阵来说可以在 $O(n)$ 时间内快速计算；而如果变换矩阵为普通的满秩矩阵，那么求行列式就需要 $O(n^3)$ 的时间复杂度，这对模型训练来说

---

① 例如我们之前介绍过的循环神经网络语言模型[227]和 WaveNet[137]。

② 注意这里说的是不能随意使用，而不是完全不能使用。在流模型中也存在一些无须求逆的部分，这些部分是允许使用 ReLU 之类的激活函数的。

是难以接受的。

12.3.1　归一化流简介

通过特殊的变换函数的设计，我们可以追踪每个样本点的概率密度，进而通过最大似然估计法来训练流模型。归一化流示意图如图 12-6 所示。

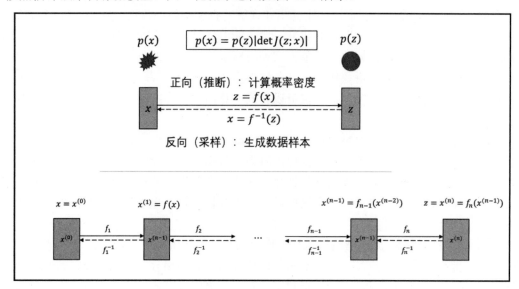

图 12-6　归一化流示意图

首先我们来介绍一下概率密度变换公式。假设有一个可逆函数[①] $f(\cdot)$ 将变量 $x \in \mathbb{R}^n$ 变换为变量 $z = f(x) \in \mathbb{R}^n$，其中变量 x 和 z 的概率密度函数分别为 $p(x)$ 和 $p(z)$，则：如果在变量 x 的空间中取一个体积微元 Δx，那么变量 x 落在该区域内的概率为 $p(x)\Delta x$；在变换 $f(\cdot)$ 的作用下，这一小区域被变换成了变量 z 所在的空间中的新区域 Δz，并且变量 z 落在相应区域内的概率为 $p(z)\Delta z$。由于变换是可逆的，因此变换前后两个区域的概率应该相等，即 $p(x)\Delta x = p(z)\Delta z$，或者说 $p(x) = p(z)\Delta z / \Delta x$。高等数学和线性代数告诉我们，雅克比矩阵（Jacobian Matrix）[②] $J(z;x) \in \mathbb{R}^{n \times n}$ 是变换 $z = f(x)$ 在局部线性化后的结果，而其行列式的几何意义就是这一变换前后有向体积的变化倍数。因此，变换前后的体积

---

① 可逆意味着存在一个函数 f^{-1} 使得 $x = f^{-1}(z)$。变量 x 和 z 的取值是一一对应的关系，不存在多对一或者一对多的情形。

② 雅克比矩阵 $J(z;x)$ 的 (i,j) 元为 z_i 对 x_j 的偏导数 $\partial z_i / \partial x_j$。

比 $\Delta z / \Delta x$ 恰好可以用雅克比矩阵的行列式①$\det J(z;x)$的绝对值②来描述，于是有 $p(x) = p(z)|\det J(z;x)|$。考虑到数值溢出问题，实践中我们一般会给两边同时取对数，即使用公式 $\log p(x) = \log p(z) + \log|\det J(z;x)|$ 来编程和处理。

　　流模型中的变换往往包含一些可训练的参数。作为一个具体的算例，如果 $z = f(x) = w \odot x$（运算符 $\odot$ 表示逐元素乘法），其中 $w \in \mathbb{R}^n$ 是模型参数，那么我们可以得到 $x = f^{-1}(z) = z/w$（运算符 / 表示逐元素除法），以及 $J(z;x) = \mathrm{diag}(w)$（以 w 为主对角线的对角矩阵），进而 $\det J(z;x) = \prod_i w_i$（对角矩阵的行列式等于主对角线所有元素的乘积）。

　　以上考虑的是单步变换的情形。为了增强表达能力，我们还可以连续进行多次变换③，例如 $x = x^{(0)} \leftrightarrow x^{(1)} \leftrightarrow \cdots \leftrightarrow x^{(n-1)} \leftrightarrow x^{(n)} = z$。这一变换过程就对应了概率密度流动的过程，可见流模型这一名称是非常生动形象的。通过反复应用概率密度变换公式我们可以得到 $\log p(x) = \log p(z) + \sum_{i \geqslant 1} \log|\det J(x^{(i)};x^{(i-1)})|$。假设 x 代表我们想要拟合的复杂分布（例如人脸图像的数据点），而 z 代表某个概率密度函数已知的简单分布（例如高斯分布），那么我们可以通过计算每个数据点 x 对应的隐变量 z（只需逐次应用归一化流中的每一步变换即可）并将其代入相应的概率密度公式（例如标准正态分布的概率密度函数）来得到 $\log p(z)$，以及通过计算所有的雅克比行列式来得到 $\sum_{i \geqslant 1} \log|\det J(x^{(i)};x^{(i-1)})|$；由于这两项都是关于模型参数的可微函数，这样我们就能使用最大似然估计和梯度下降算法来优化真实数据点的概率密度 $\log p(x)$ 了。流模型的可逆性还能带来一个额外的好处：在通常的多层神经网络中，我们需要在前向计算过程中缓存每一层的中间变量以便在反向传播计算梯度时使用；而在流模型中，我们只需保留最后一层的隐藏层变量即可，因为前一层的隐藏层变量可以通过对后一层应用逆变换得到，也就是说可以在反向传播的过程中实时地逐层逆向计算。

　　了解到流模型的基本思想之后，让我们再来看看变换函数 $f(\cdot)$ 的几种常见选择：

- 仿射流（Affine Flow），即直接使用可逆矩阵 W 进行变换 $z = f(x) = Wx + b$。易见其逆变换为 $x = f^{-1}(z) = W^{-1}(z - b)$。由于矩阵求逆需要立方级别的时间复杂度，因此只能用于变量维度较低的变换中，例如 Glow[228] 中使用的可逆 1×1 卷积

---

① 简称为雅克比行列式（Jacobian Determinant）。

② 行列式反映的是有向体积，但体积永远为正值，所以要取绝对值。

③ 中间的每一次变换往往有着不同的参数，相当于神经网络中不同的层。双向箭头用来强调变换是可逆的。

就是这样一个变换，其维度为图像通道的数量。

- 逐元素流（Elementwise Flow），即每个元素单独进行变换的流 $f_\theta(x_1,\cdots,x_n)=(f_\theta(x_1),\cdots f_\theta(x_n))$，例如逐元素应用激活函数或者是进行缩放等操作。易见其逆变换为逐元素地应用逆变换。一个具体的应用实例是 Glow[228]中的激活归一化（Actnorm）。特别地，如果 $f_\theta(\cdot)$ 是激活函数，那么要注意不能使用 ReLU 这样的不可逆激活函数；如果 $f_\theta(\cdot)$ 是缩放操作，那么缩放系数通常会经过指数函数 $\exp(\cdot)$ 的处理以保证正定性。由于这一变换较为简单，无法引入变量不同维度之间的依赖关系，因此往往需要搭配其他更复杂的变换函数来使用。

- 加性耦合层（Additive Coupling Layer）：将 n 维的输入变量 x 和输出变量 z 都拆分为两半，前一半输出变量原封不动地照抄输入 $z_{1:n/2}=x_{1:n/2}$，而后一半输出变量则在后一半输入变量的基础上融合前一半输入的某种变换结果 $z_{n/2+1:n}=x_{n/2+1:n}+m(x_{1:n/2})$。加性耦合层在文献 NICE[229]中提出，其逆变换为 $x_{1:n/2}=z_{1:n/2}$（前一半维度）和 $x_{n/2+1:n}=z_{n/2+1:n}-m(z_{1:n/2})$（后一半维度）。由逆变换的公式可以看出，逆变换时只需要减去函数 $m(\cdot)$ 的值即可，而不需要求它的逆 $m^{-1}(\cdot)$，因此函数 $m(\cdot)$ 的设计具有极大的灵活性，可以使用任意的神经网络结构。容易算出，加性耦合层的雅克比矩阵为单位矩阵，行列式恒为 1，因此它不涉及概率密度的变化，需要搭配其他能够带来体积变化的层使用。假如读者对 10.3.1.3 节中提到的 RevNet[169] 还有印象，可以发现加性耦合层其实就是半个可逆残差模块（遮住图 10-8 中的函数 $G(\cdot)$，再将函数 $F(\cdot)$ 重命名为 $m(\cdot)$ 即可看出这一点）。事实上，可逆残差模块正是受加性耦合层的启发得到的，并借助可逆性巧妙地实现了常量级别的显存占用。

- 仿射耦合层（Affine Coupling Layer）是加性耦合层和逐元素流的结合，在模型 RealNVP[230] 中有实际应用。如果向加性耦合层中引入缩放系数向量 $s(x_{1:n/2})\in\mathbb{R}^{n/2}$，将后一半维度的变换公式修改为 $z_{n/2+1:n}=x_{n/2+1:n}\odot s(x_{1:n/2})+m(x_{1:n/2})$，那么就在变换中引入体积变化了。容易求出，仿射耦合层的雅克比行列式为缩放系数向量 $s(x_{1:n/2})$ 的所有元素的乘积。仿射耦合层后一半维度的逆变换为 $x_{n/2+1:n}=z_{n/2+1:n}\,/\,s(z_{1:n/2})-m(z_{1:n/2})$。

12.3.2　逆自回归流与并行 WaveNet

我们曾经多次提到过，对序列数据而言，自回归模型在训练时可以采用教师强迫法，给模型同时输入所有时间步的数据，并让它同时给出所有时间步的预测结果；但是在推断时，我们却只能每次生成一个元素，一步一步地顺序生成，直到产生一条完整的序列。

这一特点导致序列生成速度非常慢，特别是当序列长度非常长的时候（例如一条语音可能包含上万个数据点），这也正是自回归模型 WaveNet[137] 的应用痛点。在 10.3.3 节中，我们介绍过一些使用非自回归模型来加速序列生成的方法；在本节中，我们将了解如何使用流模型来加速序列生成。

逆自回归流（Inverse Autoregressive Flow）[143]和自回归模型的对比如图 12-7 所示。图 12-7 中左侧子图是我们熟悉的自回归模型，对于序列 $x_{1:T}$，它每次根据序列前面的数据 $x_{<t}$ 来预测当前位置的数据 x_t。假定我们是在使用 WaveNet[137] 进行语音合成，因此可以认为当前位置的数据 x_t 服从混合逻辑斯蒂分布（详见 9.2.2.6 节末尾的说明）。为了便于叙述和抓住要点，我们在此以单个逻辑斯蒂分布为例进行说明。逻辑斯蒂分布 $\mathbb{L}(\cdot)$ 由位置参数和尺度参数完全确定，因此我们只需预测其位置参数 $\mu(x_{<t})$① 和尺度参数 $s(x_{<t})$ 即可得到 $p(x_t \mid x_{<t})$，然后就能通过最大似然估计来训练模型了。

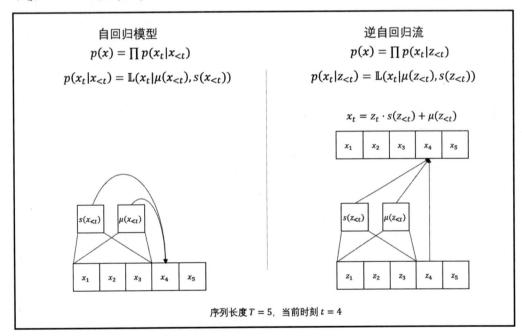

图 12-7　自回归模型与逆自回归流

而图 12-7 中右侧子图则是逆自回归流的示意图。逆自回归流是一种流模型，因此它

---

① 有实际应用意义的 WaveNet 都是有额外的条件输入的（例如说话人身份、待合成的文本等），此时位置参数应该是 $\mu(x_{<t} \mid c)$，其中 c 表示条件输入。类似地，本节后续出现的其他网络模块也要加上条件输入 c，例如 $s(x_{<t} \mid c)$ 和 $p(x_t \mid x_{<t}, c)$ 等。为叙述简洁，本节省略了数学公式中的条件输入 c。

引入了和数据点 $x_{1:T}$ 同维度的噪声变量 $z_{1:T}$，这些噪声变量服从标准逻辑斯蒂分布 $z_i \sim \mathbb{L}(0,1)$。逆自回归流以噪声 $z_{<t}$ 为输入，使用神经网络模型预测出逻辑斯蒂分布的位置参数 $\mu(z_{<t})$ 和尺度参数 $s(z_{<t})$，并据此来计算语音样本点 x_t 的概率密度 $p(x_t \mid z_{<t})$。从原则上讲，逆自回归流中的神经网络的选择是任意的，不过实践中我们还是选择使用 WaveNet 结构，因为这种多层空洞卷积堆叠的设计特别适合语音合成任务。在逆自回归流中，噪声变量 $z_{1:T}$ 和数据样本 $x_{1:T}$ 存在一一对应的关系，我们可以从前者计算出后者，也可以从后者计算出前者。但是我们可以惊奇地发现，这两个方向的计算难度天差地别：

- 从噪声变量 $z_{1:T}$ 计算数据样本 $x_{1:T}$ 非常容易：我们只需并行生成所有的噪声变量，然后同步计算出所有的 $\mu(z_{<t})$ 和 $s(z_{<t})$，再进行一些简单的缩放操作即可得到 $x_{1:T}$。这一方向对应于采样操作，可以生成新的数据样本。
- 而从数据样本 $x_{1:T}$ 推导出相应的噪声变量 $z_{1:T}$ 则只能串行进行：首先我们可以通过 $x_1, s(z_{<1})$ 和 $\mu(z_{<1})$① 计算出 $z_1 = (x_1 - \mu(z_{<1})) / s(z_{<1})$，然后根据 z_1 计算出 $\mu(z_{<2})$ 和 $s(z_{<2})$，再结合 x_2 计算出 $z_2 = (x_2 - \mu(z_{<2})) / s(z_{<2})$ ……如此循环往复，逐个恢复出噪声变量 z_1 直到 z_T。这一方向对应于概率密度估计，用于计算某个特定的数据样本的概率。

可以看到，自回归模型和逆自回归流的性质恰好相反：自回归模型可以并行估计给定样本的概率密度，但是在采样时却只能串行进行；而逆自回归流则可以并行采样，但是只能串行估计某个给定样本的概率密度。这就指明了逆自回归流名称的含义。另外需要强调的是，虽然逆自回归流计算某个**预先给定的**样本的概率密度很慢（因为需要串行估计对应的噪声变量），但是计算**自己采样出的**样本的概率密度却是很快的（因为噪声变量是已知的，无须额外计算）。

那么是否有办法把并行训练（即估计概率密度）和并行推断（即采样生成样本）结合起来呢？答案自然是有，即模型蒸馏[231]。我们首先正常训练出一个 WaveNet，固定住它的参数作为教师网络。然后随机采样噪声变量 $z_{1:T}$，并用一个新的 WaveNet（我们称为学生网络）将其并行变换为数据样本 $x_{1:T}$，同时得到这一样本的概率密度② $\prod p_{stu}(x_t \mid z_{<t})$。同时，我们使用教师网络估计数据样本的概率密度③ $\prod p_{tea}(x_t \mid x_{<t})$，然后通过优化这两个分布的 KL 距离 $\sum_t \mathrm{KL}(p_{stu}(x_t \mid z_{<t}) \parallel p_{tea}(x_t \mid x_{<t}))$ 来训练学生网络。在整

---

① $s(z<1)$ 和 $\mu(z<1)$ 不接收任何输入，一般直接作为可学习的模型参数而非模型预测结果。

② 下标 *stu* 表示学生（Student）。

③ 下标 *tea* 表示教师（Teacher）。

个训练算法中，学生网络仅仅是用来采样生成样本和计算自身生成出的样本的概率密度，而没有用于计算预先给定的样本的概率密度，因此学生网络始终是可以并行运算的；而教师网络仅仅用于计算预先给定的样本的概率密度，因此它也是一直处于并行运算状态的。这就是我们选择随机采样噪声变量 $z_{1:T}$ 来生成训练样本，而不是使用预先收集好的语音样本作为训练集的原因。

　　当学生网络训练好之后，我们就可以将它单独拿出来快速并行生成所有时间步的语音数据了。由于学生网络具有并行生成能力，因此被叫作并行 WaveNet[144]。它能以 20 倍实时的速度生成语音，并且谷歌公司已经将它部署到了用户产品当中。

　　并行 WaveNet 的成功训练并非易事，实践中还要加入一些辅助的损失函数，例如约束模型预测值的功率分布情况接近真实分布、要求模型对于不同的条件输入尽量预测出不同的波形等。此外，一层逆自回归流效果往往不够好，需要多堆叠几层。不过，最核心的部分就是我们在本节中重点讨论的内容，即用自回归的教师模型去蒸馏一个逆自回归流，这赋予了模型并行生成序列的能力。

参 考 文 献

[1] McCulloch W S，Pitts W. A logical calculus of the ideas immanent in nervous activity[J]. The bulletin of mathematical biophysics，1943，5（4）：115~133

[2] Shannon C E. A mathematical theory of communication[J]. The Bell system technical journal，1948，27（3）：379~423

[3] Chomsky N. Syntactic Structures[J]. 1957

[4] Church K. A pendulum swung too far[J]. Linguistic Issues in Language Technology，2011，6（5）：1~27

[5] Bengio Y，Ducharme R，Vincent P，et al. A neural probabilistic language model[J]. Journal of machine learning research，2003，3（Feb）：1137~1155

[6] Mikolov T，Chen K，Corrado G，et al. Efficient estimation of word representations in vector space[J]. arXiv preprint arXiv：1301.3781，2013

[7] Mikolov T，Sutskever I，Chen K，et al. Distributed representations of words and phrases and their compositionality[C]//Advances in neural information processing systems. 2013：3111~3119

[8] Sutskever I，Vinyals O，Le Q V. Sequence to sequence learning with neural networks[C]//Advances in neural information processing systems. 2014：3104~3112

[9] Cho K，van Merrienboer B，Gulcehre C，et al. Learning phrase representations using RNN encoder-decoder for statistical machine translation[C]//Conference on Empirical Methods in Natural Language Processing（EMNLP 2014）. 2014

[10] Bahdanau D，Cho K，Bengio Y. Neural machine translation by jointly learning to align and translate[J]. arXiv preprint arXiv：1409.0473，2014

[11] Devlin J，Chang M W，Lee K，et al. BERT：Pre-training of Deep Bidirectional Transformers for Language Understanding[C]//Proceedings of the 2019 Conference of the North American Chapter of the Association for Computational Linguistics：Human Language Technologies，Volume 1（Long and Short Papers）. 2019：4171~4186

[12]　Krizhevsky A，Sutskever I，Hinton G E. Imagenet classification with deep convolutional neural networks[C]//Advances in neural information processing systems. 2012：1097~1105

[13]　Mitchell T M. Machine learning. 1997[J]. Burr Ridge，IL：McGraw Hill，1997，45（37）：870~877

[14]　Cortes C，Vapnik V. Support-vector networks[J]. Machine learning，1995，20（3）：273~297

[15]　Baum L E，Petrie T. Statistical inference for probabilistic functions of finite state Markov chains[J]. The annals of mathematical statistics，1966，37（6）：1554~1563

[16]　Lowe D G. Distinctive image features from scale-invariant keypoints[J]. International journal of computer vision，2004，60（2）：91~110

[17]　Mermelstein P. Distance measures for speech recognition，psychological and instrumental[J]. Pattern recognition and artificial intelligence，1976，116：374~388

[18]　Ramos J. Using tf-idf to determine word relevance in document queries[C]//Proceedings of the first instructional conference on machine learning. 2003，242：133~142

[19]　Rosenblatt F. The perceptron：a probabilistic model for information storage and organization in the brain[J]. Psychological review，1958，65（6）：386

[20]　Minsky M，Papert S A. Perceptrons：An introduction to computational geometry[M]. MIT press，2017

[21]　Dunne R A. A statistical approach to neural networks for pattern recognition[M]. John Wiley & Sons，2007

[22]　Rumelhart D E，Hinton G E，Williams R J. Learning representations by back-propagating errors[J]. nature，1986，323（6088）：533~536

[23]　Sutskever I，Martens J，Dahl G，et al. On the importance of initialization and momentum in deep learning[C]//International conference on machine learning. 2013：1139~1147

[24]　Kingma D P，Ba J. Adam：A method for stochastic optimization[J]. arXiv preprint arXiv：1412.6980，2014

[25]　LeCun Y，Bottou L，Bengio Y，et al. Gradient-based learning applied to document recognition[J]. Proceedings of the IEEE，1998，86（11）：2278~2324

[26]　Hochreiter S，Schmidhuber J. Long short-term memory[J]. Neural computation，1997，9（8）：1735~1780

[27] Gybenko G. Approximation by superposition of Sigmoidal functions[J]. Mathematics of Control，Signals and Systems，1989，2（4）：303~314

[28] Hinton G E，Salakhutdinov R R. Reducing the dimensionality of data with neural networks[J]. science，2006，313（5786）：504~507

[29] Glorot X，Bengio Y. Understanding the difficulty of training deep feedforward neural networks[C]//Proceedings of the thirteenth international conference on artificial intelligence and statistics. 2010：249~256

[30] He K，Zhang X，Ren S，et al. Delving deep into rectifiers: Surpassing human-level performance on imagenet classification[C]//Proceedings of the IEEE international conference on computer vision. 2015：1026~1034

[31] Deng J，Dong W，Socher R，et al. Imagenet: A large-scale hierarchical image database[C]//2009 IEEE conference on computer vision and pattern recognition. Ieee，2009：248~255

[32] Xianyi Z，Qian W，Chothia Z. OpenBLAS[J]. URL：http：//xianyi. github. io/OpenBLAS，2012：88

[33] Wang E，Zhang Q，Shen B，et al. Intel math kernel library[M]//High-Performance Computing on the Intel® Xeon Phi™. Springer，Cham，2014：167~188

[34] Chetlur S，Woolley C，Vandermersch P，et al. cudnn: Efficient primitives for deep learning[J]. arXiv preprint arXiv：1410.0759，2014

[35] Jouppi N P，Young C，Patil N，et al. In-datacenter performance analysis of a tensor processing unit[C]//Proceedings of the 44th Annual International Symposium on Computer Architecture. 2017：1~12

[36] Bergstra J，Breuleux O，Bastien F，et al. Theano: a CPU and GPU math expression compiler[C]//Proceedings of the Python for scientific computing conference（SciPy）. 2010，4（3）：1~7

[37] Abadi M，Barham P，Chen J，et al. Tensorflow: A system for large-scale machine learning[C]//12th {USENIX} symposium on operating systems design and implementation（{OSDI} 16）. 2016：265~283

[38] Jia Y，Shelhamer E，Donahue J，et al. Caffe: Convolutional architecture for fast feature embedding[C]//Proceedings of the 22nd ACM international conference on Multimedia. 2014：675~678

[39] Tokui S，Oono K，Hido S，et al. Chainer: a next-generation open source framework for deep learning[C]//Proceedings of workshop on machine learning systems（LearningSys）in

the twenty-ninth annual conference on neural information processing systems（NIPS）. 2015，5：1~6

[40] Neubig G，Dyer C，Goldberg Y，et al. Dynet：The dynamic neural network toolkit[J]. arXiv preprint arXiv：1701.03980，2017

[41] Paszke A，Gross S，Massa F，et al. Pytorch：An imperative style，high-performance deep learning library[C]//Advances in neural information processing systems. 2019：8026-8037

[42] Chen T，Li M，Li Y，et al. Mxnet：A flexible and efficient machine learning library for heterogeneous distributed systems[J]. arXiv preprint arXiv：1512.01274，2015

[43] Guo J，He H，He T，et al. GluonCV and GluonNLP：Deep Learning in Computer Vision and Natural Language Processing[J]. Journal of Machine Learning Research，2020，21（23）：1~7

[44] Ma Y，Yu D，Wu T，et al. PaddlePaddle：An open-source deep learning platform from industrial practice[J]. Frontiers of Data and Domputing，2019，1（1）：105~115

[45] Miller G A. WordNet：An electronic lexical database[M]. MIT press，1998

[46] 董振东，董强. 知网和汉语研究[J]. 当代语言学，2001，3（1）：33~44

[47] Harris Z S. Distributional structure[J]. Word，1954，10（2~3）：146~162.

[48] Loper E，Bird S. NLTK：the natural language toolkit[J]. arXiv preprint cs/0205028，2002

[49] Honnibal M，Montani I. spaCy 2：Natural language understanding with bloom embeddings，convolutional neural networks and incremental parsing[J]，2017，7（1）

[50] Sun M，Chen X，Zhang K，et al. THULAC：An Efficient Lexical Analyzer for Chinese. 2016

[51] Luo R，Xu J，Zhang Y，et al. PKUSEG：A Toolkit for multi-domain Chinese word segmentation[J]. arXiv preprint arXiv：1906.11455，2019

[52] Shakespeare W. The complete works of William Shakespeare[M]. Wordsworth Editions，2007

[53] 鲁迅. 呐喊：鲁迅小说集[M]. 北京：长江文艺出版社，2012

[54] Sennrich R，Haddow B，Birch A. Neural machine translation of rare words with subword units[J]. arXiv preprint arXiv：1508.07909，2015

[55] Kudo T，Richardson J. Sentencepiece：A simple and language independent subword tokenizer and detokenizer for neural text processing[J]. arXiv preprint arXiv：1808.06226，2018

[56] Deerwester S，Dumais S T，Furnas G W，et al. Indexing by latent semantic analysis[J]. Journal of the American society for information science，1990，41（6）：391~407

[57] Salton G，·Wong A，Yang C S. A vector space model for automatic indexing[J]. Communications of the ACM，1975，18（11）：613~620

[58] Hofmann T. Learning the similarity of documents：An information-geometric approach to document retrieval and categorization[C]//Advances in neural information processing systems. 2000：914~920

[59] Bottou L. Large-scale machine learning with stochastic gradient descent[M]//Proceedings of COMPSTAT'2010. Physica-Verlag HD，2010：177~186

[60] Pennington J，Socher R，Manning C D. Glove：Global vectors for word representation[C]//Proceedings of the 2014 conference on empirical methods in natural language processing（EMNLP）. 2014：1532~1543

[61] Baroni M，Dinu G，Kruszewski G. Don't count，predict! a systematic comparison of context-counting vs. context-predicting semantic vectors[C]//Proceedings of the 52nd Annual Meeting of the Association for Computational Linguistics（Volume 1：Long Papers）. 2014：238~247

[62] Rehurek R，Sojka P. Software framework for topic modelling with large corpora[C]//In Proceedings of the LREC 2010 workshop on new challenges for NLP frameworks. 2010

[63] Van der Maaten L，Hinton G. Visualizing data using t-SNE[J]. Journal of machine learning research，2008，9（11）

[64] Wold S，Esbensen K，Geladi P. Principal component analysis[J]. Chemometrics and intelligent laboratory systems，1987，2（1~3）：37~52

[65] Tian F，Dai H，Bian J，et al. A probabilistic model for learning multi-prototype word embeddings[C]//Proceedings of COLING 2014，the 25th International Conference on Computational Linguistics：Technical Papers. 2014：151~160

[66] Peters M，Neumann M，Iyyer M，et al. Deep Contextualized Word Representations[C]// Proceedings of the 2018 Conference of the North American Chapter of the Association for Computational Linguistics：Human Language Technologies，Volume 1（Long Papers）. 2018

[67] Yang Z，Ruan C，Li C，et al. Optimizing Hierarchical Softmax with Word Similarity Knowledge[J]. Polytech. Open Libr. Int. Bull. Inf. Technol. Sci. 55，2017：11~16

[68] Mnih A，Teh Y W. A fast and simple algorithm for training neural probabilistic

language models[C]//Proceedings of the 29th International Conference on International Conference on Machine Learning. 2012：419~426

[69] Wang B，Wang A，Chen F，et al. Evaluating word embedding models：Methods and experimental results[J]. APSIPA transactions on signal and information processing，2019，8

[70] Levy O，Goldberg Y，Dagan I. Improving distributional similarity with lessons learned from word embeddings[J]. Transactions of the association for computational linguistics，2015，3：211~225

[71] Lai S，Liu K，He S，et al. How to generate a good word embedding[J]. IEEE Intelligent Systems，2016，31（6）：5~14

[72] Huang E H，Socher R，Manning C D，et al. Improving word representations via global context and multiple word prototypes[C]//Proceedings of the 50th Annual Meeting of the Association for Computational Linguistics（Volume 1：Long Papers）. 2012：873~882

[73] Bojanowski P，Grave E，Joulin A，et al. Enriching word vectors with subword information[J]. Transactions of the association for computational linguistics，2017，5：135~146

[74] Landauer T K. On the computational basis of learning and cognition：Arguments from LSA[M]//Psychology of learning and motivation. Academic Press，2002，41：43~84

[75] Arora S，Liang Y，Ma T. A simple but tough-to-beat baseline for sentence embeddings[C]//5th International Conference on Learning Representations，ICLR 2017. 2017

[76] Joulin A，Grave É，Bojanowski P，et al. Bag of Tricks for Efficient Text Classification[C]//Proceedings of the 15th Conference of the European Chapter of the Association for Computational Linguistics：Volume 2，Short Papers. 2017：427~431

[77] Cleeremans A，Servan-Schreiber D，McClelland J L. Finite state automata and simple recurrent networks[J]. Neural computation，1989，1（3）：372~381

[78] Elman J L. Finding structure in time[J]. Cognitive science，1990，14（2）：179~211

[79] Gers F A，Schmidhuber J，Cummins F. Learning to forget：Continual prediction with LSTM[J]. Neural computation，2000，12（10）：2451~2471

[80] Cho K，Van Merriënboer B，Gulcehre C，et al. Learning phrase representations using RNN encoder-decoder for statistical machine translation[J]. arXiv preprint arXiv：1406.1078，2014

[81] Jozefowicz R，Zaremba W，Sutskever I. An empirical exploration of recurrent network architectures[C]//International conference on machine learning. PMLR，2015：2342~2350

[82] Gers F A，Schmidhuber J. Recurrent nets that time and count[C]//Proceedings of the IEEE-INNS-ENNS International Joint Conference on Neural Networks. IJCNN 2000. Neural Computing：New Challenges and Perspectives for the New Millennium. IEEE，2000，3：189~194

[83] Wu Y，Schuster M，Chen Z，et al. Google's neural machine translation system：Bridging the gap between human and machine translation[J]. arXiv preprint arXiv：1609.08144，2016

[84] Srivastava N，Hinton G，Krizhevsky A，et al. Dropout：a simple way to prevent neural networks from overfitting[J]. The journal of machine learning research，2014，15（1）：1929~1958

[85] Zaremba W，Sutskever I，Vinyals O. Recurrent neural network regularization[J]. arXiv preprint arXiv：1409.2329，2014

[86] Gal Y，Ghahramani Z. A theoretically grounded application of dropout in recurrent neural networks[J]. Advances in neural information processing systems，2016，29：1019~1027

[87] Semeniuta S，Severyn A，Barth E. Recurrent Dropout without Memory Loss[C]//Proceedings of COLING 2016，the 26th International Conference on Computational Linguistics：Technical Papers. 2016：1757~1766

[88] Ba J L，Kiros J R，Hinton G E. Layer normalization[J]. arXiv preprint arXiv：1607.06450，2016

[89] Pascanu R，Mikolov T，Bengio Y. On the difficulty of training recurrent neural networks[C]//International conference on machine learning. PMLR，2013：1310~1318

[90] Greff K，Srivastava R K，Koutník J，et al. LSTM：A search space odyssey[J]. IEEE transactions on neural networks and learning systems，2016，28（10）：2222~2232

[91] Karpathy A，Johnson J，Fei-Fei L. Visualizing and understanding recurrent networks[J]. arXiv preprint arXiv：1506.02078，2015

[92] Weiss G，Goldberg Y，Yahav E. On the practical computational power of finite precision rnns for language recognition[J]. arXiv preprint arXiv：1805.04908，2018

[93] Ioffe S，Szegedy C. Batch normalization：Accelerating deep network training by reducing internal covariate shift[C]//International conference on machine learning. PMLR，2015：448~456

[94] Zhang B，Sennrich R. Root mean square layer normalization[J]. Advances in Neural Information Processing Systems，2019，32

[95] Salimans T，Kingma D P. Weight normalization：A simple reparameterization to

accelerate training of deep neural networks[J]. Advances in neural information processing systems，2016，29：901~909

[96]　Wu Y，He K. Group normalization[C]//Proceedings of the European conference on computer vision（ECCV）. 2018：3~19

[97]　Ulyanov D，Vedaldi A，Lempitsky V. Instance normalization：The missing ingredient for fast stylization[J]. arXiv preprint arXiv：1607.08022，2016

[98]　Santurkar S，Tsipras D，Ilyas A，et al. How does batch normalization help optimization?[C]//Proceedings of the 32nd international conference on neural information processing systems. 2018：2488~2498

[99]　Cooijmans T，Ballas N，Laurent C，et al. Recurrent batch normalization[J]. arXiv preprint arXiv：1603.09025，2016

[100]　Vaswani A，Shazeer N，Parmar N，et al. Attention is all you need[C]//Advances in neural information processing systems. 2017：5998~6008

[101]　Tabik S，Peralta D，Herrera-Poyatos A，et al. A snapshot of image pre-processing for convolutional neural networks: case study of MNIST[J]. 2017

[102]　Maas A，Daly R E，Pham P T，et al. Learning word vectors for sentiment analysis[C]//Proceedings of the 49th annual meeting of the association for computational linguistics：Human language technologies. 2011：142~150

[103]　Press O. Partially shuffling the training data to improve language models[J]. arXiv preprint arXiv：1903.04167，2019

[104]　Sun Y，Wang S，Li Y，et al. Ernie：Enhanced representation through knowledge integration[J]. arXiv preprint arXiv：1904.09223，2019

[105]　Zhang Z，Han X，Liu Z，et al. ERNIE：Enhanced Language Representation with Informative Entities[C]//Proceedings of the 57th Annual Meeting of the Association for Computational Linguistics. 2019：1441~1451

[106]　Ramshaw L A，Marcus M P. Text chunking using transformation-based learning[M]// Natural language processing using very large corpora. Springer，Dordrecht，1999：157~176

[107]　Sang E F，De Meulder F. Introduction to the CoNLL-2003 shared task：Language- independent named entity recognition[J]. arXiv preprint cs/0306050，2003

[108]　Lafferty J，McCallum A，Pereira F C N. Conditional random fields：Probabilistic models for segmenting and labeling sequence data[J]. 2001

[109]　Brown P F，Della Pietra S A，Della Pietra V J，et al. The mathematics of

statistical machine translation：Parameter estimation[J]. Computational linguistics，1993，19（2）：263~311

[110] Graves A，Fernández S，Gomez F，et al. Connectionist temporal classification：labelling unsegmented sequence data with recurrent neural networks[C]//Proceedings of the 23rd international conference on Machine learning. 2006：369~376

[111] Graves A. Sequence transduction with recurrent neural networks[J]. arXiv preprint arXiv：1211.3711，2012

[112] Koehn P，Hoang H，Birch A，et al. Moses：Open source toolkit for statistical machine translation[C]//Proceedings of the 45th annual meeting of the association for computational linguistics companion volume proceedings of the demo and poster sessions. 2007：177~180

[113] Luong M T，Pham H，Manning C D. Effective Approaches to Attention-based Neural Machine Translation[C]//Proceedings of the 2015 Conference on Empirical Methods in Natural Language Processing. 2015：1412~1421

[114] Clark K，Khandelwal U，Levy O，et al. What Does BERT Look at? An Analysis of BERT's Attention[C]//Proceedings of the 2019 ACL Workshop BlackboxNLP：Analyzing and Interpreting Neural Networks for NLP. 2019：276~286

[115] Gu J，Lu Z，Li H，et al. Incorporating Copying Mechanism in Sequence-to-Sequence Learning[C]//Proceedings of the 54th Annual Meeting of the Association for Computational Linguistics（Volume 1：Long Papers）. 2016：1631~1640

[116] Vinyals O，Fortunato M，Jaitly N. Pointer networks[J]. Advances in neural information processing systems，2015，28

[117] Vinyals O，Bengio S，Kudlur M. Order matters：Sequence to sequence for sets[J]. arXiv preprint arXiv：1511.06391，2015

[118] Chomsky N. Syntactic structures[M]. De Gruyter Mouton，2009

[119] Everett D L. Cultural constraints on grammar and cognition in Pirahã：Another look at the design features of human language[J]. Current anthropology，2005，46（4）：621~646

[120] Pullum G K，Gazdar G. Natural languages and context-free languages[J]. Linguistics and Philosophy，1982，4（4）：471~504

[121] Tai K S，Socher R，Manning C D. Improved Semantic Representations From Tree- Structured Long Short-Term Memory Networks[C]//Proceedings of the 53rd Annual Meeting of the Association for Computational Linguistics and the 7th International Joint

Conference on Natural Language Processing（Volume 1： Long Papers）. 2015： 1556~1566

[122] Looks M，Herreshoff M，Hutchins D L，et al. Deep learning with dynamic computation graphs[J]. arXiv preprint arXiv：1702.02181，2017

[123] Zha S，Jiang Z，Lin H，et al. Just-in-Time Dynamic-Batching[J]. arXiv preprint arXiv：1904.07421，2019

[124] Bowman S R，Manning C D，Potts C. Tree-structured composition in neural networks without tree-structured architectures[C]//Proceedings of the 2015th International Conference on Cognitive Computation ： Integrating Neural and Symbolic Approaches-Volume 1583. 2015： 37~42

[125] Dyer C，Ballesteros M，Ling W，et al. Transition-based dependency parsing with stack long short-term memory[J]. arXiv preprint arXiv：1505.08075，2015

[126] Dyer C，Kuncoro A，Ballesteros M，et al. Recurrent neural network grammars[C]//Knight K，Lopez A，Mitchell M，editors. Human Language Technologies. 2016 Conference of the North American Chapter of the Association for Computational Linguistics; 2016 June 12~17; San Diego（CA，USA）.[Sl]： Association for Computational Linguistics（ACL）; 2016. p. 199~209. ACL（Association for Computational Linguistics），2016

[127] Kim Y，Rush A M，Yu L，et al. Unsupervised Recurrent Neural Network Grammars[C]//Proceedings of NAACL-HLT. 2019： 1105~1117

[128] Zhang Y，Yang J. Chinese NER Using Lattice LSTM[C]//Proceedings of the 56th Annual Meeting of the Association for Computational Linguistics（Volume 1： Long Papers）. 2018： 1554~1564

[129] Perozzi B，Al-Rfou R，Skiena S. Deepwalk： Online learning of social representations[C] //Proceedings of the 20th ACM SIGKDD international conference on Knowledge discovery and data mining. 2014： 701~710

[130] Hamilton W，Ying Z，Leskovec J. Inductive representation learning on large graphs[J]. Advances in neural information processing systems，2017，30

[131] Kipf T N，Welling M. Semi-supervised classification with graph convolutional networks[J]. arXiv preprint arXiv：1609.02907，2016

[132] Veličković P，Cucurull G，Casanova A，et al. Graph attention networks[J]. arXiv preprint arXiv：1710.10903，2017

[133] Bruna J，Zaremba W，Szlam A，et al. Spectral networks and deep locally connected networks on graphs[C]//2nd International Conference on Learning Representations，ICLR 2014. 2014

[134] Defferrard M，Bresson X，Vandergheynst P. Convolutional neural networks on graphs with fast localized spectral filtering[J]. Advances in neural information processing systems，2016，29

[135] Dumoulin V，Visin F. A guide to convolution arithmetic for deep learning[J]. arXiv preprint arXiv：1603.07285，2016

[136] Kim Y. 2014. Convolutional Neural Networks for Sentence Classification[C]// Proceedings of the 2014 conference on empirical methods in natural language processing （EMNLP）. 2014：1746~1751

[137] van den Oord A，Dieleman S，Zen H，et al. WaveNet：A Generative Model for Raw Audio[C]//9th ISCA Speech Synthesis Workshop. 125~125

[138] Griffin D，Lim J. Signal estimation from modified short-time Fourier transform[J]. IEEE Transactions on acoustics，speech，and signal processing，1984，32（2）：236~243

[139] Fechner G T. Elements of psychophysics，1860[J]. 1948

[140] ITU-T. Recommendation G. 711. Pulse Code Modulation（PCM） of voice frequencies，1988

[141] Van den Oord A，Kalchbrenner N，Espeholt L，et al. Conditional image generation with pixelcnn decoders[J]. Advances in neural information processing systems，2016，29

[142] He K，Zhang X，Ren S，et al. Deep residual learning for image recognition[C] //Proceedings of the IEEE conference on computer vision and pattern recognition. 2016：770~778

[143] Kingma D P，Salimans T，Jozefowicz R，et al. Improved variational inference with inverse autoregressive flow[J]. Advances in neural information processing systems，2016，29

[144] Oord A，Li Y，Babuschkin I，et al. Parallel wavenet：Fast high-fidelity speech synthesis[C]//International conference on machine learning. PMLR，2018：3918~3926

[145] Salimans T，Karpathy A，Chen X，et al. Pixelcnn++：Improving the pixelcnn with discretized logistic mixture likelihood and other modifications[J]. arXiv preprint arXiv：1701.05517，2017

[146] Sandler M，Howard A，Zhu M，et al. Mobilenetv2：Inverted residuals and linear bottlenecks[C]//Proceedings of the IEEE conference on computer vision and pattern recognition. 2018：4510~4520

[147]　Hassan H，Aue A，Chen C，et al. Achieving human parity on automatic chinese to english news translation[J]. arXiv preprint arXiv：1803.05567，2018

[148]　Li H，Xu Z，Taylor G，et al. Visualizing the loss landscape of neural nets[J]. Advances in neural information processing systems，2018，31

[149]　Veit A，Wilber M J，Belongie S. Residual networks behave like ensembles of relatively shallow networks[J]. Advances in neural information processing systems，2016，29

[150]　Xu J，Sun X，Zhang Z，et al. Understanding and improving layer normalization[J]. Advances in Neural Information Processing Systems，2019，32

[151]　Press O，Wolf L. Using the Output Embedding to Improve Language Models[C] //Proceedings of the 15th Conference of the European Chapter of the Association for Computational Linguistics：Volume 2，Short Papers. 2017：157~163

[152]　Inan H，Khosravi K，Socher R. Tying word vectors and word classifiers：A loss framework for language modeling[J]. arXiv preprint arXiv：1611.01462，2016

[153]　Loshchilov I，Hutter F. Decoupled Weight Decay Regularization[C]//International Conference on Learning Representations. 2018

[154]　Popel M，Bojar O. Training Tips for the Transformer Model[J]. The Prague Bulletin of Mathematical Linguistics，2018（110）：43~70

[155]　Polyak B T，Juditsky A B. Acceleration of stochastic approximation by averaging[J]. SIAM journal on control and optimization，1992，30（4）：838~855

[156]　Izmailov P，Podoprikhin D，Garipov T，et al. Averaging weights leads to wider optima and better generalization[C]//34th Conference on Uncertainty in Artificial Intelligence 2018，UAI 2018. Association For Uncertainty in Artificial Intelligence（AUAI），2018：876~885

[157]　Gu J，Bradbury J，Xiong C，et al. Non-Autoregressive Neural Machine Translation[C] //International Conference on Learning Representations. 2018

[158]　Shaw P，Uszkoreit J，Vaswani A. Self-Attention with Relative Position Representations [C]//Proceedings of the 2018 Conference of the North American Chapter of the Association for Computational Linguistics：Human Language Technologies，Volume 2（Short Papers）. 2018：464~468

[159]　Xiong R，Yang Y，He D，et al. On layer normalization in the transformer architecture[C] //International Conference on Machine Learning. PMLR，2020：10524~10533

[160]　He K，Zhang X，Ren S，et al. Identity mappings in deep residual networks[C]//European conference on computer vision. Springer，Cham，2016：630~645

[161] Katharopoulos A，Vyas A，Pappas N，et al. Transformers are rnns： Fast autoregressive transformers with linear attention[C]//International Conference on Machine Learning. PMLR，2020：5156~5165

[162] Child R，Gray S，Radford A，et al. Generating long sequences with sparse transformers [J]. arXiv preprint arXiv：1904.10509，2019

[163] Beltagy I，Peters M E，Cohan A. Longformer： The long-document transformer[J]. arXiv preprint arXiv：2004.05150，2020

[164] Kitaev N，Kaiser L，Levskaya A. Reformer： The Efficient Transformer[C]//International Conference on Learning Representations. 2020

[165] Andoni A，Indyk P，Laarhoven T，et al. Practical and optimal LSH for angular distance[J]. Advances in neural information processing systems，2015，28

[166] Dai Z，Yang Z，Yang Y，et al. Transformer-XL： Attentive Language Models beyond a Fixed-Length Context[C]//Proceedings of the 57th Annual Meeting of the Association for Computational Linguistics. 2019：2978~2988

[167] Chen T，Xu B，Zhang C，et al. Training deep nets with sublinear memory cost[J]. arXiv preprint arXiv：1604.06174，2016

[168] Gomez A N，Ren M，Urtasun R，et al. The reversible residual network： Backpropagation without storing activations[J]. Advances in neural information processing systems，2017，30

[169] Pérez J，Marinković J，Barceló P. On the Turing Completeness of Modern Neural Network Architectures[C]//International Conference on Learning Representations. 2019

[170] Dehghani M，Gouws S，Vinyals O，et al. Universal Transformers[C]//International Conference on Learning Representations. 2019

[171] Graves A. Adaptive computation time for recurrent neural networks[J]. arXiv preprint arXiv：1603.08983，2016

[172] Lee J，Mansimov E，Cho K. Deterministic Non-Autoregressive Neural Sequence Modeling by Iterative Refinement[C]//Proceedings of the 2018 Conference on Empirical Methods in Natural Language Processing. 2018：1173~1182

[173] Ghazvininejad M，Levy O，Liu Y，et al. Mask-Predict： Parallel Decoding of Conditional Masked Language Models[C]//Proceedings of the 2019 Conference on Empirical Methods in Natural Language Processing and the 9th International Joint Conference on Natural Language Processing（EMNLP-IJCNLP）. 2019：6112~6121

[174] Stern M，Chan W，Kiros J，et al. Insertion transformer： Flexible sequence

generation via insertion operations[C]//International Conference on Machine Learning. PMLR，2019： 5976~5985

[175] Gu J，Wang C，Junbo J Z. Levenshtein transformer[C]//Proceedings of the 33rd International Conference on Neural Information Processing Systems. 2019： 11181~11191

[176] Zeiler M D，Fergus R. Visualizing and understanding convolutional networks[C] //European conference on computer vision. Springer，Cham，2014： 818~833

[177] Radford A，Narasimhan K，Salimans T，et al. Improving language understanding by generative pre-training[J]. 2018

[178] McCann B，Bradbury J，Xiong C，et al. Learned in translation： Contextualized word vectors[J]. Advances in neural information processing systems，2017，30

[179] Howard J，Ruder S. Universal Language Model Fine-tuning for Text Classification[C] //Proceedings of the 56th Annual Meeting of the Association for Computational Linguistics（Volume 1： Long Papers）. 2018： 328~339

[180] McCann B，Keskar N S，Xiong C，et al. The natural language decathlon： Multitask learning as question answering[J]. arXiv preprint arXiv：1806.08730，2018

[181] Zhu Y，Kiros R，Zemel R，et al. Aligning books and movies： Towards story-like visual explanations by watching movies and reading books[C]//Proceedings of the IEEE international conference on computer vision. 2015： 19~27

[182] Hendrycks D，Gimpel K. Bridging Nonlinearities and Stochastic Regularizers with Gaussian Error Linear Units[J]. arXiv preprint arXiv：1606.08415，2016

[183] Radford A，Wu J，Child R，et al. Language models are unsupervised multitask learners[J]. OpenAI blog，2019，1（8）： 9

[184] Brown T，Mann B，Ryder N，et al. Language models are few-shot learners[J]. Advances in neural information processing systems，2020，33： 1877~1901

[185] Zhang H，Dauphin Y N，Ma T. Fixup Initialization： Residual Learning Without Normalization[C]//International Conference on Learning Representations. 2019

[186] Papineni K，Roukos S，Ward T，et al. Bleu： a method for automatic evaluation of machine translation[C]//Proceedings of the 40th annual meeting of the Association for Computational Linguistics. 2002： 311~318

[187] Shoeybi M，Patwary M，Puri R，et al. Megatron-lm： Training multi-billion parameter language models using model parallelism[J]. arXiv preprint arXiv：1909.08053，2019

[188] Lewis M，Liu Y，Goyal N，et al. BART： Denoising Sequence-to-Sequence

Pre-training for Natural Language Generation，Translation，and Comprehension[C]//Proceedings of the 58th Annual Meeting of the Association for Computational Linguistics. 2020：7871~7880

[189] Zhang Z，Han X，Liu Z，et al. ERNIE：Enhanced Language Representation with Informative Entities[C]//Proceedings of the 57th Annual Meeting of the Association for Computational Linguistics. 2019：1441~1451

[190] Sun Y，Wang S，Li Y，et al. Ernie：Enhanced representation through knowledge integration[J]. arXiv preprint arXiv：1904.09223，2019

[191] Zellers R，Holtzman A，Rashkin H，et al. Defending against neural fake news[J]. Advances in neural information processing systems，2019，32

[192] Taylor W L. "Cloze procedure"：A new tool for measuring readability[J]. Journalism quarterly，1953，30（4）：415~433

[193] Rajpurkar P，Zhang J，Lopyrev K，et al. SQuAD：100,000+ Questions for Machine Comprehension of Text[C]//Proceedings of the 2016 Conference on Empirical Methods in Natural Language Processing. 2016：2383~2392

[194] Joshi M，Chen D，Liu Y，et al. Spanbert：Improving pre-training by representing and predicting spans[J]. Transactions of the Association for Computational Linguistics，2020，8：64~77

[195] Yang Z，Dai Z，Yang Y，et al. Xlnet：Generalized autoregressive pretraining for language understanding[J]. Advances in neural information processing systems，2019，32

[196] Reimers N，Gurevych I. Sentence-BERT：Sentence Embeddings using Siamese BERT- Networks[C]//Proceedings of the 2019 Conference on Empirical Methods in Natural Language Processing and the 9th International Joint Conference on Natural Language Processing（EMNLP-IJCNLP）. 2019：3982~3992

[197] Lan Z，Chen M，Goodman S，et al. ALBERT：A Lite BERT for Self-supervised Learning of Language Representations[C]//International Conference on Learning Representations. 2020

[198] Sun Y，Wang S，Li Y，et al. Ernie 2.0：A continual pre-training framework for language understanding[C]//Proceedings of the AAAI Conference on Artificial Intelligence. 2020，34（05）：8968~8975

[199] Liu Y，Ott M，Goyal N，et al. Roberta：A robustly optimized bert pretraining approach[J]. arXiv preprint arXiv：1907.11692，2019

[200] Trinh T H，Le Q V. A simple method for commonsense reasoning[J]. arXiv

preprint arXiv：1806.02847，2018

[201]　Dong L，Yang N，Wang W，et al. Unified language model pre-training for natural language understanding and generation[J]. Advances in Neural Information Processing Systems，2019，32

[202]　Tenney I，Das D，Pavlick E. BERT Rediscovers the Classical NLP Pipeline[C] //Proceedings of the 57th Annual Meeting of the Association for Computational Linguistics. 2019．4593~4601

[203]　Schick T，Schütze H. Exploiting Cloze-Questions for Few-Shot Text Classification and Natural Language Inference[C]//Proceedings of the 16th Conference of the European Chapter of the Association for Computational Linguistics： Main Volume. 2021：255~269

[204]　Goodfellow I，Pouget-Abadie J，Mirza M，et al. Generative adversarial nets[J]. Advances in Neural Information Processing Systems，2014，27： 2672~2680

[205]　Arjovsky M，Bottou L. Towards principled methods for training generative adversarial networks[C]//International Conference on Learning Representations. 2017

[206]　Arjovsky M，Chintala S，and Bottou L. Wasserstein GAN[J]. arXiv preprint arXiv： 1701.07875，2017

[207]　Gulrajani I，Ahmed F，Arjovsky M，et al. Improved training of wasserstein gans[J]. Advances in neural information processing systems，2017，30

[208]　Radford A，Metz L，Chintala S. Unsupervised representation learning with deep convolutional generative adversarial networks[C]//International Conference on Learning Representations. 2016

[209]　Zhu J Y，Park T，Isola P，et al. Unpaired image-to-image translation using cycle-consistent adversarial networks[C]//Proceedings of the IEEE international conference on computer vision. 2017： 2223~2232

[210]　Yu L，Zhang W，Wang J，et al. Seqgan： Sequence generative adversarial nets with policy gradient[C]//Proceedings of the AAAI conference on artificial intelligence. 2017，31（1）

[211]　Mikolov T，Le Q V，Sutskever I. Exploiting similarities among languages for machine translation[J]. arXiv preprint arXiv：1309.4168，2013

[212]　Xing C，Wang D，Liu C，et al. Normalized word embedding and orthogonal transform for bilingual word translation[C]//Proceedings of the 2015 conference of the North American chapter of the association for computational linguistics： human language

technologies. 2015： 1006~1011

[213] Conneau A，Lample G，Ranzato M A，et al. Word translation without parallel data[C] //International Conference on Learning Representations. 2018

[214] Lample G，Conneau A，Denoyer L，et al. Unsupervised Machine Translation Using Monolingual Corpora Only[C]//International Conference on Learning Representations. 2018

[215] Rumelhart D E，Hinton G E，Williams R J. Learning internal representations by error propagation[R]. California Univ San Diego La Jolla Inst for Cognitive Science，1985

[216] Johnson M，Schuster M，Le Q V，et al. Google's multilingual neural machine translation system： Enabling zero-shot translation[J]. Transactions of the Association for Computational Linguistics，2017，5： 339~351

[217] Vincent P，Larochelle H，Bengio Y，et al. Extracting and composing robust features with denoising autoencoders[C]//Proceedings of the 25th international conference on Machine learning. 2008： 1096~1103

[218] Silver D，Huang A，Maddison C J，et al. Mastering the game of Go with deep neural networks and tree search[J]. nature，2016，529（7587）： 484~489

[219] Silver D，Schrittwieser J，Simonyan K，et al. Mastering the game of go without human knowledge[J]. nature，2017，550（7676）： 354~359

[220] Konda V，Tsitsiklis J. Actor-critic algorithms[J]. Advances in neural information processing systems，1999，12

[221] Williams R J. Simple statistical gradient-following algorithms for connectionist reinforcement learning[J]. Machine learning，1992，8（3）： 229~256

[222] Ranzato M A，Chopra S，Auli M，et al. Sequence level training with recurrent neural networks[C]//4th International Conference on Learning Representations，ICLR 2016

[223] Jang E，Gu S，Poole B. Categorical Reparametrization with Gumble-Softmax[C] //International Conference on Learning Representations，ICLR 2017

[224] Guo J，Lu S，Cai H，et al. Long text generation via adversarial training with leaked information[C]//Proceedings of the AAAI conference on artificial intelligence. 2018，32（1）

[225] Lu S，Yu L，Feng S，et al. Cot： Cooperative training for generative modeling of discrete data[C]//International Conference on Machine Learning. PMLR，2019： 4164~4172

[226] Kingma D P，Welling M. Auto-encoding variational bayes[C]// International

Conference on Learning Representations，ICLR 2014

[227]　Mikolov T，Karafiát M，Burget L. Recurrent neural network based language model[C] //In INTERSPEECH 2010, 2010

[228]　Kingma D P，Dhariwal P. Glow：　Generative flow with invertible 1x1 convolutions[J]. Advances in neural information processing systems，2018，31

[229]　Dinh L，Krueger D，Bengio Y. NICE：　Non-linear Independent Components Estimation [C]// International Conference on Learning Representations，ICLR 2015

[230]　Dinh L，Sohl-Dickstein J，Bengio S. Density estimation using real nvp[C]// International Conference on Learning Representations，ICLR 2017

[231]　Hinton G，Vinyals O，Dean J. Distilling the knowledge in a neural network[J]. arXiv preprint arXiv：1503.02531，2015，2（7）

附录一　　插　　图

附录二　算　法

附录三 术语表